"十四五"职业教育国家规划教材

浙江省普通高校"十三五"新形态教材

建筑施工工艺

JIANZHU SHIGONG GONGYI （第二版）

主　编　张飞燕

副主编　吴　庆　汪国辉　徐向华

U0179776

ZHEJIANG UNIVERSITY PRESS

浙江大学出版社

图书在版编目（CIP）数据

建筑施工工艺 / 张飞燕主编. —2 版. —杭州：
浙江大学出版社，2022.2（2024.1 重印）
ISBN 978-7-308-22348-5

Ⅰ.①建… Ⅱ.①张… Ⅲ.①建筑工程—工程施工—
高等学校—教材 Ⅳ.①TU7

中国版本图书馆 CIP 数据核字（2022）第 019676 号

建筑施工工艺(第二版)

主　编　张飞燕

副主编　吴　庆　汪国辉　徐向华

策划编辑　马海城
责任编辑　王元新　秦　瑕
文字编辑　徐　霞
封面设计　周　灵
出版发行　浙江大学出版社
　　　　　（杭州市天目山路 148 号　邮政编码 310007）
　　　　　（网址：http://www.zjupress.com）
排　　版　杭州青翊图文设计有限公司
印　　刷　杭州宏雅印刷有限公司
开　　本　787mm×1092mm　1/16
印　　张　24
字　　数　584 千
版 印 次　2022 年 2 月第 2 版　2024 年 1 月第 5 次印刷
书　　号　ISBN 978-7-308-22348-5
定　　价　69.80 元

前　言

党的二十大报告中指出，从现在起，中国共产党的中心任务就是团结带领全国各族人民全面建成社会主义现代化强国、实现第二个百年奋斗目标，以中国式现代化全面推进中华民族伟大复兴。教育是国之大计、党之大计，加快发展职业教育，是推动国家现代化的紧迫需求。

本教材是"十三五"职业教育国家规划教材、"十四五"职业教育国家规划教材、首批浙江省普通高校"十三五"新形态教材。教材将"新设备、新技术、新工艺、新材料"四新和"信息化、智能化、工业化、国际化、绿色化"建筑五化应用到教材中，与各类最新施工规范相衔接，并体现项目化教学的设计理念。本教材可作为本科层次职业教育的工程造价、建设工程管理、建筑工程、建筑设计等土木建筑大类专业的教学用书，也可作为高等职业教育专科的工程造价、建设工程管理、建设工程监理、建筑工程技术等专业的教学用书，同时可供现场施工人员及管理人员学习参考。

本教材在编写过程中，以习近平新时代中国特色社会主义思想为指导，追求体现职业教育类型特点，坚持以培养土木建筑大类专业高层次技术技能人才为目标，紧密对接最新行业规范标准，内容上除了传统的施工工艺之外，还引入了建筑业信息化、智能化、工业化、国际化、绿色建筑等热点内容，与建筑行业可持续发展理念保持一致。同时，本教材对接"十三五"浙江省优势特色专业的建设和精品在线开放课程建设，实行线上线下混合式教学模式，并依托立方书、浙江省高等学校精品在线开放课程共享平台，通过移动互联网技术，将施工工艺视频、微课、作业、测验、图纸、规范、专项施工方案等数字资源嵌入教材，把教材、课堂、教学资源三者融合，创建立体的数字化新形态教材，使读者通过本教材体验多样化的学习方式。

为了进一步提高教材质量，以适应新技术的发展和新规范的要求，我们对

教材做了修订,具体修订要点如下:

(1)在社会主义核心价值观引领下,教材修订对接第一批浙江省课程思政示范课程建设要求,每章节中"润物细无声"地融入了课程思政典型案例,将家国情怀、科学精神、工程思维、创新意识、环保理念、劳动精神、团队协作、职业道德、责任担当和工匠精神等思政元素融入教材,全面增强了课程教材铸魂育人功能。

(2)在保持原有教材体系的基础上,逐章校正了错误和局部调整了内容。

(3)根据新的施工质量验收规范进行了修订,内容符合新规范的要求。

(4)增加了绪论,主要内容是对建筑施工工艺的整体介绍。

(5)增加了一些视频资料,以帮助读者更直观地理解相关内容。

本教材由浙江广厦建设职业技术大学张飞燕任主编,吴庆、汪国辉、徐向华任副主编,刘瑛瑛、陈云舟、吴宗华、胡江飞、李泉参加编写。具体分工如下:绪论、第1章、第2章由张飞燕编写;第3章由汪国辉编写;第4章由吴庆编写;第5章由刘瑛瑛编写;第6章中的6.1—6.4由胡江飞编写、6.5—6.8由吴宗华编写;第7章由海天建设集团有限公司徐向华编写;第8章由陈云舟编写;部分二维码数字资源和工程案例分析由品茗科技股份有限公司李泉整理编写;全书由张飞燕最后统稿并定稿。

本教材大量引用了相关专业文献和资料,但未在教材中一一注明出处,在此对相关文献的作者表示感谢。限于编者的理论水平和实践经验,教材中难免存在疏漏和不妥之处,恳请广大读者批评指正。

编　者

2023 年 5 月

目　录

绪 论

0.1 建筑施工工艺基本概念

建筑施工是将设计者的意图、设计及构思转化为现实的过程。从古代穴居巢处到今天的摩天大楼,从农村的乡间小道到都市的高架道路,从地下隧道到飞架江面的大桥,凡是要将设想(设计)变为现实,都需要通过"施工"的手段来实现。

0.1.1 建筑工程

建筑工程是指为新建、改建或扩建房屋建筑物和附属构筑物设施所进行的规划、勘察、设计、施工和竣工等各项技术工作与完成的工程实体,以及与其配套的线路、管道、设备的安装工程。

建筑工程与建设工程是有区别的。《建设工程质量管理条例》第二条规定,本条例所称建设工程是指土木工程、建筑工程、线路管道和设备安装工程及装修工程。显然,建筑工程为建设工程的一部分,与建设工程的范围相比,建筑工程的范围相对为窄,其专指各类房屋建筑及其附属设施和与其配套的线路、管道、设备的安装工程,因此也被称为房屋建筑工程。故此,桥梁、水利枢纽、铁路、港口工程以及不是与房屋建筑相配套的地下隧道等工程均不属于建筑工程范畴。

0.1.2 施工工艺

(1)施工。工程按计划进行建造,称为施工。

(2)工艺。劳动者利用生产工具对各种原材料、半成品进行增值加工或处理,最终使之成为制成品的方法与过程,称为工艺。可见,就某一产品而言,工艺并不是唯一的,而且没有好坏之分。

(3)施工工艺。施工人员利用生产工具按计划对建筑材料、建筑产品的半成品进行增值加工或处理,最终使之成为建(构)筑物的方法与过程,称为施工工艺。

(4)施工工艺标准。为了在建(构)筑物的形成过程中对质量、安全、进度、成本等实施有效的控制,而对相对规范性的管理与操作进行统一要求,称为施工工艺标准。

0.2 建筑施工工艺课程研究内容

0.2.1 研究对象

建筑施工工艺课程的研究对象就是研究最有效地建造房屋建筑物和附属构筑物设施的理论、方法和有关的施工规律,以求用最少的消耗取得最大的成果,全面而高效率地完成建筑安装工程,以较好的经济效益保证建筑工程迅速投产或使用。

0.2.2 研究内容

建筑施工工艺课程研究施工中各主要工种工程本身的施工规律,包括施工工艺、方法、机械选择、质量和安全等,具体包含土石方工程、地基与基础工程、砌筑工程、钢筋混凝土工程、钢结构吊装工程、建筑装饰工程、建筑节能工程、防水工程等工种工程。

0.2.3 研究任务

建筑施工工艺作为土木建筑专业大类的一门必修课程,在整个教学结构中起着举足轻重的作用。本课程的主要任务是研究建筑工程中各分部分项工程的施工准备、施工工艺、施工方法以及施工过程中的安全措施和质量保证措施。根据专业人才培养目标,使学生了解我国的基本建设方针和政策以及各项具体经济政策,了解建筑工程施工领域内的国内外新技术和发展动态,掌握工种工程施工方案的选择,具有现场施工管理和质量检查能力,引导学生考取建筑工程施工现场专业人员岗位证书,为今后从事土木建筑类工作和进一步学习有关知识、进行科学研究等打下基础。

0.3 我国建筑施工的发展

我国是一个历史悠久和文化发达的国家,在世界科学文化的发展史上,我国人民有过极为卓越的贡献,在建筑及施工技术方面也有巨大的成就。我国境内已知的最早人类住所是天然的洞穴。原始社会,建筑的发展是极缓慢的,在漫长的岁月里,我们的祖先从艰难地建造穴居和巢居开始,逐步掌握了营建地面房屋的技术,创造了原始木架建筑,满足了最基本的居住和公共活动要求。在奴隶社会,大量奴隶劳动和青铜工具的使用,使建筑有了巨大的发展,建造出了宏伟的都城、宫殿、宗庙、陵墓等建筑。此时,以夯土墙和木构架为主体的建筑初步形成。经过长期的封建社会,中国古建筑逐步形成了一种成熟、独特的体系,不论是在城市规划、建筑群、园林、民居等方面,还是在建筑空间处理、建筑艺术与材料结构、建筑施工技术等方面,都有了卓越的创造与贡献。"安得广厦千万间,大庇天下寒士俱欢颜"的诗句,既成为中国古代社会充满人性关怀的一个美好追求,也成为对于一代代建筑工官、工匠默默奉献的最嘹亮的赞歌。

随着国家建设步伐加快,建筑业进行了一系列关系国计民生的重大基础建设工程,极大地改善了居民的住房、出行、通信、教育、医疗条件。近几十年来,北京奥运工程、上海世博工程、数量居全球首位的高层超高层建筑、巨型房屋等一大批颇具影响的建筑相继落成。大规模的工程建设实践促使我国的施工技术和施工组织水平不断提高。例如,中国国家大剧院,造型独特的主体结构,总建筑面积约 16.5 万平方米,基础埋深达 32.5 米;北京首都国际机场 T3 航站楼被列为世界最大单体建筑;首都机场 A380 机库的 10500 吨钢屋盖整体提升一次到位;每 1 平方米用钢量达 0.7 吨的国际体育场(鸟巢);中央电视台新办公大楼用钢量达 12.9 万吨;上海中心大厦的建筑总高度 632 米,被列为中国第一、世界第二高楼;中国新高度的深圳平安大厦、天津 117 大厦、武汉绿地、广州东塔、北京中信大厦(中国尊)等一大批摩天大楼相继建成,不但体现了我国的综合实力,也反映出建筑施工技术达到了较高的水平。

在施工技术方面,不但掌握了大型工业设施和高层民用建筑的成套施工技术,而且在地基处理和深基础工程方面推广了大直径灌注桩、超长灌注桩及打入桩、旋喷或深层搅拌法、深基坑支护、地下连续墙和逆作法等新技术;在钢筋混凝土工程中,新型模板、粗钢筋连接、大体积混凝土浇筑等技术得到迅速发展;在预应力技术、大跨度结构、高耸结构施工和墙体保温、新型防水材料、装饰材料的应用,以及建筑信息模型(BIM)、虚拟仿真技术、计算机控制技术、绿色建筑与绿色施工等方面都有了长足的发展和应用。

但也应看到,在工程组织管理、施工工艺、施工技术、工程质量、环境保护等方面,我们与世界先进水平还存在差距。随着时代进步,人们的要求与期望在不断发展,需要新一代工程技术与管理者努力追求和探索。

0.4　施工规范与施工规程(规定)

建筑施工工艺课程内容涉及众多规范、规程、标准。施工规范是由国家建设主管部门颁发的、施工中必须执行的一种重要法规,主要包括施工规范和施工质量验收规范两大类。制定该类规范的目的是加强工程的技术管理和统一施工验收标准,以提高施工技术水平、保证工程质量和降低工程成本。

施工规程(规定)是比规范低一个等级的施工标准文件,它一般由各部委、地方行政部门、行业协会或重要的科研单位编制,呈报规范的管理单位批准或备案后发布执行。它主要是为了及时推广一些新结构、新材料、新工艺而制定的标准。其内容不能与施工规范相抵触,如有不同,应以规范为准。

施工规范的条文按重要性分为“一般性条文”和必须严格执行的“强制性条文”,施工质量验收规范的检查项目按重要程度分为“主控项目”和“一般项目”。在工程设计、施工和竣工验收时均应遵守相应的工程技术规范和施工质量验收规范。随着施工和设计水平的提高,每隔一定时间,规范会有相应的修订。

土木建筑大类各不同专业的规范有一定差异,使用时应注意其适用范围。由于我国幅员辽阔,地质及环境有较大差异,在使用国家规范时还应结合当地的地方规程和规定。

0.5　本课程的特点和学习方法

0.5.1　课程特点

建筑施工工艺是一门应用性课程,不同于其他专业课程,它具有自身的特点:

(1)实践性强。建筑施工工艺课程的主要内容多是针对各工种工程的施工原理、施工工艺、施工方法和实际操作过程,是工程施工实践的总结,它来源于工程实践又用于工程实际。因此,在建筑施工工艺课程学习时必须要做到将理论知识与工程实际有机地结合在一起。

(2)综合性强。建筑施工工艺课程是一门综合性学科,不仅包括力学知识,而且涉及了大量的相关专业的课程知识,如建筑材料、工程测量、房屋建筑学等多门专业课程。因此,想要学好这样一门综合性很强的专业课程,要求学好相关先修专业课程。

(3)专业知识点多。建筑施工工艺课程内容包括土石方工程、地基与基础工程、砌筑工程、钢筋混凝土工程、钢结构吊装工程、建筑装饰工程、建筑节能工程、防水工程等,其专业知识点较多而零散,因此,学习建筑施工工艺课程过程中可以体会到不同工种和工程的乐趣。

(4)专业技术发展快。众所周知,19世纪以来,由于水泥和钢筋的出现,产生了钢筋混凝土,使建筑工程施工进入新的阶段,使建筑物的结构和规模出现了巨大的变化。现今,钢结构、膜结构和大跨结构的出现,再次改变了建筑物的结构和规模。随着城镇化建设的推进,新技术、新材料、新工艺、新方法、新设备等不断涌现。

0.5.2　学习方法

建筑施工工艺课程在学习过程中,除了对课堂讲授的基本理论、基本知识加以理解和掌握外,还需注意以下几点:

(1)理论联系实际。党的二十大报告中提出了"产教融合、科教融汇"的职业教育新思路,职业教育必须以提升学生实践动手能力为重要目标,因此,在学习过程中,同学们必须走进施工现场,观察实际工程的施工方法、使用材料与设备、工程进展等情况,或通过实际工程录像、网上资源等,加强与工程的联系,以便增加感性认识,加强对课程内容的理解。

(2)注重学思结合。通过收集学习典型工程案例,让自己融入"案例现场",仔细观察、认真分析、积极思考,从中获得成功或失败的经验。如深基坑支护部分,通过一个楼体倒塌典型案例,可以一目了然地看到基坑支护的必要性,而后通过之前的理论知识,积极分析得出楼体倒塌的原因是一侧的过分堆载和另一侧挖空区桩基抗侧能力不足,分析避免此类事故出现的措施。

(3)做到与时俱进。随时了解国内外土木工程重大工程项目的最新进展,学习工程中对新技术、新材料、新工艺、新方法、新设备等的应用,注意相关政策、法规、规程、规范的发展变化,保持不断学习、与时俱进的动力。

小贴士

走进工地

　　建筑工地是建筑施工的主要工作场所,也是将来同学实现专业抱负的地方。通过了解工地,掌握工程项目组织机构,熟悉各工种间配合协作模式,可以让同学在学习建筑施工工艺时事半功倍。如何在课堂上了解工地?请扫一扫二维码,跟随编者一起走进工地。

第1章 土石方工程施工

 学习目标

了解土的工程分类及性质;熟悉土方施工特点、土方边坡形式、边坡坡度概念;掌握土方边坡、土方工程量计算、场地设计表格的确定和土方调配等问题;熟悉土钉支护特点和施工方法、基坑土方开挖方法及注意事项;掌握土壁稳定、施工排水、流砂防治和填土压实的方法;掌握常用土方机械的类型、性能及提高生产率的措施;能利用网格法进行场地平整的设计计算及工作安排,能进行挖填土方量的计算,能编制土方开挖与回填的施工方案,能进行土石方工程质量验收和安全管理。

土石方工程是建筑工程施工中的主要工程之一,在大型建筑工程中,土石方工程的工程量和工期往往对整个工程有较大的影响。土石方工程的施工内容主要包括场地平整、基坑(槽)开挖、土石方运输和填筑,以及施工排水、降水和土壁支护等准备和辅助工作。

土石方工程的施工特点有量大面广,劳动强度大,人力施工效率低、工期长,施工条件复杂,多为露天作业,受地质、水文、气候等影响大,不确定因素较多等。因此,在土石方工程施工前,应详细分析与核查各项技术资料(如地下管道、电缆和地下构筑物等),进行现场勘查,并根据现场施工条件做好施工组织设计,确定施工方案,选择适当的机械设备,实行科学管理,保证工程质量,缩短工期,降低工程成本。

1.1 土的工程分类及性质

1.1.1 土的工程分类

土的种类不同,其施工方法也就不同,相应的工程量和工程造价也会有所不同。土的种类繁多,其分类方法也较多,而在建筑工程施工中常根据土石方施工时土(石)的开挖难易程度,将土分为松软土、普通土、坚土、砂砾坚土、软石、次坚石、坚石和特坚石等8类。前

4 类属一般土,后 4 类属岩石,土的工程分类及其现场鉴别方法如表 1-1 所示。

表 1-1　土的工程分类及其现场鉴别方法

土的分类	土的名称	现场开挖方法	可松性系数	
			K_s	K_s'
第一类 (松软土)	砂土,粉土,冲积砂土,种植土,泥炭(淤泥)	用锹、锄头挖掘	1.08~1.17	1.01~1.04
第二类 (普通土)	亚黏土,潮湿的黄土,夹有碎石、卵石的砂土,种植土,填筑土,亚砂土	用锹、锄头挖掘,少许用镐翻松	1.14~1.28	1.02~1.05
第三类 (坚土)	软及中等密实黏土,重粉质黏土,粗砾石,干黄土及含碎石、卵石的黄土,粉质黏土,压实的填筑土	主要用镐,少许用锹、锄头,部分用撬棍	1.24~1.30	1.04~1.07
第四类 (砾砂坚土)	重黏土及含碎石、卵石的黏土,粗卵石,密实的黄土,天然级配砂石,软泥灰岩及蛋白石	先用镐、撬棍,然后用锹挖掘,部分用楔子及大锤	1.26~1.37	1.06~1.09
第五类 (软石)	硬石炭纪黏土,中等密实的页岩、泥灰岩、白垩土,胶结不紧的砾岩,软的石灰岩	用镐或撬棍、大锤,部分用爆破方法	1.30~1.45	1.10~1.20
第六类 (次坚石)	泥岩,砂岩,砾岩,坚实的页岩、泥灰岩,密实的石灰岩,风化花岗岩、片麻岩	用爆破方法,部分用风镐	1.30~1.45	1.10~1.20
第七类 (坚石)	大理岩,辉绿岩,玢岩,粗、中粒花岗岩,坚实的白云岩、砾岩、砂岩、片麻岩、石灰岩,风化痕迹的安山岩、玄武岩	用爆破方法	1.30~1.45	1.10~1.20
第八类 (特坚石)	安山岩,玄武岩,花岗片麻岩,坚实的细粒花岗岩、闪长岩、石英岩、辉长岩、辉绿岩、玢岩	用爆破方法	1.45~1.50	1.20~1.30

注:K_s 为最初可松性系数;K_s' 为最终可松性系数。

1.1.2　土的基本性质

1. 土的组成

土一般由固体颗粒(固相)、水(液相)和空气(气相)三部分组成,这三部分之间的比例关系随着周围条件的变化而变化,三者相互间比例不同,反映出土的物理状态不同,如干燥、稍湿或很湿,密实、稍密或松散。这些指标是土的最基本的物理性质指标,对评价土的工程性质、进行土的工程分类具有重要意义。

土的三相物质是混合分布的,为了阐述方便,一般用三相图表示,具体如图 1-1 所示。

在三相图中,把土的固体颗粒、水、空气各自划分开来。

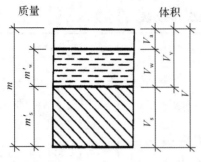

m——土的总质量($m=m_s'+m_w'$),kg

m_s'——土中固体颗粒的质量,kg

m_w'——土中水的质量,kg

V——土的总体积($V=V_a+V_w+V_s$),m^3

V_a——土中空气体积,m^3

V_w——土中水所占的体积,m^3

V_s——土中固体颗粒体积,m^3

V_v——土中孔隙体积($V_v=V_a+V_w$),m^3

图 1-1 土的三相图

2. 土的物理性质

土的物理性质对土方工程的施工有直接影响,所以在施工之前应详细了解,以避免对工程的施工带来不必要的麻烦。其中,土的基本物理性质有土的密度、土的密实度、土的可松性、土的含水量、土的孔隙比和孔隙率、土的渗透性等。

(1)土的密度

土的密度分为天然密度和干密度。

①土的天然密度,是指土在天然状态下单位体积的质量。它影响土的承载力、土压力及边坡的稳定性。一般黏土的密度为 1800~2000kg/m^3,砂土的密度为 1600~2000kg/m^3。土的天然密度的计算公式如下:

$$\rho=\frac{m}{V} \tag{1-1}$$

式中:ρ——土的天然密度,kg/m^3;

m——土的总质量,kg;

V——土的天然体积,m^3。

②土的干密度,是指土的固体颗粒质量与总体积的比值。土的干密度的计算公式如下:

$$\rho_d=\frac{m_s}{V} \tag{1-2}$$

式中:ρ_d——土的干密度,kg/m^3;

m_s——土中固体颗粒的质量,kg;

V——土的天然体积,m^3。

土的干密度在一定程度上反映了土颗粒排列的紧密程度,干密度越大,表示土越密实。工程上常把土的干密度作为检验填土压实质量的控制指标。土的最大干密度值可参考表 1-2。

表 1-2　土的最大干密度和最佳含水量参考值

土的种类	变动范围	
	最大干密度/(g/cm³)	最佳含水量/%
砂土	1.80～1.88	8～12
粉土	1.61～1.80	16～22
亚砂土	1.85～2.08	9～15
亚黏土	1.85～1.95	12～15
重亚黏土	1.67～1.79	16～20
粉质亚黏土	1.65～1.74	18～21
黏土	1.58～1.70	19～23

（2）土的密实度

土的密实度,是指施工时的填土干密度与实验室所得的最大干密度的比值。土的密实度即土的密实程度,通常用干密度表示。土的密实度的计算公式如下:

$$\lambda_c = \frac{\rho_d}{\rho_{dmax}}\tag{1-3}$$

式中:λ_c——密实度(即压实系数);

　　ρ_d——土的实际干密度,kg/m³;

　　ρ_{dmax}——土的最大干密度,kg/m³。

土的密实度对填土的施工质量有很大的影响,它是衡量回填土施工质量的重要指标。

（3）土的可松性

土的可松性,是指在自然状态下的土经开挖后,其体积因松散而增大,以后虽经回填压实,也不能再恢复其原来的体积。由于土方工程量是以自然状态的体积来计算的,所以在土方调配、计算土方机械生产率及运输工具数量等方面,必须考虑土的可松性。

土的可松性用最初可松性系数和最终可松性系数表示,具体的计算公式如下:

最初可松性系数

$$K_s = \frac{V_2}{V_1}\tag{1-4}$$

最终可松性系数

$$K_s{}' = \frac{V_3}{V_1}\tag{1-5}$$

式中:K_s——土的最初可松性系数;

　　$K_s{}'$——土的最终可松性系数;

　　V_1——土在自然状态下的体积,m³;

　　V_2——土经开挖后松散状态下的体积,m³;

　　V_3——土经回填压实后的体积,m³。

经分析可知,$K_s > K_s{}' > 1$。在土方工程中,K_s是计算土方施工机械及运土车辆等的重要参数，K_s' 是计算场地平整标高及填方时所需挖土量等的重要参数。各类土的可松性系数可参考表 1-1。

【例 1-1】　某土石方开挖工程，自然状态下有 500m³ 的土需要外调，现用容量为 3m³ 的汽车外运，需运多少车？（已知该土为二类土，土的最初可松性系数 $K_s=1.14$，最终可松性系数 $K_s'=1.05$）

【解】　(1) $V_2=K_s V_1=1.14\times500=570(\mathrm{m}^3)$

(2) $n=V_2/3=570/3=190(\text{车})$

3. 土的含水量

土的含水量，是指土中所含水的质量与土的固体颗粒质量之比，用百分率表示。土的含水量的计算公式如下：

$$\omega=\frac{m_w}{m_s}\times100\%\qquad(1\text{-}6)$$

式中：ω——土的含水量；

m_w——土中水的质量，kg；

m_s——土中固体颗粒的质量，kg。

土的含水量表示土的干湿程度。土的含水量在 5% 以内，称为干土；土的含水量在 5%～30%，称为湿土；土的含水量大于 30%，称为饱和土。土的含水量影响土方施工方法的选择、边坡的稳定和回填土的夯实质量。如果土的含水量超过 25%，则机械化施工就困难，容易使机械打滑、陷车，因此，回填土需有最佳含水量。最佳含水量，是指可使填土获得最大密实度的含水量。土的最佳含水量可参考表 1-2。

4. 土的孔隙比和孔隙率

孔隙比和孔隙率反映了土的密实程度。孔隙比和孔隙率越小，土越密实。

孔隙比，是指土的孔隙体积与固体体积的比值。土的孔隙比的计算公式如下：

$$e=\frac{V_v}{V_s}\qquad(1\text{-}7)$$

式中：e——土的孔隙比；

V_v——土中孔隙体积（$V_v=V_a+V_w$），m³；

V_s——土中固体颗粒体积，m³。

孔隙率，是指土的孔隙体积与总体积的比值，用百分率表示。土的孔隙率的计算公式如下：

$$n=\frac{V_v}{V}\times100\%\qquad(1\text{-}8)$$

式中：n——土的孔隙率；

V——土的总体积（$V=V_a+V_w+V_s$），m³。

5. 土的渗透性

土的渗透性，是指水流通过土中孔隙的难易程度。水在单位时间内穿透土层的能力称为渗透系数 K，单位为 m/d。它主要取决于土体的孔隙特征，如孔隙的大小、形状、数量和贯通情况等。地下水在土中的渗流速度一般可按达西定律进行计算：

$$V=K\frac{(H_1-H_2)}{L}=K\frac{h}{L}=Ki \qquad (1-9)$$

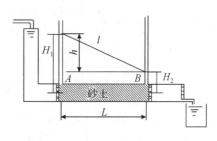

图 1-2　砂土渗透试验

式中：V——水在土中的渗流速度，m/d；

　　　K——土的渗透系数，m/d；

　　　H_1——高水位，m；

　　　H_2——低水位，m；

　　　i——水力坡度，又叫水力梯度。经过长为 L 的渗流路程，A、B 两点的水位差为 H_1-H_2，它与渗流路程之比，称为水力坡度。具体如图 1-2 所示。

渗透系数 K 值反映土的透水性的强弱。它将直接影响降水方案的选择和涌水量计算的准确性，可通过室内渗透试验或现场抽水试验确定。一般土的渗透系数可参考表 1-3。

表 1-3　土的渗透系数

土的种类	$K/(m/d)$	土的种类	$K/(m/d)$
黏土、亚黏土	<0.1	含黏土的中砂及纯细砂	20～25
亚砂土	0.1～0.5	含黏土的细砂及纯中砂	35～50
含黏土的粉砂	0.5～1.0	纯粗砂	50～75
纯粉砂	1.5～5.0	粗砂夹卵石	50～100
含黏土的细砂	10～15	卵石	100～200

1.2　场地平整及土方工程量计算

在丘陵和山区地带，建筑场地往往处在凹凸不平的自然地貌上，开工之前必须通过挖高填低将场地平整。而在场地平整之前，又先要确定场地的设计标高，计算挖、填土方工程量，确定土方平衡调配方案，然后根据工程规模、施工工期、土的工程性质及现有的机械设备条件，选择土方施工机械，拟订施工方案。

1.2.1　土方工程施工前的准备工作

土方工程施工前应做好以下准备工作。

施工准备

（1）场地清理：包括清理地面及地下各种障碍。在施工前应拆除旧房和古墓，拆除或改建通信、电力设备、地下管线及地下建筑物，迁移树木，去除耕植土及河塘淤泥等。

（2）排除地面水：场地内低洼地区的积水必须排除，同时应注意雨水的排除，使场地保持干燥，以便于土方施工。地面水的排除一般要采用排水沟、截水沟、挡水土坝等措施。

（3）修筑好临时道路及供水、供电等临时设施。

（4）做好材料、机具及土方机械的进场工作。

（5）做好土方工程测量、放线工作。

（6）根据土方施工设计做好土方工程的辅助工作，如边坡稳定、基坑（槽）支护、降低地下水等。

1.2.2　场地平整及土方工程量计算

1. 确定场地设计标高

场地设计标高是进行场地平整和土方量计算的依据，也是总体规划和竖向设计的依据。合理地确定场地设计标高，对减少土方量、加速工程速度都有重要的经济意义。如图 1-3 所示，当场地设计标高为 H_0 时，填挖方基本平衡，可将土方移挖作填，就地处理；当设计标高为 H_1 时，填方大大超过挖方，则需从场地外大量取土回填；当设计标高为 H_2 时，挖方大大超过填方，则要向场外大量弃土。因此，在确定场地设计标高时，应结合现场的具体条件，反复进行技术与经济的比较，选择最优方案。

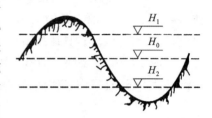

图 1-3　场地不同设计标高的比较

场地平整设计标高的确定一般有两种情况。

一种是整体规划设计时确定场地设计标高，此时必须综合考虑以下因素：

①要能满足生产工艺和运输的要求；

②要充分利用地形，满足城市或区域地形规划和市政排水的要求；

③要按照场地内的挖方与填方能达到相互平衡（亦称"挖填平衡"）的原则进行计算，以降低土方运输费用；

④要有一定的泄水坡度（≥2‰），满足排水要求；

⑤要考虑最高洪水位的影响。

另一种是总体规划没有确定场地设计标高时，按场地内挖填平衡、降低运输费用为原则，确定设计标高，由此来计算场地平整的土方工程量。

场地设计标高一般应在设计文件中规定。若设计文件对场地设计标高没有规定，可按下述步骤来确定场地设计标高。

（1）初步确定场地设计标高 H_0。

初步计算场地设计标高的原则是场内挖填方平衡，即场内挖方总量等于填方总量（$\sum V_挖 = \sum V_填$）。

在具有等高线的地形图上将施工区域划分为边长 $a = 10 \sim 40\mathrm{m}$ 的若干方格，如图 1-4(a) 所示。确定每个方格的各角点地面标高，一般根据地形图上相邻两等高线的标高，用插入法求得；在无地形图情况下，也可在地面用木桩打好方格网，然后用仪器直接测出方格网各角点标高。有了各方格角点的自然标高后，场地设计标高 H_0 就可按以下公式计算：

$$H_0 = \frac{\sum H_1 + 2\sum H_2 + 3\sum H_3 + 4\sum H_4}{4N} \tag{1-10}$$

式中：N——方格网内方格个数；

H_1——一个方格仅有的角点标高,m,如图 1-4(a)中的 H_{11}、H_{14} 等共 4 个;

H_2——两个方格共有的角点标高,m,如图 1-4(a)中的 H_{12}、H_{13} 等共 8 个;

H_3——三个方格共有的角点标高,m;

H_4——四个方格共有的角点标高,m,如图 1-4(a)中的 H_{22}、H_{23} 等共 4 个。

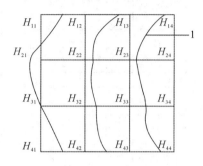 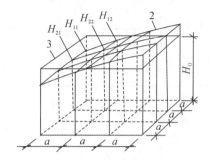

（a）在等高线地形图上划分方格　　　　　（b）设计标高

1—等高线;2—自然地面;3—设计标高平面

图 1-4　场地设计标高计算

（2）调整场地设计标高

根据公式(1-10)初步确定的场地设计标高 H_0 仅为一理论值,实际上,还需要根据以下因素对其进行调整。

①土的可松性影响。由于土具有可松性,会造成填土的多余,故需相应地提高设计标高。

②场内挖方和填方的影响。由于场地内大型基坑挖出的土方,修筑路堤填高的土方,以及从经济角度比较,将部分挖方就近弃于场外(简称弃土)或将部分填方就近取土于场外(简称借土)等,均会引起挖填土方量的变化。必要时,需重新调整设计标高。

③考虑泄水坡度对设计标高的影响。按调整后的同一设计标高进行场地平整时,整个场地表面处于同一水平面,但实际上由于排水的要求,场地需要一定泄水坡度。平整场地的表面坡度应符合设计要求,如无设计要求时,排水沟方向的坡度应不小于 2‰。因此,还需要根据场地的泄水坡度要求(单项泄水或双向泄水),计算出场地内各方格角点实际施工所用的设计标高。

a.单向泄水时,场地各点设计标高的求法。在考虑场内挖填平衡的情况下,按公式(1-10)计算出的初步场地设计标高 H_0 作为场地中心线的标高,如图 1-5 所示。场地内任一点的设计标高按以下公式计算:

$$H_n = H_0 + li \qquad (1-11)$$

式中:H_n——场地内任一点的设计标高,m;

　　l——该点到 H_0 的距离,m;

　　i——场地单向泄水坡度,不小于 2‰。

b.双向泄水时,场地各点设计标高的求法。其原理与单向泄水相同,如图 1-6 所示。初步场地设计标高 H_0 作为场地中心点标高,场地内任一点的设计标高按以下公式计算:

$$H_n = H_0 \pm l_x i_x \pm l_y i_y \qquad (1-12)$$

式中：H_n——场地内任一点的设计标高，m；

　　　l_x、l_y——该点与 $x-x$、$y-y$ 方向距场地中心线的距离，m；

　　　i_x、i_y——该点与 $x-x$、$y-y$ 方向的泄水坡度。

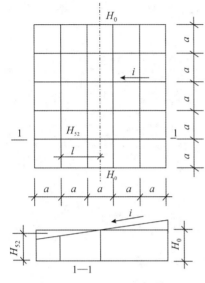
图 1-5　单向泄水坡度的场地

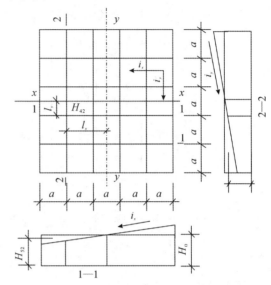
图 1-6　双向泄水坡度的场地

2. 场地土方工程量计算

大面积场地的土方量通常采用方格网法计算，即根据方格网的自然地面标高和实际采用的设计标高，计算出相应的角点挖填高度（即施工高度），然后计算出每一方格的土方量，并算出场地边坡的土方量，这样便可得整个场地的填、挖土方总量。其计算步骤如下：

（1）计算场地各方格角点的施工高度

场地内各方格角点的施工高度按以下公式计算：

$$h_n = H_n - H \tag{1-13}$$

式中：h_n——角点施工高度，即填挖高度，以"＋"为填，"－"为挖，m；

　　　H_n——角点设计标高，m；

　　　H——角点的自然地面标高，m。

（2）确定"零线"

"零线"即挖方区和填方区的分界线，也就是不挖不填的线。零线的确定方法是先求出有关方格边线（此边线的特点一端为挖，另一端为填）上的"零点"（不挖不填的点），将相邻的零点连接起来，即为零线。

确定零点采用图解法，如图 1-7 所示。其中，h_1 为填方角点的施工高度；h_2 为挖方角点的施工高度，0 为零点位置。零点可按以下公式计算：

$$x_1 = \frac{h_1}{h_1 + h_2} \cdot a \tag{1-14}$$

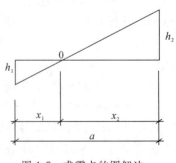
图 1-7　求零点的图解法

$$x_2 = \frac{h_2}{h_1 + h_2} \cdot a \tag{1-15}$$

（3）计算场地填挖土方量

场地填挖土方量计算可采用四方棱柱体法或三角棱柱体法。用四方棱柱体法计算时，依据方格角点的施工高度，分为以下 3 种类型。

① 方格四个角点全部为填或全部为挖，如图 1-8 所示，其土方量按以下公式计算：

$$V = \frac{a^2}{4}(h_1 + h_2 + h_3 + h_4) \tag{1-16}$$

式中：V——挖方或填方的体积，m^3；

h_1、h_2、h_3、h_4——方格角点的施工高度，均用绝对值代入，m。

② 方格的相邻两角点为挖，另两角点为填，如图 1-9 所示，其挖、填方土方量分别按以下公式计算：

挖方部分土方量　　　　$$V_{1,2} = \frac{a^2}{4}\left(\frac{h_1^2}{h_1 + h_4} + \frac{h_2^2}{h_2 + h_3}\right) \tag{1-17}$$

填方部分土方量　　　　$$V_{3,4} = \frac{a^2}{4}\left(\frac{h_3^2}{h_3 + h_2} + \frac{h_4^2}{h_4 + h_1}\right) \tag{1-18}$$

③ 方格的三角点为挖，另一角点为填（或三填一挖），如图 1-10 所示，其填、挖方土方量分别按以下公式计算：

填方部分土方量　　　　$$V_4 = \frac{a^2}{6}\left(\frac{h_4^3}{(h_1 + h_4)(h_4 + h_3)}\right) \tag{1-19}$$

挖方部分土方量　　　　$$V_{1,2,3} = \frac{a^2}{6}(2h_1 + h_2 + 2h_3 - h_4) + V_4 \tag{1-20}$$

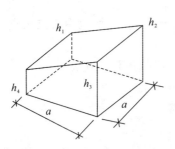

图 1-8　全挖或全填的方格

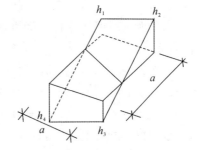

图 1-9　两挖和两填的方格

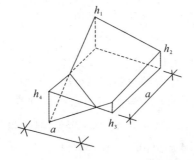

图 1-10　三挖一填或三填一挖的方格

1.2.3　场地平整土方量计算实例

某建筑场地方格网($a = 20$m)及各方格顶点地面标高如图 1-11 所示。该场地土质为亚黏土(普通土),地面设计双向泄水,泄水坡度为 $i_x = 3‰$、$i_y = 2‰$。在建筑设计、生产工艺和最高洪水位等方面均无特殊要求。按挖填平衡要求,试确定场地设计标高(不考虑土的可松性影响,如有余土,用以加宽边坡),并计算挖、填土方工程量。(小数点后保留两位)

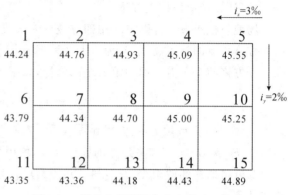

图 1-11　场地方格网及各角点的地面标高

【解】　(1)初步计算场地设计标高 H_0:

$$\sum H_1 = 44.24 + 43.35 + 44.89 + 45.55 = 178.03(\text{m})$$

$$2\sum H_2 = 2 \times (43.79 + 43.36 + 44.18 + 44.43 + 45.25 + 45.09 + 44.93 + 44.76) = 711.58(\text{m})$$

$$3\sum H_3 = 0$$

$$4\sum H_4 = 4 \times (44.34 + 44.70 + 45.00) = 536.16(\text{m})$$

$$H_0 = \left(\sum H_1 + 2\sum H_2 + 3\sum H_3 + 4\sum H_4\right)/(4N) = (178.03 + 711.58 + 536.16)/(4 \times 8) = 44.56(\text{m})$$

(2)根据要求的泄水坡度计算各方格角点的设计标高,以场地中心点角点为 H_0,其余各角点设计标高为:

$$H_1 = H_0 - 40 \times 3‰ + 20 \times 2‰ = 44.56 - 0.12 + 0.04 = 44.48(\text{m})$$

$$H_2 = H_1 + 20 \times 3‰ = 44.48 + 0.06 = 44.54(\text{m})$$

$$H_3 = H_2 + 20 \times 3‰ = 44.54 + 0.06 = 44.60(\text{m})$$

$$H_4 = H_3 + 20 \times 3‰ = 44.60 + 0.06 = 44.66(\text{m})$$

$$H_5 = H_4 + 20 \times 3‰ = 44.66 + 0.06 = 44.72(\text{m})$$

$$H_6 = H_0 - 40 \times 3‰ = 44.56 - 0.12 = 44.44(\text{m})$$

$$H_7 = H_0 - 20 \times 3‰ = 44.56 - 0.06 = 44.50(\text{m})$$

$$H_8 = H_0 = 44.56(\text{m})$$

$$H_9 = H_0 + 20 \times 3‰ = 44.56 + 0.06 = 44.62(\text{m})$$

$$H_{10} = H_0 + 40 \times 3‰ = 44.56 + 0.12 = 44.68(\text{m})$$

$$H_{11} = H_0 - 40 \times 3‰ - 20 \times 2‰ = 44.56 - 0.12 - 0.04 = 44.40(\text{m})$$

$$H_{12} = H_{11} + 20 \times 3‰ = 44.40 + 0.06 = 44.46(\text{m})$$

$$H_{13} = H_{12} + 20 \times 3‰ = 44.46 + 0.06 = 44.52(\text{m})$$

$H_{14}=H_{13}+20\times3‰=44.52+0.06=44.58(m)$

$H_{15}=H_{14}+20\times3‰=44.58+0.06=44.64(m)$

(3)计算角点的施工高度:

$h_1=44.48-44.24=+0.24(m)$

$h_2=44.54-44.76=-0.22(m)$

$h_3=44.60-44.93=-0.33(m)$

$h_4=44.66-45.09=-0.43(m)$

$h_5=44.72-45.55=-0.83(m)$

$h_6=44.44-43.79=+0.65(m)$

$h_7=44.50-44.34=+0.16(m)$

$h_8=44.56-44.70=-0.14(m)$

$h_9=44.62-45.00=-0.38(m)$

$h_{10}=44.68-45.25=-0.57(m)$

$h_{11}=44.40-43.35=+1.05(m)$

$h_{12}=44.46-43.36=+1.10(m)$

$h_{13}=44.52-44.18=+0.34(m)$

$h_{14}=44.58-44.43=+0.15(m)$

$h_{15}=44.64-44.89=-0.25(m)$

(4)计算零点,标出零线位置:

$1\sim2:x=20\times0.24/(0.24+0.22)=10.4(m)$(或 9.6m)

$2\sim7:x=20\times0.22/(0.22+0.16)=11.6(m)$(或 8.42m)

$7\sim8:x=20\times0.16/(0.16+0.14)=10.7(m)$(或 9.3m)

$8\sim13:x=20\times0.14/(0.14+0.34)=5.8(m)$(或 14.17m)

$9\sim14:x=20\times0.38/(0.38+0.15)=14.3(m)$(或 5.66m)

$14\sim15:x=20\times0.15/(0.15+0.25)=7.5(m)$(或 12.5m)

(5)计算各方格土方工程量:

①第一种类型的方格,即全挖或全填的方格:

3、4、9、8 方格:

四点挖　$V_{挖}=a^2\times\dfrac{h_1+h_2+h_3+h_4}{4}=128(m^3)$

4、5、10、9 方格:

四点挖　$V_{挖}=a^2\times\dfrac{h_1+h_2+h_3+h_4}{4}=221(m^3)$

6、7、12、11 方格:

四点填　$V_{填}=a^2\times\dfrac{h_1+h_2+h_3+h_4}{4}=296(m^3)$

②第二种类型的方格,即两填和两挖的方格:

8、9、14、13 方格:

两点挖　$V_{挖}=31.33(\mathrm{m}^3)$

两点填　$V_{填}=28.33(\mathrm{m}^3)$

③第三种类型的方格,即三挖一填或三填一挖的方格:

1、2、6、7 方格:

一点挖　$V_{挖}=\dfrac{a^2\times h_4^3}{6\times(h_1+h_4)\times(h_3+h_4)}=4.06(\mathrm{m}^3)$

三点填　$V_{填}=a^2\times\dfrac{2h_1+h_2+2h_3-h_4}{6}+V_{挖}=86.06(\mathrm{m}^3)$

2、3、8、7 方格:

一点填　$V_{填}=2.4(\mathrm{m}^3)$

三点挖　$V_{挖}=61.73(\mathrm{m}^3)$

7、8、13、12 方格:

一点挖　$V_{挖}=1.27(\mathrm{m}^3)$

三点填　$V_{填}=131.94(\mathrm{m}^3)$

9、10、15、14 方格:

一点填　$V_{填}=1.06(\mathrm{m}^3)$

三点挖　$V_{挖}=113.06(\mathrm{m}^3)$

(6)汇总挖、填土方工程量:

$$\sum V_{挖}=4.06+61.73+128+221+1.27+31.33+113.06=560.45(\mathrm{m}^3)$$

$$\sum V_{填}=86.06+2.4+296+131.94+28.33+1.06=545.79(\mathrm{m}^3)$$

(7)将计算出的场地设计标高、施工高度、零线位置及施工土方工程量在计算过程中,分别填入相应的方格中,具体如图 1-12 所示。

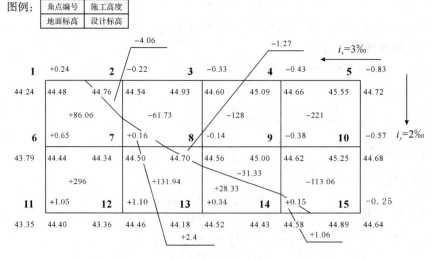

图 1-12　各角点的设计标高及土方工程量

1.3　基坑(槽)开挖与支护

场地平整工程完成后的后续工作就是基坑(槽)的开挖。在开挖基坑(槽)之前,首先应根据相关施工规范、规程和现场的地质水文情况确定边坡坡度,制定边坡稳定措施,再进行基坑(槽)的土方工程量计算,然后现场定位放线,实施开挖,最后验槽。

1.3.1　土方边坡

1. 边坡坡度

放坡开挖施工

在开挖基坑、沟槽或填筑路堤时,为了防止塌方,保证施工安全及边坡稳定,其边沿应考虑放坡。土方边坡的坡度用土方挖方深度 h 与底宽 b 之比表示,可按以下公式计算:

$$土方边坡坡度 = \frac{h}{b} = \frac{1}{\frac{b}{h}} = 1 : m \tag{1-21}$$

式中:$m = b/h$,称为坡度系数。

土方开挖或填筑的边坡可以做成直线形、折线形和阶梯形,如图 1-13 所示。土方边坡的大小主要与土质、开挖深度、开挖方法、边坡留置时间的长短、边坡附近的各种荷载状况及排水情况有关。

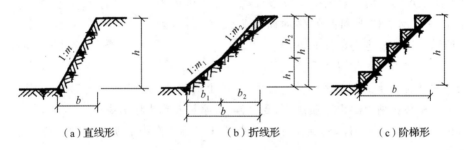

|（a）直线形|（b）折线形|（c）阶梯形|

图 1-13　土方开挖或填筑的边坡

当地质条件良好、土质均匀且地下水位低于基坑(槽)或管底面标高时,挖方边坡可做成直立壁(不放坡)不加支撑,但不宜超过下列规定:

(1)密实、中密的砂土和碎石类土(充填物为砂土),不超过 1.0m。

(2)硬塑、可塑的轻亚黏土及亚黏土,不超过 1.25m。

(3)硬塑、可塑的黏土和碎石类土(填充物为黏性土),不超过 1.5m。

(4)坚硬的黏土,不超过 2.0m。

挖方深度超过上述规定时,应考虑放坡或做直立壁加支撑。当地质条件良好、土质均匀且地下水位低于基坑(槽)或管沟底面标高时,挖方深度在 5m 以内不加支撑边坡的最陡坡度应符合表 1-4 的规定。

表 1-4　深度在 5m 内的基坑(槽)、管沟边坡的最陡坡度(不加支撑)

土的类别	边坡坡度(高∶宽)		
	坡顶无荷载	坡顶有静载	坡顶有动载
中密的砂土	1∶1.00	1∶1.25	1∶1.50
中密的碎石类土(填充物为砂土)	1∶0.75	1∶1.00	1∶1.25
硬塑的粉土	1∶0.67	1∶0.75	1∶1.00
中密的碎石类土(填充物为黏性土)	1∶0.50	1∶0.67	1∶0.75
硬塑的粉质黏土、黏土	1∶0.33	1∶0.50	1∶0.67
老黄土	1∶0.10	1∶0.25	1∶0.33
软土(经井点降水后)	1∶1.00	—	—

注:静载指堆土或放材料等,动载指机械挖土或汽车运输作业等。静载或动载距挖方边缘的距离应保证边坡和直立壁的稳定,应距挖方边缘 0.8m 以外,且堆高不超过 1.5m。

2. 边坡稳定

一般情况下,应对土方边坡作稳定性分析,即在一定开挖深度及坡顶荷载下,选择合适的边坡坡度,使土体抗剪切破坏有足够的安全度,而且其变形不应超过某一容许值。

施工中除应正确确定边坡外,还要进行护坡,以防边坡发生滑动。土坡的滑动一般是指土方边坡在一定范围内整体地沿某一滑动面向下和向外移动而丧失其稳定性,如图 1-14 所示。边坡稳定的条件如下:

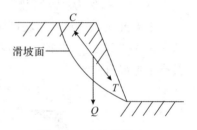

图 1-14　土坡的滑动

$$T < C \tag{1-22}$$

式中:T——土体下滑力。下滑土体的分力,受坡上荷载、雨水、静水压力影响。

C——土体抗剪力。由土质决定,受气候、含水量及动水压力影响。

因此,土体的稳定条件是:在土体的重力及外部荷载作用下所产生的剪应力小于土体的抗剪强度。

土体的下滑在土体中产生剪应力,引起下滑力增加的因素主要有:坡顶上堆物、行车等荷载;边坡太陡;挖深过大;雨水或地面水渗入土中使土的含水量提高而使土的自重增加;地下水的渗流产生一定的动水压力;土体竖向裂缝中的积水产生侧向静水压力等。

引起土体抗剪强度降低的因素主要有:气候的影响使土质松软;土体内含水量增加而产生润滑作用;饱和的细砂、粗砂受振动而液化等。

3. 边坡护面措施

基坑(槽)或管沟挖好后,应及时进行基础工程或地下结构工程施工。在施工过程中,应经常检查坑壁的稳定情况。

当开挖的基坑较深或暴露时间较长时,应根据实际情况采取护面措施。常用的坡面保护方法有薄膜或砂浆覆盖、挂网或挂网抹砂浆护面、钢丝网混凝土或钢筋混凝土护面、土袋或砌石压坡护面等,具体如图 1-15 所示。

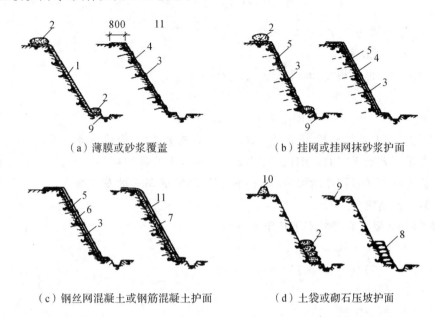

（a）薄膜或砂浆覆盖　　　　（b）挂网或挂网抹砂浆护面

（c）钢丝网混凝土或钢筋混凝土护面　　（d）土袋或砌石压坡护面

1—塑料薄膜;2—草袋或编织袋装土;3—插筋 $\phi10\sim\phi12$mm;4—抹 M5 水泥砂浆;
5—20 号钢丝网;6—C15 喷射混凝土;7—C15 细石混凝土;8—M5 砂浆砌石;
9—排水沟;10—土堤;11—$\phi4\sim\phi6$mm 钢筋网片,纵横间距 250～300mm

图 1-15　基坑边坡护面方法

1.3.2　基坑、基槽土方工程量计算

1. 基坑土方工程量计算

基坑土方工程量可按几何中的拟柱体（由两个平行的平面做底的一种多面体）体积公式计算,如图 1-16 所示。基坑土方工程量按以下公式计算:

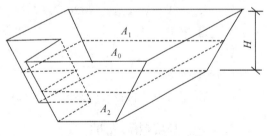

图 1-16　基坑土方工程量计算

$$V=\frac{H}{6}(A_1+4A_0+A_2)\qquad(1-23)$$

式中:H——基坑深度,m;

A_1、A_2——基坑上、下底的面积,m²;

A_0——基坑的中截面面积,m²。

2. 基槽土方工程量计算

基槽和路堤的土方工程量可以沿长度方向分段后,再用同样的方法进行计算,如图 1-17 所示。基槽土方工程量按以下公式计算:

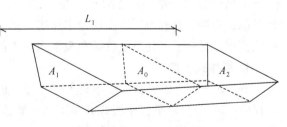

图 1-17　基槽土方工程量计算

$$V_1 = \frac{L_1}{6}(A_1 + 4A_0 + A_2) \tag{1-24}$$

式中：V_1——第一段的土方工程量，m^3；

　　　L_1——第一段的长度，m。

将各段土方工程量相加，即得总土方工程量：

$$V = V_1 + V_2 + \cdots + V_n \tag{1-25}$$

式中：V_1、V_2、$\cdots$、V_n——各分段的土方工程量，m^3。

【例 1-2】　某基坑坑底长 80m，宽 60m，深 8m，四边放坡，边坡坡度为 1∶0.5，试计算挖土土方工程量。若地下室的外围尺寸为 78m×58m，土的最初可松性系数 $K_s = 1.13$，最终可松性系数 $Ks' = 1.03$，回填结束后，余土外运，用斗容量 $5m^3$ 的车运余土，试计算需要运多少车才可将余土运完？

【解】　(1)该基坑自然状态下挖土土方量：

$V = H(A_1 + 4A_0 + A_2)/6$

　　$= 8 \times (80 \times 60 + 4 \times 84 \times 64 + 88 \times 68)/6$

　　$= 43050.67(m^3)$

(2)回填土量(夯实状态)：

$V_{压实(回填)} = 43050.67 - 78 \times 58 \times 8 = 6858.67(m^3)$

回填土量(自然状态)：

$V_{自然(回填)} = V_{压实(回填)}/K'_s = 6858.67/1.03 = 6658.9(m^3)$

(3)余土量(自然状态)：

$V_{自然(余土)} = V - V_{自然(回填)} = 43050.67 - 6658.9 = 36391.77(m^3)$

余土量(松散状态)：

$V_{松散(余土)} = V_{自然(余土)} \times K_s = 36391.77 \times 1.13 = 41122.7(m^3)$

(4)所需车数：

$n = V_{松散(余土)}/5 = 41122.7/5 = 8225(车)$

1.3.3　基坑(槽)支护

开挖基坑(槽)时，若地质条件及周围环境许可，采用放坡开挖是较经济的。但在建筑稠密地区施工，或有地下水渗入基坑(槽)时，往往不可能按要求的坡度放坡开挖，这就需要进行基坑(槽)支护，以保证施工安全，并减少对相邻建筑、管线等的不利影响。

基坑(槽)支护结构的主要作用是支撑土壁。此外，地下连续墙、钢板桩及水泥土搅拌桩等围护结构还兼有不同程度的隔水作用。基坑(槽)支护结构的形式有多种，常用的有横撑式支撑、土钉支护、地下连续墙和型钢水泥土搅拌墙等。

1. 横撑式支撑

开挖较窄的沟槽时多用横撑式土壁支撑。横撑式土壁支撑根据挡土板的不同，分为水平挡土板式和垂直挡土板式两类，如图 1-18 所示。水平挡土板的布置又分间断式和连续式两种。对湿度小的黏性土，当挖

基坑支护施工

土深度小于 3m 时,可用间断式水平挡土板支撑;对松散、湿度大的土,可用连续式水平挡土板支撑,挖土深度可达 5m;对松散和湿度很高的土,可用垂直挡土板式支撑,挖土深度不受限制。

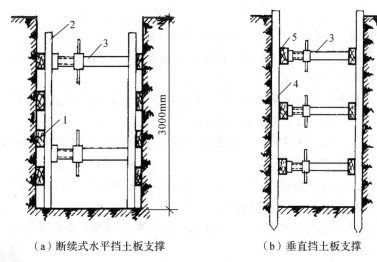

（a）断续式水平挡土板支撑　　（b）垂直挡土板支撑

1—水平挡土板;2—竖楞木;3—工具式横撑;4—垂直挡土板;5—横楞木

图 1-18　横撑式支撑

采用横撑式支撑时,应随挖随撑,支撑要牢固。施工中应经常检查,如有松动、变形等现象时,应及时加固或更换。支撑的拆除应按回填顺序依次进行,多层支撑应自下而上逐层拆除,随拆随填。

2. 土钉支护施工

在基坑开挖的坡面上,采用机械钻孔,孔内放入钢筋注浆,在坡面上安装钢筋网,喷射厚度为 80～200mm 的 C20 混凝土,使土体、钢筋与喷射混凝土面结合为一体,强化土体的稳定性。这种深基坑的支护结构称为土钉支护,又称喷锚支护、土钉墙。土钉支护的构造如图 1-19 所示。

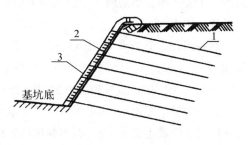

1—土钉;2—钢筋网;3—喷射混凝土面层

图 1-19　土钉支护的构造

（1）土钉支护的适用条件

土钉支护一般适用于地下水位以上或进行人工降水后的可塑、硬塑或坚硬的黏性土,胶结或弱胶结(包括毛细水黏结)的粉土、砂土和角砾、填土;随着土钉支护理论与施工技术的不断成熟,在经过大量工程实践后,土钉支护在杂填土、松散砂土、软塑或流塑土、软土中也得以应用,并可与混凝土灌注桩、钢板桩或在地下水位以上的土层与止水帷幕等配合使用进行支护,扩大了土钉支护的适用范围。采用单一土钉支护的基坑深度不宜超过 12m。

（2）土钉支护的构造和特点

①土钉支护的构造:

a. 土钉采用直径为 16～32mm 的 Ⅱ 级以上的螺纹钢筋,长度为开挖深度的 0.5～1.2,

间距为 1~2m,与水平面夹角一般为 5°~20°。

b.钢筋网采用直径为 6~10mm 的 Ⅰ 级钢筋,间距为 150~300mm。

c.混凝土面板采用喷射混凝土,其强度等级不低于 C20,厚度为 80~200mm,常用 100mm。

d.注浆采用强度不低于 20MPa 的水泥浆或水泥砂浆。

e.承压板采用螺栓将土钉和混凝土面层有效地连接成整体。

②土钉支护的特点:

a.能合理地利用土体的自承能力,将土体作为支护结构不可分割的一部分。

b.结构轻型,柔性大,有良好的抗震性和延性。

c.施工便捷、安全,土钉的制作与成孔简单易行,且灵活机动,便于根据现场监测的变形数据和特殊情况,及时变更设计。

d.施工不需要单独占用场地,对于施工场地狭小、放坡困难、有相邻建筑、大型护坡施工设备不能进场的场地,该技术有独特的优越性。

e.稳定可靠,支护后边坡位移小,水平位移一般为基坑深度的 0.1%~0.2%,最大不超过 0.3%,超载能力强。

f.总工期短,可以随开挖随支护,基本不占用施工工期。

g.费用低、经济,与其他支护类型相比,工程造价能降低 10%~40%。

土钉支护施工

(3)土钉支护的施工

①工序:编写施工方案及施工准备→开挖→清理边坡→孔位布点→成孔→安设土钉钢筋(钢管)→注浆→铺设钢筋网→喷射混凝土面层→下一步开挖。其施工过程如图 1-20 所示。

②施工工艺:

a.准备工作。认真学习规范,熟悉设计图纸,以书面形式让甲方出具地下障碍物、管线位置图,了解工程的质量要求以及施工中的监控内容,编写施工方案。

b.开挖。土钉支护应按施工方案规定的分层开挖深度按作业顺序施工,在完成上层作业面的土钉与喷射混凝土以前,不得进行下一层深度的开挖;当用机械进行土方作业时,严禁边壁出现超挖或造成边壁土体松动,当基坑边线较长,可分段开挖,开挖长度为 10~20m;为防止基坑边坡的裸露土体发生塌陷,对于易坍塌的土体应因地制宜地采取相应措施。

c.孔位布点。土钉成孔前,应按设计要求定出孔位并做出标记编号。孔位的允许偏差不大于 150mm。

d.成孔。根据经验与现场试验,一般采用人工洛阳铲成孔,孔径、孔深、孔距、倾角必须满足设计标准,其误差应符合《基坑土钉支护技术规程》(CECS96:97)的要求。

e.置钉。在直径为 16~32mm 的 Ⅱ 级或 Ⅲ 级钢筋上设置定位架,保证钢筋处于孔中心位置,支架沿钉长的间距为 2~3m,支架的构造应不妨碍注浆时浆液的自由流动。

f.注浆。成孔后应及时将土钉钢筋置入孔中,可采用重力、低压(0.4~0.6MPa)或高压(1~2MPa)方法按配比将水泥浆或砂浆注入孔内。

g.铺设钢筋网。钢筋网可采用直径为 6~10mm 的盘条钢筋焊接或绑扎而成,网格尺

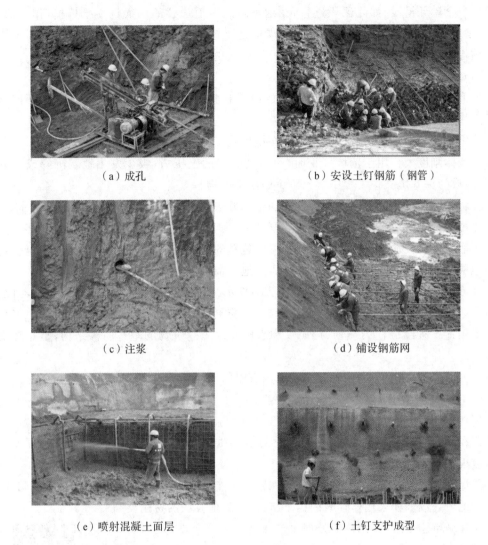

（a）成孔　　　　　　　　　　　（b）安设土钉钢筋（钢管）

（c）注浆　　　　　　　　　　　（d）铺设钢筋网

（e）喷射混凝土面层　　　　　　　（f）土钉支护成型

图 1-20　土钉支护施工过程

寸为 150～300mm。在喷射混凝土之前,面层内的钢筋网应牢固固定在边壁上并符合规定要求的保护层厚度。钢筋网片可用插入土中的钢筋固定,在混凝土喷射时不应出现振动。

h. 喷射混凝土面层。喷射混凝土的喷射顺序应自下而上;为保证喷射混凝土的厚度,可用插入土内用以固定钢筋网片的钢筋作为标志加以控制;喷射混凝土终凝后 2h,应根据当地条件,采取连续喷水养护 5～7d;土钉支护最后一步的喷射混凝土面层宜插入基坑底部以下,深度不小于 0.2m,在基坑顶部也宜设置宽度为 1～2m 的喷射混凝土护顶。

i. 排水系统。土钉支护宜在排除地下水的条件下施工。应采取的排水措施包括地表排水、支护内部排水以及基坑排水,以避免土体处于饱和状态,并减轻作用于面层上的静水压力。

3. 地下连续墙施工

地下连续墙是在地面上采用一种挖槽机械,沿着深开挖工程的周边轴线,在泥浆护壁条件下,开挖出一条狭长的深槽,清槽后,在槽内吊放钢筋笼,然后用导管法灌筑水下混凝土筑成一个单元槽段,如此逐段进行,在地下筑成一道连续的钢筋混凝土墙壁,作为截水、防渗、承重、挡水结构。若将用作支护挡墙的地下连续墙又作为建筑物地下室或地下构筑物的结构外墙,即所谓的"两墙合一",则经济效益更加显著。

(1)地下连续墙的特点

地下连续墙之所以能得到如此广泛的应用和其具有的优点是分不开的。地下连续墙的优点如下:

①施工时振动小,噪音低,非常适于在城市施工。

②墙体刚度大。用于基坑开挖时,可承受很大的土压力,极少发生地基沉降或塌方事故,已经成为深基坑支护工程中必不可少的挡土结构。

③防渗性能好。由于墙体接头形式和施工方法的改进,使地下连续墙几乎不透水。

④可用于逆做法施工。地下连续墙刚度大,易于设置埋设件,很适合逆做法施工。

⑤适用于多种地基条件。地下连续墙对地基的适用范围很广,从软弱的冲积地层到中硬的地层、密实的砂砾层,各种软岩和硬岩的地基都可以建造地下连续墙。

⑥可用作刚性基础。目前地下连续墙不再单纯作为防渗防水、深基坑维护墙,而是越来越多地用来代替桩基础、沉井或沉箱基础,承受更大荷载。

⑦用地下连续墙作为土坝、尾矿坝和水闸等水工建筑物的垂直防渗结构,是非常安全和经济的。

⑧占地少,可以充分利用建筑红线以内有限的地面和空间,充分发挥投资效益。

⑨工效高、工期短、质量可靠、经济效益高。

但地下连续墙也存在以下一些不足:

①在一些特殊的地质条件下(如很软的淤泥质土、含漂石的冲积层和超硬岩石等),施工难度很大。

②如果施工方法不当或施工地质条件特殊,可能出现相邻墙段不能对齐和漏水的问题。

③地下连续墙如果用作临时的挡土结构,比其他方法的费用要高些。

④在城市施工时,废泥浆的处理比较麻烦。

(2)地下连续墙的施工

①工序:施工前的准备工作→修筑导墙→泥浆护壁→挖深槽→清底→钢筋笼加工与吊放→混凝土浇筑。其施工过程如图1-21所示。

连续墙

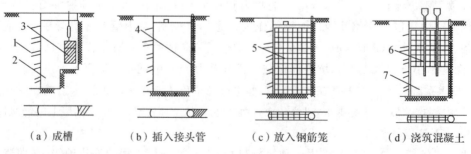

(a)成槽　　(b)插入接头管　　(c)放入钢筋笼　　(d)浇筑混凝土

1—已完成的单元槽段;2—泥浆;3—成槽机;4—接头管;5—钢筋笼;6—导管;7—浇筑的混凝土

图1-21　地下连续墙施工过程示意图

②施工工艺：

a.施工前的准备工作。在进行地下连续墙设计和施工之前,必须认真对施工现场的情况和工程地质、水文地质情况进行调查研究,以确保施工的顺利进行。

地下连续墙施工

b.修筑导墙。导墙是地下连续墙挖槽之前修筑的临时结构,对挖槽起重要作用。导墙的作用:为地下连续墙定位置、定标高;成槽时为挖槽机定向;储存和排泄泥浆,防止雨水混入;稳定泥浆;支撑挖槽机具、钢筋笼和接头管、混凝土导管等设备的施工重量;保持槽顶面土体的稳定,防止土体塌落。

现浇钢筋混凝土导墙施工顺序:平整场地→测量定位→挖槽及处理弃土→绑扎钢筋→支模板→浇筑混凝土→拆模并设置横撑→导墙外侧回填土(如无外侧模板不进行此项工作)。修筑导墙的具体施工过程如图 1-22 所示。

（a）测量定位

（b）挖槽

（c）绑扎钢筋

（d）导墙支模

（e）浇筑混凝土

（f）拆模并设置横撑

图 1-22　修筑导墙施工过程

c.泥浆护壁。地下连续墙的深槽是在泥浆护壁下进行挖掘的。泥浆在成槽过程中的作用有护壁、携渣、冷却和润滑作用。

d.挖深槽。挖深槽的主要工作包括单元槽段划分、挖槽机械的选择与正确使用、制定防止槽壁坍塌的措施和特殊情况的处理等。

（a）单元槽段划分。地下连续墙施工时,预先沿墙体长度方向把地下墙划分为多个某种长度的"单元槽段"。单元槽段的最小长度不得小于一个挖掘段,即不得小于挖掘机械的挖土工作装置的一次挖土长度。

（b）挖槽机械选择。在地下连续墙施工中常用的挖槽机械,按其工作机理主要分为挖斗式、回转式和冲击式三大类。

挖斗式挖槽机是以斗齿切削土体,切削下来的土体收容在斗体内,再从勾槽内提出地面开斗卸土,然后又返回勾槽内挖土,如此重复进行挖槽。为保证挖掘方向,提高成槽精度,可采用以下两种措施:一种是在抓斗上部安装导板,即成为国内常用的导板抓斗;另一种是在挖斗上装长导杆,导杆沿着机架上的导向立柱上下滑动,成为液压抓斗,这样既保证了挖掘方向,又增加了斗体自重,提高了对土的切入力。

回转式挖槽机是以回转的钻头切削土体进行挖掘,钻下的土渣随循环的泥浆排出地面。按照钻头数目,回转式挖槽机分为单头钻和多头钻,单头钻主要用来钻导孔,多头钻用来挖槽。

目前,我国使用的冲击式挖槽机主要是钻头冲击式,它是通过各种形状钻头的上下运动,冲击破碎土层,借助泥浆循环把土渣携出槽外。它适用于黏性土、硬土和夹有孤石等较为复杂的地层情况。钻头冲击式挖槽机的排土方式有正循环方式和反循环方式两种。

e.清底。在挖槽结束后清除槽底沉淀物的工作称为清底。常用的清除沉渣的方法有:砂石吸力泵排泥法、潜水泥浆泵排泥法、抓斗直接排泥法。清底后,槽内泥浆的相对密度应在 1.15 以下。

清底一般安排在插入钢筋笼之前进行。单元槽段接头部位附着的土渣和泥皮会显著降低接头处的防渗性能,宜用刷子刷除或用水枪喷射高压水流进行冲洗。

f.钢筋笼加工与吊放。钢筋笼根据地下连续墙墙体配筋图和单元槽段的划分来制作。单元槽段的钢筋笼应装配成一个整体。必须分段时宜采用焊接或机械连接,接头位置宜选在受力较小处,并相互错开。钢筋笼加工与吊放具体施工过程如图 1-23 所示。

g.混凝土浇筑。混凝土配合比的设计与灌注桩导管法相同。地下连续墙的混凝土浇筑机具有可选用履带式起重机、卸料翻斗、混凝土导管和储料斗,并配备简易浇筑架,一起组成一套设备。为了便于混凝土向料斗供料和装卸导管,还可以选混凝土浇筑机架进行地下连续墙的浇筑。机架可以在导墙上沿轨道行驶。

4. SMW 工法

SMW(Soil Mixing Wall)工法亦称型钢水泥土搅拌桩墙,即在水泥土桩内插入 H 型钢(多数为 H 型钢,亦有插入拉森式钢板桩、钢管等)等,将承受荷载与防渗挡水结合起来,使之成为同时具有受力与抗渗两种功能的支护结构的围护墙。SMW 工法是利用专门的多轴搅拌机就地钻进切削土体,同时在钻头端部将水泥浆液注入土体,经充分搅

JGJ/T 199—2010
型钢水泥土搅拌
墙技术规程

（a）钢筋笼平台及钢筋对焊

（b）钢筋笼制作过程

（c）钢筋笼起吊

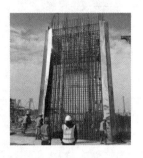
（d）钢筋笼入槽

图 1-23　钢筋笼加工与吊放的施工过程

拌混合后,在各施工单位之间采取重叠搭接施工,在水泥土混合体未结硬前再将 H 型钢或其他型材插入搅拌桩体内,形成具有一定强度和刚度的、连续完整的、无接缝的地下连续墙体,该墙体可作为地下开挖基坑的挡土和止水结构。

（1）SMW 工法的特点

①施工不扰动邻近土体,不会产生邻近地面下沉、房屋倾斜、道路裂损及地下设施移位等危害。

②钻杆具有螺旋推进翼相间设置的特点,随着钻掘和搅拌反复进行,可使水泥系强化剂与土得到充分搅拌,而且墙体全长无接缝,它比传统的连续墙具有更可靠的止水性。

③它可在黏性土、粉土、砂土、砂砾土等土层中应用。

④可成墙厚度 550～1300mm,常用厚度 600mm;成墙最大深度为 65m,若地质条件允许可施工至更深。

⑤所需工期较其他工法短。在一般地质条件下,为地下连续墙的三分之一。

⑥废土外运量远比其他工法少。

SMW 工法在一定条件下可代替作为地下围护的地下连续墙。由于四周可不作防护,型钢又可回收,造价明显降低,不仅加快工程进度,而且能取得良好的经济效益和社会效益。

（2）SMW 工法的施工

①工序:施工场地平整→开挖导沟→桩机定位→水泥浆液拌制→搅拌桩机钻杆下沉与提升→注浆、搅拌、提升→型钢插入与拔除等。其具体的施工流程如图 1-24 所示。

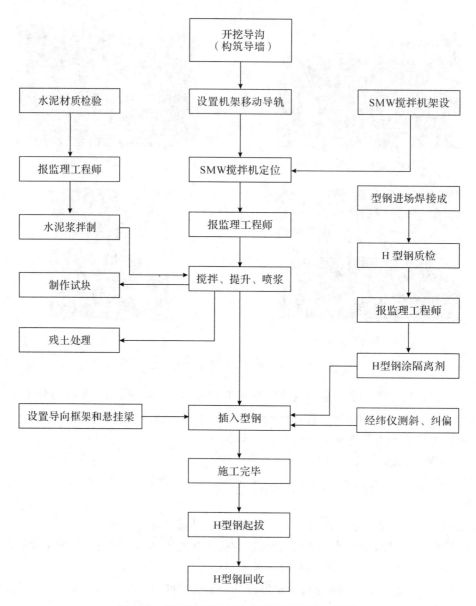

图 1-24　SMW(型钢水泥土搅拌桩墙)施工流程

②施工工艺:

a.施工场地平整。平整施工场地,清除一切地面和地下障碍物;当施工场地表面过软时,采取铺设路基箱的措施防止施工机械失稳;在接近边坡施工时,采取井点降水措施确保边坡的稳定。

b.开挖导沟。在三轴搅拌桩施工过程中会涌出大量的置换土,为了保证桩机的安全移位和施工现场的整洁,需要使用挖机在搅拌桩桩位上预先开挖沟槽。沟槽宽约 1.2m,深约 1.5m。在施工现场还需制作一集土坑,将三轴搅拌桩施工过程中置换的土体泥浆置于其内,待泥浆稍干后外运。开挖导沟具体施工流程如图 1-25 所示。

（a）导沟开挖

（b）置放导轨

图 1-25　开挖导沟施工过程

c.桩机定位。用卷扬机和人力移动搅拌桩机到达作业位置,并调整桩架垂直度超过 0.5%。桩机移位由当班机长统一指挥,移动前必须仔细观察现场情况,移位要做到平稳、安全。桩机定位后,由当班机长负责对桩机桩位进行复核,偏差不得大于 20mm。

d.水泥浆液拌制。施工前应搭建好可存放 200t 水泥的搅拌平台,对全体工人做好详细的施工技术交底工作,水泥浆液的水灰比严格控制在 1.6~2.0。

e.搅拌桩机钻杆下沉与提升。启动电动机,根据土质情况按计算速率,放松卷扬机使搅拌头自上而下切土拌和下沉,直到钻头下沉钻进至桩底标高。按照搅拌桩施工工艺要求,钻杆在下沉和提升时均需注入水泥浆液。钻杆提升速度不得大于 2m/min,按照技术交底要求均匀、连续注入拌制好的水泥浆液。钻杆提升完毕时,设计水泥浆液全部注完。搅拌桩施工结束。

f.注浆、搅拌、提升。开动灰浆泵,待纯水泥浆到达搅拌头后,按计算要求的速度提升搅拌头,边注浆、边搅拌、边提升,使水泥浆和原地基土充分拌和,直提升到离地面 50cm 处或桩顶设计标高后再关闭灰浆泵。

g.型钢的制作与插入起拔。施工中采用工字钢,对接采用内菱形接桩法。为保证型钢表面平整光滑,其表面平整度控制在 1‰ 以内,并应在菱形四角留 φ10 小孔。

型钢拔出,减摩剂至关重要。型钢表面应进行除锈,并在干燥条件下涂抹减摩剂,搬运使用应防止碰撞和强力擦挤,且搅拌桩顶制作围檩前,事先用牛皮纸将型钢包裹好进行隔离,以利拔桩。

型钢应在水泥土初凝前插入。插入前应校正位置,设立导向装置,以保证垂直度小于 1%。插入过程中,必须吊直型钢,尽量靠自重压沉。若压沉无法到位,再开启振动下沉至标高。

型钢回收。采用 2 台液压千斤顶组成的起拔器夹持型钢顶升,使其松动,然后采用振动锤,利用振动方式或履带式吊车强力起拔,将 H 型钢拔出。其采用边拔型钢边进行注浆充填空隙的方法进行施工。

1.3.4　基坑(槽)开挖施工

土方开挖应遵循"开槽支撑,先撑后挖,分层开挖,严禁超挖"的原则。

在开挖基坑(槽)时应按规定的尺寸合理确定开挖顺序和分层开挖深度,连续地进行施工,尽快地完成。因土方开挖施工要求标高、断面准确,土体应有足够的强度和稳定性,所以在开挖过程中要随时注意检查。挖出的土除预留一部分用作回填外,不得在场地内任意堆放,应把多余的土运到弃土地区,以免妨碍施工。为防止坑壁滑坡,根据土质情况及坑(槽)深度,在坑顶两边的一定距离(一般为1m)内不得堆放弃土,在此距离外堆土高度不得超过1.5m,否则,应验算边坡的稳定性。在桩基周围、墙基或围墙一侧,不得堆土过高。在坑边放置有动载的机械设备时,也应根据验算结果,与坑边保持较远的距离,如地质条件不好,还应采取加固措施。为了防止底土(特别是软土)受到浸水或其他原因的扰动,在基坑(槽)挖好后,应立即做垫层或浇筑基础,否则,挖土时应在基底高以上保留150~300mm厚的土层,待基础施工时再行挖去。如果用机械挖土,为防止基底土被扰动,结构被破坏,不应直接挖到坑(槽)底,应根据机械种类,在基底标高以上留出200~300mm厚的土层,待基础施工前用人工铲平修整。挖土时不得超过基坑(槽)的设计标高,如个别处超挖,应用与基土相同的土料填补,并夯实到要求的密实度,如果用原土填补不能达到要求的密实度时,应用碎石类土填补,并仔细夯实。如果重要部位被超挖,可用低强度等级的混凝土填补。

在软土地区开挖基坑(槽)时,应符合下列规定:

(1)施工前必须做好地面排水或降低地下水位的工作。地下水位应降低至基坑底以下0.5~1.0m后方可开挖。降水工作应持续到回填完毕。

(2)施工机械行驶的道路应填筑适当厚度的碎石或砾石,必要时应铺设工具式路基箱(板)或梢排等。

(3)相邻基坑(槽)开挖时,应遵循先深后浅或同时进行的施工顺序,并应及时做好基础。

(4)在密集群桩上开挖基坑时,应在打桩完成后间隔一段时间,再对称挖土。在密集群桩附近开挖基坑(槽)时,应采取措施防止桩基发生位移。

(5)挖出的土不得堆放在坡顶上或建筑物(构筑物)附近。

基坑(槽)开挖有人工开挖和机械开挖两种方式,对于大型基坑应优先考虑选用机械开挖,以加快施工进度。

土方开挖

深基坑应采用"分层开挖,先撑后挖"的开挖方法。某深基坑分层开挖的实例如图1-26所示。在基坑正式开挖之前,先将第①层地表土挖运出去,浇筑锁口圈梁,进行场地平整和基坑降水等准备工作,安设第一道支撑(角撑),并施加预顶轴力,然后开挖第②层土到−4.5m。再安设第二道支撑,待双向支撑全面形成并施加轴力后,挖土机和运土车下坑在第二道支撑上部(铺路基箱)开始挖第③层土,并采用台阶式"接力"方式挖土,一直挖到坑底。第三道支撑应随挖随撑,逐步形成。最后用抓斗式挖土机在坑外挖两侧土坡的第④层土。

深基坑开挖过程中,随着土的挖除,下层土因逐渐卸载而有可能回弹,尤其在基坑挖至设计标高后,如果搁置时间过久,回弹更为显著。如弹性隆起在基坑开挖和基础工程初期

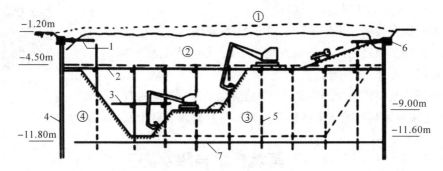

1—第一道支撑;2—第二道支撑;3—第三道支撑;4—支护桩;5—主柱;6—锁口圈梁;7—坑底
图 1-26　深基坑开挖

发展很快,它将加大建筑物的后期沉降。因此,对深基坑开挖后的土体回弹,应有适当的估计,如在勘察阶段,土样的压缩试验中应补充卸荷弹性试验等。还可以采取结构措施,在基底设置桩基等,或事先对结构下部土质进行深层地基加固。施工中减少基坑弹性隆起的一个有效方法是把土体中有效应力的改变降低到最小。具体方法有加速建造主体结构,或逐步利用基础的重量来代替被挖去土体的重量。

■ 小贴士

上海"楼倒倒"典型
工程案例

　　上海市梅陇镇 26 号地块商品住宅项目,由 12 栋楼及地下车库等 16 个单位工程组成。莲花河畔景苑 7 号楼位于在建车库北侧,临淀浦河。2009 年 6 月 27 日,该大楼开始整体由北向南倾倒,在半分钟内,就整体倒塌,倒塌后,其整体结构基本没有遭到破坏,甚至其玻璃都完好无损,大楼底部的桩基则基本完全断裂。由于倒塌的高楼尚未竣工交付使用,事故并没有酿成特大居民伤亡事故,但是造成一名施工人员死亡。调查结果显示,倾覆主要原因是,楼房北侧在短期内堆土高达 10 米,南侧正在开挖 4.6 米深的地下车库基坑,两侧压力差导致土体产生水平位移,过大的水平力超过了桩基的抗侧能力,导致房屋倾倒。

　　通过上海"楼倒倒"这一典型工程案例,我们应该学习《建筑工程土石方工程安全技术规范》,指出安全弃土对于防止随意弃土诱发滑坡、泥石流等人为灾害的重要性,同学们要加强规范标准意识,同时了解弃土、扬尘环保措施对环境保护的重要意义,正如党的二十大报告提出的那样,要立志做有理想、敢担当、能吃苦、肯奋斗的新时代好青年,承担起中国特色社会主义生态文明建设的重任,让青春在全面建设社会主义现代化国家的火热实践中绽放绚丽之花。

1.3.5　验槽

基坑(槽)开挖完毕后,应由施工单位、勘察单位、设计单位、监理单位、建设单位及质检监督部门等有关人员共同进行质量检验。

（1）表面检查验槽。根据槽壁土层分布，判断基底是否已挖至设计要求的土层，观察槽底土的颜色是否均匀一致，是否有软硬不同，是否有杂质、瓦砾及古井、枯井等。

基槽验收

（2）钎探检查验槽。用锤将钢钎打入槽底土层内，根据每打入一定深度的锤击次数来判断地基土质情况。此法主要适用于砂土及一般黏性土。

1.4　基坑排水与降水施工

在基坑开挖前，应做好地面排水和降低地下水位工作。开挖基坑或沟槽时，土的含水层被切断，地下水会不断地渗入基坑。雨季施工时，地面水也会流入基坑。为了保证施工的正常进行，防止边坡塌方和地基承载力下降，在基坑开挖前和开挖时必须做好排水降水工作。基坑排水降水方法，可分为明排水法和地下水控制。

1.4.1　明排水法

明排水法（集水井降水法）是采用截、疏、抽的方法来进行排水，即在开挖基坑时，沿坑底周围或中央开挖排水沟，再在沟底设置集水井，使基坑内的水经排水沟流向集水井内，然后用水泵抽出坑外，如图 1-27 所示。

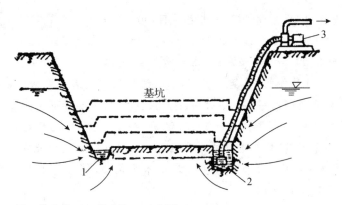

1—排水沟；2—集水坑；3—水泵。

图 1-27　集水井降水

基坑四周的排水沟及集水井应设置在基础范围以外（≥0.5m），地下水流的上游。明沟排水的纵坡宜控制在 1‰～2‰；集水井应根据地下水量、基坑平面形状及水泵能力，每隔 20～40m 设置一个。集水井的直径或宽度一般为 0.7～0.8m，其深度随挖土加深，应经常保持低于挖土面 0.8～1.0m。井壁可用竹、木等进行简易加固。

抽水设备工作
原理动画

当基坑挖至设计标高后，井底应低于坑底 1～2m，并铺设 0.3m 厚的碎石滤水层，以免在抽水时将泥砂抽出，并防止井底的土被搅动。抽水机具常用潜水泵或离心泵,视涌水量的大小24h随时抽排,直至槽边回填土开始。

明排水法由于设备简单和排水方便,采用较为普通。但当开挖深度大、地下水位较高而土质又不好时,用明排水法降水,挖至地下水位以下时,有时坑底面的土颗粒会形成流动状态,随地下水流入基坑,这种现象称为流砂现象。发生流砂时,土完全丧失承载能力,使施工条件恶化,难以达到开挖设计深度,严重时会造成边坡塌方及附近建筑物下沉、倾斜、倒塌等现象。

1. 流砂形成的原因

流砂现象的形成有其内因和外因。内因取决于土壤的性质。当土的孔隙率大、含水量大、黏粒含量少、粉粒多、渗透系数小、排水性能差等均容易产生流砂现象。因此,流砂现象经常发生在细砂、粉砂和亚砂土中。但会不会发生流砂现象,还应具备一定的外因条件,即地下水及

集水坑降水法
动画

其产生动水压力的大小和方向。当地下水位较高,基坑内排水所造成的水位差越大时,动水压力也越大;当动水压力大于等于浮土重力时,就会推动土壤失去稳定,形成流砂现象。

此外,当基坑位于不透水层内,而不透水层下面为承压蓄水层,坑底不透水层的覆盖厚度的重量小于承压水的顶托力时,基坑底部就可能发生管涌冒砂现象。

2. 防治流砂的方法

防治流砂总的原则是"治砂必治水"。其途径有三:一是减少或平衡动水压力;二是截住地下水流;三是改变动水压力的方向。具体措施如下:

(1)枯水期施工。因地下水位低,坑内外水位差小,动水压力减少,从而可预防和减轻流砂现象。

(2)打板桩。将板桩沿基坑周围打入不透水层,便可起到截住水流的作用;或者打入坑底面一定深度,这样将地下水引至坑底以下流入基坑,不仅增加了渗流长度,而且改变了动水压力方向,从而可达到减少动水压力的目的。

(3)水中挖土。即不排水施工,使坑内外的水压相平衡,不致形成动水压力。如沉井施工,不排水下沉,进行水中挖土,水下浇筑混凝土,这些都是防治流砂的有效措施。

(4)人工降低地下水位。截住水流,不让地下水流入基坑,不仅可防治流砂和土壁塌方,还可改善施工条件。

(5)地下连续墙法。此法是沿基坑的周围先浇筑一道钢筋混凝土的地下连续墙,从而起到承重、截水和防流砂的作用,它又是深基础施工的可靠支护结构。

(6)抛大石块,抢速度施工。如在施工过程中发生局部的或轻微的流砂现象,可组织人力分段抢挖,挖至标高后,立即铺设芦席并抛大石块,增加土的压力,以平衡动水压力,力争在未产生流砂现象之前,将基础分段施工完毕。

此外,在含有大量地下水土层中或沼泽地区施工时,还可以采取土壤冻结法;对位于流砂地区的基础工程,应尽可能用桩基或沉井施工,以节约防治流砂所增加的费用。

1.4.2　地下水控制

地下水控制方法可分为降水、截水和回灌等方式单独或组合使用,一般可按表1-5选用。

表 1-5　地下水控制方法适用条件

名称		土类	渗透系数/(m/d)	降水深度/m	水文地质特征
集水明排			7～20.0	<5	
降水	真空井点	填土、粉土、黏性土、砂土	0.1～20.0	单级:<6 多级:<20	上层滞水或水量不大的潜水量不大的潜水
	喷射井点		0.1～20.0	<20	
	管井	粉土、砂土、碎石土、可溶岩、破碎带	1.0～200.0	>5	含水丰富的潜水、承压水、裂隙水
截水		黏性土、粉土、砂土、碎石土、岩溶岩	不限	不限	
回灌		填土、粉土、砂土、碎石土	0.1～200.0	不限	

1. 井点降水法

井点降水法,就是在基坑开挖前,预先在基坑四周埋设一定数量的滤水管(井),利用抽水设备从中抽水,使地下水位降落到坑底以下,直至施工结束为止。这样,可使所挖的土始终保持干燥状态,改善施工条件,同时还使动水压力方向向下,从根本上防止流砂发生,并增加土的有效应力,提高土的强度或密实度。因此,井点降水法不仅是一种施工措施,也是一种地基加固方法。采用井点降水法降低地下水位可适当增加边坡坡度减少挖土数量,但在降水过程中,基坑附近的地基土壤会有一定沉降,施工时应加以注意。

井点降水法有轻型井点、喷射井点、电渗井点、管井井点及深井井点等方法,其中以轻型井点采用较广,下面以轻型井点作重点介绍。各种方法的选用,视土的渗透系数、降低水位的深度、工程特点、设备条件及经济比较等具体条件参照表 1-6 选用。

表 1-6　各种井点的适用范围

井点类型	土层渗透系数/(m/d)	降低水位深度/m	适用土质
一级轻型井点	0.1～50	3～6	粉质黏土、砂质粉土、粉砂、含薄层粉砂的粉质黏土
二级轻型井点	0.1～50	6～12	
喷射井点	0.1～5	8～20	
电渗井点	<0.1	根据选用的井点确定	黏土、粉质黏土
管井井点	20～200	3～5	砂质黏土、粉砂、含薄层粉质黏土、各类砂土、砾砂
深井井点	10～250	>15	

轻型井点降低地下水位,是沿基坑周围一定的间距埋入井点管(下端为滤管)至蓄水层,在地面上用集水总管将各井点管连接起来,并在一定位置设置抽水设备,利用真空泵

和离心泵的真空吸力作用,使地下水经滤管进入井管,然后经总管排出,从而降低地下水位。

(1)轻型井点的设备

轻型井点的设备由管路系统和抽水设备组成,具体如图 1-28 所示。管路系统由滤管、井点管、弯联管及总管等组成。滤管是长 1.0～1.7m,外径为 38 或 51mm 的无缝钢管,管壁上钻有直径为 12～19mm 的星旗状排列的滤孔,滤孔面积为滤管表面积的 20%～25%。滤管外面包括两层孔径不同的滤网。内层为细滤网,采用 30～40 眼/cm² 的铜丝布或尼龙丝布;外层为粗滤网,采用 5～10 眼/cm² 的塑料纱布。

井点降水设备
工作原理

为了使流水畅通,管壁与滤网之间用塑料管或铁丝绕成螺旋形隔开,滤管外面再绕一层粗铁丝保护,滤管下端为一铸铁斗。滤管构造具体如图 1-29 所示。

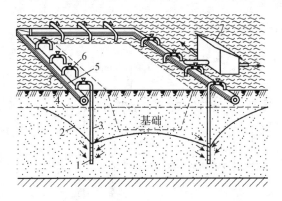

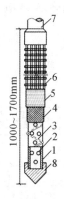

1—滤管;2—降低后地下水位线;3—井点管;
4—原有地下水位线;5—总管;6—弯联管;
7—水泵房

图 1-28　轻型井点降低地下水位

1—滤管;2—管壁上的小孔;3—缠绕的塑料管;
4—细滤网;5—粗滤网;6—粗铁丝保护网;
7—井点管;8—铸铁头

图 1-29　滤管构造

井点管用直径 38 或 55mm、长 5～7m 的无缝钢管或焊接钢管制成,下接滤管,上端通过弯联管与总管相连。弯联管一般采用橡胶软管或透明塑料管,后者可以随时观察井点管的出水情况。

总管为直径 100～127mm 的无缝钢管,每节长 4m,各节间用橡皮套管连接,并用钢箍箍紧,防止漏水。总管上装有与井点管连接的短接头,间距为 0.8 或 1.2m。

抽水设备由真空泵、离心泵和水汽分离器(又称集水箱)等组成。

(2)轻型井点的布置

轻型井点的布置应根据基坑的大小与深度、土质、地下水位高低与流向、降水深度要求等确定。

轻型井点降水施工

①平面布置。当基坑或沟槽宽度小于 6m,水位降低值不大于 5m 时,可用单排线状井点,布置在地下水流的上游一侧,两端延伸长度一般不小于沟槽宽度,具体如图 1-30 所示。如沟槽宽度大于 6m,或土质不良,宜用双排井点,具体如图 1-31 所示。面积较大的基坑宜用环状井点,具体如图 1-32 所示。有时也可以布置成 U 形,以利

挖土机械和运输车辆出入基坑,环状井点的四角部分应适当加密;井点管距离基坑一般为0.7～1.0m,以防漏气。井点管间距一般为0.8～1.5m,或由计算和经验确定。

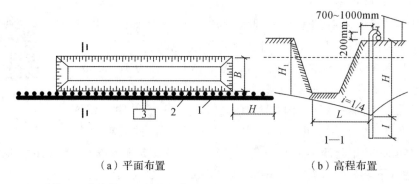

（a）平面布置　　　　　　　　　　　（b）高程布置

1—总管;2—井点管;3—抽水设备

图 1-30　单排线状井点的布置

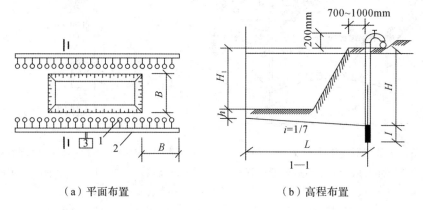

（a）平面布置　　　　　　　　　　　（b）高程布置

1—井点管;2—总管;3—抽水设备

图 1-31　双排线状井点的布置

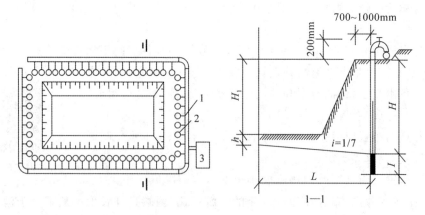

1—总管;2—井点管;3—抽水设备

图 1-32　环形井点的布置

　　井点管间距不能过小,否则彼此干扰大,出水量会显著减少,一般可取滤管周长的 5～10 倍;在基坑周围四角和靠近地下水流方向一边的井点管应适当加密;当采用多级井点排水时,下一级井点管间距应较上一级的小;实际采用的井距,还应与集水总管上短接头的间距相适应(可按 0.8、1.2、1.6、2.0m 四种间距选用)。

　　采用多套抽水设备时,井点系统应分段,各段长度应大致相等。分段地点宜选择在基坑转弯处,以减少总管弯头数量,提高水泵抽吸能力。水泵宜设置在各段总管中部,使泵两边水流平衡。分段处应设阀门或将总管断开,以免管内水流紊乱,影响抽水效果。

　　②高程布置。轻型井点的降水深度在考虑设备水头损失后,不超过 6m。井点管的埋设深度 H(不包括滤管长)(如图 1-30、图 1-31 和图 1-32 所示)按以下公式计算:

$$H > H_1 + h + IL \qquad (1\text{-}26)$$

式中:H_1——井点管埋设面至基坑底的距离,m;

　　　h——基坑中心处基坑底面(单排井点时,取远离井点一侧坑底边缘)至降低后地下水位的距离,一般为 0.5～1.0m;

　　　I——地下水力坡度,环状井点取 1/10,双排线状井点取 1/7,单排线状井点取 1/4;

　　　L——井点管至基坑中心的水平距离,m。(在单排井点中,为井点管至基坑另一侧的水平距离)

　　此外,确定井点埋深时,还要考虑到井点管一般要露出地面 0.2m 左右。如果计算出 H 值大于井点管长度,则应降低井点管的埋置面(但以不低于地下水位线为准)以适应降水深度的要求。在任何情况下,滤管必须埋在透水层内。为了充分利用抽吸能力,总管的布置标高宜接近地下水位线(可事先挖槽),水泵轴心标高宜与总管平行或略低于总管。总管应具有 0.25%～0.5% 的坡度(坡向泵房)。各段总管与滤管最好分别设在同一水平面上,不宜高低悬殊。当一级井点系统达不到降水深度要求时,可视

深井降水施工

其具体情况采用其他方法降水。如上层土的土质较好时,先用集水井排水法挖去一层土再布置井点系统;也可采用二级井点,即先挖去第一级井点所疏干的土,然后再在其底部装设第二级井点。

　　2. 截水

　　由于井点降水会引起周围地层的不均匀沉降,但在高水位地区开挖深基坑必须采用降水措施以保证地下工程的顺利进展,因此,在施工时一方面要保证基坑工程的施工,另一方面又要防范周围环境引起的不利影响。施工时应设置地下水位观测孔,并对临时建筑、管线进行监测,在降水系统运转过程中随时检查观测孔中的水位,发现沉降量达到报警值时应及时采取措施。同时,如果施工区周围有湖、河等贮水体时,应在井点和贮水体之间设置止水帷幕,以防抽水造成与贮水体穿通,引起大量涌水,甚至带出土颗粒,产生流砂现象。在建筑物和地下管线密集区等对地面沉降控制有严格要求的地区开挖深基坑,应尽可能采取止水帷幕,并进行坑内降水的方法。这样一方面可疏干坑内地下水,以利开挖施工;另一方面可利用止水帷幕切断坑外地下水的涌入,大大减小对周围环境的影响。

止水帷幕的厚度应满足基坑防渗要求,当地下含水层渗透性较强、厚度较大时,可采用悬挂式竖向截水与坑内井点降水相结合,或采用悬挂式竖向截水与水平封底相结合的方案。

3. 回灌

场地外缘回灌系统也是减小降水对周围环境影响的有效方法。回灌系统包括回灌井点和砂沟、砂井回灌两种形式。回灌井点是在抽水井点设置线外 4～5m 处,以间距 3～5m 插入注水管,将井点中抽取的水经过沉淀后用压力注入管内,形成一道水墙,以防止土体过量脱水,而基坑内仍可保持干燥。这种情况下抽水管的抽水量约增加 10%,所以可适当增加抽水井点的数量。回灌可采用井点、砂井、砂沟等。

1.5　土方工程的机械化施工

土方的开挖、运输、填筑和压实等施工过程中应尽量采用机械化施工,以减轻繁重的体力劳动,加快施工进度。

土方工程施工机械的种类繁多,有推土机、铲运机、平土机、松土机、单斗挖土机及多斗挖土机和各种碾压、夯实机械等。而在房屋建筑工程施工中,尤以推土机、铲运机和单斗挖土机应用最广。以下将就这几种类型机械的性能、使用范围及施工方法作重点介绍。

土方工程机械化施工

1.5.1　推土机施工

推土机是集铲、运、平、填于一身的综合性机械,操作机动灵活,运转方便迅速,所需工作面小,易于转移,在建筑工程中应用最多。目前主要使用的是液压式推土机,其外形如图 1-33 所示。

图 1-33　液压式推土机外形

推土机除适用于切土深度不大的场地平整外,也用于开挖深度不大于 1.5m 的基槽,尤其适合浅基础的面式开挖;还可用于回填基坑、基槽和管沟,以及用于堆筑高度在 1.5m 以内的路基、堤坝,平整其他机械装置的土堆,推送松散的硬土、岩石和冻土以及配合铲运机助铲等工作。推土机可挖掘Ⅰ～Ⅳ类土,挖掘Ⅲ、Ⅳ类土前应予以翻松。推土机推填距离宜在 100m 以内,距离在 60m 时效率最高。推土机可采用下坡推土、并列推土、槽形推土和多铲集运四种推土方法。

1. 下坡推土

下坡推土是推土机顺地面坡势沿下坡方向推土,借助机械往下的重力作用,可增大铲刀切土深度和运土数量,可提高推土机能力和缩短推土时间,一般可提高生产效率30%～40%,但坡度不宜大于15°,以免后退时爬坡困难。具体作业方式如图1-34(a)所示。

2. 并列推土

对于大面积的施工区,可用2～3台推土机并列推土。推土时两铲刀相距150～300mm,这样可以减少土的散失而增大推土量,能提高生产效率15%～30%。但平均运距不宜超过50～75m,亦不宜小于20m,且推土机数量不宜超过3台,否则倒车不便,行驶不一致,反而影响生产效率。具体作业方式如图1-34(b)所示。

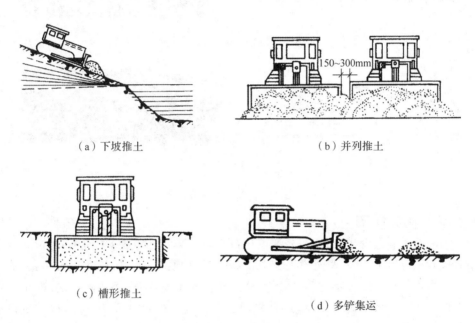

（a）下坡推土　　　　　　　　　　　（b）并列推土

（c）槽形推土　　　　　　　　　　　（d）多铲集运

图 1-34　推土机作业方式

3. 槽形推土

槽形推土是指当运距较远、挖土层较厚时,利用已推过的土槽再次推土。其可以减少铲刀两侧土的散漏,这样作业可提高效率10%～30%。槽深1m左右为宜,槽间土埂宽约0.5m。在推出多条槽后,再将土埂推入槽内,然后运出。具体作业方式如图1-34(c)所示。

4. 多铲集运

多铲集运是指在硬质土中,切土深度不大时,可将土先堆积在一处,然后集中推送到卸土区。这样可以有效地提高推土的效率,缩短运土时间,但堆积距离不宜大于30m,堆土高度在2m以内为宜。具体作业方式如图1-34(d)所示。

1.5.2 铲运机施工

铲运机是一种能够独立完成铲土、运土、卸土、填筑、平整的土方机械。其按行走方式可分为拖式铲运机和自行式铲运机两种,具体外形如图 1-35 所示。拖式铲运机由拖拉机牵引,自行式铲运机的行驶和作业都靠本身的动力设备。

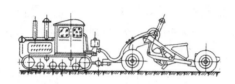

(a) 拖式铲运机

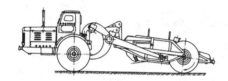

(b) 自行式铲运机

图 1-35 铲运机外形

1. 铲运机的使用范围

铲运机对行驶道路要求较低,行驶速度快,操纵灵活,运转方便,生产率高,可在一至三类土中直接挖、运土,适用于大面积场地平整,开挖大型基坑、沟槽,以及填筑路基、堤坝等工程。铲运机可铲运含水量不大于 27% 的松土和普通土,但不适于在砾石层、冻土地带和沼泽区工作。当铲运较坚硬的土壤时,宜先用松土机把土翻松 0.2~0.4m,以减少机械磨损,提高生产效率。

在土木工程中,常使用的铲运机的铲斗容量为 2.5~8m³;自行式铲运机的经济运距为 800~1500m,最大可达 3500m;施工铲运机的运距以 600m 为宜,当运距为 200~350m 时效率最高,如果采用双联铲运或挂大斗铲运时,其运距可增加到 1000m。运距越长,生产率越低,因此,在规划铲运机的运行路线时,应力求符合经济运距的要求。

2. 铲运机的运行路线

铲运机的运行路线,对提高生产效率影响很大,应根据填、挖方区的分布情况并结合当地具体条件进行合理选择。其一般有以下两种形式:

(1) 环形路线

当地形起伏不大、施工地段较短时,多采用环形路线,如图 1-36(a)(b)所示。环形路线每一循环只完成一次铲土和卸土,挖土和填土交替;挖填之间距离较短时,则可采用大循环路线,如图 1-36(c)所示,一个大循环能完成多次铲土和卸土,这样可减少铲运机的转弯次数,提供工作效率。

(2)"8"字形路线

在地形起伏较大、施工地段狭长的情况下,宜采用"8"字形路线,如图 1-36(d)所示。这种运行路线,铲运机在上下坡时是斜向行驶,受地形坡度限制小;一个循环中两次转弯方向不同,可避免机械行驶时的单侧磨损;一个循环完成两次铲土和卸土,减少了转弯次数及空车行驶距离,亦可缩短运行时间,提高生产率。

尚需指出,铲运机应避免在转弯时铲土,否则,铲刀受力不均易引起翻车事故。因此,为了充分发挥铲运机的效能,保证能在直线段上铲土并装满土斗,要求铲土区应有足够的最小铲土长度。

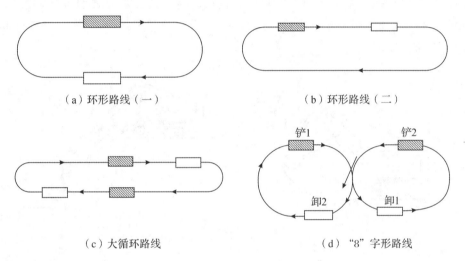

（a）环形路线（一）　　　　　　　　（b）环形路线（二）

（c）大循环路线　　　　　　　　（d）"8"字形路线

图 1-36　铲运机运行路线

3. 提高铲运机生产率的措施

(1)下坡铲土

铲运机利用地形进行下坡推土,借助机械重力的水平分力来加大切土深度和缩短铲土时间,但纵坡不得超过 25°,横坡不大于 5°,铲运机不能在陡坡上急转弯,以免翻车。

(2)挖近填远

挖土先从距离填土区最近一端开始,由近而远;填土则从距离挖土区最远一端开始,由远而近。这样,既可使铲运机始终在合理的运距内工作,又可创造下坡铲土的条件。

(3)推土机助铲

在较坚硬的土层中可用推土机助铲,可加大铲刀切削力、切土深度和铲土速度。助铲间歇,推土机可兼作松土、平整工作。

(4)双联铲运法

当拖式铲运机的动力有富裕时,可在拖拉机后面串联两个铲斗进行双联铲运。对坚硬土层,可用双联单铲,即一个土斗铲满后,再铲另一土斗;对松软土层,则可用双联双铲,即两个土斗同时铲土。

（5）挂大斗铲运

在土质松软地区,可改挂大型铲土斗,以充分利用拖拉机的牵引力来提高工作效率。

（6）跨铲法

跨铲法是指预留土埂,间隔铲土,以减少土壤散失;而在铲除土埂时,又可减少铲土阻力,加快速度。

1.5.3 单斗挖土机施工

单斗挖土机用以挖掘基坑、沟槽,清理和平整场地;更换工作装置后,还可进行装卸、起重、打桩等其他作业,是工程建设中常用的机械设备。按行走装置的不同,其分为履带式和轮胎式两类;按工作装置不同,其分为正铲、反铲、拉铲和抓铲四种,单斗挖土机的类型如图 1-37 所示。

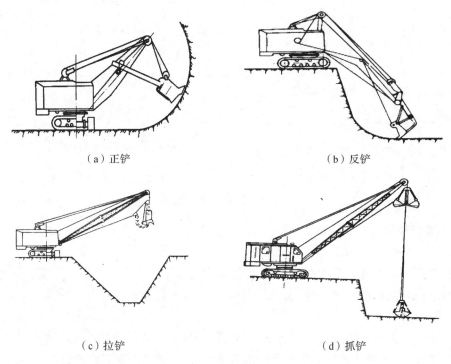

（a）正铲　　　　　　　　　　　　（b）反铲

（c）拉铲　　　　　　　　　　　　（d）抓铲

图 1-37　单斗挖土机的类型

1. 正铲挖土机

正铲挖土机的工作特点是:前进向上,强制切土。可以用于开挖停机面以上的Ⅰ～Ⅳ类土和爆破后的岩石、冻土等,需与相当数量的自卸运土汽车配合完成。其挖掘力大,生产率高,可以用于开挖大型干燥基坑及土丘等。正铲挖土机的工作面高度一般不应小于1.5m,否则一次起挖不能装满铲斗,生产效率将降低。正铲挖土机有两种工作方式,即正向工作面和侧向工作面:正向工作面挖土适用于开挖工作面狭小,且较深的基坑(槽)、管沟和路堑等;侧向工作面挖土适用于开挖工作面大、深度不大的边坡、基坑(槽)、沟渠和路堑等。

正铲挖土机按其装置可分为履带式和轮胎式两种,正铲挖土机的斗容量有 0.25、0.5、0.6、0.75、1.0、2.0m³ 等几种。一般常用的有万能履带式单斗正铲挖土机。此外,正铲挖土机还可以根据不同操作环境的需要,改装成反铲、拉铲、抓铲等不同的形式。

2. 反铲挖土机

正铲

反铲挖土机的工作特点是:后退向下,强制切土。其挖掘力比正铲挖土机小,可以用于开挖停机面以下的Ⅰ～Ⅲ类土。机身和装土均在地面上操作,省去下坑通道,适用于开挖深度不大的基坑、基槽、沟渠、管沟及含水量大或地下水位高的土坑,可同时采用沟端和沟侧开挖。沟端开挖适用于一次或沟内后退挖土,挖出土方随即运走,或就地取土填筑路基或修筑路基等。沟侧开挖适用于横挖土或需将土方甩到离沟边较远的距离时使用。反铲挖土机的斗容量有 0.25～1.0m³ 不等,最大挖土深度有 4～6m 不等,比较经济的挖土深度为 1.5～3.0m。对于较大、较深的基坑可采用多层接力法开挖,或配备自卸汽车运走。

反铲

3. 拉铲挖土机

拉铲挖土机的工作特点是:后退向下,自重切土。其挖土深度和挖土半径较大,而且铲斗是挂在钢丝绳上的,可以甩得较远,挖得较深,但不如反铲灵活,适用于挖掘停机面以下的Ⅰ～Ⅲ类土,可开挖较深较大的基坑(槽)、沟渠,挖取水中泥土以及填筑路基、修筑堤坝等。拉铲挖土机的斗容量有 0.35、0.5、1.0、1.5、2.0m³。最大挖土深度有 7.6(W3－30)～16.3m(W1－200)不等。拉铲挖土机可将土直接甩在坑、槽、沟旁,或配合推土机将土推送到较远处堆放,或配备自卸汽车运土。

拉铲

4. 抓铲挖土机

抓铲

抓铲挖土机的工作特点是:直上直下,自重切土。其可用于开挖停机面以下的Ⅰ～Ⅲ类土,宜于挖窄而深的基坑,疏通旧有渠道以及挖取水中淤泥等,或用于装卸碎石、矿渣等松散材料,在软土地基的地区,常用于开挖基坑等,可直接开挖直井或在开口沉井内挖土,可以装车也可以甩土。抓铲挖土机由于使用钢丝绳牵拉,工作效率不高,液压式的深度又受到限制,因此,除在面积小的深基础及深基坑(槽)之外,应用范围很小。

📶 小贴士

火神山医院土石方
工程施工

2020 年 1 月 23 日:火神山医院的建设项目被武汉市政府正式立项,并完成选址。下午,设计单位就组建起 60 余人的项目组,5 小时内完成场地平整设计图,并连夜开工;晚 10 点,上百台挖掘机、推土机就已经进场,通宵进行场平、回填。

2020 年 1 月 24 日:设计单位项目组通宵奋战,24 小时内完成方案设计图。此时,挖掘机 95 台,推土机 33 台,压路机 5 台,自卸车 160 台,160 名管理人员和 240

名工人已经进场集结完毕,开展土地平整。当天累计平整全部场地5万平方米(相当于7个足球场),内转土方15万立方米(足以填满57个游泳池)。

火神山医院的建设速度,一是体现了中国特色社会主义制度的优越性,在疫情当前,我们可以迅速统一力量办大事;二是中国共产党的正确领导,坚持科学防治、精准施策的方针,团结和带领中国人民共同抗疫;三是中国综合国力强大,科技先进;四是民族精神与人民的力量,一方有难,八方支援,还有最美逆行者;五是中国工程建设力量的强大,反映出了土方工程的机械化施工水平高。

正如二十大报告指出的那样,面对突如其来的新冠肺炎疫情,我党坚持人民至上、生命至上,坚持外防输入、内防反弹,坚持动态清零不动摇,开展抗击疫情人民战争、总体战、阻击战,最大限度保护了人民生命安全和身体健康!

1.6 土方的回填与压实

在土方回填前,应清除坑、槽中的积水、淤泥、垃圾、树根等杂物。在土质较好、地面坡度≤1/10的较平坦场地填方时,可不清除基底上的草皮,但应割除长草。在稳定山坡上填方,当山坡坡度为1/10~1/15时,应清除基底上的草皮;坡度陡于1/5时,应将基底挖成阶梯形,阶宽不小于1m。当填方基底为耕植土或松土时,应将基底碾压密实。在水田、沟渠或池塘内填方前,应根据实际情况采用排水疏干、挖除淤泥或抛填块石、砂砾、矿渣等方法处理后再进行填土。填土区如遇有地下水或滞水时,必须采取排水措施,以保证施工的顺利进行。

1.6.1 土料选择与填筑要求

为了保证填方工程强度和稳定性方面的要求,必须正确选择填土的种类和填筑方法。

对填方土料应按设计要求验收后方可填入。如设计无要求时,一般按下述原则进行:碎石类土、砂土(使用细、粉砂时应取得设计单位同意)和爆破石渣可用作表层以下的填料;含水量符合压实要求的黏性土,可用作各层填料;碎块草皮和有机质含量>8%的土,仅用于无压实要求的填方。含大量有机物的土,容易降解变形而降低承载能力,含水溶性硫酸盐>5%的土,在地下水作用下,硫酸盐会逐渐溶解消失,形成孔洞影响密实性。因此,这两种土以及淤泥和淤泥质土、冻土、膨胀土等均不应作为填土。

填土应分层进行,并尽量采用同类土填筑。如果采用不同土填筑,应将透水性较大的土层置于透水性较小的土层之下,不能将各种土混杂在一起使用,以免填方内形成水囊。

碎石类土或爆破石渣作填料时,其最大粒径不得超过每层铺土厚度的2/3,使用振动碾时,不得超过每层铺土厚度的3/4;铺填时,大块料不应集中,且不得填在分段接头或填方与山坡连接处。

1.6.2 填土的压实方法

填土的压实方法一般有碾压法、夯实法和振动压实法,具体如图1-38所示。

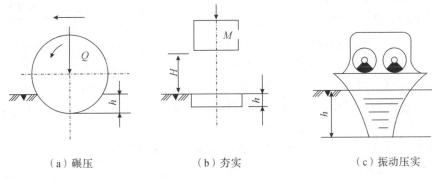

（a）碾压 （b）夯实 （c）振动压实

图1-38 填土压实方法

1. 碾压法

碾压法是利用机械滚轮的压力压实土壤,使之达到所需的密实度。此法多用于大面积填土工程。碾压机械有光面碾(压路机)、羊足碾和气胎碾。光面碾对砂土、黏性土均可压实;羊足碾需要较大的牵引力,且只宜压实黏性土,因在砂土中使用羊足碾会使土颗粒受到"羊足"较大的单位压力后向四周移动,从而使土的结构遭到破坏;气胎碾在工作时是弹性体,其压力均匀,填土质量较好。还可利用运土机械进行碾压,也是较经济合理的压实方案,施工时使运土机械行驶路线能大体均匀地分布在填土面积上,并达到一定重复行驶遍数,使其满足填土压实质量的要求。

碾压机械压实填方时,行驶速度不宜过快,一般平碾控制在2km/h,羊足碾控制在3km/h,否则会影响压实效果。

2. 夯实法

夯实法是利用夯锤自由下落的冲击力来夯实土,主要用于小面积回填。夯实法分为人工夯实和机械夯实两种。

夯实机械有夯锤、内燃夯土机和蛙式打夯机,人工夯土用的工具有木夯、石夯等。夯锤是借助起重机悬挂的重锤进行夯土的夯实机械,适用于夯实砂性土、湿陷性黄土、杂填土以及含有石块的填土。

蛙夯

3. 振动压实法

振动压实法是将振动压实机放在土层表面,借助振动机械使压实机械振动,让土颗粒在振动力的作用下发生相对位移而达到紧密状态。这种方法用于振实非黏性土效果较好。

如果用振动碾进行碾压,可使土受振动和碾压两种作用,碾压效率高,适用于大面积填方工程。

1.6.3 影响填土压实的因素

填土压实质量与许多因素有关,其中主要影响因素为:压实功、土的含水量以及每层铺土厚度。

1. 压实功的影响

填土压实后的密度与压实机械在其上所施加的功有一定的关系。土的密度与所耗功的关

系如图 1-39 所示。当土的含水量一定,在开
始压实时,土的密度急剧增加,待到接近土的
最大密度时,压实功虽然增加很多,而土的密
度则变化甚小。在实际施工中,对于砂土只需
碾压夯击 2～3 遍,对粉土只需 3～4 遍,对粉
质黏土只需 5～6 遍。此外,松土不宜用重型
碾压机械直接滚压,否则土层会有强烈的起伏

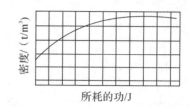

图 1-39　土的干密度与压实功的关系

现象,效率不高。如果先用轻碾压实,再用重碾压实,就会取得较好效果。

2. 含水量的影响

在同一压实功条件下,填土的含水量对压实质量有直接影响。较为干燥的土颗粒之间
的摩阻力较大,因而不易压实。当含水量超过一定限度时,土颗粒之间的孔隙由于被水填
充而呈饱和状态,也不能压实。当土的含水量适当时,水起润滑作用,土颗粒之间的摩阻力
减少,压实效果好。土在最佳含水量条件下,使用同样的压实功进行压实,所达到的密度最
大,如图 1-40 所示。各种土的最佳含水量和最大干密度可参考表 1-7。工地上简单检验黏
性土含水量的方法一般是用手将土握成团,落地后开花为适宜。为了保证填土在压实过程
中处于最佳含水量状态,当土过湿时,应予翻松晾干,也可掺入同类干土和吸水性土料;当
土过干时,则应预先洒水润湿。

表 1-7　土的最佳含水量和最大干密度

序号	土的种类	变动范围	
		最佳含水量(质量比)/%	最大干密度/(g/cm³)
1	砂土	8～12	1.80～1.88
2	黏土	19～23	1.58～1.70
3	粉质黏土	12～15	1.85～1.95
4	粉土	16～22	1.61～1.80

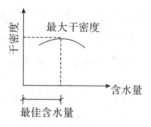

图 1-40　土的干密度与含水量的关系

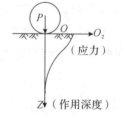

图 1-41　压实作用沿深度的变化

3. 铺土厚度的影响

土在同一压实功的作用下,其应力随深度增加而逐渐减少,如图 1-41 所示,其影响深度
与压实机械、土的性质和含水量等有关。铺土厚度应小于压实机械压土时的作用深度,

但其中还有最优土层厚度问题,铺得过厚,要压很多遍才能达到规定的密实度;铺得过薄,也会增加机械的总压实遍数。最优的铺土厚度应能使土方压实而机械的功耗费最少,可按表 1-8 选用。在表中规定的压实遍数范围内,轻型压实机械取大值,重型机械取小值。

表 1-8　填方每层的铺土厚度和压实遍数

序　号	压实机具	每层铺土厚度/mm	每层压实遍数/遍
1	平碾	250～300	6～8
2	振动压实机	250～350	3～4
3	柴油打夯机	200～250	3～4
4	人工打夯	<200	3～4

上述三方面因素之间是相互影响的。为了保证压实质量,提高压实机械的生产率,重要工程应根据土质和所选用的压实机械在施工现场进行压实试验,以确定达到规定密实度所需的压实遍数、铺土厚度及最优含水量。

1.6.4　填土压实的质量检验

填土压实后必须具有一定的密实度,以避免建筑物的不均匀沉陷。填土密实度以设计规定的控制干密度 ρ_d 或规定的压实系数 λ_c 作为检查标准。压实系数 λ_c 按以下公式计算:

$$\lambda_c = \frac{\rho_d}{\rho_{dmax}} \tag{1-27}$$

式中:λ_c——土的压实系数;

ρ_d——土的实际干密度,g/cm³;

ρ_{dmax}——土的最大干密度,g/cm³。

土的最大干密度 ρ_{dmax} 由实验室击实试验或计算求得,再根据规范规定的压实系数 λ_c,即可算出填土控制干密度 ρ_d 值。填土压实后的实际干密度,应有 90% 以上符合设计要求,其余 10% 的最低值与设计值的差不得大于 0.08g/cm³,且应分散,不得集中。检查压实后的实际干密度,通常采用环刀法取样。

工程实例分析

【工程实例 1-1】　中海华庭项目工程场地位于兰州市安宁区枣林路,格力森酒业有限公司以南、机床厂福利区以西,南邻威信制药厂家属院。地貌单元属黄河北岸Ⅱ级阶地,经现场测量,场地地面高程为 1539.95～1542.50m,最大高差 2.55m,地面高程一般为 1540.00～1541.50m,地势较为平坦。在勘察深度范围内,场地地层主要由杂填土、黄土状粉土、细砂及卵石构成。请分析该工程土方开挖及基坑支护

中海华庭项目土方开挖及基坑支护工程专项方案

工程的专项施工方案。

【工程实例1-2】　某工程位于南汇区康桥镇沿南村,平整后场地地
形相对平坦,一般地面标高为3.5～3.8m,18♯楼地下车库,20♯楼自
北往南依次排列,其中建(构)筑物平面西首有暗浜横贯。静止地下水
位位于0.5～1.5m。18♯、20♯楼为承载桩基础。地下车库为抗拔桩
基础,三个单体的地下结构拟采取同步基坑开挖和施工。基坑平面呈

井点降水施工方案

凸字形,基坑开挖深度3.5～3.8m。基坑施工拟采用1:0.75放坡结合轻型井点降水,同时
位于暗浜处和临近19♯楼位置需增减放坡比例并辅以细石砼挂网护坡。请分析该工程井
点降水的专项施工方案。

【工程实例1-3】　本工程为郑州大学新校区的综合管理中心大楼,
为框剪结构,基础为筏板基础,地下一层,地上七层,建筑面积
43800m²。在土方开挖过程中,甲方要求多余土方运到报告厅周围及
综合楼南侧,且要分层回填压实,以方便甲方将来回填及竖向施工。请
分析该工程土方回填的专项施工方案。

土方回填方案

巩固练习

一、单项选择题

1. 从建筑施工的角度,可将土石分为八类,其中根据(　　　),可将土石分为八类。

A. 粒径大小　　　　　B. 承载能力　　　　　C. 坚硬程度　　　　　D. 孔隙率

2. 正铲挖土机挖土的特点是(　　　)。

A. 后退向下,强制切土　　　　　　　　B. 前进向上,强制切土

C. 后退向下,自重切土　　　　　　　　D. 直上直下,自重切土

3. 某基坑宽度大于6m,降水轻型井点在平面上宜采用(　　　)形式。

A. 单排　　　　　B. 双排　　　　　C. 环形　　　　　D. U形

4. 某基坑宽度小于6m、水位降低值不大于5m时,降水轻型井点在平面上宜采用
(　　　)形式。

A. 单排　　　　　B. 双排　　　　　C. 环形　　　　　D. U形

5. 推土机常用施工方法不包括(　　　)。

A. 下坡推土　　　　　B. 并列推土　　　　　C. 槽形推土　　　　　D. 回转推土

6. 正铲挖土机适宜开挖(　　　)。

A. 停机面以下的一～三类土的大型基坑

B. 有地下水的基坑

C. 停机面以上的一～三类土的大型基坑

D. 独立柱基础的基坑

7. 下列不是影响填土压实的因素是(　　)。

A. 压实功　　　　　　B. 骨料种类　　　　　C. 含水量　　　　　D. 铺土厚度

8. 根据土的坚硬程度,可将土石分为八类,其中前四类土由软到硬的排列顺序为(　　)。

A. 松软土、普通土、坚土、砂砾坚土　　　　B. 普通土、松软土、坚土、砂砾坚土

C. 松软土、普通土、砂砾坚土、坚土　　　　D. 坚土、砂砾坚土、松软土、普通土

9. 对于同一种土,最初可松性系数 K_s 与最后可松性系数 K_s' 的关系(　　)。

A. $K_s > K_s' > 1$　　　　　　　　　　B. $K_s < K_s' < 1$

C. $K_s' > K_s > 1$　　　　　　　　　　D. $K_s' < K_s < 1$

10. 填方工程中,若采用的填料具有不同的透水性时,宜将透水性较大的填料(　　)。

A. 填在上部　　　　　　　　　　　　B. 填在中间

C. 填在下部　　　　　　　　　　　　D. 填在透水性小的下面

11. 抓铲挖土机适于开挖(　　)。

A. 山丘　　　　　　　　　　　　　　B. 场地平整土方

C. 水下土方　　　　　　　　　　　　D. 大型基础土方

12. 下列不是填土的压实方法的是(　　)。

A. 碾压法　　　　　　B. 夯击法　　　　　　C. 振动法　　　　　D. 加压法

13. 施工高度的含义是指(　　)。

A. 设计标高　　　　　　　　　　　　B. 自然地面标高

C. 设计标高减去自然标高　　　　　　D. 场地中心标高减去自然标高

14. 工程上常把(　　)作为检验填土压实质量的控制指标。

A. 干密度　　　　　　B. 密实度　　　　　　C. 可松性　　　　　D. 含水量

15. 推土机不能直接用于推挖(　　)。

A. 松软土　　　　　　B. 普通土　　　　　　C. 坚土　　　　　　D. 软石

16. 在地下水位高的软土地基地区,当基坑深度大且邻近的建筑物、道路和地下管线相距甚近时,(　　)是首先考虑的深基坑支护方案。

A. 钢板桩　　　　　　B. H 型钢　　　　　　C. 深层搅拌桩　　　D. 地下连续墙

17. 用平碾时,填方每层的铺土的厚度和压实遍数应分别是(　　)。

A. 200～350mm,3～4 遍　　　　　　B. 200～250mm,3～4 遍

C. 250～300mm,6～8 遍　　　　　　D. 200～250mm,6～8 遍

18. 在地下水的处理方法中,属于降水法的是(　　)。

A. 集水坑　　　　　　　　　　　　　B. 水泥旋喷桩

C. 地下连续墙　　　　　　　　　　　D. 深层搅拌水泥土桩

19. 下列是基坑土方工程施工的辅助工作的是(　　)。

A. 基坑土方开挖　　　B. 土方运输　　　　　C. 施工排水　　　　D. 土方回填

20.下列防止流砂的途径中不可行的是(　　)。

A.减少或平衡动水压力　　　　　　　B.设法使动水压力方向向下

C.截断地下水流　　　　　　　　　　D.提高基坑土中的抗渗能力

21.在一般情况下,基坑开挖时弃土在1m内不得堆放,在此距离外堆土高度不得超过(　　)。

A.2.0m　　　　B.0.5m　　　　C.1.0m　　　　D.1.5m

22.适用于夯实砂性土、湿陷性黄土、杂填土及含有石块的填土的是(　　)。

A.平碾　　　　B.蛙式打夯机　　　　C.夯锤　　　　D.振动压实机

23.在轻型井点平面布置中,对于面积较大的基坑可采用(　　)。

A.单排井点　　　B.双排井点　　　C.环形井点　　　D.U形井点

24.下列土料中,一般不能用作填料的是(　　)。

A.黏性土　　　B.碎石类土　　　C.淤泥　　　D.碎块草皮

25.同一压实功条件下,对土粒压实质量有直接影响的是(　　)。

A.土的颗粒级配　　　　　　　　　　B.铺土厚度

C.压实遍数　　　　　　　　　　　　D.土料含水量

26.根据土的可松性,下面正确的是(　　)。

A.$V_1>V_3>V_2$　　　　　　　　　　B.$V_1<V_3<V_2$

C.$V_1>V_2>V_3$　　　　　　　　　　D.$V_1<V_2<V_3$

27.基坑挖好后应立即验槽做垫层,如是不能,则应(　　)。

A.在上面铺防护材料　　　　　　　　B.放在那里等待验槽

C.继续进行下一道工序　　　　　　　D.在基底上预留15～30cm厚的土层

28.降水方法可分明排水法和(　　)。

A.人工降低地下水位法　　　　　　　B.井点降水法

C.集水井降水法　　　　　　　　　　D.轻型井点法

29.工地在施工时,简单检验黏性土含水量的方法一般是以(　　)为适宜。

A.手握成团,落地"开花"　　　　　　B.含水量达到最佳含水量

C.施工现场做实验测含水量　　　　　D.实验室做实验

30.填土方时,应该分层进行并尽量采用同类土填筑,当采用不同土回填时,应当(　　)。

A.将强度大的土层置于强度小的土层之上

B.将强度大的土层置于强度小的土层之下

C.将透水性大的土层置于透水性小的土层之上

D.将透水性大的土层置于透水性小的土层之下

31.对砂类土和黏性土的大型填方需要选用压实机械的是(　　)。

A.平碾　　　　B.羊足碾　　　　C.振动碾　　　　D.蛙式打夯机

32.开挖高度大于2m的干燥基坑,宜选用(　　)。

A.抓铲挖土机　　　B.拉铲挖土机　　　C.反铲挖土机　　　D.正铲挖土机

33. 当基坑平面不规则,开挖深度不一,土质又差时,为加快支撑形成可采取(　　)。

A. 分层开挖　　　　B. 分段分块开挖　　　C. 盆式开挖　　　　D. "中心岛"式开挖

34. 干密度最大的土是(　　)。

A. 粉土　　　　　　B. 砂土　　　　　　　C. 粉质黏土　　　　D. 黏土

35. 机械填土方法中,每层松铺土的厚度最小的是(　　)。

A. 铲运机　　　　　B. 汽车　　　　　　　C. 推土机　　　　　D. 均不是

36. 选择坑内支承体系时,当基坑平面尺寸很大而开挖深度不太大时,应选(　　)。

A. 单层水平支撑　　B. 对撑　　　　　　　C. 斜撑　　　　　　D. 多层水平支撑

37. 对于坚硬的黏土,其直壁开挖的最大深度是(　　)。

A. 1.00m　　　　　B. 1.25m　　　　　　C. 1.50m　　　　　D. 2.00m

38. 场地平整前,必须确定(　　)。

A. 挖填方工程量　　　　　　　　　　　B. 选择土方机械

C. 场地的设计标高　　　　　　　　　　D. 拟订施工方案

39. 回填 1m³ 的基坑需要(　　)。

A. K_s/K_s' 的天然状态土量　　　　　　B. 立方米的天然状态土量

C. 1m³ 的松土量　　　　　　　　　　　D. K_s/K_s' 的松土量

40. 土的渗透性主要取决于(　　)。

A. 孔隙特征和水力坡度　　　　　　　　B. 水力坡度

C. 孔隙特征　　　　　　　　　　　　　D. 地下水位

41. 土方边坡坡度以其(　　)表示。

A. 高度 H　　　　　　　　　　　　　B. 底宽 B

C. 高度 H 的倒数　　　　　　　　　　D. 高度 H 与底宽 B 之比

42. 土方边坡坡度系数以其(　　)表示。

A. 高度 H　　　　　　　　　　　　　B. 底宽 B

C. 底宽 B 与其高度 H 之比　　　　　D. 高度 H 的倒数

43. 相邻基坑(槽)开挖时,应遵循(　　)的施工顺序,并应及时做好基础。

A. 先浅后深　　　　　　　　　　　　　B. 分开

C. 先浅后深或同时进行　　　　　　　　D. 先深后浅或同时进行

44. 在密集群桩附近开挖基坑(槽)时,应采取措施防止(　　)。

A. 塌方　　　　　　B. 桩基移位　　　　　C. 边坡移位　　　　D. 基坑积水

45. 为了控制基槽开挖深度,当快挖到槽底设计标高时,可用水准仪根据地面 ±0.000 水准点,在基槽(坑)壁上每间隔 2~4m 及拐角处打设一(　　)。

A. 定位小木桩　　　B. 水平竹桩　　　　　C. 垫层标高桩　　　D. 龙门桩

46. 一般情况下,基坑开挖时堆土或材料应距挖方边缘(　　)。

A. 2.0m 以外　　　B. 0.5m 以外　　　　C. 1.0m 以外　　　D. 1.5m 以外

47. 明排水法是在基坑或沟槽开挖时,采用(　　)的方法来进行排水。

A. 截　　　　　　　B. 疏　　　　　　　　C. 截、疏、抽　　　D. 抽

48.在确定井点管埋深时,要考虑到井点管一般要露出地面(　　　)左右。

A.0.2m　　　　　　B.0.5m　　　　　　C.1.0m　　　　　　D.2.0m

49.如果计算出的 H 值大于井点管长度,则应(　　　)(但以不低于地下水位为准)以适应降水深度的要求。

A.降低井点管的埋置面　　　　　　　　B.减少井点管的长度

C.减少滤管的长度　　　　　　　　　　D.增加滤管的长度

50.在土石方工程中,根据开挖的难易程度,可将土石分为八类,其中(　　　)属于六类土。

A.软石　　　　　　B.坚石　　　　　　C.次坚石　　　　　　D.特坚石

51.土的天然含水量是指(　　　)之比的百分率。

A.土中水的质量与所取天然土样的质量

B.土中水的质量与土的固体颗粒质量

C.土的孔隙与所取天然土样体积

D.土中水的体积与所取天然土样体积

52.基坑(槽)在土方开挖时,以下说法中不正确的是(　　　)。

A.当土体含水量大且不稳定时,应采取加固措施

B.一般应采用"分层开挖,先撑后挖"的开挖原则

C.开挖时如有超挖应立即填平

D.在地下水位以下的土,应采取降水措施后开挖

53.填方工程施工(　　　)。

A.应由下至上分层填筑　　　　　　　　B.必须采用同类土填筑

C.若当天填土,应隔天压实　　　　　　D.基础墙两侧应分别填筑

54.可进行场地平整、基坑开挖、土方压实、松土的机械是(　　　)。

A.推土机　　　　　　B.铲运机　　　　　　C.平地机　　　　　　D.摊铺机

55.铲运机适用于(　　　)工程。

A.中小型基坑开挖　　　　　　　　　　B.大面积场地平整

C.河道清淤　　　　　　　　　　　　　D.挖土装车

56.反铲挖土机能开挖(　　　)。

A.停机面以上的Ⅰ～Ⅳ类土的大型干燥基坑及土丘等

B.停机面以下的Ⅰ～Ⅲ类土的基坑、基槽或管沟等

C.停机面以下的Ⅰ～Ⅱ类土的基坑、基槽及填筑路基、堤坝等

D.停机面以下的Ⅰ～Ⅱ类土的窄而深的基坑、沉井等

57.某工程使用端承桩基础,基坑拟采用放坡开挖,其坡度大小与(　　　)无关。

A.持力层位置　　　　　　　　　　　　B.开挖深度与方法

C.坡顶荷载及排水情况　　　　　　　　D.边坡留置时间

58.观察验槽的内容不包括(　　　)。

A.基坑(槽)的位置、尺寸、标高和边坡是否符合设计要求

B.是否已挖到持力层

C.槽底土的均匀程度和含水量情况

D.降水方法与效益

59.下列土层中最有可能产生流砂的是( )。

A.粉细砂　　　　　B.中砂　　　　　C.黏性土　　　　　D.卵石层

60.某填土工程用 1 升环刀取土样,称其重量为 2.5kg,经烘干后称得重量为 2.0kg,则该土样的含水量为( )。

A.20%　　　　　B.25%　　　　　C.30%　　　　　D.15%

二、多项选择题

1.引起坑壁土体内剪应力增加的原因有( )。

A.坡顶堆放重物　　　　　　　　B.坡顶存在动载

C.土体遭受暴晒　　　　　　　　D.雨水或地面水浸入

E.水在土体内渗流而产生动水压力

2.土的渗透性主要取决于( )。

A.地下水渗透路程的长度　　　　B.土体的孔隙特征

C.水力坡度　　　　　　　　　　D.土压力

E.土层结构

3.在软土地区开挖基槽时,应符合( )规定。

A.挖出的土不得堆放在坡顶上或建筑物附近

B.相邻基坑开挖时,应遵循先深后浅或同时进行的施工顺序,并应及时做好基础

C.在密集群桩上开挖时,应在打桩完成后一段时间再挖相邻桩

D.施工机械行驶道路应填筑适当碎石或砾石

E.施工前应做好降排水工作,地下水位应低于基坑底以下 0.5~1.0m 后方可开挖

4.土是由( )组成的三相体系。

A.固体颗粒　　　　　　　　　　B.空隙

C.气体　　　　　　　　　　　　D.水

E.有机质

5.地基土的压缩性指标有( )。

A.孔隙率　　　　　　　　　　　B.孔隙比

C.压缩系数　　　　　　　　　　D.压缩模量

E.干重度

6.下列说话正确的是( )。

A.压缩系数越大,土的压缩性越高　　B.压缩性系数越大,土的压缩性越低

C.压缩模量越大,土的压缩性越低　　D.压缩模量越大,土的压缩性越高

E.压缩系数与压缩模量无关

7.钢筋混凝土地下连续墙用作支护结构时,其构造要求正确的是( )。

A.墙厚不宜小于 500mm

B.墙内受力筋直径不宜小于 20mm

C.竖向受力筋应有一半以上通长配置

D.墙顶部应设圈梁

E.混凝土抗渗等级(一层地下室)不得小于 0.6MPa

8.轻型井点的平面布置方法有(　　　　)。

　　A.单排井点　　　　　B.双排井点　　　　　C.环状井点　　　　　D.四排布置

　　E.二级井点

9.井点降水法有(　　　　)。

　　A.轻型井点　　　　　B.电渗井点　　　　　C.深井井点　　　　　D.集水井点

　　E.管井井点

10.深基坑止水挡土支护结构有(　　　　)。

　　A.地下连续墙　　　　B.双排桩　　　　　　C.深层搅拌桩　　　　D.钢板桩

　　E.土钉墙支护

11.填土压实质量的主要因素有(　　　　)。

　　A.压实功　　　　　　　　　　　　　　B.机械的种类

　　C.土的含水量　　　　　　　　　　　　D.土质

　　E.铺土厚度

12.为了提高推土机的生产效率,可采用(　　　　)的施工方法。

　　A.环形路线　　　　　B.多铲集运　　　　　C.下坡推土　　　　　D.并列推土

　　E.槽形推土

13.土地开发整理建设用地要求"三通一平","三通"指的是(　　　　)。

　　A.通水　　　　　　　B.通信　　　　　　　C.通电　　　　　　　D.排污

　　E.通路

14.土方工程施工的特点有(　　　　)。

　　A.工期短　　　　　　B.土方量大　　　　　C.工期长　　　　　　D.施工速度快

　　E.施工条件复杂

15.土方填筑时,常用的压实方法有(　　　　)。

　　A.水灌法　　　　　　B.碾压法　　　　　　C.堆载法　　　　　　D.夯实法

　　E.振动压实法

16.不能作为填土的土料有(　　　　)。

　　A.淤泥　　　　　　　　　　　　　　　　B.砂土

　　C.膨胀土　　　　　　　　　　　　　　　D.有机质含量多于 8% 的土

　　E.含水溶性硫酸盐多于 5% 的土

17.墙采用泥浆护壁的方法施工时,泥浆的作用是(　　　　)。

　　A.护壁　　　B.携砂　　　C.冷却　　　D.降压　　　E.润滑

18.可用作表层以下的填料的是(　　　　)。

　　A.碎块草皮　　　　　B.黏性土　　　　　　C.碎石类土　　　　　D.爆破石渣

E. 砂土

19. 下列会影响到场地平整设计标高的确定的是(　　　　　)。

A. 土的渗透系数　　　　　　　　　B. 历史最高洪水位

C. 土的可松性　　　　　　　　　　D. 土的密实度

E. 泄水坡度

20. 地下连续墙具有(　　　　　)作用。

A. 截水　　　　B. 防渗　　　　C. 承重　　　　D. 挡土　　　　E. 抗震

21. 根据开挖的难易程度对岩土进行分类,以便于(　　　　　)。

A. 选择施工机具　　　　　　　　　B. 确定施工方法

C. 计算劳动量　　　　　　　　　　D. 确定地基承载能力

E. 计算工程费用

22. 在土方工程中,土的含水量对(　　　　　)均有影响。

A. 挖土难易　　　　B. 降水方法　　　　C. 边坡稳定　　　　D. 填土压实

E. 挖土机选择

23. 土的天然密度随着(　　　　　)而变化。

A. 颗粒组成　　　　B. 孔隙多少　　　　C. 水分含量　　　　D. 渗透系数

E. 水力坡度

24. 在(　　　　　)时需要考虑土的可松性。

A. 进行土方的平衡调配　　　　　　B. 计算填方所需的挖方体积

C. 确定开挖方式　　　　　　　　　D. 确定开挖时的留弃土量

E. 计算运土机具数量

25. 铲运机适用于(　　　　　)工程。

A. 大面积场地平整　　　　　　　　B. 大型基坑开挖

C. 路基填筑　　　　　　　　　　　D. 水下开挖

E. 石方挖运

26. 土方边坡的坡度,应根据(　　　　　)确定。

A. 土质　　　　B. 工程造价　　　　C. 坡上荷载情况　　　　D. 使用期

E. 边坡高度

27. 防治流砂的方法有(　　　　　)。

A. 井点降水　　　　B. 抢挖法　　　　C. 打钢板桩法　　　　D. 地下连续墙

E. 水下挖土法

三、判断题

1. 土的可松性是指土可根据其工程分类进行开挖翻松的特性。　　　　　　(　　　)

2. 反铲挖土机的挖掘力比正铲大,能开挖停机面以下的一至三类土。　　　(　　　)

3. 在天然状态下,土中水的质量与固体颗粒质量之比的百分率叫土的天然含水量。

(　　　)

4. 孔隙比是土的孔隙体积与总体积的比值。　　　　　　　　　　　　　　(　　　)

5. 孔隙率是土的孔隙体积与固体体积的比值,用百分率表示。　　　　　　　（　　）

6. 在建筑施工中,根据土方开挖的难易程度,将土石分为八类,前四类属岩石,后四类属一般土。　　　　　　　　　　　　　　　　　　　　　　　　（　　）

7. 一般情况下,土、石根据其分类的先后顺序,可松性系数逐渐减小。　　　（　　）

8. 场地平整时,若场地地形比较复杂,计算土方量应采取方格网法。　　　（　　）

9. 采用明排水法降水,可防止流砂现象发生。　　　　　　　　　　　　　（　　）

10. 基坑采用明排水法时,只要地下水存在动水压力,就一定会出现流砂现象。（　　）

11. 连续式水平挡土板支撑适用于较潮湿的或散粒的土层中挡土,且开挖深度可达5m。　　　　　　　　　　　　　　　　　　　　　　　　　　　　　　（　　）

12. 在基坑(槽)土方开挖中,挖出的土应堆在离基坑(槽)边 0.8m 以外,且堆高不超过1.5m,以防边坡失稳。　　　　　　　　　　　　　　　　　　　　　（　　）

13. 降低地下水位才是防止流砂现象的唯一方法。　　　　　　　　　　　（　　）

14. 基坑边坡坡度大小应考虑土质、工期、坡顶荷载等的影响,与挖土方法无关。（　　）

15. 在场地平整土方量计算时,对于场地地形起伏变化较大或地形狭长的地带,则应优先采用断面法计算。　　　　　　　　　　　　　　　　　　　　　　　（　　）

16. 流砂的发生与动水压力大小和方向有关,因此在基坑开挖中,截断地下水流是防治流砂的途径之一。　　　　　　　　　　　　　　　　　　　　　　　　　（　　）

17. 土的三部分组成中,固体颗粒、水、空气三者之间的比例不同,反映出土的不同物理状态。　　　　　　　　　　　　　　　　　　　　　　　　　　　　　（　　）

18. 按"挖填平衡"原则确定场地设计标高时,若考虑土的可松性后,则设计标高应略提高些。　　　　　　　　　　　　　　　　　　　　　　　　　　　　（　　）

19. 土方边坡坡度系数 m 是指边坡的高度与边坡宽度之比。　　　　　　　（　　）

20. 正铲挖土机的工作特点是向前向上、强制切土。　　　　　　　　　　　（　　）

21. 反铲挖土机的工作特点是向上向前、强制切土。　　　　　　　　　　　（　　）

22. 拉铲挖土机的工作特点是向下向后、自重切土。　　　　　　　　　　　（　　）

23. 抓铲挖土机的工作特点是直上直下、自重切土。　　　　　　　　　　　（　　）

24. 回填土作业中,当所采用的填土料种类不同时,应将渗透系数大的土填在渗透系数小的土层之下。　　　　　　　　　　　　　　　　　　　　　　　　　　（　　）

25. 方格网法计算场地平整土方量主要适用于场地地形较平坦、面积较大的场地。　　　　　　　　　　　　　　　　　　　　　　　　　　　　　　　　（　　）

四、简答题

1. 试述场地平整选择设计标高时应综合考虑哪些因素?

2. 深基坑开挖有哪些注意事项?

3. 简述流砂形成的原因及防治的方法。

4. 填方土料应符合哪些设计要求?

第 2 章　地基与基础工程施工

 学习目标

　　了解地基处理的概念与分类以及浅基础、桩基础的分类；熟悉地基处理的基本方法，如换填法、强夯法、水泥土搅拌法等；熟悉常用地基处理的基本要求，设计施工规范等；熟悉浅基础的施工技术、施工规范；熟悉桩基础的基本要求；掌握常用地基处理的施工工艺、流程；掌握桩基础的施工工艺、流程技术、质量检测；能利用所学知识正确表述常见的地基处理、浅基础及桩基础的施工工艺，能进行地基处理、浅基础及桩基础的质量验收。

　　地基处理是为了提高地基承载力，改善其变形性质或渗透性质而采取的人工处理地基的方法。地基处理主要分为基础工程措施和岩土加固措施。有的工程，不改变地基的工程性质，而只采取基础工程措施；有的工程还同时对地基的土和岩石加固，以改善其工程性质。选定适当的基础形式，不需改变地基的工程性质就可满足要求的地基称为天然地基；反之，已进行加固后的地基称为人工地基。地基处理工程的设计和施工质量直接关系到建筑物的安全，如处理不当，往往发生工程质量事故，且事后补救大多比较困难。因此，要对地基处理要求实行严格的质量控制和验收制度，以确保工程质量。

　　基础是保证建筑物安全和正常使用的重要组成部分。通常把埋置深度不大，只需经过挖槽、排水等普通施工措施，无须采用特殊的设备建造起来的基础统称为浅基础，如条形基础、柱下独立基础、筏板基础等；若浅层土质不良，需要把基础埋置于深处的好土层，需要采用特殊的施工工艺建造的基础统称为深基础，如桩基础、沉井和地下连续墙等。本章主要介绍工程中常见的基础类型和施工工艺。内容包括浅基础的施工及无筋扩展基础、扩展基础、条形基础、筏形基础和箱形基础，深基础的桩基类型和施工工艺、桩基工程质量检验和桩基检测的相关知识。

小贴士

河北遵化市西铺村织布厂布机车间倒塌案例。倒塌的主要原因是质量低劣的毛石基础,在承载能力不足的地基上,在上部结构荷载的作用下,首先发生破坏,随之房屋整体倒塌。事后现场检查,毛石基础采用块石和卵石混合砌筑,也无拉结石,又是白灰砂浆,毛石基础的整体性很差,强度也很低,基础上也没有钢筋混凝土圈梁,使荷载不能均匀传递到地基上,发生不均沉降。这样的地基和基础是承受不了上部荷载的。这是一起无证设计、无证施工造成的重大事故。

在建筑工程施工过程中,最难驾驭的并不是上部结构,而是该工程地基与基础工程的问题,地基与基础都是地下隐蔽工程,建筑工程竣工后,难以检查,使用期间出现事故的苗头也不易觉察,一旦发生事故难以补救,甚至造成灾难性的后果。在地基与基础工程施工学习过程中,同学们应该提高责任、安全意识,强调思想不松懈,增强大局意识、责任意识,克服麻痹侥幸思想,杜绝畏难情绪,勇于担当,树立土木建筑大类高层次技术技能人才应有的职业道德,让青春在全面建设社会主义现代化国家的火热实践中绽放绚丽之花。

2.1　地基处理工程施工

地基是指建筑物下面支承基础的土体或岩体。地基的主要作用是承托建筑物的上部荷载。地基不是建筑物本身的一部分,但与建筑物的关系非常密切。它对保证建筑物的坚固耐久具有非常重要的作用。

地基有天然地基和人工地基两类。其中,天然地基是指不需要对地基进行处理就可以直接放置基础的天然土层;人工地基是指天然土层的土质过于软弱或不良的地质条件,需要人工加固处理后才能修建的地基。地基处理即为提高地基承载力,改善其变形性质或渗透性质而采取的人工处理地基的方法。

在建筑工程中遇到工程结构的荷载较大,地基土质又较软弱(强度不足或压缩性大),不能作为天然地基时,可针对不同情况,采取各种人工加固处理的方法,以改善地基性质,提高承载力,增加稳定性,减少地基变形和基础埋置深度。

2.1.1　地基处理方案

在建筑学中,地基的处理是十分重要的,地基对上层建筑是否牢固具有无可替代的作用。建筑物的地基不够好,上层建筑很可能倒塌,而地基处理的主要目的是采用各种地基处理方法以改善地基条件。

在选择地基处理方案前,应完成下列工作:

(1)搜集详细的岩土工程勘察资料、上部结构及基础设计资料等。

（2）结合工程情况，了解当地地基处理经验和施工条件，对于有特殊要求的工程，尚应了解其他地区相似场地上同类工程的地基处理经验和使用情况等。

（3）根据工程的要求和采用天然地基存在的主要问题，确定地基处理的目的、处理范围和处理后要求达到的各项技术经济指标等。

（4）调查邻近建筑、地下工程和有关管线等情况。

（5）了解建筑场地的环境情况。

在选择地基处理方案时，应考虑上部结构、基础和地基的共同作用，并经过技术经济比较，选用处理地基或加强上部结构和处理地基相结合的方案。

地基处理方法的确定宜按下列步骤进行：

（1）根据结构类型、荷载大小及使用要求，结合地形地貌、地层结构、土质条件、地下水特征、环境情况和对邻近建筑的影响等因素进行综合分析，初步选出几种可供考虑的地基处理方案，包括选择两种或多种地基处理措施组成的综合处理方案。

（2）对初步选出的各种地基处理方案，分别从加固原理、适用范围、预期处理效果、耗用材料、施工机械、工期要求和对环境的影响等方面进行技术经济分析和对比，选择最佳的地基处理方法。

（3）对已选定的地基处理方法，宜按建筑物地基基础设计等级和场地复杂程度，在有代表性的场地上进行相应的现场试验或试验性施工，并进行必要的测试，以检验设计参数和处理效果。如达不到设计要求，应查明原因，修改设计参数或调整地基处理方法。

常用的地基处理方法有换填法、强夯法、排水固结法、砂石桩法、水泥土搅拌法、高压喷射注浆法、预压法、夯实水泥土桩法、水泥粉煤灰碎石桩法、石灰桩法、灰土挤密桩法和土挤密桩法、柱锤冲扩桩法、单液硅化法和减液法等。

常用地基处理方法分类、作用、原理及适用范围如表 2-1 所示。

表 2-1　地基处理方法分类

编号	分类	处理方法	作用及原理	适用范围
1	换土垫层	砂石垫层、素土垫层、灰土垫层、矿渣垫层	以砂石、素土、灰土和矿渣等强度较高的材料，置换地基表层软弱土，提高持力层的承载力，扩散应力，减少沉降量	适用于处理暗沟、暗塘等软弱土地基
2	碾压及夯实	重锤夯实，机械碾压，振动压实，强夯（动力固结）	利用压实原理，通过机械碾压夯击，把地基土压实；强夯则利用强大的夯击能，在地基中产生强烈的冲击波和动应力，迫使土应力固结密实	适用于碎石土、沙土、粉土、低饱和度的黏性土、杂填土等，对饱和黏性土应慎重采用
3	排水固结	天然地基预压，砂井预压，塑料排水带预压，真空预压，降水预压	地基中增设竖向排水体，加速地基的固结和强度增长，提高地基的稳定性，加速沉降发展，使基础沉降提前完成	适用于处理饱和软弱土层，对于渗透性极低的泥炭土，必须慎重对待

续表

编号	分类	处理方法	作用及原理	适用范围
4	振密挤密	振冲挤密,灰土挤密桩,砂桩,石灰桩,爆破挤密	采用一定的技术措施,通过振动或挤密,使土体的孔隙减少,强度提高,必要时,在振动挤密的过程中,回填砂、砾石、灰土、素土等,与地基土组成复合地基,从而提高地基的承载力,减少沉降量	适用于处理松砂、粉土、杂填土及湿陷性黄土
5	置换及拌入	振冲置换,深层搅拌,高压喷射注浆,石灰桩等	采用专门的技术措施,以砂、碎石等置换软弱土地基中部分软弱土,或在部分软弱土地基中掺入水泥、石灰或砂浆等形成加固体,与未处理部分土组成复合地基,从而提高地基的承载力,减少沉降量	适用于黏性土、冲填土、粉砂、细砂等。振冲置换法在不排水且抗剪强度小于20kPa时慎用
6	加筋	土工合成材料加筋,锚固,树根桩,加筋土	在地基或土体中埋设强度较大的土工合成材料、钢片等加筋材料,使地基或土体承受抗拉力,防止断裂,保持整体性提高刚度,改变地基土体的应力场和应变场,从而提高地基的承载力,改善变形特性	软弱土地基,填土及陡坡填土,砂土
7	其他	灌浆,冻结,托换技术,纠偏技术	通过独特的技术措施处理软弱土地基	根据实际情况确定

2.1.2　换填法

换填法也称换土垫层法,是将在基础底面以下处理范围内的软弱土层部分或全部挖去,然后分层换填密度大、强度高、水稳定性好的砂、碎石或灰土等材料及其他性能稳定和无侵蚀性的材料,并碾压、夯实或振实至要求的密实度。如图 2-1 所示。换填垫层按回填的材料可分为砂(或砂石)垫层、碎石垫层、粉煤灰垫层、干渣垫层、土(灰土、二灰)垫层等。换填法可提高持力层的承载力,减少沉降量。其常用机械碾压、平板振动和重锤夯实进行施工。

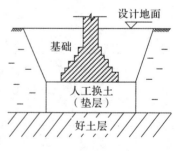

图 2-1　换填法

换填垫层适用于浅层软弱土层(淤泥质土、松散素填土、杂填土、浜填土以及已完成自重固结的冲填土)或不均匀土层的地基处理。

换填垫层的厚度应根据置换软弱土的深度以及下卧土层的承载力确定,厚度宜为 0.5~3m。(详见《建筑地基处理技术规范》(JGJ 79—2012))

1. 垫层材料

垫层材料的选用应符合下列要求:

(1)砂石。宜选用碎石、卵石、角砾、圆砾、砾砂、粗砂、中砂或石屑,应级配良好,不含植物残体、垃圾等杂质。当使用粉细砂或石粉时,应掺入不少于总重30%的碎石或卵石。砂石的最大粒径不宜大于50mm。对湿陷性黄土地基,不得选用砂石等透水材料。

JGJ 79—2012
建筑地基处理
技术规范

(2)粉质黏土。土料中有机质含量不得超过5%,且不得含有冻土或膨胀土。当含有碎石时,其粒径不宜大于50mm。用于湿陷性黄土或膨胀土地基的粉质黏土垫层,土料中不得夹有砖、瓦和石块等。

(3)灰土。体积配合比宜为2∶8或3∶7。石灰宜选用新鲜的消石灰,其最大粒径不得大于5mm。土料宜选用粉质黏土,不宜使用块状黏土,且不得含有松软杂质,土料应过筛且最大粒径不得大于15mm。

(4)粉煤灰。选用的粉煤灰应满足相关标准对腐蚀性和放射性的安全要求。粉煤灰垫层上宜覆土0.3~0.5m。粉煤灰垫层中采用掺加剂时,应通过试验确定其性能及适用条件。粉煤灰垫层中的金属构件、管网应采取防腐措施。大量填筑粉煤灰时,应经场地地下水和土壤环境的不良影响评价合格后,方可使用。

(5)矿渣。宜选用分级矿渣、混合矿渣及原状矿渣等高炉重矿渣。高炉的松散重度不应小于11kN/m³,有机质及含泥总量不得超过5%。垫层设计,施工前应对所选用的矿渣进行试验,确认性能稳定并满足腐蚀性和放射性安全的要求。对易受酸、碱影响的基础或地下管网不得采用矿渣垫层。大量填筑矿渣时,应经场地地下水和土壤环境的不良影响评价合格后,方可使用。

(6)其他工业废渣。在有充分依据或成功经验时,也可采用质地坚硬、性能稳定、透水性强、无腐蚀性和无放射性危害的其他工业废渣材料,但必须经过现场试验证明其经济技术效果良好且施工措施完善后方可使用。

GB/T 50290—2014
土工合成材料应用
技术规范附条文

土工合成材料加筋垫层所选用土工合成材料的品种与性能及填料,应根据工程特性和地基土质条件,按照现行国家标准《土工合成材料应用技术规范》(GB/T 50290—2014)的要求,通过设计计算并进行现场试验后确定。土工合成材料应采用抗拉强度较高、耐久性好、抗腐蚀的土工带、土工格栅、土工格室、土工垫或土工织物等土工合成材料;垫层填料宜用碎石、角砾、砾砂、粗砂、中砂等材料,且不宜含氯化钙、碳酸钠、硫化物等化学物质。当工程要求垫层具有排水功能时,垫层材料应具有良好的透水性。在软土地基上使用加筋垫层时,应保证建筑物稳定并满足允许变形的要求。

2. 施工技术要点

(1)铺设垫层前应验槽,将基地表面的浮土、淤泥、杂物等清理干净,两侧应设一定坡度,防止振捣时塌方。当垫层底部存在古井、古墓、洞穴、旧基础、暗塘等软硬不均的部位时,应根据建筑对不均匀沉降的要求予以处理,并经检验合格后,方可铺填垫层。

(2)垫层底面宜设在同一标高上,如深度不同,基坑底土面应挖成阶梯或斜坡搭接,并按先深后浅的顺序进行垫层施工,搭接处应夯压密实。分层铺实时,接头应做成斜坡或阶梯搭接,每层错开 0.5～1.0m,并注意充分捣实。

（3）人工级配的砂石材料,施工前应充分拌匀,再铺夯压实。

（4）垫层施工应根据不同的换填材料选择施工机械。粉质黏土、灰土宜采用平碾、振动碾或羊足碾,以及蛙式夯、柴油夯。砂石垫层等宜用振动碾。粉煤灰垫层宜采用平碾、振动碾、平板振动器、蛙式夯。矿渣垫层宜采用平板振动器或平碾,也可采用振动碾。

（5）垫层的施工方法、分层铺填厚度、每层压实遍数等宜通过试验确定。除接触下卧软土层的垫层底部应根据施工机械设备及下卧层土质条件确定厚度外,一般情况下,垫层的分层铺填厚度可取 200～300mm。分层厚度可用样桩控制。在施工时,当下层的密实度经检验合格后,方可进行上一层施工。为了保证分层压实质量,应控制机械碾压速度。

（6）基坑开挖时应避免坑底土层受扰动,可保留 180～200mm 厚的土层暂不挖去,待铺填垫层前再由人工挖至设计标高。严禁扰动垫层下的软弱土层,应防止软弱土层被践踏、受冻或受水浸泡。在碎石或卵石垫层底部宜设置 150～300mm 厚的砂垫层或铺一层土工织物,以防止软弱土层表面的局部破坏,同时必须防止基坑边坡塌土混入垫层。

（7）换填垫层施工应注意基坑排水,除采用水撼法施工砂垫层外,不得在浸水条件下施工,必要时应采取降低地下水位的措施。要注意边坡稳定,以防止塌土混入砂石垫层中影响其质量。

（8）当采用水撼法或插振法施工时,应在基槽两侧设置样桩,控制铺砂厚度,每层为 250mm。铺砂后,灌水与砂面齐平,以振动棒插入振捣,依次振实,以不再冒气泡为准,直至完成。垫层接头应重复振捣,插入式振动棒振完所留孔洞后应用砂填实。在振动首层垫层时,不得将振动棒插入原土层或基槽边部,以避免使软土混入砂垫层而降低砂垫层的强度。

（9）垫层铺设完毕后,应及时回填,并及时对基础进行施工。

（10）冬季施工时,砂石材料中不得夹有冰块,并应采取措施防止砂石内水分冻结。

（11）粉质黏土、灰土垫层及粉煤灰垫层施工应符合下列规定:

①粉质黏土及灰土垫层分段施工时,不得在柱基、墙角及承重窗间墙下接缝。

②上下两层的缝距不得小于 500mm,接缝处应夯压密实。

③灰土拌和均匀后,应当日铺填夯压;灰土夯压密实后,3 天内不得受水浸泡。

④粉煤灰垫层铺填后,宜当天压实,每层验收后应及时铺填上层或封层,并应禁止车辆碾压通行。

⑤垫层竣工验收合格后,应及时进行基础施工与基坑回填。

（12）土工合成材料施工(见图 2-2),应符合以下要求:

①下铺地基土层顶面应平整。

②土工合成材料铺设顺序应先纵向后横向,且应把土工合成材料张拉平整、绷紧,严禁有折皱。

③土工合成材料的连接宜采用搭接法、缝接法或胶接法,连接强度不应低于原材料抗拉强度,端部应采用有效固定方法,防止筋材拉出。

图 2-2　土工合成材料垫层

④应避免土工合成材料暴晒或裸露,阳光暴晒时间不应大于 8h。

3. 质量控制及质量检验

(1)施工前应检查原材料,如灰土的土料、石灰以及配合比、灰土拌匀程度。

(2)施工中应检查分层铺设厚度,分段施工时上下两层的搭接长度,夯实时加水量、压实遍数,等。

(3)换填垫层的施工质量检验应分层进行,并应在每层的压实系数符合设计要求后铺填上层。垫层的压实标准参见表 2-2。

表 2-2　各种垫层的压实标准

施工方法	换填材料类别	压实系数 λ_c
碾压 振密 或夯实	碎石、卵石	≥0.97
	砂夹石(其中碎石、卵石占全重的 30%～50%)	
	土夹石(其中碎石、卵石占全重的 30%～50%)	
	中砂、粗砂、砾砂、角砾、圆砾、石屑	
	粉质黏土	≥0.97
	灰土	≥0.95
	粉煤灰	≥0.95

注:(1)压实系数 λ_c 为土的控制干密度 ρ_d 与最大干密度 ρ_{dmax} 的比值;土的最大干密度宜采用击实试验确定,碎石或卵石的最大干密度可取 2.1～2.2t/m³;

(2)表中压实系数 λ_c 系使用轻型击实试验测定土的最大干密度 ρ_{dmax} 时给出的压实控制标准,采用重型击实试验时,对粉质黏土、灰土、粉煤灰及其他材料压实标准应为压实系数 λ_c≥0.94。

(4)对粉质黏土、灰土、砂石、粉煤灰垫层的施工质量检验可选用环刀取样、静力触探、轻型动力触探或标准贯入试验等方法进行检验;对碎石、矿渣垫层可用重型动力触探等进行检验。压实系数可采用灌砂法、灌水法或其他方法进行检验。

(5)采用环刀法检验垫层的施工质量时,取样点应选择位于每层厚度的 2/3 深度处。检验点数量,条形基础下垫层每 10～20m² 不应少于 1 个点,独立基础、单个基础下垫层不应少于 1 个点,其他基础下垫层每 50～100m² 不应少于 1 个点。采用标准贯入试验或动力触探检验垫层的施工质量时,每分层检验点的间距不应大于 4m。

(6)竣工验收采用静载荷试验检验垫层承载力,且每个单体工程不宜少于 3 点;对于大型工程应按单体工程的数量或工程划分的面积确定检验点数。

(7)对加筋垫层中土工合成材料的检验应符合下列要求:

①土工合成材料质量应符合设计要求、外观无破损、无老化、无污染。

②土工合成材料应可张拉、无折皱、紧贴下承层,锚固端应锚固牢固。

③上下层土工合成材料搭接缝应交替错开,搭接强度应满足设计要求。

2.1.3　强夯法

强夯法是反复将夯锤提到高处使其自由落下,给地基以冲击和振动能量,将地基土夯实的地基处理方法,属于夯实地基方法的一种。重复夯打击实地基,使地基形成了一层比较密实的硬壳层,从而提高了地基的强度。强夯法适用于处理碎石土、沙土、低饱和度的粉土和黏性土、湿陷性黄土、素填土和杂填土等地基;适用于处理大面积填土地基。强夯机械如图 2-3 所示。

图 2-3 强夯机械

1. 施工前准备

(1)作业条件

①施工场地要做到"三通一平",即场地的地上电线、线下管网和其他障碍物应得到清理或妥善安置,施工用的临时设施要准备就绪。

②施工现场周围的建筑、构筑物(含文物保护建筑)、古树、名木和地下管线要得到可靠的保护。当强夯能量有可能对邻近建筑物产生影响时,应在施工区边界开挖隔震沟。隔震沟的规模应根据影响程度而定。

③应具备详细的岩土工程地质及水文地质勘查资料,拟建建筑物平面位置图、基础平面图、剖面图,强夯地基处理施工图及工程施工组织设计。

④施工放线。依据甲方提供的建筑物控制点坐标、水准点高程及书面资料,进行施工放线、放点,放线应将强夯处理范围白灰线画出来,对建筑物控制点埋设木桩。将施工测量控制点引至不受施工影响的稳固地点。必要时,对建筑物控制点坐标和水准点高程进行验测,要求使用的测量仪器经过鉴定合格。

⑤设备安装及调试。起吊设备进场后应及时安装及调试,保证吊车行走、运转正常;起吊滑轮组与钢丝绳连接紧固,安全可靠,起吊挂钩锁定装置应牢固可靠,脱钩自由灵敏,与钢丝绳连接牢固;夯锤重量、直径、高度应满足设计要求,夯锤挂钩与夯锤整体应连接牢固;施工用推土机应运转正常。

(2)机具准备

①夯锤。10~40t,铸钢或钢筒混凝土制作,宜优先选用铸钢夯锤。底面形式宜用圆形,锤的底面宜均匀设置若干个与其顶面贯通的排气孔,孔径可取 250~300mm。锤底静接地压力值可取 25k~40kPa。

②起重机。20~50t 履带式起重机或汽车起重机,宜优先选用履带式起重机。起吊能力为锤重的 1.5~2.0 倍。

③脱钩装置。国内目前使用较多的是通过动滑轮组用脱钩装置来起落夯锤。脱钩装置要求有足够的强度,使用灵活,脱钩快速安全。

④推土机。TS140、TS220、D80 等,要满足现场推土需要。

(3)单点夯试验

①在施工场地附近或场地内,选择具有代表性的适当位置进行单点夯试验。试验点数量根据工程需要确定,一般不少于 2 点。

②根据夯锤直径,用白灰画出试验中心点位置及夯击圆界限。

③在夯击试验点界限外两侧,以试验中心点为原点,对称等间距埋设标高施测基准桩,基准桩埋设在同一直线上,直线通过试验中心点,基准桩间距一般为 1m,基准桩埋设数量视单点夯影响范围而定。

④在远离试验点(夯击影响区外)处架设水准仪,进行各观测点的水准测量,并做记录。

⑤平稳起吊夯锤至设计要求的夯击高度,释放夯锤使其自由平稳落下。

⑥用水准仪对基准桩及夯锤顶部进行水准高程测量,并做好试验记录。

⑦重复以上⑤⑥两步骤至试验要求的夯击次数。

2. 施工工艺及注意事项

(1)施工工艺流程

①清理并平整施工场地。

②铺设垫层。在地表形成硬层,用以支承起重设备,确保机械通行和施工,同时可加大地下水和表层面的距离,防止降低夯击的效率。

③标出第一遍夯击点的位置,并测量场地高程。

④起重机就位,使夯锤对准夯点位置。

⑤测量夯前锤定标高。

⑥将夯锤起吊到预定高度,待夯锤脱钩自由下落后放下吊钩,测量锤顶高程;若发现坑底倾斜而造成夯锤歪斜时,应及时将底坑整平。

⑦重复⑥,按设计规定的夯击次数及控制标准,完成一个夯点夯击。

⑧重复④~⑦,完成全部夯点的第一遍夯击。

⑨用推土机将夯坑填平,并测量场地高程。

⑩在规定间隔时间后,通过上述步骤逐次完成全部夯击遍数,最后用最低能量满夯,将场地表层土夯实,并测量场地高程。

(2)施工注意事项

①强夯前应做好夯区地质勘查,对不均匀土层适当增多钻孔和原位测试工作,掌握土质情况,作为制定强夯方案和对比夯前、夯后的加固效果的依据,必要时进行现场试验性强夯,确定强夯施工的各项参数。

②强夯应分段进行,顺序从边缘向中央(见图 2-4)。对厂房柱基亦可一排一排夯,起重机直线行驶,从一边

••	••	••	7	4	1
••	••	••	8	5	2
••	••	••	9	6	3
••	••	••	9 •	6 •	3 •
••	••	••	8 •	5 •	2 •
••	••	••	7 •	4 •	1 •

图 2-4　强夯顺序

向另一边进行,每夯完一遍,用推土机整平场地,放线定位即可进行下一遍夯击。强夯法的加固顺序是:先深后浅,即先加固深土层,再加固中土层,最后加固表土层。当最后 1 遍夯完后,再以低能量满夯 2 遍,如有条件,宜采用小锤夯击。

③严格遵守强夯施工程序及要求,做到夯锤升降平衡,对准夯坑,避免歪夯,禁止错位夯击施工,一旦发现歪夯,应立即采取纠正措施。

④夯锤的通气孔在施工时应保持畅通,如被堵塞,应立即疏通,以防产生"气垫"效应,影响强夯施工质量。

⑤不同遍数施工之间需要控制的施工间隔时间应根据地质条件、地下水条件、气候条件等因素由设计人员提出,一般宜为 3～7d。

⑥施工过程中避免夯坑内积水。一旦积水要及时排除,必要时换土再夯,避免"橡皮土"出现。

⑦冬、雨季施工:

a.雨季施工。应做好气象信息收集工作;夯坑应及时回填夯平,避免坑内积水渗入地下影响强夯效果;夯坑内一旦积水,应及时排出;场地因降水浸泡,应增加消散期,严重时可采用换土再夯等措施。

b.冬季施工。表层冻土较薄时,此因素不予考虑,正常施工;当冻土较厚时应首先将冻土击碎或将冻层挖除,然后再按各点规定的夯击数施工。在第一遍及第二遍夯整平后宜在 5d 后进行下一遍施工。

⑧做好施工过程的监测和记录工作,包括检查夯锤重和落距,对夯点放线进行复核,检查夯坑位置,按要求检查每个夯点的夯击次数和每击的夯沉量等,并对各项参数及施工情况进行详细记录,作为质量控制的依据。

⑨安全措施:

a.在起夯时,吊车正前方、吊臂下和夯锤下严禁站人,需要整平夯坑内土方时,要先将夯锤吊离并放在坑外地面后方可下人。

b.施工人员进入现场要戴安全帽,夯击时要保持离夯坑 10m 以上距离。

c.六级以上大风天气,以及雨、雾、雪、风沙扬尘等能见度低时暂停施工。

3. 质量检验标准

(1)检查施工过程中的各项测试数据和施工记录,不符合设计要求时应补夯或采取其他有效措施。施工前应检查夯锤重量、尺寸,落距控制手段,排水设施及被夯地基的土质。施工中应检查落距、夯击遍数、夯点位置、夯击范围。

(2)强夯处理后的地基竣工验收承载力检验,应在施工结束后间隔一定时间方能进行。对于碎石土和砂土地基,其间隔时间可取 7～14d;粉土和黏性土地基可取 14～28d。强夯置换地基间隔时间可取 28d。

(3)强夯地基质量检验标准应符合表 2-3 的规定。

表 2-3　强夯地基质量检验标准

项目	序号	检查项目	允许偏差或允许值		检查方法
			单位	数值	
主控项目	1	地基强度	按设计要求		按规定方法
	2	地基承载力	按设计要求		按规定方法
一般项目	1	夯锤落距	mm	±300	用钢尺量、钢索设标志
	2	夯锤定距	mm	±150	用钢尺量
	3	锤重	kg	±100	称重
	4	夯击遍数及顺序要求计数法	按设计要求		计数法
	5	夯点间距	mm	±500	用钢尺量
	6	满夯后场地平整度	mm	±100	水准仪
	7	夯击范围（超出基础范围距离）	按设计要求		用钢尺量
	8	最后两击平均夯沉量	按设计要求		水准仪
	9	前后两边间歇时间要求	按设计要求		

2.1.4　灰土挤密桩和土挤密桩复合地基

灰土挤密桩和土挤密桩复合地基利用成孔过程中的横向挤压作用，桩孔内土被挤向周围，使桩间土挤密，然后将灰土或素土分层填入桩孔内，并分层夯填密实至设计标高。前者称为灰土挤密桩法，后者称为土挤密桩法。夯填密实的灰土挤密桩或土挤密桩，与挤密的桩间土形成复合地基。上部荷载由桩体和桩间土共同承担。对土挤密桩法而言，若桩体和桩间土密实度相同时，形成均质地基。灰土挤密桩如图 2-5 所示。

图 2-5　灰土挤密桩

灰土挤密桩法和土挤密桩法适用于处理地下水位以上的湿陷性黄土、素填土、杂填土等地基，不适宜在地下水位以下使用，可处理的地基深度为 5～15m。当以消除地基的湿陷性为主要目的时，宜采用土挤密桩法；当以提高地基土的承载力或增强其水稳性为主要目的时，宜采用灰土挤密桩法。

1. 施工前准备

(1)桩的构造和布置

①桩孔直径。根据工程量、挤密效果、施工设备、成孔方法及经济等情况而定,一般选用 300～600mm。

②桩长。根据土质情况、桩处理地基的深度、工程要求和成孔设备等因素确定,一般为 5～15m。

③桩距和排距。桩孔一般按等边三角形布置,其间距和排距由设计确定。

④处理宽度。处理地基的宽度一般大于基础的宽度,由设计确定。

⑤地基的承载力和压缩模量。灰土挤密桩处理地基的承载力标准值,应由设计通过原位测试或结合当地施工经验确定。灰土挤密桩地基的压缩模量应通过试验或结合本地经验确定。

(2)机具设备及材料要求

①成孔设备。一般采用 0.6 或 1.2t 柴油打桩机或自制锤击式打桩机,亦可采用冲击钻机。

②夯实机具。常用夯实机具有偏心轮夹杆式夯实机和卷扬机提升式夯实机两种,后者工程中应用较多。夯锤用铸钢制成,重量一般选用 100～300kg,其竖向投影面积的静压力不小于 20kPa。夯锤最大部分的直径应较桩孔直径小 100～150mm,以便填料顺利通过夯锤 4 周。夯锤形状下端应为抛物线形锥体或尖锥形锥体,上段成弧形。

③桩孔内的填料。桩孔内的灰土填料,其消石灰和土的体积配合比,宜为 2∶8 或 3∶7。土料宜选用粉质黏土,土料中的有机质含量不应超过 5%,且不得含有冻土,渣土垃圾颗粒直径不应超过 15mm。石灰可选用新鲜的消石灰或生石灰粉,粒径不应大于 5mm。孔内填料应分层回填夯实,填料的平均压实系数 λ_c 不应低于 0.97,其中压实系数最小值不应低于 0.93。

2. 施工工艺方法要点

(1)工艺流程

灰土挤密桩工艺流程如图 2-6 所示。

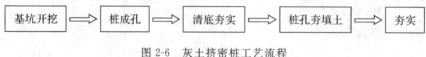

基坑开挖 ⟹ 桩成孔 ⟹ 清底夯实 ⟹ 桩孔夯填土 ⟹ 夯实

图 2-6　灰土挤密桩工艺流程

(2)方法要点

①施工前应在现场进行成孔、夯填工艺和挤密效果试验,以确定分层填料厚度、夯击次数和夯实后干密度等要求。

②桩施工一般采取先将基坑挖好,预留 200～300mm 厚的土层,然后在坑内施工灰土桩。桩的成孔方法可根据现场机具条件选用沉管(振动、锤击)法、爆扩法、冲击法或洛阳铲成孔法等。沉管法是用打桩机将与桩孔同直径的钢管打入土中,使土向孔的周围挤密,然后缓慢拔管成孔。桩管顶设桩帽,下端做成锥形约成 60°角,桩尖可以上下活动,以利空气

流动,可减少拔管时的阻力,避免塌孔。成孔后应及时拔出桩管,不应在土中搁置时间过长。成孔施工时,地基土宜接近最优含水量,当含水量低于 12% 时,宜加水增湿至最优含水量。本法简单易行,孔壁光滑平整,挤密效果好,应用最广。但沉管法处理深度受桩架限制,一般不超过 8m。爆扩法是用钢钎打入土中形成直径 25~40mm 孔或用洛阳铲打成直径为 60~80mm 孔,然后在孔中装入条形炸药卷和 2~3 个雷管,爆扩成直径 20~45mm 孔。本法工艺简单,但孔径不易控制。冲击法是使用冲击钻钻孔,将 0.6~2.2t 重锥形锤头提升 0.5~2.0m 高后落下,反复冲击成孔,并用泥浆护壁,直径可达 500~600mm,深度可达 15m 以上,适于处理湿陷性较大的土层。

③桩的施工顺序应先外排后里排,同排内应间隔 1~2 孔进行;对大型工程可采取分段施工,以免因振动挤压造成相邻孔缩孔或塌孔。成孔后应清底夯实、夯平,夯实次数不少于 8 次,并立即夯填灰土。

④桩孔应分层回填夯实,每次回填厚度为 250~400mm,人工夯实用重 25kg、带长柄的混凝土锤,机械夯实用偏心轮夹杆式夯实机或卷扬机提升式夯实机,或链条传动摩擦轮提升连续式夯实机,一般落锤高度不小于 2m,每层夯实不少于 10 锤。施打时,逐层以量斗定量向孔内下料,逐层夯实。当采用连续夯实机时,则将灰土用铁锹不间断地下料,每下 2 锹夯 2 击,均匀地向桩孔下料、夯实。桩顶应高出设计标高 15cm,挖土时再将高出部分铲除。

⑤若孔底出现饱和软弱土层时,可加大成孔间距,以防由于振动而造成已打好的桩孔内挤塞;当孔底有地下水流入时,可采用井点降水后再回填填料或向桩孔内填入一定数量的干砖渣和石灰,经夯实后再分层填入填料。

3. 质量控制

(1)施工前应对土及灰土的质量、桩孔放样位置等进行检查。

(2)施工中应对桩孔直径、桩孔深度、夯击次数、填料的含水量等进行检查。

(3)施工结束后应对成桩的质量及地基承载力进行检验。

(4)灰土挤密桩地基质量检验标准如表 2-4 所示。

表 2-4　灰土挤密桩地基质量检验标准

项目	序号	检查项目	允许偏差或允许值		检查方法
			单位	数值	
主控项目	1	桩体及桩间土干密度	按设计要求		现场取样检查
	2	桩长	mm	+500	测桩管长度或垂球
				−0	测孔深
	3	地基承载力	按设计要求		按规定的方法
	4	桩径	mm	−20	尺量
一般项目	1	土料有机质含量	%	≤5	试验室焙烧法
	2	土灰粒径	mm	≤5	筛分法

2.1.5 水泥土搅拌桩复合地基

水泥土搅拌桩复合地基是指利用水泥（或水泥系材料）为固化剂,通过特制的搅拌机械,在地基深处对原状土和水泥进行强制搅拌,形成水泥土圆柱体,与原地基土构成地基（见图 2-7）。水泥土搅拌桩除作为竖向承载的复合地基外,还可以用于基坑工程围护挡墙、被动区加固、防渗帷幕等。加固体形状可分为柱状、壁状、格栅状或块状等。水泥土搅拌桩根据固化剂掺入状态的不同,分为湿法（浆液搅拌）和干法（粉体喷射搅拌）。

图 2-7　水泥土搅拌桩复合地基

水泥土搅拌桩适用于处理正常固结的淤泥与淤泥质土、粉土、饱和黄土、素填土、黏性土以及无流动地下水的饱和松散砂土等地基。当地基土的天然含水量小于 30%（黄土含水量小于 25%）、大于 70%或地下水的 pH 值小于 4 时不宜采用干法。

1. 施工设备

水泥土搅拌桩的主要施工设备为深层搅拌机,有中心管喷浆方式的 SJB-1 型搅拌机和叶片喷浆方式的 GZB-600 型搅拌机两类。

2. 施工工艺流程

水泥土搅拌桩复合地基施工工艺流程如下（见图 2-8）:

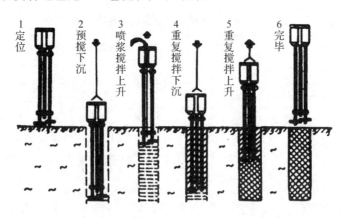

图 2-8　水泥土搅拌桩复合地基施工工艺流程

(1)施工现场事先应予以平整,必须清除地上和地下的障碍物。遇到明浜、池塘及洼地时应抽水和清淤,回填土料应压实,不得回填生活垃圾。

(2)在制定水泥土搅拌施工方案前,应做水泥土的配比试验。根据测定的各水泥土的不同龄期,不同水泥土配比试块的强度,确定施工时的水泥土配比。

(3)水泥土搅拌桩施工前应根据设计进行工艺性试桩,数量不得少于 3 根,多头搅拌不得少于 3 组,从而确定水泥土搅拌施工参数及工艺,以及水泥浆的水灰比、喷浆压力、喷浆量、旋喷速度、提升速度、搅拌次数等。

(4)搅拌机械就位、调平,为保证桩位准确使用定位卡,桩位对中偏差应不大于 20mm,导向架和搅拌轴应与地面垂直,垂直度的偏差不大于 1.5%。

(5)预沉下沉至设计加固深度后,边喷浆(粉)边搅拌提升至预定的停浆(灰)面。

(6)重复钻进搅拌,按前述操作要求进行,如喷粉量或喷浆量已达到设计要求时,只需复搅不再送粉或只需复搅不再送浆。

(7)根据设计要求,喷浆(粉)或仅搅拌提升至预定的停浆(灰)面时,关闭搅拌机械。

(8)在预(复)搅下沉时,也可采用喷浆(粉)的施工工艺,但必须确保全桩长上下至少再重复搅拌一次。

(9)对地基土进行干法咬合加固时,如复搅困难,可采用慢速搅拌,保证搅拌的均匀性。

3. 施工注意事项

(1)湿法施工控制要点:

①水泥浆液到达喷浆口的出口压力不应小于 10MPa。

②施工前应确定灰浆泵输浆量、灰浆经输浆管到达搅拌机喷浆口的时间和起吊设备提升速度等施工参数,并根据设计要求通过工艺性成桩试验确定施工工艺。

③使用水泥都应过筛,制备好的浆液不得离析,泵送必须连续。拌制水泥浆液的罐数、水泥和外掺剂用量以及泵送浆液的时间等应有专人记录;喷浆量及搅拌深度必须采用经国家计量部门认证的检测仪器进行自动记录。

④搅拌机喷浆提升的速度和次数必须符合施工工艺的要求,并应有专人记录。

⑤当水泥浆液到达出浆口后,应喷浆搅拌 30s,在水泥浆与桩端土充分搅拌后,再开始提升搅拌头。

⑥搅拌机预搅下沉时不宜冲水,当遇到硬土层下沉太慢时,方可适量冲水,但应考虑冲水对桩身强度的影响。

⑦施工时如因故停浆,应将搅拌头下沉至停浆点以下 0.5m 处,待恢复供浆时再喷浆搅拌提升。若停机超过 3h,宜先拆卸输浆管路,并妥加清洗。

⑧壁状加固时,相邻桩的施工时间间隔不宜超过 24h。若间隔时间太长,与相邻桩无法搭接时,应采取局部补桩或注浆等补强措施。

⑨喷浆未到设计桩顶标高(或底部桩端标高),而集料斗中浆液已排空时,应检查投料量、有无漏浆、灰浆泵输送浆液流量。其处理方法为:重新标定投料量,或检修设备,或重新标定灰浆泵输送流量。

⑩喷浆到设计桩顶标高(或底部桩端标高),而集料斗中浆液剩浆过多时,应检查投料

量、输浆管路部分是否堵塞、灰浆泵输送浆液流量。其处理方法为：重新标定投料量，或清洗输浆管路，或重新标定灰浆泵输送流量。

（2）干法施工控制要点：

①喷粉施工前应仔细检查搅拌机械、供粉泵、送气（粉）管路、接头和阀门的密封性、可靠性。送气（粉）管路的长度不宜大于 60m。

②水泥土搅拌法（干法）喷粉施工机械必须配置经国家计量部门确认的具有能瞬时检测并记录粉体计量的装置及搅拌深度的自动记录仪。

③搅拌头每旋转一周，其提升高度不得超过 16m。

④搅拌头的直径应定期复核检查，其磨耗量不得大于 10mm。

⑤当搅拌头到达设计桩底以上 1.5m 时，应立即开启喷粉机提前进行喷粉作业。当搅拌头提升至地面下 500mm 时，喷粉机应停止喷粉。

⑥成桩过程中因故停止喷粉，应将搅拌头下沉至停灰面以下 1m 处，待恢复喷粉时再喷粉搅拌提升。

（3）搅拌机预搅下沉不到设计深度，但电流不高，可能是土质黏性大，搅拌机自重不够造成的。应采取增加搅拌机自重或开动加压装置。

（4）搅拌钻头与混合土同步旋转，是灰浆浓度过大或搅拌叶片角度不适宜造成的。可采取重新确定浆液的水灰比，或者调整叶片角度、更换钻头等措施。

4. 质量检验与验收

（1）施工期质量检验

施工期质量检验包括以下内容：

①水泥土搅拌施工时，应随时检查施工中的各项记录，如发现地质条件发生变化，或有遗漏，或水泥土搅拌桩（水泥土搅拌点）施工质量不符合规定要求，应进行补桩或采取其他有效的补救措施。

②重点检查输浆量（水泥用量）、输浆速度、总输浆时间、桩长、搅拌头转速和提升速度、复搅次数和复搅深度、停浆处理方法等。

（2）竣工后质量验收

竣工后质量验收应包括以下内容：

①水泥土搅拌施工结束 28 天后进行检验。

②水泥土搅拌桩桩体的主要检测内容如下：

a. 成桩后 3 天内，可用轻型动力触探（N_{10}）检查上部桩身的均匀性。检查量为施工总桩数的 1%，且不少于 3 根。

b. 成桩 7 天后，采用浅部开挖桩头的方法进行检查，开挖深度宜超过停浆（灰）面下 0.5m，目测检查搅拌的均匀性，量测成桩直径。检查量为总桩数的 5%。

c. 桩身强度检测应在成桩 28 天后，用双管单动取样器钻取芯样作搅拌均匀性和水泥土抗压强度检验。检验量为施工总桩（组）数的 0.5%，且不少于 6 点。钻芯有困难时，可采用单桩抗压静载荷试验检验桩身质量。

③承载力检测。竖向承载水泥土搅拌桩复合地基竣工验收时，承载力检验应采用复合

地基载荷试验和单桩载荷试验。载荷试验必须在桩身强度满足试验荷载条件时进行,并宜在成桩 28 天后进行。验收检测检验数量为桩总数的 0.5%～1%,其中单项工程单桩复合地基载荷试验的数量不应少于 3 根(多头搅拌为 3 组),其余可进行单桩静载荷试验或单桩、多桩复合地基载荷试验。

④基槽开挖后,应检验桩位、桩数与桩顶质量,如不符合设计要求,应采取有效补救措施。

(3)检验与验收标准

水泥土搅拌桩复合地基的质量检验内容及标准应符合表 2-5 的要求。

表 2-5　水泥土搅拌桩复合地基质量检验内容及标准

项目	序号	检查项目	允许偏差或允许值		检查方法
			单位	数值	
主控项目	1	水泥及外掺剂质量	按设计要求		查产品合格证或抽样送检
	2	水泥用量	按设计要求		查看流量计
	3	桩体强度	按设计要求		按规定方法
	4	地基承载力	按设计要求		按规定方法
一般项目	1	机头提升速度	m/min	≤0.50	量机头上升距离和时间
	2	桩底标高	mm	±200	测机头深度
	3	桩顶标高	mm	+200 / −50	水准仪(最上部 500mm 不计入)
	4	桩位偏差	mm	<50	用钢尺量
	5	桩径	mm	<0.04d	用钢尺量(d 为桩径)
	6	垂直度	%	≤1.50	经纬仪
	7	搭接	mm	>200	用钢尺量

2.1.6　地基局部处理

地基的局部处理,常见于施工验槽时查出或出现的局部与设计要求不符的地基,如槽底倾斜,墓坑,暖气沟或电缆等穿越基槽,古井,大块孤石等。地基处理时应根据不同情况妥善处理。处理的原则是使地基不均匀沉降减少至允许范围之内。下面就常见形式做一简单介绍。

1. 局部软土地基处理

(1)基坑、松土坑的处理

①坑的范围较小时,可将坑中虚土全部挖出,直至见到老土为止,然后用与老土压缩性相近的土回填,分层夯实至基底设计标高。若地下水位较高或坑内积水无法夯实时,可用

砂、石分层夯实回填。

②坑的范围较大时,可将该范围内的基槽适当加宽,再回填土料,方法及要求同上。

③坑较深、挖除全部虚土有困难时,可部分挖除,挖除深度一般为基槽宽的2倍。剩余虚土为软土时,可先用块石夯实挤密后再回填。也可采用加强基础刚度、用梁板形式跨越、改变基础类或采用桩基进行处理。

(2)"橡皮土"的处理

当地基为含水量很大、趋于饱和的黏性土时,反复夯打后会使地基变成所谓的"橡皮土"。因此,当地基为含水量很大的黏性土时,应先采用晾槽或掺生石灰的方法减小土的含水量,然后再根据具体情况选择施工方法及基础类型。

如果地基已产生了"橡皮土"的现象,则应采取如下措施:

①把"橡皮土"全部挖除干净,然后再回填好土至设计标高。

②若不能把"橡皮土"完全清除干净,则利用碎石或卵石打入,将泥挤紧,或铺撒吸水材料(如干土、碎砖、生石灰等)。

③若在施工中扰动了基底土,对于湿度不大的土,可做表面夯实处理。对于软黏土,则需掺入砂、碎石或碎砖才能夯打,或将扰动土全部清除,另填好土夯实。

(3)管道穿越基槽的处理

①槽底有管道时,最好是能拆迁管道,或将基础局部加深,使管道从基础之上通过。

②如果管道必须埋于基础之下,则应采取保护措施,避免将管道压坏。

③若管道在槽底以上穿过基础或基础墙时,应采取防漏措施,以免漏水浸湿地基造成不均匀下沉。当地基为填土或湿陷性土时,尤其应注意。另外,有管道通过的基础或基础墙,必须在管道的周围预留足够尺寸的孔洞。在管道上部预留的空隙应大于房屋预估的沉降量,以保证管道的安全。

2. 局部坚硬地基处理

(1)砖井、土井的处理

①井位于基槽的中部。若井的进口填土较密实时,可将井的砖圈拆去1m以上,用2∶8或3∶7灰土回填,分层夯实至槽底;若井的直径大于1.5m,可将土井挖至地下水面,每层铺20cm粗骨料,分层夯实至槽底整平,上面做钢筋混凝土梁(板)跨越它们。

②井位于基础的转角处。除采用上述的回填办法外,还可视基础压在井口的面积大小,采用从两端墙基中伸出挑梁,或将基础沿墙长方向向外延长出去,跨越井的范围,然后再在基础墙内采用配筋或加钢筋混凝土梁(板)来加强。

(2)基岩、旧墙基、孤石的处理

当基槽下发现有部分比其邻近地基土坚硬得多的土质时(如槽下遇到基岩、旧墙基、大树根和压实的路面、老灰土等)均应尽量挖除,然后填与地基土质相近的较软弱土,挖除厚度视大部分地基土层的性质而定,一般为1m左右。

如果局部硬物不易挖除时应考虑加强上部刚度。如果在基础墙内加钢筋或钢筋混凝土梁等,尽量减少可能产生的不均匀沉降对建筑物造成的伤害。

（3）防空洞的处理

①防空洞砌筑质量较好，有保留价值时，可采用承重法：

a.如果洞顶施工质量不好，可拆除重做素混凝土拱顶或钢筋混凝土拱顶，也可在原砖砌拱顶上现浇钢筋混凝土拱，使砖、混凝土共同组成复合承重的拱顶。

b.如果洞顶质量较好，但承重强度不足，可沿洞壁浇筑钢筋混凝土扶壁柱，并与拱顶浇为一体。

②当防空洞埋置深度不大，靠近建筑物且又无法避开时，可适当加深基础，使基础埋深与防空洞取平。

③如果防空洞较深，其拱顶层距地面深达 6～7m，拱顶距基底也有 4～5m 之多，防空洞本身质量亦较好时，防空洞可以不加处理，但要加强上部结构整体刚度，防止出现裂缝，或因地基承载不均匀，导致产生不均匀沉降。

④建筑物所在位置恰遇防空洞，为避开防空洞时，可作以下处理：

a.采用建筑物移位法，即首先考虑建筑物适当移位，这样既可保留防空洞，建筑物地基又不用处理。

b.如果受建筑物限制不能移位，就考虑建筑物某道或某几道承重墙是否可错开防空洞，使承重墙不直接压在防空洞上。

c.建筑物因地制宜、"见缝插针"。根据现有能避开防空洞的场地，将建筑物平面做成点式、L 形、U 形等。

2.2　浅基础工程施工

　　天然地基上的基础，由于埋置深度的不同，所采用的施工方法、基础结构形式和设计计算方法也不同，因而分为浅基础和深基础两类。其中浅基础一般是指基础埋深 3～5m，或者基础埋深小于基础宽度的基础，且只需排水、挖槽等普通施工即可建造的基础。浅基础由于其埋深浅，结构形式简单，施工方法简便，造价也较低，因此成为建筑物最常用的基础类型。浅基础常见的形式有无筋扩展基础（见图 2-9）、独立基础（见图 2-10 和图 2-10（续））、条形基础（见图 2-11）和筏板基础（见图 2-12）及箱形基础（见图 2-13）等。

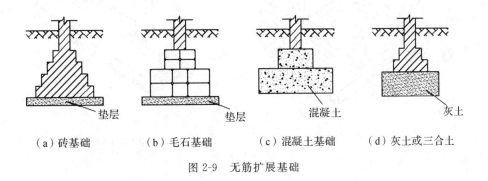

（a）砖基础　　　　（b）毛石基础　　　　（c）混凝土基础　　　　（d）灰土或三合土

图 2-9　无筋扩展基础

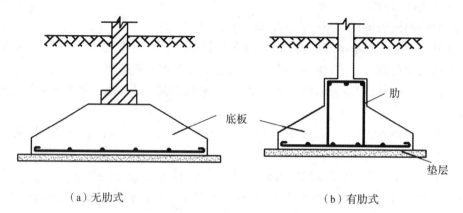

（a）无肋式　　　　　　　　　　　　（b）有肋式

图 2-10　独立基础

（a）阶梯形　　　　　　（b）锥形　　　　　　（c）杯口形

图 2-10(续)　柱下钢筋混凝土独立基础

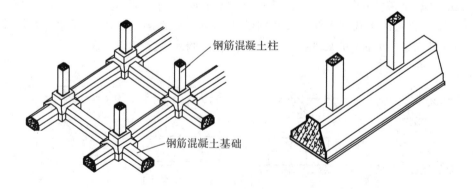

（a）井格式柱下条形基础　　　　　　　（b）柱下条形基础

图 2-11　条形基础

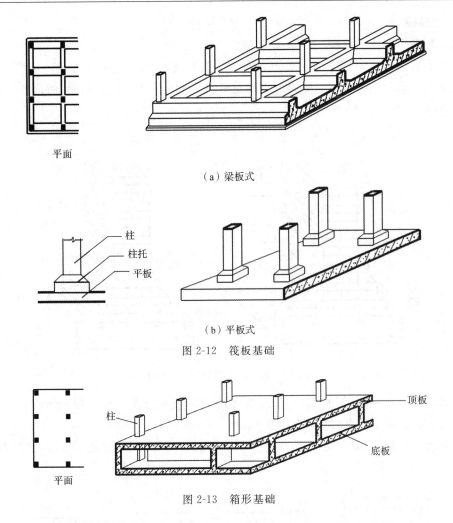

（a）梁板式

（b）平板式

图 2-12　筏板基础

图 2-13　箱形基础

2.2.1　无筋扩展基础

无筋扩展基础是基础的一种做法,是指由砖、毛石、混凝土或毛石混凝土、灰土和三合土等材料组成的,且不需配置钢筋的墙下条形基础或柱下独立基础。无筋扩展基础也称为刚性基础。这种基础的特点是抗压性能好,整体性、抗拉、抗弯、抗剪性能差。它适用于地基坚实、均匀、上部荷载较小,六层和六层以下(三合土基础不宜超过四层)的一般民用建筑和墙承重的轻型厂房。

1. 刚性角的概念

基础是上部结构在地基中的放大部分,但当放大的尺寸超过一定范围时,材料就会受到拉力和剪力作用,若内力超过基础材料本身的抗拉、抗剪能力,就会引起折裂破坏。各种材料具有各自的刚性角 α,如混凝土的刚性角为 $45°$,砖的刚性角为 $33.4°$,等,如图 2-14 所示。

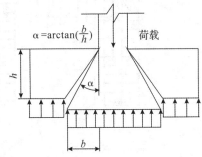

图 2-14　刚性角

2. 砖基础

砖基础的下部为大放脚、上部为基础墙。

大放脚有等高式(二皮一收)和间隔式(二一间隔收)。等高式大放脚是每砌两皮砖,每边各收进 1/4 砖长(60mm);间隔式大放脚是两皮一上与一皮一收相间隔,两边各收进 1/4 砖长(60mm)。如图 2-15 所示。

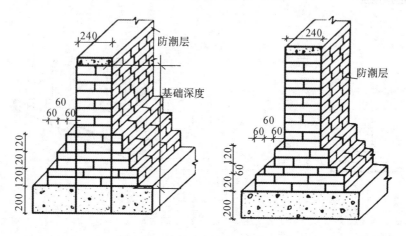

图 2-15　砖基础大放脚(单位:mm)

砖基础大放脚一般采用一顺一丁砌筑形式,即一皮顺砖与一皮丁砖相间,最下一皮砖以丁砖为主。上下皮垂直灰缝相互错开 60mm。

砖基础的转角处、交界处,为错缝需要应加砌配砖(3/4 砖、半砖或 1/4 砖)。如图 2-16 所示。

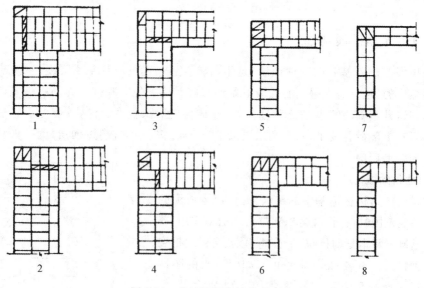

图 2-16　大放脚转角处分皮砌法

砖基础的水平灰缝厚度和垂直灰缝宽度宜为 10mm。水平灰缝的砂浆饱满度不得小于 80%。

砖基础的转角处和交接处应同时砌筑，当不能同时砌筑时，应留置斜槎。

基础墙的防潮层，当设计无具体要求时，宜用 1∶2 水泥砂浆加适量防水剂铺设，其厚度宜为 20mm。防潮层位置宜在室内地面标高以下一皮砖处。

3. 毛石基础

砌筑毛石基础的第一皮石砌块应坐浆，并将石块的大面朝下。毛石基础的第一皮及转角处、交接处应用较大的平毛石砌筑。基础的最上一皮，宜选用较大的毛石砌筑。

毛石基础的扩大部分，如做成阶梯型，上级阶梯的石块应至少压砌下级阶梯石块的 1/2，相邻阶梯的毛石应相互错缝搭接。如图 2-17 所示。

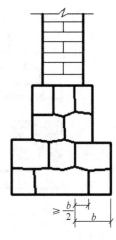

毛石基础必须设置拉结石。拉结石应均匀分布。毛石基础同皮内每隔 2m 左右设置一块。拉结石长度：若基础宽度等于或小于 400mm，则拉结石长度应与基础宽度相等；若基础宽度大于 400mm，可用两块拉结石内外搭接，搭接长度不应小于 150mm，且其中一块拉结石长度不应小于基础宽度的 2/3。

图 2-17 毛石基础

4. 素混凝土基础

素混凝土基础是指不设钢筋的混凝土基础，它与砖基础、毛石基础相比具有整体性好、强度高、耐水等优点。

5. 无筋扩展基础施工

(1)施工工艺流程：基地土质验槽→施工垫层→在垫层上弹线抄平→基础施工。

(2)施工要点：

①基础所采用材料的最低强度等级应符合表 2-6 的要求。

表 2-6 地面或防潮层以下砌体所用材料的最低强度等级

基土的 潮湿程度	烧结普通砖、蒸压灰砂砖		混凝土砌块	石材	水泥砂浆
	严寒地区	一般地区			
稍潮湿的	MU10	MU10	MU7.5	MU30	M5
很潮湿的	MU15	MU10	MU7.5	MU30	M7.5
含水饱和的	MU20	MU15	MU10	MU40	M10

②在进行基础施工前，应先进行验槽并将地基表面的浮土及垃圾清除干净。在主要轴线部位设置引桩控制轴线位置，并以此放出墙身轴线和基础边线。

2.2.2 独立基础

建筑物上部结构采用框架结构或单层排架结构承重时，基础常采用圆柱形和多边形等形式的基础,这类基础称为独立式基础,也称单独基础。独立基础分为阶形基础、锥形基础和杯形基础三种。如图 2-18 所示。当柱为现浇时,独立基础与柱子是整浇在一起的;当柱子为预制时,通常将基础做成杯口形,然后将柱子插入,并用细石混凝土嵌固,此时称为杯口基础。轴心受压柱下独立基础的底面形状常为正方形;而偏心受压柱下独立基础的底面形状一般为矩形。

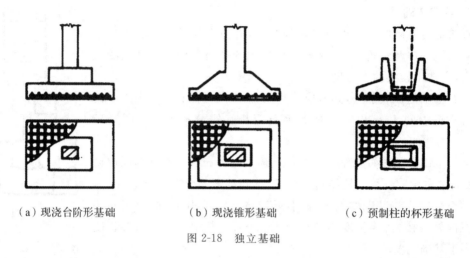

（a）现浇台阶形基础　　　　（b）现浇锥形基础　　　　（c）预制柱的杯形基础

图 2-18　独立基础

1. 独立基础施工工艺流程

独立基础的工艺流程一般为:清理→混凝土垫层→测量放线→钢筋绑扎→相关专业施工→清理→支模板→清理→混凝土搅拌→混凝土浇筑→混凝土振捣→混凝土找平→混凝土养护→模板拆除。

独立基础施工工艺

2. 独立基础施工工艺

（1）清理及垫层浇灌

地基验槽完成,清除表层浮土及扰动土,不留积水,立即进行垫层混凝土施工。垫层混凝土必须振捣密实,表面平整,严禁晾晒基土。

（2）钢筋绑扎

垫层浇灌完成,混凝土达到 1.2MPa 后,表面弹线进行钢筋绑扎,底板钢筋网片四周两行钢筋交叉点应每点扎牢,中间部分交叉点可相隔交错扎牢,但必须保证受力钢筋不发生位移。对于双向主筋的钢筋网,则须将全部钢筋的相交点扎牢。柱插筋弯钩部分必须与底板筋成 45°绑扎,连接点处必须全部绑扎,距底板 5cm 处绑扎第一个箍筋,距基础顶 5cm 处绑扎最后一道箍筋,作为标高控制筋及定位筋,柱插筋最上部再绑扎一道定位筋,上下箍筋及定位箍筋绑扎完成后将柱插筋调整到位并用"井"字木架临时固定,然后绑扎剩余箍筋,保证柱插筋不变形走样,两道定位筋在基础混凝土浇完后,必须进行更换。

钢筋绑扎好后底面及侧面搁置保护层塑料垫块,厚度为设计保护层厚度,垫块间距不得大于 1000mm(视设计钢筋直径确定),以防出现露筋的质量通病。注意对钢筋的成品保护,不得任意碰撞钢筋,造成钢筋移位。

（3）支模板

钢筋绑扎及相关专业施工完成后立即进行模板安装，模板采用小钢模或木模，利用架子管或木方加固。如图 2-19 所示。

①阶梯型独立基础。根据图纸尺寸制作每一阶梯模板，支模顺序是由下至上逐层向上安装，即先安装底层阶梯模板，用斜撑和水平撑钉牢撑稳；核对模板墨线及标高，配合绑扎钢筋及垫块，再进行上一阶模板安装，重新核对墨线各部位尺寸，并把斜撑、水平支撑以及拉杆加以

图 2-19　独立基础支模现场

钉牢、撑牢，最后检查拉杆是否稳固，校核基础模板几何尺寸及轴线位置，如图 2-20 所示。

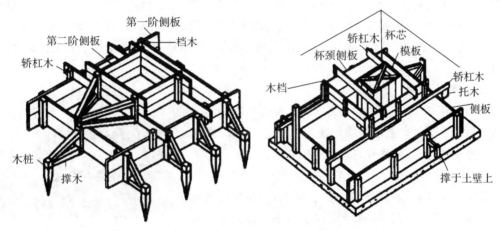

图 2-20　阶梯型基础支模示意　　　　　　　图 2-21　杯形基础支模示意

②锥形独立基础。锥形基础坡度＞30°时，采用斜模板支护，利用螺栓与底板钢筋拉紧，防止上浮，模板上部设透气及振捣孔；坡度≤30°时，利用钢丝网（间距 30cm）防止混凝土下坠，上口设井子木控制钢筋位置。不得用重物冲击模板，不准在吊绑的模板上搭设脚手架，保证模板的牢固和严密性。

③杯形独立基础。与阶梯形独立基础相似，不同的是增加了一个中心杯芯模，杯口上大下小，斜度按工程设计要求制作。芯模在安装前应钉成整体，轿杠木钉与两侧，中心杯芯完成后要全面校核中心轴线和标高，如图 2-21 所示。制作杯形基础模板时应防止中心线不准、杯口模板位移、混凝土浇筑时芯模浮起、拆模时芯模拆不出的情况发生。

（4）清理

清除模板内的木屑、泥土等杂物，木模应浇水湿润，堵严板缝及孔洞。

（5）混凝土现场搅拌

①每次浇筑混凝土前 1.5h 左右，由土建工长或混凝土工长试写"混凝土浇筑申请书"，一式 3 份，施工技术负责人签字后，土建工长留 1 份，交试验员 1 份，交资料员 1 份归档。

②试验员依据混凝土浇筑申请书填写有关资料，做砂石含水率体验，调整混凝土配合比中的材料用量，换算每盘的材料用量，写配合比板，经施工技术负责人校核后，挂在搅拌

机旁醒目处。

③材料用量、投放：水、水泥、外加剂、掺合料的计量误差为±2％，砂石料的计量误差为±3％。投料顺序为：石子→水泥→外加剂粉剂→掺合料→砂子→水→外加剂液剂。

④搅拌时间：强制式搅拌机，不掺外加剂时，不少于90s，掺外加剂时，不少于120s。自落式搅拌机，在强制式搅拌机搅拌时间的基础上增加30s。

⑤当一个配合比第一次使用时，应由施工技术负责人主持，做混凝土开盘鉴定。如果混凝土和易性不好，可以在维持水灰比不变的前提下，适当调整砂率、水及水泥量，至和易性良好为止。

(6)混凝土浇筑

混凝土应分层连续进行，间歇时间应不超过混凝土初凝时间，一般不超过2小时。为保证钢筋位置正确，需先浇一层5～10cm厚混凝土固定钢筋。台阶形基础每一台阶高度整体浇捣，每浇完一台阶停顿0.5h待其下沉，再浇上一层。分层下料，每层厚度为振动棒的有效振动长度。防止由于下料过厚、振捣不实或漏振、吊帮的根部砂浆涌出等原因造成蜂窝、麻面或孔洞。

(7)混凝土振捣

混凝土振捣采用插入式振捣器，插入的间距不大于作用半径的1.5倍。上层振捣棒插入下层3～5cm。尽量避免碰撞预埋件、预埋螺栓，防止预埋件移位。

(8)混凝土找平

混凝土浇筑后，表面比较大的混凝土，使用平板振捣器振一遍，然后用杆刮平，再用木抹子搓平。收面前必须校核混凝土表面标高，不符合要求处立即整改（见图2-22）。浇筑混凝土时，经常观察模板、支架、钢筋、螺

图 2-22　独立基础混凝土浇筑

栓、预留孔洞和管有无走动等情况，一经发现有变形、走动或位移时，立即停止浇筑，并及时修整和加固模板，然后再继续浇筑。

(9)混凝土养护

已浇筑完的混凝土，应在12h左右加以覆盖和浇水。一般常温养护时间不得少于7昼夜，特种混凝土养护不得少于14昼夜。养护设专人检查落实，防止由于养护不及时，造成混凝土表面裂缝。

(10)模板拆除

侧面模板在混凝土强度能保证其棱角不因拆模板而受损坏时方可拆模，拆模前设专人检查混凝土强度，拆除时采用撬棍从一侧顺序拆除，不得采用大锤砸或撬棍乱撬，以免造成混凝土棱角破坏。

2.2.3　条形基础

条形基础是指基础长度远远大于宽度的一种基础形式。按上部结构，条形基础分为墙下钢筋混凝土条形基础和柱下钢筋混凝土条形基础。其中，柱下条形基础又可分为单向条

形基础和十字交叉条形基础。条形基础必须有足够的刚度将柱子的荷载均匀地分布到扩展的条形基础底面积上，并且调整可能产生的不均匀沉降。当单向条形基础底面积仍不足以承受上部结构荷载时，可以在纵、横两个方向上将柱基础连成十字交叉条形基础，以增加房屋的整体性，减少基础的不均匀沉降，如图 2-23 和图 2-24 所示。

图 2-23　墙下条形基础

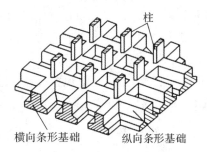

图 2-24　柱下交叉条形基础

1. 条形基础施工工艺流程

条形基础的施工工艺流程与独立基础一样，一般为：清理→混凝土垫层→测量放线→钢筋绑扎→相关专业施工→清理→支模板→清理→混凝土搅拌→混凝土浇筑→混凝土振捣→混凝土找平→混凝土养护→模板拆除。

条形基础施工工艺

2. 条形基础施工要点

条形基础的施工要点与独立柱基础十分相似。除此之外，还要考虑以下几点：

（1）当基础高度在 900mm 以内时，插筋伸至基础底部的钢筋网上，并在端部做成直弯钩；当基础高度较大时，位于柱子四角的插筋应伸至基础底部，其余的钢筋只需伸至锚固长度即可。插筋伸出基础部分长度应按柱的受力情况及钢筋规格确定。

（2）钢筋混凝土条形基础，在 T 形、L 形与"十"字交接处的钢筋沿一个主要受力方向通长设置。

（3）条形基础模板工程。侧板和端头板制成后应先在基槽底弹出中心线、基础边线，再把侧板和端头板对准边线和中心线，用水平仪抄测校正侧板顶面水平，经检测无误后，用斜撑、水平撑及拉撑钉牢，如图 2-25 所示。制作条形基础模板时要防止沿基础通长方向模板上口不直，宽度不够，下口陷入混凝土内，拆模时上段混凝土缺损，底部钉模不牢等情况的发生。

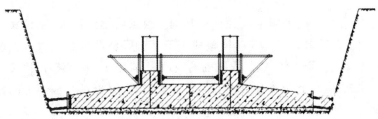

图 2-25　条形基础支模示意

　　(4)条形基础混凝土工程。对于锥形基础,应注意保持锥体斜面坡度的正确,斜面部分的模板应随混凝土浇捣分段支设并压紧,以防模板上浮变形;边角处的混凝土必须捣实。严禁斜面部分不支模,用铁锹拍实。基础上部柱子后施工时,可在上部水平面留设施工缝。施工缝的处理应按有关规定执行。条形基础根据高度分段分层连续浇筑,不留施工缝,各段各层应相互衔接,每段2~3m,做到逐段逐层呈阶梯形推进。浇筑时先使混凝土充满模板内边角,然后浇筑中间部分,以保证混凝土密实。分层下料,每层厚度为振动棒的有效振动长度,防止由于下料过厚、振捣不实或漏振、吊帮的根部砂浆涌出等原因造成蜂窝、麻面或孔洞。

　　(5)浇筑混凝土时,经常观察模板、支架、螺栓、预留孔洞和管道有无走动情况,一经发现有变形、走动或移位时,立即停止浇筑,并及时修整和加固模板,然后再继续浇筑。

2.2.4　筏板基础

　　当建筑物上部荷载较大而地基承载能力又比较弱时,用简单的独立基础或条形基础已不能适应地基变形的需要,这时常将墙或柱下基础连成一片,使整个建筑物的荷载承受在一块整板上,这种满堂式的板式基础称为筏形基础。筏形基础由于其底面积大,故可减小基底压强,同时也可提高地基土的承载力,并能更有效地增强基础的整体性,调整不均匀沉降。筏形基础又叫筏板形基础,即满堂基础。筏形基础分为平板式和梁板式,一般根据地基土质、上部结构体系、柱距、荷载大小及施工条件等确定。如图2-26所示。

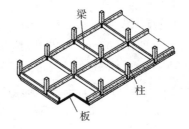

图 2-26　筏板基础

　　平板式筏形基础的底板是一块厚度相等的钢筋混凝土平板。板厚一般在0.5~2.5m。平板式筏形基础适用于柱荷载不大、柱距较小且等柱距的情况,其特点是施工方便、建造快,但混凝土用量大。底板的厚度可以按升一层加50mm初步确定,然后校核板的抗冲切强度。通常5层以下的民用建筑,板厚不小于250mm;6层民用建筑的板厚不小于300mm。

　　当柱网间距大时,一般采用梁板式筏形基础。根据肋梁的设置,梁板式筏形基础可分为单向肋和双向肋两种形式。单向肋梁板式筏形基础是将两根或两根以上的柱下条形基础中间用底板连接成一个整体,以扩大基础的底面积并加强基础的整体刚度。双向肋梁板式筏形基础是在纵、横两个方向上的柱下都布置肋梁,有时也可在柱网之间再布置次肋梁以减少底的厚度。如图2-27所示。

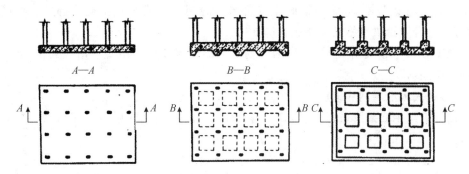

图 2-27　筏板基础(A:平板式;B、C:梁板式)

1. 筏板基础工艺流程

(1)钢筋工程工艺流程:放线并预检→成型钢筋进场→排钢筋→焊接接头→绑扎→柱墙插筋定位→交接验收。

(2)模板工程工艺流程:

①240mm 砖胎模:基础砖胎模放线→砌筑→抹灰。

②外墙及基坑:与钢筋交接验收→放线并预检→外墙及基坑模板支设→钢板止水带安装→交接验收。

(3)混凝土工程工艺流程:钢筋模板交接验收→顶标高抄测→混凝土搅拌→现场水平垂直运输→分层振捣赶平抹压→覆盖养护。

筏板基础施工工艺

基础底板钢筋
施工工艺

2. 筏板基础钢筋工程施工

筏板基础钢筋工程施工如图 2-28 所示。

图 2-28　筏板基础钢筋工程施工

(1)绑底板下层网片钢筋

根据在防水保护层弹好的钢筋位置线,先铺下层网片的长向钢筋,后铺下层网片上面的短向钢筋,钢筋接头尽量采用焊接或机械连接,要求接头在同一截面相互错开 50%,同一根钢筋尽量减少接头。在钢筋网片绑扎完后,根据图纸设计依次绑扎局部加强筋。在钢筋网的绑扎时,四周两行钢筋交叉点应每点扎牢,中间部分交叉点可相隔交错扎牢,但必须保证受力钢筋不发生位移。对于双向主筋的钢筋网,则须将全部钢筋的相交点扎牢。绑扎时应注意相邻绑扎点的铁丝扣要成 8 字形,以免网片歪斜变形。

(2)绑扎地梁钢筋

①在放平的梁下层水平主钢筋上,用粉笔画出箍筋间距。箍筋与主筋要垂直,箍筋转

角与主筋交点均要绑扎,主筋与箍筋非转角部分的相交点成梅花型交错绑扎。箍筋的接头,即弯钩叠合处沿梁水平筋交错布置绑扎。

②地梁在槽上预先绑扎好后,根据已划好的梁位置线用塔吊直接吊装到位,并与底板钢筋绑扎牢固。

(3)绑扎底板上层网片钢筋

①铺设上层钢筋撑脚(铁马凳):铁马凳用剩余短料焊制成(见图2-29),铁马凳短向放置,间距1.2~1.5m。

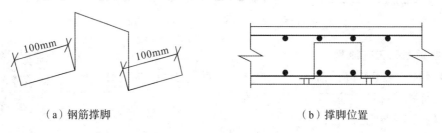

(a)钢筋撑脚　　　　　　　　　(b)撑脚位置

图2-29　钢筋撑脚(铁马凳)

②绑扎上层网片下铁:先在铁马凳上绑架立筋,在架立筋上划好钢筋位置线,按图纸要求,顺序放置上层网的下铁,钢筋接头尽量采用焊接或机械连接,要求接头在同一截面相互错开50%,同一根钢筋尽量减少接头。

③绑扎上层网片上铁:根据在上层下铁上划好的钢筋位置线,顺序放置上层钢筋,钢筋接头尽量采用焊接或机械连接,要求接头在同一截面相互错开50%,同一根钢筋尽量减少接头。

④绑扎暗柱和墙体插筋:根据放好的柱和墙体位置线,将暗柱和墙体插筋绑扎就位,并和底板钢筋点焊固定,要求接头均错开50%,根据设计要求执行,设计无要求时,甩出底板面的长度≥45d,暗柱绑扎两道箍筋,墙体绑扎一道水平筋。

⑤垫保护层:底板下保护层为35mm,梁柱主筋保护层为25mm,外墙迎水面为35mm,外墙内侧及内墙均为15mm。保护层垫块间距为600mm,梅花型布置。

⑥成品保护:绑扎钢筋时钢筋不能直接抵到外墙砖模上,并注意保护防水层,钢筋绑扎前,导墙内侧防水层必须甩浆做保护层,导墙上部的防水浮铺油毡加盖砖保护,以免防水卷材在钢筋施工时被破坏。

3. 筏板基础模板工程施工

(1)240mm砖胎模

①砖胎模砌筑前,先在垫层面上将砌砖线放出,比基础底板外轮廓大40mm,砌筑时要求拉直线,采用一顺一丁"三一"砌筑方法,转角或接口处留出接搓口,墙体要求垂直。砖模内侧、墙顶面抹15mm厚的水泥砂浆并压光,同时阴阳角做成圆弧形。

②底板外墙侧模采用240mm厚砖胎模,高度同底板厚度,砖胎模采用MU7.5砖、M5.0水泥砂浆砌筑,内侧及顶面采用1:2.5水泥砂浆抹面。

③考虑混凝土浇筑时侧压力较大,砖胎模外侧面必须采用木方及钢管进行支撑加固,

支撑间距不大于 1.5m。

（2）集水坑模板

①根据模板板面由 10mm 厚竹胶板拼装成筒状，内衬两道木方（100mm×100mm），并钉成一个整体，配模的板面保证表面平整、尺寸准确、接缝严密。

②模板组装好后进行编号。安装时用塔吊将模板初步就位，然后根据位置线加水平和斜向支撑进行加固，并调整模板位置，使模板的垂直度、刚度、截面尺寸符合要求。

（3）外墙高出底板 300mm 部分

①墙体高出部分模板采用 10mm 厚竹胶板事先拼装而成，外绑两道水平向木方（50mm×100mm）。

②在防水保护层上弹好墙边线，在墙两边焊钢筋预埋竖向和斜向筋（用 A12 钢筋剩余短料），以便进行加固。

③用小线拉外墙通长水平线，保证截面尺寸为 297mm（300mm 厚外墙），将配好的模板就位，然后用架子管和铅丝与预埋铁进行加固。

④模板固定完毕后拉通线检查板面顺直。

4. 筏板基础混凝土施工

基础底板混凝土
浇筑施工工艺

由于筏板基础一般为大体积混凝土，因此其浇筑应按照第 4 章中所述的大体积混凝土浇筑要求进行，并按规定留设后浇带。

（1）泵送前先用适量与混凝土强度同等级的水泥砂浆润管，并压入混凝土。砂浆输送到基坑内，要抛散开，不允许水泥砂浆堆在一个地方。

（2）混凝土浇筑。基础底板一次性浇筑，间歇时间不能太长，不允许出现冷缝。混凝土浇筑顺序由一端向另一端浇筑，混凝土采用踏步式分层浇筑，分层振捣密实，以使混凝土的水化热尽量散失。具体为：从下到上分层浇筑，从底层开始浇筑，进行 5m 后回头来浇筑第二层，如此依次向前浇筑以上各层，上下相邻两层时间不超过 2h。为了控制浇筑高度，须在出灰口及其附近设置尺杆，夜间施工时，尺杆附近要有灯光照明。

（3）每班安排一个作业班组，并配备 3 名振捣工人，根据混凝土泵送时自然形成的坡度，在每个浇筑带前、后、中部不停振捣。振捣工要认真负责，仔细振捣，以保证混凝土振捣密实。防止上一层混凝土盖上后而下层混凝土仍未振捣，造成混凝土振捣不密实。振捣时，要快插慢拔，插入深度各层均为 350mm，即上面两层均须插入其下面一层 50mm。振捣点之间间距为 450mm，梅花型布置，振捣时逐点移动，顺序进行，不得漏振。每一插点要掌握好振捣时间，一般为 20～30s，过短不易振实，过长可能引起混凝土离析，以混凝土表面泛浆，不大量泛气泡，不再显著下沉，表面浮出灰浆为准，边角处要多加注意，防止出现漏振。振捣棒距离模板要小于其作用半径的一半，约为 150mm，并不宜靠近模板振捣，且要尽量避免碰撞钢筋、芯管、止水带、预埋件等。

（4）混凝土泵送时，注意不要将料斗内剩余混凝土降低到 200mm 以下，以免吸入空气。混凝土浇筑完毕要进行多次搓平，保证混凝土表面不产生裂纹，具体方法是振捣完后先用长刮杠刮平，待表面收浆后，用木抹刀搓平表面，并覆盖塑料布以防表面出现裂缝；在终凝前掀开塑料布再进行搓平，要求搓压三遍，最后一遍抹压要掌握好时间，以终凝前为准。

终凝时间可用手压法把握。混凝土搓平完毕后应立即用塑料布覆盖养护,浇水养护时间为 14 天。

5. 成品保护

保护钢筋、模板的位置正确,不得直接踩踏钢筋和改动模板;在拆模或吊运物件时,不得碰坏施工缝止水带。当混凝土强度达到 1.2MPa 后,方可拆模及在混凝土上操作。

2.2.5　箱形基础

箱形基础是由钢筋混凝土的底板、顶板、侧墙及一定数量的内隔墙构成封闭的箱体,基础中部可在内隔墙开门洞作地下室。如图 2-30 所示。这种基础整体性和刚度都好,调整不均匀沉降的能力较强,可消除因地基变形使建筑物开裂的可能性,减少基底处原有地基自重应力,降低总沉降量。它适于作软弱地基上的面积较小、平面形状简单、荷载较大或上部结构分布不均的高层重型建筑物的基础及对沉降有严格要求的设备基础或特殊构筑物,但混凝土及钢材用量较多,造价也较高。

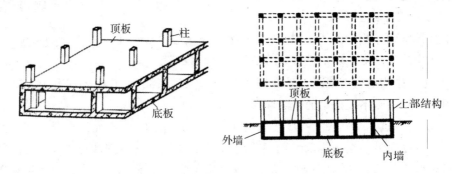

图 2-30　箱形基础

1. 箱形基础施工工艺流程

(1)钢筋绑扎工艺流程:核对钢筋半成品→划钢筋位置线→绑扎基础钢筋(墙体、顶板钢筋)→预埋管线及铁件→垫好垫块及马凳→隐检。

(2)模板安装工艺流程:确定组装模板方案→搭设内外支撑→安装内外模板(安装顶板模板)→预检。

(3)混凝土工艺流程:搅拌混凝土→混凝土运输→浇筑混凝土→混凝土养护。

2. 箱形基础钢筋工程

(1)基础钢筋绑扎

①核对钢筋半成品:按设计图纸(工程洽商或设计变更)核对加工的半成品钢筋,对其规格型号、形状、尺寸、外观质量等进行检验,挂牌标识。

②划钢筋位置线:按照图纸标明的钢筋间距,从距模板端头、梁板边 5cm 起,用墨斗在混凝土垫层上弹出位置线(包括基础梁钢筋位置线)。

③按弹出的钢筋位置线,先铺底板下层钢筋,如设计无要求,一般情况下先铺短向钢筋,再铺长向钢筋。

④钢筋绑扎时,靠近外围两行的相交点每点都要绑扎,中间部分的相交点可相隔交错绑扎,双向受力的钢筋必须将钢筋交叉点全部绑扎。绑扎时采用8字扣或交错变换方向绑扎,必须保证钢筋不位移。

⑤底板如有基础梁,可预先分段绑扎骨架,然后安装就位,或根据梁位置线就地绑扎成型。

⑥基础底板采用双层钢筋时,绑完下层钢筋后,摆放钢筋马凳或钢筋支架(间距以人踩不变形为准,一般为1m左右1个为宜)。在马凳上摆放纵横两个方向定位钢筋,钢筋上下次序及绑扣方法同底板下层钢筋。

⑦基础底板和基础梁钢筋接头位置要符合设计要求,同时进行抽样检测。

⑧钢筋绑扎完毕后,进行垫块的码放,间距以1m为宜,厚度满足钢筋保护层要求。

⑨根据弹好的墙、柱位置线,将墙、柱伸入基础的插筋绑扎牢固,插入基础深度和甩出长度要符合设计及规范要求,同时用钢管或钢筋将钢筋上部固定,保证甩筋位置准确,垂直,不歪斜、倾倒、变位。

(2)墙钢筋绑扎

①将预埋的插筋清理干净,按1∶6调整其保护层厚度至符合规范要求。先绑2～4根竖筋,并画好横筋分挡标志,然后在下部及齐胸处绑两根横筋定位,并画好竖筋分挡标志。一般情况横筋在外,竖筋在里,所以先绑竖筋后绑横筋,横竖筋的间距及位置应符合设计要求。

②墙筋为双向受力钢筋,所有钢筋交叉点应逐点绑扎,竖筋搭接范围内,水平筋不少于3道。横竖筋搭接长度和搭接位置,应符合设计图纸和施工规范要求。

③双排钢筋之间应绑间距支撑和拉筋,以固定钢筋间距和保护层厚度。支撑或拉筋可用A6和A8钢筋制作,间距600mm左右,用以保证双排钢筋之间的距离。

④在墙筋的外侧应绑扎或安装垫块,以保证钢筋保护层厚度。

⑤为保证门窗洞口标高位置正确,应在洞口竖筋上画出标高线。门窗洞口要按设计要求绑扎过梁钢筋,锚入墙内长度要符合设计及规范要求。

⑥各连接点的抗震构造钢筋及锚固长度,均应按设计要求进行绑扎。

⑦配合其他工程安装预埋管件、预留洞口等,其位置、标高均应符合设计要求。

(3)顶板钢筋绑扎

①清理模板上的杂物,用墨斗弹出主筋,分布筋间距。

②按设计要求,先摆放受力主筋,后放分布筋。绑扎板底钢筋一般用顺扣或8字扣,除外围两根筋的相交点全部绑扎外,其余各点可交错绑扎(双向板相交点须全部绑扎)。如板为双层钢筋,两层筋之间须加钢筋马凳。以确保上部钢筋的位置。

③板底钢筋绑扎完毕后,及时进行水电管路的敷设和各种埋件的预埋工作。

④水电预埋工作完成后,及时进行钢筋盖铁的绑扎工作。绑扎时要挂线绑扎,以保证盖铁两端成行成线。盖铁与钢筋相交点必须全部绑扎。

⑤钢筋绑扎完毕后,及时进行钢筋保护层垫块和盖铁马凳的安装工作。垫块厚度等于保护层厚度,如设计无要求时为15mm。钢筋的锚固长度应符合设计要求。

3. 箱形基础模板工程

（1）底板模板安装

①底板模板安装按位置线就位，外侧用脚手管做支撑，支撑在基坑侧壁上，支撑点处垫短块木板。

②由于箱形基础底板与墙体分开施工，且一般具有防水要求，所以墙体施工缝一般留在距底板顶部 30cm 处，这样，墙体模板必须和底板模板同时安装一部分。这部分模板一般高度为 600mm 即可。采用吊模施工，内侧模板底部用钢筋马凳支撑，内外侧模板用穿墙螺栓加以连接，再用斜撑与基坑侧壁撑牢。如底板中有基础梁，则全部采用吊模施工，梁与梁之间用钢管加以锁定。

（2）墙体模板安装

①单块墙模板就位组拼安装施工要点：

a. 在安装模板前，按位置线安装门窗洞口模板，与墙体钢筋固定，并安装好预埋件或木砖等。

b. 安装模板宜在墙两侧模板同时安装。第一步模板边安装锁定边插入穿墙或对拉螺栓和套管，并将两侧模对准墙线使之稳定，然后用钢卡或碟形扣件与钩头螺栓固定于模板边肋上，调整两侧模的平直。

c. 用同样方法安装其他若干模板到墙顶部，内钢楞外侧安装外钢楞，并将其用方钢卡或蝶形扣件与钩头螺栓和内钢楞固定，穿墙螺栓由内外钢楞中间插入，用螺母将蝶形扣件拧紧，使两侧模板成为一体。安装斜撑，调整模板垂直度合格后，与墙、柱、楼板模板连接。

d. 钩头螺栓、穿墙螺栓、对接螺栓等连接件都要连接牢靠，松紧力度一致。

②预拼装墙模板施工要点：

a. 检查墙模板安装位置的定位基准面墙线及墙模板编号，符合图纸后，安装门窗口等模板及预埋件或木砖。

b. 将一侧预拼装墙模板按位置线吊装就位，安装斜撑或使工具型斜撑调整至模板与地面呈 75°，使其稳定坐落于基准面上。

c. 安装穿墙或对拉螺栓和支固塑料套管。要使螺栓杆端向上，套管套于螺杆上，清扫模内杂物。

d. 以同样方法就位另一侧墙模板，使穿墙螺栓穿过模板并在螺栓杆端戴上扣件和螺母，然后调整两块模板的位置和垂直度，与此同时调整斜撑角度，合格后，固定斜撑，紧固全部穿墙螺栓的螺母。

e. 模板安装完毕后，全面检查扣件、螺栓、斜撑是否紧固、稳定，模板拼缝及下口是否严密。

（3）柱模板安装

①组拼柱模的安装：将柱子的四面模板就位组拼好，每面带一阴角模或连接角模，用 U 形卡正反交替连接；使柱模四面按给定柱截面线就位，并使之垂直，对角线相等；用定型柱箍固定，锒块到位，销铁插牢；对模板的轴线位移、垂直偏差、对角线、扭向等全面校正，并安

装定型斜撑或将一般拉扞和斜撑固定于预先埋在楼板中的钢筋环上；检查柱模板的安装质量，最后进行全体柱子水平拉杆的固定。

②整体吊装柱模的安装：吊装前，先检查整体预组拼的柱模板上下口的截面尺寸、对角线偏差，连接件、卡件、柱箍的数量及紧固程度。检查柱筋是否妨碍柱模套装，用铅丝将柱顶筋预先内向绑拢，以利柱模从顶部套入；当整体柱模安装于基准面上时，用四根斜撑与柱顶四角连接，另一端锚于地面，校正其中心线、柱边线、柱模桶体扭向及垂直度后，固定支撑；当柱高超过 6m 时，不宜采用单根支撑，宜采用多根支撑连接构架。

（4）楼板模板安装

①支架的支柱可用早拆翼托支柱从边跨一侧开始，依次逐排安装，同时安装钢（木）楞及横拉杆，其间距按模板设计的规定。一般情况下支柱间距为 80～120cm，钢（木）楞间距为 60～120cm，并根据板厚计算确定。需要装双层钢（木）楞时，上层钢（木）楞间距一般为 40～60cm。对跨度不小于 4m 的现浇钢筋混凝土梁板，其模板应按设计要求起拱，当设计无其体要求时，起拱度宜为 1‰～3‰。

②支架搭设完毕后，要认真检查板下钢（木）楞与支柱连接及支架安装的牢固与稳定，根据给定的水平线，认真调节支模翼托的高度，将钢（木）楞找平。

③铺设竹胶板，板缝下必须设钢（木）楞，以防止板端部变形。

④平模铺设完毕后，用靠尺、塞尺和水准仪检查平整度与楼板底标高，并进行校正。

4. 箱形基础混凝土工程

（1）基础底板混凝土施工

①箱形基础底板一般较厚，混凝土工程量一般也较大，因此，混凝土施工时，必须考虑混凝土散热的问题，防止出现温度裂缝。

②一般采用矿渣硅酸盐水泥进行混凝土配合比设计，经设计同意，可考虑设置后浇带。

③混凝土必须连续浇筑，一般不得留置施工缝，所以各种混凝土材料和设备机具必须保证供应。

④墙体施工缝处宜留置企口缝，或按设计要求留置。

⑤墙柱甩出钢筋必须用塑料套管加以保护，避免混凝土污染钢筋。

（2）墙体混凝土施工

①混凝土运输：混凝土从搅拌地点运至浇筑地点，延续时间尽量缩短，根据气温控制在 2h 内。当采用预拌混凝土时，应充分搅拌后再卸车，不允许随意加水；混凝土发生离析时，浇筑前应二次搅拌，已初凝的混凝土不能使用。

②混凝土浇筑、振捣：

a. 墙体浇筑混凝土前，在底部接槎处先均匀浇筑 5cm 厚与墙体混凝土成分相同的减石子砂浆。用铁锹均匀入模，不应用吊斗直接灌入模内。利用混凝土杆检查浇筑高度，一般控制在 40cm 左右；分层浇筑、振捣。混凝土下料点应分散布置。墙体连续进行浇筑，上下层混凝土之间时间间隔不得超过水泥的初凝时间，一般不超过 2h。墙体混凝土的施工缝宜设在门洞过梁跨中 1/3 区段。当采用平模时，在内纵横墙的交界处，应留垂直缝。接槎处应振捣密实。浇筑时随时清理落地灰。

b.洞口浇筑时,使洞口两侧浇筑高度对称均匀,振捣棒距洞边 30cm 以上,宜从两侧同时振捣,防止洞口变形。大洞口下部模板应开口,并保证振捣密实。

c.振捣:插入式振捣器移动间距不宜大于振捣器作用部分长度的 1.25 倍,一般应小于 50cm。门洞口两侧构造柱要振捣密实,不得漏振。每一振点的延续时间,以表面呈现浮浆和不再沉落为达到要求,避免碰撞钢筋、模板、预埋件、预埋管等,发现有变形、移位,各有关工种应相互配合进行处理。

d.墙上口找平:混凝土浇筑振捣完毕,将上口甩出的钢筋加以整理,用木抹子按预定标高线,将墙上表面混凝土找平。

e.拆模养护:混凝土浇筑完毕后,应在 12h 以内加以覆盖和浇水。常温时混凝土强度大于 1.2MPa;冬季时掺防冻剂,使混凝土强度达到 4MPa 时拆模。保证拆模时,墙体不黏模、不掉角、不裂缝,并及时修整墙面、边角。常温时应及时喷水养护,养护期一般不少于 7 天,浇水次数应以保持混凝土有足够的润湿状态为宜。

(3)顶板混凝土施工

①浇筑板混凝土的虚铺厚度应略大于板厚,平板振捣器在垂直浇筑方向上来回振捣,厚板可用插入式振捣器顺浇筑方向拖拉振捣,并用钢插尺检查混凝土厚度。振捣完毕后用长木抹子抹平,表面拉毛。

②浇筑完毕后应及时用塑料布覆盖混凝土,并浇水养护。

2.3　桩基础工程施工

当天然地基上的浅基础沉降量过大或基础稳定性不能满足建筑物的要求时,常采用桩基础。桩基础简称桩基,是由基桩(沉入土中的单桩)和连接基桩桩顶的承台共同组成。如图 2-31 所示。桩基础的作用是将上部结构的荷载,传递到深部较坚硬、压缩性较小、承载力较大的土层或岩层上;或使软弱土层受挤压,提高地基土的密实度和承载力,以保证建筑物的稳定性,减少地基沉降。

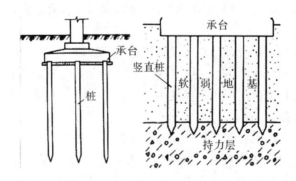

图 2-31　桩基础

小贴士

湖北武汉市桥苑新村住宅楼桩基整体失稳爆破拆除案例。造成这次事故的原因是桩基整体失稳,失稳的原因是大量工程桩偏斜,偏斜的原因是多种因素综合影响的结果。首先,是桩基选型不当,该楼的地基是经过工程勘察的,在勘察报告中建议选用大口径钻孔灌注桩,桩尖持力层可选用埋深 40m 的砂卵石层。但为节约投资,又改选用夯扩桩,而这种桩易产生偏位。其次,是基坑支护方案不合理。为节约投资,建设单位自行决定在基坑南侧和东南段打 5 排粉喷桩,在基坑西端打 2 排粉喷桩,其余坑边采用放坡处理,致使基坑未形成完全封闭。这样基坑开挖后,边坡发生滑移,出现险情,专家们分析认为该支护方案存在严重缺陷,导致大量工程桩倾斜,这是桩基整体失稳的重要原因。

"工匠精神"应贯穿于桩基础工程施工过程中,"工匠精神"包括了敬业、精益、专注、创新四个内涵,是社会文明进步的重要尺度,是基础建设发展的精神源泉,是新时代土木建筑大类高层次技术技能人才的道德指引,希望同学们从学习伊始,就专注工匠精神的培养,在今后工作中面临大型工程任务时,能追求科技创新,不断推动科技进步,并勇于承担责任,尽快成为一名青年科技人才、卓越工程师、大国工匠、高技能人才。

2.3.1　桩基础的分类

1. 按承载形状分类(见图 2-32)

(1)摩擦型桩。在极限承载力状态下,桩顶竖向荷载全部或主要由桩侧阻力承担;根据桩侧阻力承担荷载的份额,或桩端有无较好的持力层,摩擦型桩又分为摩擦桩和端承摩擦桩。

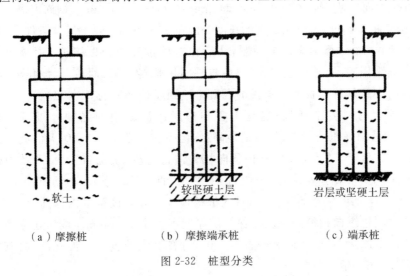

(a)摩擦桩　　　　　(b)摩擦端承桩　　　　　(c)端承桩

图 2-32　桩型分类

(2)端承型桩。在极限承载力状态下,桩顶竖向荷载全部或主要由桩端阻力承担;根据桩端阻力承担荷载的份额,端承型桩又分为端承桩和摩擦端承桩。

2. 按成桩方法与工艺分类

(1)非挤土桩。成桩过程中,将与桩体积相同的土挖出,因而桩周围的土体较少受到扰动,但有应力松弛现象。如干作业法桩、泥浆护壁法桩、套管护壁法桩、人工挖孔桩。

(2)部分挤土桩。成桩过程中,桩周围的土仅受轻微的扰动。如部分挤土灌注桩、预钻孔打入式预制桩、打入式开口钢管桩、H型钢桩、螺旋成孔桩等。

(3)挤土桩:成桩过程中,桩周围的土被压密或挤开,因而使其周围土层受到严重扰动。如挤土灌注桩、挤土预制混凝土桩(打入式桩、振入式桩、压入式桩)。

3. 按桩的施工方法分类

(1)预制桩。预制桩是在工厂或施工现场制成的各种材料、各种形式的桩(如木桩、混凝土方桩、预应力混凝土管桩、钢桩等),用沉桩设备将桩打入、压入或振入土中。

(2)灌注桩。灌注桩是在施工现场的桩位上用机械或人工成孔,吊放钢筋笼,然后在孔内灌注混凝土而成。

2.3.2　预制桩施工

预制桩施工

钢筋混凝土预制桩能承受较大的荷载、施工速度快,可以制作成各种需要的断面及长度。其桩的制作及沉桩工艺简单,不受地下水位高低变化的影响,是我国广泛应用的桩型之一。预制桩按沉桩方式分为锤击沉桩和静力沉桩。

1. 桩的制作、运输和堆放

预制桩主要有钢筋混凝土方桩、混凝土管桩和钢桩等,目前常用的为预应力混凝土管桩。

(1)预制桩制作

①钢筋混凝土方桩。钢筋混凝土实心桩,断面一般呈方形。桩身截面一般沿桩长不变。实心方桩截面尺寸一般为200mm×200mm～600mm×600mm。钢筋混凝土实心桩桩身长度,因限于桩架高度,现场预制桩的长度一般在25～30m。限于运输条件,工厂预制桩桩长一般不超过12m,否则应分节预制,然后在打桩过程中予以接长。接头不宜超过3个。制作一般采用间隔、重叠生产,每层桩与桩间用塑料薄膜、油毡、水泥袋纸等隔开,邻桩与上层桩的浇筑须待邻桩或下层桩的混凝土达到设计强度的30%以后进行,重叠层数不宜超过4层。材料要求:钢筋混凝土实心桩所用混凝土的强度等级不宜低于C30(30N/mm²)。采用静压法沉桩时,可适当降低,但不宜低于C20,预应力混凝土桩的混凝土强度等级不宜低于C40,浇筑时从桩顶向桩尖进行,应一次浇筑完毕,严禁中断。主筋根据桩断面大小及吊装验算确定,一般为4～8根,直径12～25mm;不宜小于$\phi14$,箍筋直径为6～8mm,间距不大于200mm,打入桩桩顶2～3d长度范围内箍筋应加密,并设置钢筋网片。预制桩纵向钢筋的混凝土保护层厚度不宜小于30mm。桩尖处可将主筋合拢焊在桩尖辅助钢筋上,在密实砂和碎石类土中,可在桩尖处包以钢板桩靴,加强桩尖。如图2-33和图2-34所示。

图 2-33　钢筋混凝土方桩制作

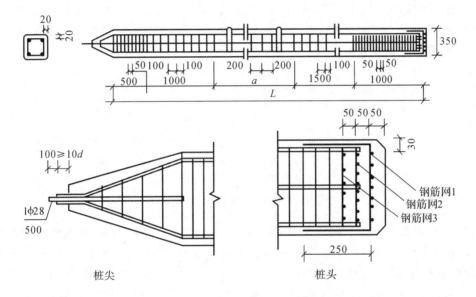

桩尖　　　　　　　　　　　　　　桩头

图 2-34　钢筋混凝土方桩构造(单位:mm)

②预应力混凝土管桩。其是采用先张法预应力工艺和离心成型法制成的一种空心筒体细长混凝土预制构件。如图 2-35 所示。它主要由圆筒形桩身、端头板和钢套箍等组成,如图 2-36 所示。

图 2-35　离心成型法

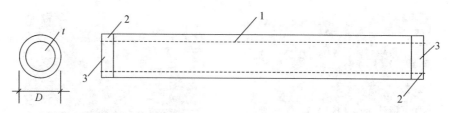

1—桩身;2—钢套箍;3—端头板;D—外径;t—壁厚

图 2-36　预应力管桩示意

　　管桩按混凝土强度等级和壁厚分为预应力混凝土管桩(代号 PC 桩)、预应力高强度混凝土管桩(代号 PHC 桩)和预应力薄壁管桩(代号 PTC 桩)。管桩按外直径分为 300～1000mm 等规格,实际生产的管径以 300、400、500、600mm 为主,桩长以 8～12m 为主。预应力混凝土管桩的标注方法如图 2-37 所示。

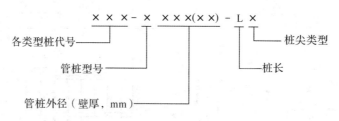

图 2-37　预应力混凝土管桩标注示意

　　预应力管桩具有单桩竖向承载力高(600～4500kN),抗震性能好,耐久性好,耐打、耐压,穿透能力强(穿透 5～6m 厚的密实砂夹层),造价适宜,施工工期短等优点,适用于各类工程地质条件为黏性土、粉土、砂土、碎石、碎石类土层以及持力层为强风化岩层、密实的砂层(或卵石层)等土层,是目前常用的预制桩桩型,本节主要介绍该桩的施工方法。预应力管桩应有出厂合格证,进场后检查桩径(±5mm)、管壁厚度(±5mm)、桩尖中心线(<2mm)、顶面平整度(10mm)、桩体弯曲(<L/1000)等项目。

　　(2)预制桩的起吊、运输和堆放

　　当桩的混凝土达到设计强度标准值的 70% 后方可起吊,吊点应位于设计规定之处。在吊索与桩间应加衬垫,起吊应平稳提升,并采取措施保护桩身质量,防止撞击和受振动。

　　桩运输时的强度应达到设计强度标准值的 100%。装载时桩支承应按设计吊钩位置或接近设计吊钩位置叠放平稳并垫实,支撑或绑扎牢固,以防运输中晃动或滑动;长桩采用挂车或炮车运输时,桩不宜设活动支座,行车应平稳,并掌握好行驶速度,防止任何碰撞和冲击。严禁在现场以直接拖拉桩体方式代替装车运输。

　　堆放场地应平整坚实,排水良好。桩应按规格、桩号分层叠置,支承点应设在吊点或其近旁处,保持在同一横断平面上,各层垫木应上下对齐,并支承平稳。当场地条件许可时,宜单层堆放;当叠层堆放时,外径为 500～600mm 的桩不宜超过 4 层,外径为 300～400mm 的桩不宜超过 5 层。如图 2-38 所示。运到打桩位置堆放时,应布置在打桩架附设的起重钩工作半径范围内,并考虑到起吊方向,避免转向。

图 2-38　预应力管桩的堆放

2. 混凝土预制桩的接桩

当施工设备条件对桩的限制长度小于桩的设计长度时,需要用多节桩组成设计桩长。接头的构造分为焊接(见图 2-39)、法兰连接或机械快速连接(螺纹式、啮合类)三类形式。这里主要介绍焊接法接桩操作及其质量要求。

方桩接桩

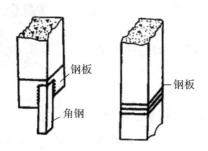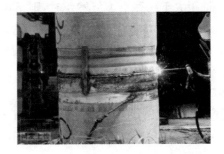

图 2-39　焊接法

采用焊接接桩除应符合现行行业标准《建筑钢结构焊接技术规程》的有关规定外,尚应符合下列规定:

(1)下节桩端的桩头宜高出地面 0.5m。

(2)下节桩的桩头处宜设导向箍。接桩时上下节桩段应保持顺直,错位偏差不宜大于 2mm。接桩就位纠偏时,不得采用大锤横向敲打。

(3)桩对接前,上下端板表面应使用铁刷子将其清刷干净,坡口处应刷至露出金属光泽。

(4)焊接宜在桩四周对称地进行,待上下桩节固定后拆除导向箍再分层施焊;焊接层数不得少于 2 层,第一层焊完后必须把焊渣清理干净,方可进行第二层(的)施焊,焊缝应连续、饱满。

(5)焊好后的桩接头应自然冷却后方可继续锤击,自然冷却时间不宜少于 8min;严禁采用水冷却或焊好即施打。

(6)雨天焊接时,应采取可靠的防雨措施。

(7)焊接接头的质量检查,对于同一工程探伤抽样检验不得少于 3 个接头。

3. 打桩顺序

打桩顺序根据桩的尺寸、密集程度、深度,桩移动方便程序以及施工现场实际情况等因素来确定,一般分为逐排打设、自中部向边缘打设、分段打设等,如图 2-40 所示。

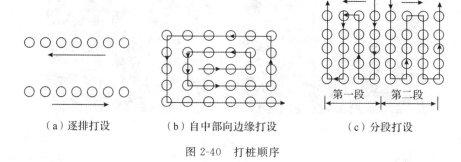

（a）逐排打设　　　（b）自中部向边缘打设　　　（c）分段打设

图 2-40　打桩顺序

确定打桩顺序应遵循以下原则：

（1）桩基的设计标高不同时，打桩顺序宜先深后浅。

（2）不同规格的桩，宜先大后小。

（3）当一侧毗邻建筑物时，由毗邻建筑物处向另一方向施打。

（4）在桩距大于或等于 4 倍桩径时，则不用考虑打桩顺序，只需从提高效率出发确定打桩顺序，选择倒行和拐弯次数最少的顺序。

桩过密打桩顺序
不当而产生较强
烈的挤土效应

（5）应避免自外向内，或从周边向中央进行，以免中间土体被挤密，桩难以打入，或虽勉强打入，但使邻桩侧移或上冒。

4. 施工前准备

（1）整平场地，场内铺设 100mm 砾石土压实；清除桩基范围内的高空、地面、地下障碍物；架空高压线距打桩架不得小于 10m；修设桩机进出、行走道路，做好排水措施。

（2）按图纸布置进行测量放线，定出桩基轴线。先定出中心，再引出两侧，并将桩的准确位置测设到地面，每一个桩位打一个小木桩；并测出每个桩位的实际标高，场地外设 2～3 个水准点，以便随时检查。

（3）检查桩的质量，将需用的桩按平面布置图堆放在打桩机附近，不合格的桩不能运至打桩现场。

（4）检查打桩机设备及起重工具；铺设水电管网，进行设备架立组装和试打桩，试打桩不少于两根。在桩架上设置标尺或在桩的侧面画上标尺，以便能观测桩身入土深度。

（5）打桩场地建（构）筑物有防震要求时，应采取必要的防护措施。

（6）学习、熟悉桩基施工图纸，并进行会审；做好技术交底，特别是地质情况、设计要求、操作规程和安全措施的交底。

（7）准备好桩基工程沉桩记录和隐蔽工程验收记录表格，并安排好记录、通知业主、监理人员等。

5. 锤击沉桩施工

锤击沉桩是利用桩锤下落时的瞬时冲击机械能，克服土体对桩的阻力，使其静力平衡状态遭到破坏，导致桩体下沉，达到新的静压平衡状态，如此反复地锤击桩头，桩身也就不断地下沉。锤击沉桩是预制桩最常用的沉桩方法。该法施工速度快，机械化程度高，适应范围广，现场文明程度高,但施工时有挤土、噪声和振动等公害,不宜在医院、学校、居民区等城镇人口密集地区施工,在城市中心和夜间施工应对其有所限制。锤击沉桩设备如图 2-41 所示。

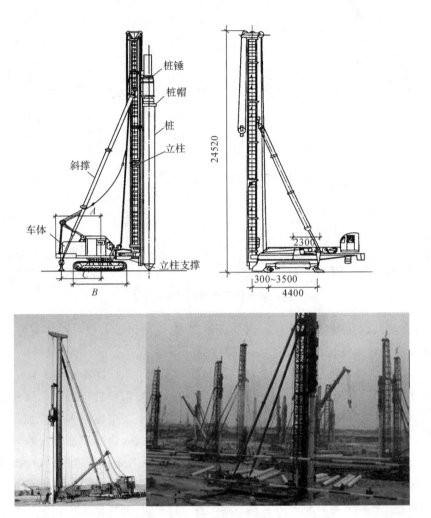

图 2-41　锤击沉桩设备及现场施工(单位:mm)

(1)锤击沉桩施工工艺流程(见图 2-42):

测量定位→桩机就位→桩底就位、对中和调直→锤击沉桩→接桩、对中、垂直度校核→再锤击→送桩→收锤。

①测量定位。通过轴线控制点,逐个定出桩位,打设钢筋标桩,并用白灰在标桩附近地面上画一个圆心与标桩重合、直径与管桩相等的圆圈,以方便插桩对中,保持桩位正确。桩位的放样允许偏差是:群桩 20mm;单排桩 10mm。

预制桩锤击沉桩

②桩底就位、对中和调直。底桩就位前,应在桩身上划出单位长度标记,以便观察桩的入土深度及记录每米沉桩击数。吊桩就位一般用单点吊将管桩吊直,使桩尖插在白灰圈内,桩头部插入锤下面的桩帽套内就位,并对中和调直,使桩身、桩帽和桩锤三者的中心线重合,保持桩身垂直,其垂直度偏差不得大于 0.5%。桩垂直度观测包括打桩架导杆的垂直

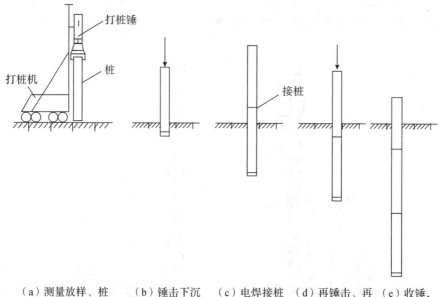

(a) 测量放样、桩　　　(b) 锤击下沉　　(c) 电焊接桩　　(d) 再锤击、再　　(e) 收锤、
机就位,对中调直　　　　　　　　　　　　　　　　　　接桩,再锤击　　测贯入度

图 2-42　锤击沉桩施工工艺流程

度,可用两台经纬仪在离打桩架 15m 以外成正交方向进行观测,也可在正交方向上设置两根吊砣垂线进行观测校正。

③锤击沉桩。锤击沉桩宜采取低锤轻击或重锤低打,以有效降低锤击应力,同时特别注意保持底桩垂直,在锤击沉桩的全过程中都应使桩锤、桩帽和桩身的中心线重合,防止桩受到偏心锤打,以免桩受弯受扭。在较厚的黏土、粉质黏土层中施打多节管桩时,每根桩宜连续施打,一次完成,以免间歇时间过长,造成再次打入困难,而需增加锤击数,甚至打不下而先将桩头打坏等情况。当遇到贯入度剧变,桩身突然发生倾斜、移位或有严重回弹,桩顶或桩身出现严重裂缝、破碎等情况时,应暂停打桩,并分析原因,采取相应措施。

④接桩、对中、垂直度校核。方桩接头数不宜超过 2 个,预应力管桩单桩的接头数不宜超过 4 个,应避免桩尖接近硬持力层或桩尖处于硬持力层时接桩。预应力管桩接一般多采用电焊接头。具体施工要点为:在下节桩离地面 0.5～1.0m 时,在下节桩的接头处设导向箍以方便上节桩就位,起吊上节桩插入导向箍,进行上下节桩对中和垂直度校核,上下节桩轴线偏差不宜大于 2mm;上下端板表面应用铁刷子清刷干净,坡口处应刷至露出金属光泽。焊接时宜先在坡口圆周上对称焊 4～6 点,待上下桩节固定后拆除导向箍,由两名焊工对称、分层、均匀、连续的施焊,一般焊接层数不少于 2 层,待焊缝自然冷却 8～10min 后,方可继续锤击沉桩。

接桩质量检查:焊缝质量、电焊结束后的停歇时间(＞1min)、下节平面偏差(10mm)、节点弯矩矢高(＜L/1000)。

⑤送桩。当桩顶标高低于自然地面标高时,须用钢制送桩管(长为 4～6m)放于桩头,锤击送桩管将桩送入土中。设计送桩器的原则是:打入阻力不能太大,容易拔出,能将冲击力有效地传到桩上,并能重复使用。送桩后遗留的桩孔应及时回填或覆盖。

⑥截桩。露出地面或未能送至设计桩顶标高的桩,必须截桩。截桩要求用截桩器,严禁用大锤横向敲击、冲撞。

(2)锤击沉桩收锤标准

当桩尖(靴)被打入设计持力层一定深度,符合设计确定的停锤条件时,即可收锤停打,终止锤击的控制条件,称为收锤标准。收锤标准通常以达到的桩端持力层、最后贯入度或最后 1m 沉桩击数为主要控制指标。桩端持力层作为定性控制;最后贯入度或最后 1m 沉桩锤击数作为定量控制,均通过试桩或设计确定。一般停止锤击的控制原则是:桩端(指桩的全截面)位于一般土层时,以控制桩端设计标高为主,贯入度可作参考;桩端达到坚硬、硬塑的黏性土、中密以上粉土、砂土、碎石类土、风化岩时,以贯入度控制为主,桩端标高可作参考。当贯入度已达到而桩端标高未达到时,应继续锤击 3 阵,按每阵 10 击且贯入度不大于设计规定的数值加以确认,必要时施工控制贯入度应通过试验与有关单位会商确定。

6. 静力压桩施工

静力压桩是通过静力压桩机的压桩机构,以压桩机自重和桩机的配重作反力而将预制钢筋混凝土桩分节压入地基土层中成桩。其特点是:桩机全部采用液压装置驱动,压力大,自动化程度高,纵横移动方便,运转灵活;桩定位精确,不易产生偏心,可提高桩基施工质量;施工无噪声、无振动、无污染;沉桩采用全液压夹持桩身向下施加压力,可避免锤击应力打碎桩头,桩截面可以减小,混凝土强度等级可降低 1~2 级,配筋比锤击法可省 40%;效率高,施工速度快,压桩速度每分钟可达 2m,正常情况下每台班可完成 15 根,比锤击法可缩短工期 1/3;压桩力能自动记录,可预估和验证单桩承载力,施工安全可靠,便于拆装维修、运输等。但存在压桩设备较笨重,要求边桩中心到已有建筑物间距较大,压桩力受一定限制,挤土效应仍然存在等问题。如图 2-43 所示。

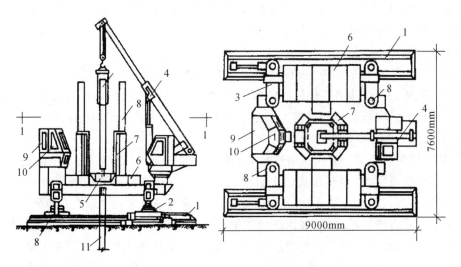

1—长船行走机构;2—短船行走及回转机构;3—支腿式底盘结构;4—液压起重机;
5—夹持与压板装置;6—配重铁块;7—导向架;8—液压系统;9—电控系统;
10—操纵室;11—已压入下节桩;12—吊入上节桩

图 2-43　全液压式静力压桩机压桩

静力压桩适用于软土、填土及一般黏性土层,特别适合于居民稠密及危房附近环境保护要求严格的地区沉桩;但不宜用于地下有较多孤石、障碍物或有 4m 以上硬隔离层的情况。如图 2-44 所示。

图 2-44　静力压桩现场施工

（1）静压法沉桩机理

静压预制桩主要应用于软土、一般黏性土地基。在桩压入过程中,系以桩机本身的重力（包括配重）作为反作用力,以克服压桩过程中的桩侧摩阻力和桩端阻力。当预制桩在竖向静压力作用下沉入土中时,桩周土体发生急速而激烈的挤压,土中孔隙水压力急剧上升,土的抗剪强度大大降低,从而使桩身很快下沉。

静力压桩施工工艺

（2）静力压桩施工工艺流程

静压预制桩的施工,一般都采取分段压入、逐段接长的方法。其施工程序为:测量定位→压桩机就位→吊桩、插桩→桩身对中调直→静压沉桩→接桩→再静压沉桩→送桩→终止压桩→切割桩头。如图 2-45 所示。

静力压柱施工要点如下:

①桩机就位。压桩时,桩机就位是利用行走装置完成的,它是由横向行走（短船行走）和回转机构组成。把船体当作铺设的轨道,通过横向和纵向油缸的伸程和回程使桩机实现步履式的横向和纵向行走。当横向两油缸一只伸程,另一只回程,可使桩机实现小角度回转,这样可使桩机到达要求的位置。

②吊桩、插桩和压桩。静压预制桩每节长度一般在 12m 以内,插桩时先用起重机吊运或用汽车运至桩机附近,再利用桩机上自身设置的工作吊机将预制混凝土桩吊入夹持器中,夹持油缸将桩从侧面夹紧,即可开动压桩油缸,先将桩压入土中 1m 左右后停止,调正桩在两个方向的垂直度后,压桩油缸继续伸程把桩压入土中,伸长完后,夹持油缸回程松夹,压桩油缸回程,重复上述动作可实现连续压桩操作,直至把桩压入预定深度土层中。在压桩过程中要认真记录桩入土深度和压力表读数的关系,以判断桩的质量及承载力。当压力表读数突然上升或下降时,要停机对照地质资料进行分析,判断是否遇到障碍物或产生断桩现象等。

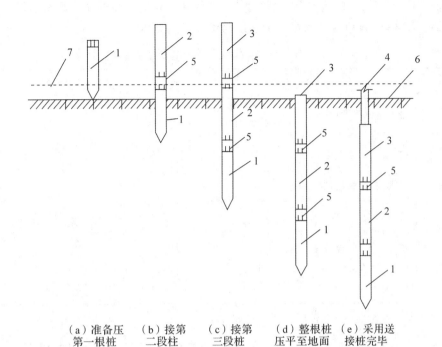

（a）准备压　　（b）接第　　（c）接第　　（d）整根桩　（e）采用送
第一根桩　　　二段柱　　　三段桩　　压平至地面　接桩完毕

1—第一段桩；2—第二段桩；3—第三段桩；4—送桩；5—桩接头处；6—地面线；7—压桩架操作平台

图 2-45　静力压桩施工工艺流程

（3）压桩终止条件

压桩终止条件按设计桩长和终压力进行控制。

①对于摩擦桩，按照设计桩长进行控制，但在施工前应先按设计桩长试压几根桩，待停置 24h 后，用与桩的设计极限承载力相等的终压力进行复压，如果桩在复压时几乎不动，即可以此进行控制。

②对于端承摩擦桩或摩擦端承桩，按终压力值进行控制：

a. 对于桩长大于 21m 的端承摩擦桩，终压力值一般取桩的设计极限承载力。当桩周土为黏性土且灵敏度较高时，终压力可按设计极限承载力的 0.8～0.9 取值。

b. 当桩长小于等于 21m 且大于 14m 时，终压力按设计极限承载力的 1.1～1.4 倍取值；或桩的设计极限承载力取终压力值的 0.7～0.9。

c. 当桩长小于等于 14m 时，终压力按设计极限承载力的 1.4～1.6 倍取值；或设计极限承载力取终压力值的 0.6～0.7，其中对于小于 8m 的超短桩，按 0.6 取值。

③超载压桩时，一般不宜采用满载连续复压法，但在必要时可以进行复压，复压的次数不宜超过 2 次，且每次稳压时间不宜超过 10s。

7. 质量控制

（1）桩位的放样允许偏差如下：群桩 20mm；单排桩 10mm。

（2）打（压）入桩的桩位偏差，必须符合表 2-7 的规定。斜桩倾斜度的偏差不得大于倾斜角正切值的 15%（倾斜角系桩的纵向中心线与铅垂线间夹角）。

表 2-7　预制桩桩位的允许偏差

项　次	项　目	允许偏差
1	带有基础梁的桩： （1）垂直基础的中心线 （2）沿基础梁的中心线	$100+0.01H$ $150+0.01H$
2	桩数为 1～3 根桩基的桩	100
3	桩数为 4～16 根桩基的桩	1/2 桩径或边长
4	桩数大于 16 根桩基的桩： （1）最外边的桩 （2）中间桩	1/3 桩径或边长 1/2 桩径或边长

注：H 为施工现场地面标高与桩顶设计标高的距离。

（3）施工中应对桩体垂直度、沉桩情况、桩顶完整状况、接桩质量等进行检查，对电焊接桩、重要工程应做 10% 的焊缝探伤检查。

（4）施工结束后，应对承载力及桩体质量做检验。

2.3.3　混凝土灌注桩施工

混凝土灌注桩是直接在施工现场桩位上成孔，然后在孔内安装钢筋笼，浇筑混凝土成桩。与预制桩相比，灌注桩具有不受地层变化限制，不需要接桩和截桩，节约钢材、振动小、噪声小等特点，但施工工艺复杂，施工速度较慢，影响质量的因素多。灌注桩按成孔方法分为：泥浆护壁钻孔灌注桩、沉管灌注桩、人工挖孔灌注桩、爆扩成孔灌注桩等。本节主要介绍前面三种。

1. 泥浆护壁钻孔灌注桩

泥浆护壁钻孔灌注桩是通过桩机在泥浆护壁条件下慢速钻进，将钻渣利用泥浆带出，并保护孔壁不致坍塌，成孔后再使用水下混凝土浇筑的方法将泥浆置换出来而成的桩。它是国内最常用的成桩方式。其特点是：可用于各种地质条件，各种大小孔径（300～2000mm）和深度（40～100m），护壁效果好，成孔质量可靠；施工无噪声、无振动、无挤压；机具设备简单，操作方便，费用较低；但成孔速度慢，效率低，用水量大，泥浆排放量大，污染环境，扩孔率较难控制。该成桩方法适用于地下水位较高的软、硬土层，如淤泥、黏性土、砂土、软质岩等土层。如图 2-46 所示。

图 2-46　泥浆护壁钻孔灌注桩现场施工

(1)泥浆的功能、制备和试验

①泥浆的功能：

a.防止孔壁坍塌。泥浆在桩孔内吸附在孔壁上,将土壁上的孔隙填补密实,避免孔内壁漏水,保证护筒内水压的稳定;泥浆比重大,可加大孔内水压力,可以稳固土壁、防止塌孔。

b.排出土渣。泥浆有一定的黏度,通过循环泥浆可使切削碎的泥石渣屑悬浮起来后被排走,起到携砂、排土的作用。

c.冷却、润滑施工机械。

②泥浆的制备:除能自行造浆的黏性土层外,其他土层均应制备泥浆。泥浆制备应选用高塑性黏土或膨胀土。泥浆应根据施工机械、工艺及穿越土层情况进行配合比设计。施工期间护筒内的泥浆面应高出地下水位 1.0m 以上,在受水位涨落影响时,泥浆面应高出最高水位 1.5m 以上;在清孔过程中,应不断置换泥浆,直至灌注水下混凝土。

③泥浆试验:在灌注桩工程中所使用的泥浆,必须经常保持地层和施工条件等所要求的性质。为此施工中,不仅在制备泥浆时,在施工的各个阶段都必须测定泥浆的性质并进行质量管理。灌注混凝土前,应对泥浆相对密度、含砂率、黏度等进行测定。孔底 500mm 以内的泥浆比重应小于 1.25,含砂率不得大于 8%,黏度不得大于 28s。

正循环泥浆护壁桩

(2)正反循环回转钻机

正循环回转钻机成孔的工艺原理是由空心钻杆内部通入泥浆或高压水,从钻杆底部喷出,携带钻下的土渣沿孔壁向上流动,将土渣从孔口带出流入泥浆池。正循环具有设备简单、操作方便、费用较低等优点,适用于小直径孔(不宜大于 1000mm),钻孔深度一般以 40m 为限,但其排渣能力较弱。反循环回转钻机成孔的工艺为泥浆或清水由钻杆与孔壁间的环状间隙流入钻孔,然后由吸泥泵等在钻杆内形成真空,使之携带钻

反循环泥浆护壁桩

下的土渣由钻杆内腔返回地面而流向泥浆池。反循环工艺的泥浆上流的速度较高,能携带较大的土渣。反循环成孔是目前大直径桩成孔中的一种有效施工方法,适用于打直径孔和孔深大于 30m 的端承桩。如图 2-47 所示。

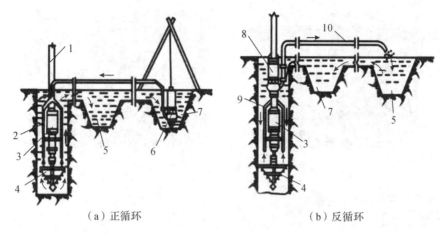

（a）正循环　　　　　　　　　　（b）反循环

1—钻杆；2—送水管；3—主机；4—钻头；5—沉淀池；6—潜水泥浆泵；
7—泥浆池；8—砂石泵；9—抽渣管；10—排渣胶管

图 2-47　正反循环排渣方法

（3）试桩

在设计桩位进行试桩（根据设计而定），通过试桩验证钻孔工艺是否适应水文及工程地质条件。试桩时详细记录地层地质，水位标高、塌孔位置、钻孔进尺速度及成孔时间、泥浆用量及泥浆性能指标等，作为正式施工参数，必要时调整施工方案。

钻孔灌注桩施工工艺

（4）施工工艺流程

泥浆护壁钻孔灌注桩施工工艺流程：放线定位→埋设护筒→钻机就位→钻孔→第一次清孔→吊放钢筋笼→下导管→第二次清孔→灌注混凝土。如图 2-48 所示。

图 2-48　泥浆护壁钻孔灌注桩施工工艺流程

①放线定位。要由专业的测量人员根据给定的控制点用"双控法"测量桩位，并用标桩标定准确。

②埋设护筒。其主要作用是保证钻机沿着垂直方向顺利工作，同时还起着存储泥浆，使其高出地下水位和保护桩顶部分土层不致因钻杆反复上下升降、机身振动而导致塌孔。如图 2-49 所示。

a.护筒埋设应准确、稳定，护筒中心与桩位中心的偏差不得大于 50mm。

b.护筒一般用 4~8mm 钢板制作，其内径应大于钻头直径 100mm。其上部宜开设 1~2 个溢浆孔。

c.护筒的埋设深度：在黏性土中不宜小于 1.0m，砂土中不宜小于 1.5m，其高度尚应满足孔内泥浆面高度的要求，一般高出地面或水面 400~600mm。

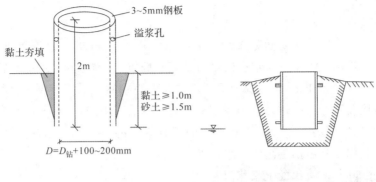

图 2-49　护筒

d. 受水位涨落影响或水下施工的钻孔灌注桩,护筒应加高加深,必要时应打入不透水层。

③钻机就位。就位前,先平整场地,铺好枕木并用水平尺校正,保证钻机平稳、牢固;使钻头中心对准桩位中心,最大偏差不大于 10mm,用水平仪检查钻机底座平整度,用多功能垂直度校正器或线垂检查钻塔及钻杆垂直度,机架、钻杆垂直度偏差均不大于 0.5%。

④钻孔。

a. 钻孔作业应分班连续进行,认真填写钻孔施工记录,交接班时应交代钻进情况及下一班注意事项。应经常对钻孔泥浆进行检测和试验,应经常注意土层变化,在土层变化处均应捞取渣样,判明后记入记录表中与地址剖面图核对。

b. 开钻时,在护筒下的一定范围内应慢速钻进,待导向部位或钻头全部进入土层后,方可加速钻进,钻进速度应根据土质情况、孔径、孔深和供水、供浆量的大小确定,一般控制在 5m/min 左右,在淤泥和淤泥质黏土中不宜大于 1m/min,在较硬的土层中以钻机无跳动、电机不超荷为准。在钻孔、排渣或因故障停钻时,应始终保持孔内具有规定的水位和满足相对密度和黏度满足要求的泥浆。

c. 钻头到达持力层时,钻速会突然减慢,这时应对浮渣进行取样,并通过与地质报告作比较予以判定,原则上应由地勘单位派出有经验的技术人员进行鉴定,判定钻头是否达到设计持力层深度;用测绳测定孔深做进一步判断。经判定满足设计规范要求后,可同意施工收钻提升钻头。

⑤清孔。清孔分两次进行。

a.第一次清孔。钻孔深度达到设计要求,对孔深、孔径、孔的垂直度等进行检查,符合要求后进行第一次清孔。第一次清孔的目的是使孔底沉碴(虚土)厚度、循环液中的钻碴含量和孔壁泥皮厚度符合质量要求,也为下一工序在泥浆中灌注混凝土创造良好条件。当钻孔达到设计深度后应停止钻进,此时稍提钻杆,使钻斗距孔底 10～20cm 处空转,并保持泥浆正循环,将相对密度为 $1.05～1.10g/cm^3$ 的不含杂质的新浆压入钻杆,把钻孔内悬浮较多钻碴的泥浆换出孔外。第一次清孔应达到以下要求:

(a)距孔底 500mm 以内的泥浆相对密度应小于 1.25;

(b)含砂率≤8%,黏度≤28s;

(c)孔底沉碴厚度≤100mm。

b.第二次清孔。在第一次清孔达到要求后,由于要安放钢筋笼及导管准备浇注水下混凝土,这段时间间隔较长,孔底难免会产生新的沉碴,所以待安放钢筋笼及插入导管后,再利用导管进行第二次清孔。清孔方法是在导管顶部安设一个弯头和皮笼,用泵将泥浆压入导管内,再从孔底沿着导管外置换沉渣。第二次清孔后的沉渣厚度和泥浆性能指标应满足设计要求,一般应满足下列要求:

(a)摩擦桩沉渣厚度不大于 150mm,端承桩沉渣厚度不大于 50mm。沉渣厚度的测定可直接用沉砂测定仪,但在施工现场中多用测绳。将测绳徐徐下入孔中,一旦感觉锤质变轻时,在这一深度范围内,上下试触几次,确定沉渣面的位置,继续放测绳,一旦感觉锤质量减轻了很多或测绳完全松弛时,说明其深度已到孔底,这样重复测试 3 次以上,孔深取其中的较小值,孔深与沉渣面之差即为沉渣厚度。

(b)在浇筑混凝土前,孔底 500mm 以内的泥浆密度应控制在 $1.15～1.20g/cm^3$。

c.不论采用何种清孔方法,在清孔排渣时,必须注意保持孔内水头,防止塌孔。不应采取加深钻孔深度的方法代替清孔。

⑥灌注混凝土。清孔合格后应及时浇筑混凝土,浇筑方法采用导管进行水下浇筑,对泥浆进行置换。如图 2-50 所示。

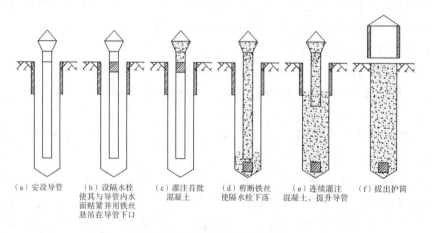

(a)安设导管　(b)设隔水栓　(c)灌注首批　(d)剪断铁丝　(e)连续灌注　(f)拔出护筒
　　　　　　使其与导管内水　混凝土　　使隔水栓下落　混凝土,提升导管
　　　　　　面贴紧并用铁丝
　　　　　　悬吊在导管下口

图 2-50　水下浇筑法工艺流程

a.导管埋设。导管直径宜为 200～250mm,壁厚不小于 3mm,分节长度视工艺要求而定。导管埋入混凝土中的深度越大,则混凝土扩散越均匀,密实性越好,其表面也较平坦;反之,混凝土扩散不均匀,表面坡度也大,易于分散离析,影响质量。埋入深度与混凝土浇注速度有关。为防止导管拔出混凝土面造成断桩事故,导管埋设宜为 2～6m,同时也要防止埋深造成埋管事故。

b.灌注首批混凝土。为使隔水栓能顺利排出,导管底部至孔底的距离宜为 300～500mm。漏斗与储料斗应有足够的混凝土储备量,使导管一次埋入混凝土以下 0.8m 以上。

c.连续灌注混凝土。首批混凝土灌注正常后,必须连续施工,不得中断,否则先灌注的混凝土达到初凝,将阻止后灌混凝土从导管中流出,造成断桩。

d.控制灌注时间。每根桩的灌注时间按初盘混凝土的初凝时间控制,必要时可适量掺入缓凝剂。本抗拔桩长 12～15m,混凝土灌注量 10～13m³,灌注时间宜为 1～2h。

e.控制桩顶标高。当灌注混凝土接近桩顶部位时,应控制最后一次灌注量,使桩顶的灌注标高比设计标高高出 0.8～1.0m,以使凿除桩顶部的泛浆层后达到设计标高的要求,且必须保证暴露的桩顶混凝土达到强度设计值。

(5)钻孔灌注桩施工记录

钻孔灌注桩施工记录一般包括:测量定位(桩位、钢筋笼、护筒安置)记录、钻孔记录、成孔测量记录、泥浆相对密度测定记录、坍落度测定记录、沉渣厚度测定记录、钢筋笼制定安装检查表、混凝土浇捣记录、导管长度记录等。

2. 沉管灌注桩

沉管灌注桩是土木建筑工程中众多类型桩基础中的一种,它是采用与桩的设计尺寸相适应的钢管(即套管),在端部套上桩尖后沉入土中后,在套管内吊放钢筋骨架,然后边浇注混凝土边振动或锤击拔管,利用拔管时的振动捣实混凝土而形成所需要的灌注桩。这种施工方法适用于在有地下水、流砂、淤泥的情况。

根据沉管方法和拔管时振动不同,套管成孔灌注桩可分为锤击沉管灌注桩和振动沉管灌注桩。前者多用于一般黏性土、淤泥质土、砂土和人工填土地基,后者除以上范围外,还可用于稍密及中密的碎石土地基。本节主要介绍锤击沉管灌注桩的施工工艺。

锤击沉管灌注桩

单打锤击桩

(1)锤击沉管灌注桩的施工工艺

锤击沉管灌注桩施工应根据土质情况和荷载要求,分别选用单打法、复打法或反插法。

单打法(又称一次拔管法)。一次将沉管沉入设计标高,然后插钢筋笼,灌注砼,拔管时,每提升 0.5～1.0m,振动 5～10s,然后再拔管 0.5～1.0m,如此反复至全部拔出。

复打桩

复打法。一次将管沉入设计标高,插钢筋笼,灌注砼,上拔沉管到地面后,二次将沉管下沉到设计标高,或局部进行二次下沉,然后补灌砼,后提升,振动,反复至全部拔出;施工时,应保证前后两次沉管轴线重合。

反插法。一次将沉管沉入设计标高,插钢筋笼,灌注砼,钢管每提升 0.5m,再下插 0.3m,这样反复进行,直至拔出。

反插法桩

工艺流程:放线定位→桩机就位→锤击沉管→灌注混凝土→边拔管、边锤击、边灌注混凝土→下放钢筋笼→继续浇筑混凝土→成桩。如图 2-51 所示。

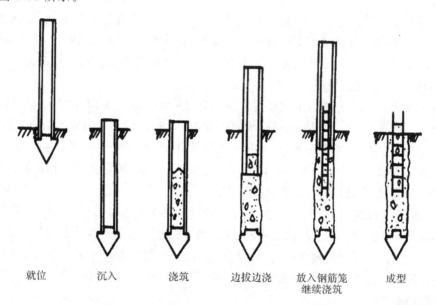

　　就位　　　　沉入　　　　浇筑　　　边拔边浇　　放入钢筋笼　　成型
　　　　　　　　　　　　　　　　　　　　　　　　继续浇筑

图 2-51　锤击沉管灌注桩施工工艺

①桩机就位。

桩机就位时,应垂直平稳架设在沉桩部位,桩锤应对准工程桩位,同时在桩架或套管上标出控制深度标记,以便在施工中进行套管深度观测。成桩施工顺序一般从中间开始,向两边或四周进行,对于群桩基础或桩的中心距小于或等于 $3.5d$(d 为桩的直径)时,应间隔施打,中间空出的桩,须待邻桩混凝土达到设计强度的 50% 后,方可施打。群桩基础的基桩施工,应根据土质、布桩情况,采取消减负面挤土效应的技术措施,确保成桩质量。

当桩尖对准桩基中心,并核查调整套管垂直度后,利用捶击及套管自重将桩尖压入土中。用预制混凝土桩尖时,应先在桩基中心预埋好桩尖,在套管下端与桩尖接触处垫好缓冲材料。桩机就位后,吊起套管,对准桩尖,使套管、桩尖、桩锤在一条垂直线上,利用锤重及套管自重将桩尖压入土中。

②锤击沉管。

开始沉管时应轻击慢振。锤击沉管时,可用收紧钢绳加压或加配重的方法提高沉管速度。当水或泥浆有可能进入桩管时,应事先在管内灌入 1.5m 左右的封顶混凝土。

应按设计要求和试桩情况,严格控制沉管最后灌入度。锤击沉管应测量最后二阵十击灌入度;振动沉管应测量最后两个 2min 灌入度。在沉管过程中,如出现套管快速下降或沉管不下去的情况,应及时分析原因,进行处理。如快速下沉是因桩尖穿过硬土层进入软土层引起的,则应继续沉管作业。如沉不下去是因桩尖顶住孤石或遇到硬土层引起的,则应放慢速度(轻锤低击或慢振),待越过障碍后再正常沉管。如仍沉不下去或沉管过深,最后贯入度不能满足设计要求,则应核对地质资料,会同建设单位研究处理。

③吊放钢筋笼。

钢筋笼的吊放,对通长的钢筋笼在成孔完成后埋设,短钢筋笼可在混凝土灌至设计标高时再埋设,埋设钢筋笼时要对准管孔,垂直缓慢下降。在混凝土桩顶采取构造连接插筋时,必须沿周围对称均匀垂直插入。

④浇筑混凝土。

每次向套管内灌注混凝土时,如用长套管成孔短桩,则一次灌足,如成孔桩,则第一次应尽量灌满。混凝土坍落度宜为 6~8cm,配筋混凝土坍落度宜为 8~10cm。

灌注时充盈系数(实际灌注混凝土量理论计算之比)应不小于1。一般土质为 1.1;软土为 1.2~1.3。在施工中可根据不同土质的充盈系数,计算出单桩混凝土需用量,折合成料斗浇灌次数,以核对混凝土实际灌注量。当充盈系数小于 1 时,应采用全桩复打;对于断桩及缩颈桩可局部复打,即复打超过断桩或缩颈桩 1m 以上。

桩顶混凝土一般宜高出设计标高 200mm 左右,待以后施工承台时再凿除。如设计有规定,应按设计要求施工。

⑤拔管。

每次拔管高度应以能容纳吊斗一次所灌注混凝土为限,并边拔边灌。在任何情况下,套管内应保持不少于 2m 高的混凝土并按沉管方法不同分别采取不同的方法拔管。在拔管过程中,应有专人用测锤或浮标检查管内混凝土下降情况,一次不应拔得过高。

锤击沉管拔管方法:套管内灌注混凝土后,拔管速度应均匀,对一般土层不宜大于 1m/min;对软弱土层及软硬土层交界处不宜大于 0.8m/min。采用倒打拔管的打击次数,单动汽锤不得少于 70 次/min;自由落锤轻击(小落距锤击)不得少于 50 次/min。在管底未拔到桩顶设计标高之前,倒打或轻击不得四断。

(2)沉管灌注桩常见质量问题及处理方法

①断桩。

a.产生原因:在饱和的流塑状淤泥土中施工时,当拔管速度过快,混凝土还未流出管外,周围土即落入桩身,形成断桩;常发生于地面以下 1~3m 深处的软硬土层交界处,当桩身混凝土终凝不久后受到邻桩的振动和外力等,自身强度低,受剪力而被剪断;桩距过小,邻桩施工时产生很大的挤推力。

沉管灌注桩
施工工艺

b.处理方法:在布桩时,应避免桩的密度过大,振动灌注桩的间距不应大于 4 倍桩径,当桩距小于 3.5 倍桩径时,采用控制时间间隔方法,相邻桩施工时,其间隔时间不得超过混凝土初凝时间,否则,采用跳打法,使邻桩混凝土达到设计强度等级的 50%后,再施打中间桩,以减少对邻桩的影响。控制拔管速度,在一般土层中,拔管速度宜控制在 1.2~1.5m/min,在软弱土层中,宜控制在 0.6~0.8m/min。要制定好打桩顺序及桩架行走路线时,应尽量避免设备碾压桩身和对新桩的振动和外力干扰。

②缩颈。

a.产生原因:在软弱土层中,当含水量大且透水性差时,由于土体受到强烈的扰动和挤压,产生很大的孔隙水压力,拔管后挤向新灌混凝土,产生缩颈现象;拔管速度过快,混凝土来不及下落,被周围土体填充,导致缩颈现象;管内混凝土存量少、和易性差、出管扩散性差。

b. 处理方法:要保证灌注时管内混凝土的高度,每次应尽量多灌,第一次拔管高度应控制在能容纳第二次所需贯入的混凝土量为限。如拔得过高,就容易导致混凝土量过少而产生缩颈。要严格控制混凝土的灌入量,对于缩颈桩可采用局部复打,复打深度必须超过缩颈区 1m 以上。要控制拔管速度,对一般土层宜控制在 1m/min,对软弱土层及软硬土层交界处宜控制在 0.3～0.8m/min,并且在拔管过程中对桩管进行连续的低锤密击,使钢管不断振动,从而振实混凝土。

③吊脚桩。

a. 产生原因:混凝土预制桩尖质量差,边沿被破坏,桩尖挤入桩管内,拔管时冲击振动不够,桩尖未被挤出,直到桩管拔至一定高度下落,卡在硬土层中,未落到底,导致桩底的混凝土脱空,形成吊脚桩;混凝土桩尖强度不够,在沉管过程中被打碎,和泥沙一起进入桩管内,与桩管

吊脚桩

内的混凝土的混合而形成松软土,从而形成吊脚桩;桩间距较小不符合规范要求,桩尖挤土效应显著,形成吊脚桩,严重影响桩的承载力。

b. 处理方法:严格控制预制混凝土桩尖的强度,强度等级应不低于 C30;应根据层间土的性质、持力层土的性质等情况合理布桩,避免过小的桩距和过大的布桩平面系数,确定正确的打桩顺序和打桩速率;沉管时,应随时用吊砣检查桩尖是否缩入管内,若有缩入管内现象,则应及时拔出桩管纠正处理;或拔出桩管,填砂重打;若桩尖被打碎,导致桩管涌入泥浆,可采用密振慢拔的方法,开始拔管时,可先反插几次,再正常拔管。

④隔层。

a. 产生原因:钢管套的管径较小,混凝土粗骨料粒径过大、和易性差,且拔管速度过快。

b. 处理方法:施工时应严格控制混凝土的配合比,保证混凝土的坍落度不小于 50～70mm;骨料粒径不大于 30mm;拔管速度在淤泥中不大于 0.8m/min,拔管时边拔边振,每拔 0.5～1.0m,停拔振动 5～10s。

⑤拒桩。

a. 产生原因:在沉管过程中,地基中积累的孔隙水压力增大,使桩尖不能到达设计深度;地下有坚硬物,使桩尖无法穿透;激振器的电机转速过低,或锤击冲击力过小;地层摩擦阻力过大,沉管困难。

b. 处理方法:控制打桩速度,采用跳打方式;当桩尖无法穿透地下坚硬物时,可拔出桩管,采用人工挖孔方法;可以将电机转速调高,或更换重锤,加大冲程。

3. 人工挖孔灌注桩

人工挖孔灌注桩,是指用人力挖土、现场浇筑的钢筋混凝土桩。人工挖孔桩一般直径较粗,最细的也在 800mm 以上,能够承载楼层较少且压力较大的结构主体,目前应用比较普遍。桩的上面设置承台,再用承台梁拉结、联系起来,使各个桩的受力均匀分布,用以支承整个建筑物。如图 2-52 和图 2-53 所示。

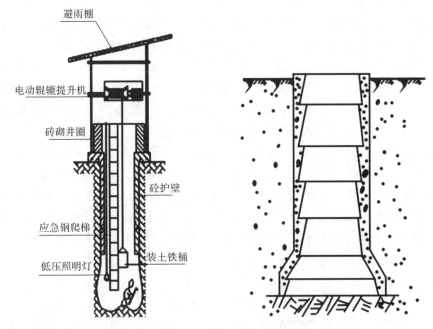

避雨棚

电动辊轳提升机

砖砌井圈

应急钢爬梯

低压照明灯

砼护壁

装土铁桶

图 2-52　人工挖孔桩施工

图 2-53　人工挖孔桩现场施工

　　人工挖孔桩施工方便、速度较快、不需要大型机械设备,挖孔桩要比木桩、混凝土打入桩抗震能力强,造价比冲锥冲孔、冲击锥冲孔、冲击钻机冲孔、回旋钻机钻孔、沉井基础节低,因而在公路、民用建筑中得到广泛应用。但挖孔桩井下作业条件差、环境恶劣、劳动强度大,安全和质量显得尤为重要。场地内打降水井抽水,当确因施工需要采取小范围抽水时,应注意对周围地层及建筑物进行观察,发现异常情况应及时通知有关单位进行处理。

　　人工挖孔桩宜用于地下水位以上的黏性土、粉土、填土、中等密实以上的沙土、分化岩层,也可在黄土、膨胀土和冻土中使用,适应性较强。在地下水位较高,有承压水的砂土层、滞水层,厚度较大的流塑状淤泥、淤泥质土层中不得选用人工挖孔灌注桩。人工挖孔桩的孔径不得小于 800mm,且不得大于 2500mm;孔深不得大于 30m。当桩净距小于 2.5m 时,应采用间隔开挖。相邻排桩跳挖的最小施工净距不得小于 4.5m。

人工挖孔桩施工工艺

(1)人工挖孔桩施工工艺流程

人工挖孔桩的施工程序:场地平整→放线、定桩位→挖第一节桩孔土方→做第一节护壁→在护壁上二次投测标高及桩位十字轴线→第二节桩身挖土→校核桩孔垂直度和直径→做第二节护壁→重复第二节挖土、支模、浇筑混凝土护壁工序,循环作业直至设计深度→检查持力层后进行扩底→清理虚土,排除积水检查尺寸和持力层→吊放钢筋笼就位→浇筑桩身混凝土。

①挖第一节桩孔土方,做第一节护壁。为防止塌孔和保证操作安全,一般按1m左右分节开挖分节支护,循环进行。施工人员在保护圈内用常规挖土工具(短柄铁锹、镐、锤、钎)进行挖土。将土运出孔的提升机具主要有人工绞架、卷扬机或电动葫芦。每节土方应挖成圆台形状,下部至少比上部宽一个护壁厚度,以利护壁施工和受力,如图2-54所示。护壁一般采用C20或C25混凝土,用木模板或钢模板支设,土质较差时加配适量钢筋,土质较好时也可采用红砖护壁,厚度为1/4、1/2和1砖厚。第一节护壁一般要高出自然地面200～300mm,且高出部分的厚度不小于300mm,以防止地面杂草掉入孔中。同时把十字轴线引测到护壁表面,把标高引测到护壁内壁。

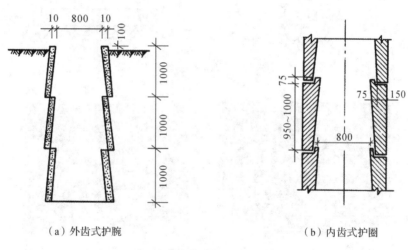

(a)外齿式护腕　　　　　　　　(b)内齿式护圈

图2-54　护壁(单位:mm)

②校核桩孔垂直度和直径。每完成一节施工,均须通过第一节混凝土内壁上设十字控制点并拉十字线,吊线坠用水平尺杆找圆周,保证桩孔垂直度和直径,桩径允许偏差为±50mm,垂直度允许偏差小于0.5%。

③扩底。采取先挖桩身圆柱体,再按扩底尺寸从上到下削土,修成扩底形状。在浇筑混凝土之前,应先清理孔底虚土、排除积水,经甲方及监理人员检查好后迅速进行封底。

④吊放钢筋笼就位。钢筋笼宜分节制作,连接方式一般采用单面搭接焊;钢筋笼主筋混凝土保护层厚度不宜小于70mm,一般在钢筋笼四侧主筋上每隔5m设置耳环或直接制作混凝土保护层垫块来控制其厚度;吊放钢筋笼入孔时,不得碰撞孔壁,防止钢筋笼变形,注意控制上部第一个箍筋的设计标高并保证主筋锚固长度。

⑤浇筑桩身混凝土。因桩深度一般超过混凝土自由下落高度2m,所以混凝土下料采用串筒、溜管等措施;如地下水大(孔中水位上升速度大于6mm/min),应采用混凝土导管水

中浇筑混凝土工艺,混凝土要垂直灌入桩孔内,并应连续分层浇筑,每层厚不超过 1.5m。小直径桩孔,6m 以下利用混凝土的大坍落度和下冲力使其密实;6m 以内分层捣实。大直径桩应分层捣实,或用卷扬机吊导管上下插捣。对直径小、深度大的桩,人工下井振捣有困难时,可在混凝土中掺水泥用量 0.25% 的木钙减水剂,使混凝土坍落度增至 130~180mm,利用混凝土的大坍落度和下沉力使之密实,但桩上部钢筋部位仍应用振捣器振捣密实。

⑥地下水及流砂处理。桩挖孔时,如地下水丰富、渗水或涌水量较大时,可根据情况分别采取以下措施:a. 少量渗水,可在桩孔内挖小集水坑,随挖土随用吊桶,将泥水一起吊出;b. 大量渗水,可在桩孔内先挖较深集水井,设小型潜水泵将地下水排出桩孔外,随挖土随加深集水井;c. 涌水量很大时,如桩较密集,可将一桩超前开挖,使附近地下水汇集于此桩孔内,用 1~2 台潜水泵将地下水抽出,起到深井降水的作用,将附近桩孔地下水位降低;d. 渗水量较大,井底地下水难以排干时,底部泥渣可用压缩空气清孔方法清孔;e. 当挖孔时遇流砂层,一般可在井孔内设高 1~2m、厚 4mm 钢套护筒,直径略小于混凝土护壁内径,利用混凝土支护作支点,用小型油压千斤顶将钢护筒逐渐压入土中,阻挡流砂,钢套筒可一个接一个下沉,压入一段,开挖一段桩孔,直至穿过流砂层 0.5~1.0m,再转入正常挖土和设混凝土支护。浇筑混凝土时,至该段,随浇混凝土随将钢护筒(上设吊环)吊出,也可不吊出。

(2)人工挖孔灌注桩的特殊安全措施

①孔内必须设置应急软爬梯,供人员上下井使用的"电葫芦"、吊笼等应安全可靠并配有自动卡紧保险装置,不得使用麻绳和尼龙绳子吊挂或脚踏井壁凸缘上下。"电葫芦"宜用按钮式开关,使用前必须检查其安全起吊能力。

②每日开工前必须检测井下的有毒有害气体,并应有足够的安全防护措施。

③孔口四周必须设置防护栏杆,并加设 0.8m 高的围栏围护。

④挖出的土石方应及时运离孔口。不得堆放在孔口四周 1m 范围内,机动车辆的通行不得对井壁的安全造成影响。

⑤施工现场的一切电源、电路的安装和拆除必须由持证电工操作。电器必须严格接地、接零和使用漏电保护器。各孔用电必分闸,严禁一闸多用,孔上电缆必须架空 2m 以上,严禁拖地和埋压土中,孔内电缆、电线必须有防磨损、防潮、防断等保护措施。照明应采用安全矿灯或 12V 以下的安全灯。

⑥井通信联络要畅通,施工时保证井口有人,井下工作人员必须经常检查井下是否存在塌方、涌水、涌泥和流砂迹象,若发现异常情况应停止作业并通知有关单位及时处理。

4. 质量控制

(1)成孔深度控制

成孔控制深度应符合下列要求:

①摩擦型桩:摩擦桩以设计桩长控制成孔深度;端承摩擦桩必须保证设计桩长及桩端进入持力层。

②端承型桩:当采用钻(冲)、挖掘成孔时,必须保证桩端进入持力层的设计深度;当采用沉管深度控制,以贯入度为主,设计持力层标高对照为辅。

（2）灌注桩质量控制

①灌注桩的桩位偏差必须符合表 2-8 规定,桩顶标高至少要比设计标高高出 0.5m;每灌注 50m³ 混凝土必须有 1 组试块。对于小于 50m³ 的单柱单桩或每个承台下的桩,至少有 1 组试块。

表 2-8　灌注桩的平面位置和垂直度的允许偏差

序号	成孔方法		桩径允许偏差/mm	垂直度允许偏差/%	桩位允许偏差/mm	
					1～3 根、单排桩基垂直于中心线方向和群桩基础的边桩	条形基础沿中心线方向和群基础的中间桩
1	泥浆护壁钻孔灌注桩	$D \leq 1000$	±50	<1	$D/6$,且不大于 100	$D/4$,且不大于 150
		$D > 1000$	±50		$100+0.01H$	$150+0.01H$
2	沉管成孔灌注桩	$D \leq 500$	−20	<1	70	150
		$D > 500$			100	150
3	人工挖孔灌注桩	混凝土护壁	+50	<0.5	50	150
		钢套护壁	+50	<1	100	200

注:1. 桩径允许偏差的负数值是指个别断面;

2. 采用复打、反插法施工的桩径允许偏差不受本表限制;

3. H 为施工现场地面标高与桩顶设计标高的距离,D 为设计桩径。

②灌注桩的沉渣厚度:对摩擦型桩,不应大于 100mm;对端承型桩,不应大于 50mm。

③桩的静载荷载试验根数应不少于总桩数的 1%,且不少于 3 根,当总桩数少于 50 根时,不应少于 2 根。

④桩身完整性检测的抽检数量:柱下三桩或三桩以下承台抽检桩数不得少于 1 根;设计等级为甲级,或地质条件复杂,成桩可靠性较差的灌注桩,抽检数量不应少于总桩数的 30%,且不少于 20 根,其他桩基工程的抽检数量不应少于总桩数的 20%,且不少于 10 根。

⑤施工中应对成孔、清渣、放置钢筋笼、灌注混凝土等全过程检查;人工挖孔桩尚应复检孔底持力层土(岩)性。

⑥施工结束后,应检查混凝土强度,并应做桩体质量及承载力检验。

2.3.4　承台施工

承台是桩与柱或墩联系的部分。承台把几根,甚至十几根桩联系在一起形成桩基础。承台分为高桩承台和低桩承台。低桩承台一般埋在土中或部分埋进土中;高桩承台一般露出地面或水面。高桩承台由于具有一段自由长度,其周围无支撑体共同承受水平外力,基桩的受力情况极为不利。桩身内力和位移都比同样水平外力作用下低桩承台要大,其稳定性因而比低桩承台差。高桩承台一般用于港口、码头、海洋工程及桥梁工程。低桩承台一般用于工业与民用房屋建筑物。桩头一般伸入承台 0.1m,并有钢筋锚入承台。承台上再建柱或墩,形成完整的传力体系。

1. 作业条件

(1)桩基施工已全部完成,并按设计要求挖完土,而且办完桩基施工验收记录。

(2)修整桩顶混凝土:桩顶疏松混凝土全部剔完,如桩顶低于设计标高时,须用同级混凝土接高,在达到桩强度的 50% 以上,再将埋入承台梁内的桩顶部分剔毛、冲净。如桩顶高于设计标高时,应预先剔凿,使桩顶伸入承台梁深度完全符合设计要求。

(3)桩顶伸入承台梁中的钢筋应符合设计要求,一般不小于 $30d$,钢筋长度不够时,应予以接长。

(4)对于冻胀土地区,必须按设计要求完成承台梁下防冻胀的处理措施。

(5)应将槽底虚土、杂物等垃圾清除干净。

2. 钢筋混凝土施工要点

(1)绑扎钢筋前应将灌注桩桩头浮浆部分和预制桩桩顶锤击面破碎部分去除,桩体及其主筋埋入承台的长度应符合设计要求,钢管桩尚应焊好桩顶连接件,并应按设计施作桩头和垫层防水。

(2)承台混凝土应一次浇筑完成,混凝土入槽宜采用平铺法。对大体积混凝土施工,应采取有效措施防止因温度应力引起裂缝。

工程实例分析

【工程实例 2-1】　××县庄子文化馆工程位于××市××县东城区人民路南、江山大道路东,总建筑面积 21203m²。现浇框架结构,大部分屋面为钢筋混凝土屋面,中厅上空采用网架结构,地上五层,建筑高度为 23.7m(室外地面至屋顶结构板)。首层 5.1m,二、三层 4.5m,四层 4.7m,五层 4.7m(局部 4.4m),室内外高差 0.9m。一类公共建筑,设计使用年限 50 年。耐火等级二级,地震分组为第一组,场地土类别为 Ⅲ 类,建筑物抗震设防类别为重点设防类,框架的抗震等级为二级,柱下独立基础,水泥土搅拌桩。室内正常环境为一类;露天及与水和土壤直接接触的梁、柱为二 b 类。

水泥土搅拌桩复合
地基施工方案

本工程基础采用水泥土搅拌桩复合地基,水泥土搅拌桩共 3778 根,桩径 500mm,有效桩长 14m,采用深层搅拌法(湿法)。请分析该工程的水泥土搅拌桩复合地基专项施工方案。

【工程实例 2-2】　×××商务广场由×××有限公司开发。该工程位于上海市长宁区临空园区 8-1、8-2 地块,东临金轮路、广顺北路、北临临虹路、南临通协路。桥梁上部结构为钢结构简支桥梁,其中主梁在工厂预制、现场拼接;下部结构采用埋置式轻型桥台,桩基孔径为 800 总计 4 根,桩基深度为 30m。请分析该工程钻孔灌注桩的专项施工方案。

融真钻孔灌注桩
专项施工方案

巩固练习

一、单项选择题

1.在下列措施中,不能预防沉桩对周围环境的影响的是(　　)。

A.采取预钻孔沉桩　　　　　　　　　B.设置防震沟

C.采取由远到近的沉桩顺序　　　　　D.控制沉桩速率

2.预制桩的垂直偏差应控制的范围是(　　)。

A.0.5%之内　　　B.3%之内　　　C.2%之内　　　D.1.5%之内

3.施工时无噪声,无振动,对周围环境干扰小,适合城市中施工的是(　　)。

A.锤击沉桩　　　B.振动沉桩　　　C.射水沉桩　　　D.静力压桩

4.若流动性淤泥土层中的桩发现有缩颈现象时,一般可采用的处理方法是(　　)。

A.反插法　　　B.复打法　　　C.单打法　　　D.A和B都可

5.钻孔灌注桩属于(　　)。

A.挤土桩　　　B.部分挤土桩　　　C.非挤土桩　　　D.预制桩

6.为了能使桩较快地打入土中,打桩时宜采用　　　　　　　　　　　　(　　)

A.轻锤高击　　　B.重锤低击　　　C.轻锤低击　　　D.重锤高击

7.预制桩在运输和打桩时,其混凝土强度必须达到设计强度的(　　)。

A.50%　　　B.75%　　　C.100%　　　D.25%

8.采用桩尖设计标高控制为主时,桩尖应处于的土层是(　　)。

A.坚硬的黏土　　　B.碎石土　　　C.风化岩　　　D.软土层

9.最适宜在狭窄的现场施工的成孔方式是(　　)。

A.沉管成孔　　　B.泥浆护壁钻孔　　　C.人工挖孔　　　D.振动沉管成孔

10.静力压桩施工适用的土层是(　　)。

A.软弱土层　　　　　　　　　　　　B.厚度大于2m的砂夹层

C.碎石土层　　　　　　　　　　　　D.风化岩

11.有可能使建筑物产生不均匀沉降的打桩顺序是(　　)。

A逐排打设　　　　　　　　　　　　B.自中间向四周打设

C.分段打设　　　　　　　　　　　　D.以上都是

12.强夯法一般不宜加固(　　)。

A.黏性土　　　B.碎石土　　　C.杂填土　　　D.弱风化岩

13.打桩时,不能采用(　　)。

A.先大后小　　　B.先深后浅　　　C.先长后短　　　D.先坏土区后好土区

14.现场预制桩采用重叠法间隔制作时,上层桩或临桩的混凝土浇筑要在下层桩或临桩的混凝土达到设计强度的(　　)以后方可进行。

A.30%　　　B.50%　　　C.75%　　　D.100%

15. 预制桩堆放层数不宜超过（　　）。

A. 3 层　　　　　　　B. 4 层　　　　　　　C. 5 层　　　　　　　D. 6 层

16. 适用于地下水位以上的黏性土，填土及中密以上砂土及风化岩层的成孔方法是（　　）。

A. 干作业成孔　　　B. 沉管成孔　　　　　C. 人工挖孔　　　　　D. 泥浆护壁成孔

17. 在极限承载力状态下，桩顶荷载主要由桩侧阻力承受的桩是（　　）。

A. 端承桩　　　　　B. 端承摩擦桩　　　　C. 摩擦桩　　　　　　D. 摩擦端承桩

18. 采用重叠间隔制作预制桩时，重叠层数不符合要求的是（　　）。

A. 二层　　　　　　B. 五层　　　　　　　C. 三层　　　　　　　D. 四层

19. 根据基础标高，打桩顺序不正确的是（　　）。

A. 先浅后深　　　　B. 先大后小　　　　　C. 先长后短　　　　　D. 以上都正确

20. 在泥浆护壁成孔灌注桩施工中，确保成桩质量的关键工序是（　　）。

A. 吊放钢筋笼　　　B. 吊放导管　　　　　C. 泥浆护壁成孔　　　D. 灌注水下混凝土

21. 预制桩顶设计标高接近地面标高，只能采用的方法是（　　）。

A. 顶打法　　　　　B. 先顶后退法　　　　C. 先退后顶法　　　D. 退打法

22. 大体积钢筋砼基础结构施工宜采用（　　）。

A. 硅酸盐水泥　　　B. 矿渣水泥　　　　　C. 早强水泥　　　　　D. 普通硅酸盐水泥

23. 在极限承载力状态下，桩顶荷载由桩端承受的桩是（　　）。

A. 端承摩擦桩　　　B. 摩擦桩　　　　　　C. 摩擦端承桩　　　　D. 端承桩

24. 对浙江部分软弱土层地基来说，在钢筋砼预制桩的接桩时，应优先采用（　　）。

A. 焊接法接桩　　　B. 浆锚法接桩　　　　C. 法兰法接桩　　　　D. 三种方法均适用

25. 沉管灌注桩在一般土层中的拔管速度以不大于（　　）为宜。

A. 2m/min　　　　　B. 1.5m/min　　　　　C. 1.0m/min　　　　　D. 0.5m/min

26. 观察验槽的内容不包括（　　）。

A. 基坑（槽）的位置、尺寸、标高和边坡是否符合设计要求

B. 是否已挖到持力层

C. 槽底土的均匀程度和含水量情况

D. 降水方法与效益

27. 观察验槽的重点应选择在（　　）。

A. 基坑中心点　　　　　　　　　　　　　B. 基坑边角

C. 受力较大的部位　　　　　　　　　　　D. 最后开挖的部位

28. 换土垫层法中，（　　）只适用于地下水位较低、基槽经常处于较干燥状态下的一般黏性土地基加固。

A. 砂垫层　　　　　B. 砂石垫层　　　　　C. 灰土垫层　　　　　D. 卵石垫层

29. 正式打桩时采用（　　）方式，可取得良好的效果。

A. 重锤低击，低提重打　　　　　　　　　B. 轻锤高击，高提重打

C. 轻锤低击，低提轻打　　　　　　　　　D. 重锤高击，高提重打

30. 静力压桩的施工程序中,"接桩"的紧前工序为( )。

A. 压桩机就位　　　B. 吊装插桩　　　C. 静压沉桩　　　D. 测量定位

31. 筏形基础混凝土浇筑时一般不留施工缝,必须留设时,应按施工缝要求处理,并应设置( )。

A. 后浇带　　　B. 伸缩缝　　　C. 止水带　　　D. 沉降缝

32. 筏形基础混凝土浇筑完毕,表面应覆盖和洒水养护不少于( )天。

A. 7　　　B. 14　　　C. 21　　　D. 28

33. 当筏形基础混凝土强度达到设计强度的( )时,可进行基坑回填。

A. 10%　　　B. 20%　　　C. 30%　　　D. 50%

34. 静力压桩的施工程序中,"静压沉管"紧前工序为( )。

A. 压桩机就位　　　B. 吊桩插桩　　　C. 桩身对中调直　　　D. 测量定位

35. 静力压桩施工适用的土层是( )。

A. 软弱土层　　　　　　　　　B. 厚度大于 2m 的砂夹层

C. 碎石土层　　　　　　　　　D. 风化岩

36. 在预制桩打桩过程中,如发现贯入度一直骤减,说明( )。

A. 桩尖破坏　　　B. 桩身破坏　　　C. 桩下有障碍物　　　D. 遇软土层

37. 干作业成孔灌注桩采用的钻孔机具是( )。

A. 螺旋钻　　　B. 潜水钻　　　C. 回转钻　　　D. 冲击钻

38. 适用于地下水位以上的黏性土、填土及以上砂土及风化岩层的成孔方法是( )。

A. 干作业成孔　　　B. 沉管成孔　　　C. 人工挖孔　　　D. 泥浆护壁成孔

39. 人工挖孔桩不适合的范围是地下水位以上的( )。

A. 黏性土　　　B. 强风化岩　　　C. 粉土　　　D. 人工填土

二、多项选择题

1. 墙采用泥浆护壁的方法施工时,泥浆的作用是( )。

A. 护壁　　　B. 携砂　　　C. 冷却　　　D. 降压

E. 润滑

2. 按桩的承载性质不同可分为( )。

A. 摩擦型桩　　　B. 预制桩　　　C. 灌注桩　　　D. 端承型桩

E. 管桩

3. 当桩中心距小于或等于 4 倍桩边长时,打桩顺序宜采( )。

A. 由中间向两侧　　　B. 逐排打设　　　C. 由中间向四周　　　D. 由两侧向中间

E. 任意打设

4. 锤击沉桩适宜用( ),可取得良好效果。

A. 重锤低击　　　B. 轻锤高击　　　C. 高举高打　　　D. 低提重打

E. 高提轻打

5. 桩的接桩工艺包括( )。

A. 硫黄胶泥浆锚法接桩　　　　　　　　B. 挤压法接桩

C.焊接法接桩　　　　　　　　　　　　D.法兰螺栓接桩法

E.直螺纹接桩法

6.混凝土灌注桩按其成孔方法不同,可分为(　　　　　)。

A.钻孔灌注桩　　　　B.沉管灌注桩　　　　C.人工挖孔灌注桩

D.静压沉桩　　　　　E.爆扩灌注桩

7.根据桩的密集程度,打桩顺序一般有(　　　　　)。

A.逐一排打　　　　　B.自四周向中间打

C.自中间向四周打　　D.分段打　　　　　　E.自两侧向中间打

8.沉管灌注桩的施工方法有(　　　　　)。

A.逐排打法　　　　　B.单打法　　　　　　C.复打法　　　　　　D.分段法

E.反插法

9.根据桩的规格,打桩的顺序应是(　　　　　)。

A.先深后浅　　　　　B.逐排打　　　　　　C.先大后小　　　　　D.分段打

E.先长后短

10.防止和减少沉桩对周围环境的影响,可采用的措施是(　　　　　)。

A.预钻孔沉桩　　　　B.设置防震沟　　　　C.由近到远的沉桩顺序

D.减轻桩锤重量　　　E.控制沉桩速率

11.下列对压桩特点的描述正确的是(　　　　　)。

A.无噪声,无振动　　　　　　　　　　　B.与锤击沉桩相比,可节约材料降低成本

C.压桩时,桩只承受静压力　　　　　　　D.只可通过试桩得到单桩承载力

E.适合城市中施工

12.在打桩过程中,以贯入度控制为主的端承桩桩尖所在的土为(　　　　　)。

A.软土层　　　　　　B.坚硬硬塑的黏性土　　　　C.碎石土

D.中密以上的砂土　　E.风化岩

13.沉管灌注桩施工中常见的问题有(　　　　　)。

A.断桩　　　　　　　　　　　　　　　　B.桩径变大

C.瓶颈桩　　　　　　　　　　　　　　　D.吊脚桩

E.桩尖进水进泥

14.灌注桩按成孔设备和方法不同划分,属于非挤土类桩的是(　　　　　)。

A.锤击沉管桩　　　　　　　　　　　　　B.震动冲击沉管灌注桩

C.冲孔灌注桩　　　　　　　　　　　　　D.挖孔桩

E.钻孔灌注桩

15.打桩质量控制主要包括(　　　　　)。

A.灌入度控制　　　　　　　　　　　　　B.桩尖标高控制

C.桩锤落距控制　　　　　　　　　　　　D.打桩后的偏差控制

E.打桩前的位置控制

16. 对于缩颈桩的防止措施有（　　　　　　）。

A. 保持桩管内混凝土有足够高度　　　　　B. 增强混凝土和易性

C. 拔管速度应当加快　　　　　　　　　　D. 加强振动

E. 一般采用复打法处理缩颈桩

17. 人孔挖孔灌注桩的适用范围是地下水位以上的（　　　　　　）。

A. 碎石类土　　　　B. 黏性土　　　　C. 中密以上砾土　　　　D. 粉土

E. 人工填土

18. 在沉管灌注桩施工中常见的问题有（　　　　　　）。

A. 孔壁坍塌　　　　B. 断桩　　　　C. 桩身倾斜　　　　D. 缩颈桩

E. 吊脚桩

19. 打桩时应注意观察的事项有（　　　　　　）。

A. 打桩入土的速度　　　　　　　　　　　B. 打桩架的垂直度

C. 桩身压缩情况　　　　　　　　　　　　D. 桩锤的回弹情况

E. 贯入度变化情况

20. 捶击沉桩法的施工程序中，（　　　　　　）是"接桩"之前必须完成的工作。

A. 打桩机就位　　　　B. 吊桩和喂桩　　　　C. 校正　　　　D. 捶击沉桩

E. 送桩

21. 按成孔方法不同，混凝土灌注桩分为（　　　　　　）。

A. 钻孔灌注桩　　　　B. 沉管灌注桩　　　　C. 人工挖孔灌注桩　　　　D. 静压沉桩

E. 爆扩灌注桩

22. 泥浆护壁成孔灌注桩施工工艺流程中，在"下钢筋笼"之前完成的工作有（　　　　　　）。

A. 测定桩位　　　　B. 埋设护筒　　　　C. 制备泥浆　　　　D. 绑扎承台钢筋

E. 成孔

三、判断题

1. 在夯实地基法中，重锤夯实法适用于处理高于地下水位 0.8m 以上稍湿的黏性土、砂土、湿陷性黄土、杂填土、和分层填土地基的加固处理。（　　　）

2. 换土垫层法中，灰土垫层适用于地下水较低、基槽经常处于较干燥状态下的一般黏性土地基的加固。（　　　）

3. 灰土挤密桩适用于处理地下水位以上天然含水率 12%～25%、厚度 5～15m 的素填土、杂填土、湿陷性黄土以及含水率较大的软弱地基等。（　　　）

4. 深沉搅拌法主要加固软土地基。（　　　）

5. 钢筋混凝土预制桩的钢筋骨架宜采用对焊连接。（　　　）

6. 钢筋混凝土预制桩应在混凝土强度等级达到 70% 时方可运输。（　　　）

7. 打桩顺序应从中间向四周打。（　　　）

8. 泥浆在泥浆护壁成孔灌注桩施工中的作用只是防止塌孔。（　　　）

9. 在泥浆护壁成孔灌注桩施工中，清孔工作应安排在钢筋笼下放前进行。（　　　）

10. 复打法施工经常在泥浆护壁成孔灌注桩施工中采用。（　　　）

11.当桩尖位于软土层时,打桩应以控制贯入度为主。　　　　　　　　　　　（　　）

12.沉管灌注桩可采用振动或锤击法施工,后者根据需要,采用复打法或反插法,以增加砼密实度,提高承载力,扩大桩径,如果及时发现缩颈问题,还可以予以消除。　　（　　）

13.对于端承桩,打桩入土深度控制应在以标高为主,以贯入度为参考。　　　（　　）

14.开始沉桩时应短距轻击,当入土一定深度并待桩稳定后再按要求的落距沉桩。

　　　　　　　　　　　　　　　　　　　　　　　　　　　　　　　　　　（　　）

15.在极限承载力状态下,桩顶荷载主要由桩侧阻力承受的桩是端承摩擦桩。　（　　）

16.不同深度基础打桩时,根据基础标高,先浅后深的打桩顺序是不正确。　　（　　）

17.预制桩顶设计标高接近地面标高,只能采用的方法是退打法。　　　　　　（　　）

18.静力压桩施工适用的土层是软弱土层。　　　　　　　　　　　　　　　　（　　）

19.干作业成孔灌注桩采用的钻孔机具是螺旋钻。　　　　　　　　　　　　　（　　）

20.人工挖孔桩不适合的范围是地下水位以上的强风化岩。　　　　　　　　　（　　）

四、论述题

1.常用的地基处理方法有哪些?

2.预制桩在制作、起吊、运输和堆放过程中有哪些注意事项?

3.阐述泥浆护壁成孔灌注桩施工中泥浆在成孔过程中的作用,并说明以哪项作用为主?

第3章 砌筑工程施工

学习目标

　　了解常用砌体材料要求,熟悉运输机械类型;掌握多立杆扣件式钢管脚手架的主要组成部件、基本形式、构造要求、搭设和拆除、检查与验收程序等;熟悉碗扣式钢管脚手架的配件及组装等;了解里脚手架、门型脚手架、吊脚手架的形式;掌握砖墙的组砌形式、技术要求及影响砖砌体工程质量的因素与防治措施,能进行排砖计算;了解混凝土小型空心砌块施工、加气混凝土砌块施工、中型砌块施工等。

3.1 砌体材料及运输机械

3.1.1 砌筑砂浆

　　砌筑砂浆是砌体施工过程中不可缺少的胶黏剂。对砌筑砂浆的材料要求如下:

1. 水泥

　　砌筑砂浆所用水泥宜采用通用硅酸盐水泥或砌筑水泥,且应符合现行国家标准《通用硅酸盐水泥》(GB 175—2007)和《砌筑水泥》(GB/T 3183—2017)的规定。

　　(1)砌筑砂浆使用的水泥品种及强度等级,应根据砌体部位和所处环境来选择。一般来说 M15 及以下强度等级的砌筑砂浆宜选用 32.5 级的通用硅酸盐水泥或砌筑水泥,M15 以上强度等级的砌筑砂浆宜选用 42.5 级普通硅酸盐水泥。

　　(2)水泥进场使用前,应分批对其强度、安定性进行复验。检验批应以同一生产厂家、同一编号为一批。

GB 175—2007
通用硅酸盐水泥

GB/T 3183—2017
砌筑水泥

（3）水泥应按品种、标号、出厂日期分别堆放，并保持干燥。

（4）当水泥质量受不利环境影响或水泥出厂超过 3 个月、快硬硅酸盐水泥超过 1 个月时，应进行复验，并应按复验结果使用。

（5）不同品种的水泥不得混合使用。

砌筑材料准备

 小贴士

我国水泥行业存在产能过剩问题，国家近年来积极推进行业供给侧改革，限制新增产能，推动行业产能置换，把实施扩大内需战略同深化供给侧结构性改革有机结合起来。

水泥玻璃行业产能置换实施办法（修订稿）

熟料生产是水泥整个生产流程中最主要的能耗环节和污染物排放环节。数据显示，水泥生产总能耗中，熟料生产占 70%～80%；另外水泥行业治理难度最大的氮氧化物，也产生于熟料烧成环节。简言之，减少熟料用量就意味着降低资源、能源消耗以及减少污染物排放，同学们应该意识到在当前社会还没有找到任何一种材料用以完全替代水泥的情况下，减少熟料消耗应该是水泥行业践行生态文明建设、实现绿色发展的重要组成部分。

2021 年 7 月，国家基于 2017 年《水泥玻璃行业产能置换实施办法》修订行业产能置换实施办法，发布最新《水泥玻璃行业产能置换实施办法（修订稿）》，该办法针对水泥行业现状在产能置换要求、置换比例的确定和置换比例的例外情形方面增加了新的规定。

2. 砂浆

砂浆是由胶凝材料、细骨料、掺合剂和水按适当的比例配制而成的混合物。

（1）胶凝材料：水泥、石灰、石膏。

（2）细骨料：天然砂。石料砌体→粗砂（粒径 5mm 左右）；砖砌体→中砂（粒径 2.5mm）；光滑抹面、勾缝砂浆→细砂（粒径 1.2mm）。

（3）掺合剂（外加剂）：为了改善砂浆的和易性。

工程中所用砌筑砂浆，应按设计要求对砌筑砂浆的种类、强度等级、性能及使用部位核对后使用，其中对设计有抗冻要求的砌筑砂浆，应进行冻融循环试验，其结果应符合现行行业标准《砌筑砂浆配合比设计规程》(JGJ/T 98—2010)的要求。

砌筑砂浆配合
比设计规程
JGJ/T 98—2010

3.1.2　垂直运输设施

垂直运输设施是指担负垂直输送材料和施工人员上下的机械设备与设施。在砌筑施工过程中，各种材料（砖、砂浆）、工具（脚手架、脚手板）及各层楼板安装时，垂直运输量较大，都需要用垂直运输机具来完成。目前，砌筑工程中常用的垂直运输设施有塔式起重机、井字架、龙门架、独杆提升机、建筑施工电梯等。

1. 井字架

在垂直运输过程中，井字架的特点是稳定性好，运输量大，可以搭设较大的高度，是施工中最常用、最简便的垂直运输设施。除用型钢或钢管加工的定型井架外，还有用脚手架材料搭设而成的井架。井架多为单孔井架，但也可构成两孔或多孔井架。用角钢制作的井架构造如图 3-1 所示。

井字架的搭设

2. 龙门架

龙门架是由两立柱及天轮梁(横梁)构成的。立柱是由若干个格构柱用螺栓拼装而成，而格构柱是用角钢及钢管焊接而成或直接用厚壁钢管构成门架。龙门架设有滑轮、导轨、吊盘、安全装置以及起重索、缆风绳等，其构造如图 3-2 所示。

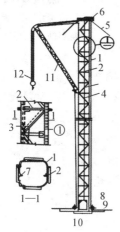

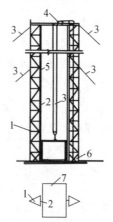

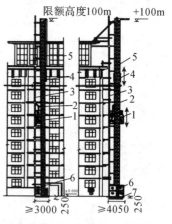

1—立柱；2—平撑；3—斜撑；
4—钢丝绳；5—缆风绳；6—天轮；
7—导轨；8—吊盘；9—地轮；
10—垫木；11—摇臂拔杆；12—滑轮组

图 3-1 角钢井架

1—立柱；2—导轨；3—缆风绳
4—天轮；5—吊盘停车安全装置；
6—地轮；7—吊盘

图 3-2 龙门架

限额高度100m

1—吊笼；2—小吊杆；3—架设
安装杆；4—平衡箱；5—导轨
架；6—底笼；7—混凝土基础

图 3-3 建筑施工电梯

小贴士

2021 年 12 月 14 日，为防范化解房屋建筑和市政基础设施工程重大事故隐患，降低施工安全风险，推动住房和城乡建设行业淘汰落后工艺、设备和材料，提升房屋建筑和市政基础设施工程安全生产水平，根据《建设工程安全生产管理条例》等有关法规，住建部组织制定了《房屋建筑和市政基础设施工程危及生产安全施工工艺、设备和材料淘汰目录(第一批)》(以下简称《目录》)，其中明确在本公告发布之日起 9 个月后，全面停止在新开工项目中使用本《目录》所列禁止类施工工艺、设备和材料；本公告发布之日起 6 个月后，新开工项目不得在限制条件和范围内使用本《目录》所列限制类施工工艺、设备和材料。龙门架和井字架均在列，因此最晚从 2022 年 9 月 13 日起，超过 25 米(含)的建设工程项目将不得使用龙门架和井字架。

3. 建筑施工电梯

目前,在高层建筑施工中常采用人货两用的建筑施工电梯,它的吊笼装在井架外侧,沿齿条式轨道升降,附着在外墙或其他建筑物结构上,可载重货物 1.0~1.2t,亦可容纳 12~15 人。其高度随着建筑物主体结构施工而接高,可达 100m,如图 3-3 所示。它特别适用于高层建筑,也可用于高大建筑、多层厂房和一般楼房施工中的垂直运输。

3.2　脚手架工程施工

脚手架是砌筑过程中堆放材料和工人进行操作的临时设施。

(1)按其搭设位置分为外脚手架和里脚手架。

(2)按其所用材料分为木脚手架、竹脚手架和金属脚手架。

(3)按其结构形式分为多立杆式、碗扣式、门型、方塔式、附着式升降脚手架及悬吊式脚手架等。

脚手架的分类

对脚手架的基本要求是:

(1)宽度(1.5~2m):应满足工人操作、材料堆放及运输的要求。

(2)高度:每步架高 1.2~1.4m。

(3)有足够的强度、刚度和稳定性。

(4)装拆方便,能多次周转使用。

脚手架的结构

3.2.1　外脚手架

外脚手架是指搭设在外墙外面的脚手架。其主要结构形式有扣件式、碗扣式、门型、方塔式、附着式升降钢管脚手架和悬吊钢管脚手架等。在建筑施工中要大力推广碗扣式脚手架和门型脚手架。

建筑施工扣件式
钢管脚手架安全
技术规范
JGJ 130—2011

1. 扣件式钢管脚手架

(1)主要组成部件和基本形式

扣件式钢管脚手架主要由钢管(ϕ48mm×3.5mm)和扣件组成。主要杆件有立杆、纵向水平杆(大横杆)、横向水平杆(小横杆)、斜杆(斜撑)、剪力撑、水平斜拉杆、连墙杆、抛撑和底座等。扣件式钢管脚手架的基本形式有双排式和单排式两种,其构造如图 3-4 所示,扣件式钢管脚手架实物如图 3-5 所示。根据《建筑施工扣件式钢管脚手架安全技术规范》规定,扣件式钢管脚手架的搭设高度为:单排脚手架高度限值为 24m;双排脚手架高度限值为 50m。当需要搭设超过高度限值的脚手架时,可采取如下方式及相应措施:

①在架高 20m 以下采用双立杆和在架高 30m 以上采用部分卸载措施;

②架高 50m 以上采用分段全部卸载措施;

③采用挑、挂、吊形式或附着升降式脚手架等。

钢管与扣件

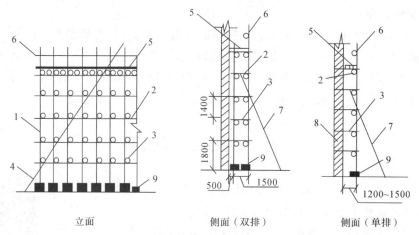

1—立杆；2—大横杆；3—小横杆；4—斜撑；5—脚手板；6—栏杆；7—抛撑；8—砖墙；9—底座

图 3-4 多立杆式钢管脚手架基本构造(单位:mm)

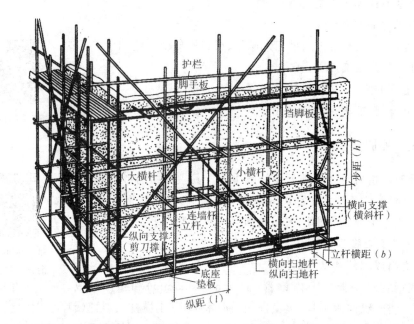

图 3-5 扣件式钢管脚手架

扣件用于钢管之间的连接,基本形式有三种:①对接扣件:用于两根钢管的对接连接;②旋转扣件:用于两根钢管呈任意角度交叉的连接;③直角扣件:用于两根钢管呈垂直交叉的连接。扣件形式如图 3-6 所示,底座如图 3-7 所示。

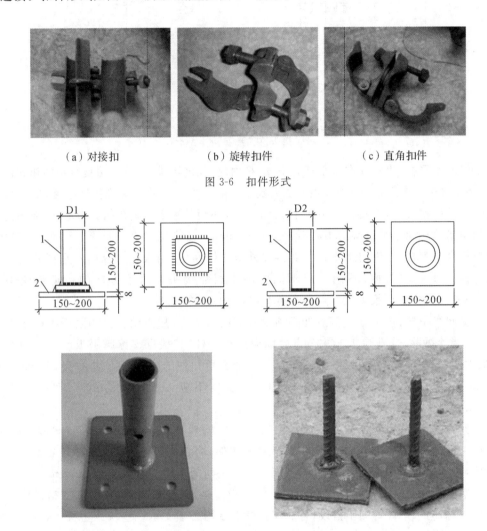

（a）对接扣　　　　　　（b）旋转扣件　　　　　　（c）直角扣件

图 3-6　扣件形式

1—承插钢管;2—钢板底座

图 3-7　扣件式钢管脚手架底座(单位:mm)

（2）构造要求（双排）

①扫地杆:脚手架必须设置纵、横向扫地杆。纵向扫地杆应采用直角扣件固定在距底座上皮不大于 200mm 处的立杆上,横向扫地杆亦应采用直角扣件固定在紧靠纵向扫地杆下方的立杆上。当立杆基础不在同一高度上时,必须将高处的纵向扫地杆向低处延长两跨与立杆固定,高低差不应大于 1m。靠边坡上方的立杆轴线到边坡的距离不应小于 500mm。

②立杆:横距为 0.9～1.5m,纵距为 1.2～2.0m。立杆接长除顶层可采用搭接外,其余各层必须用对接扣件连接;接头位置要求如图 3-8 所示;立杆与纵向水平杆必须用直角扣件连接,不得隔步设置或遗漏。

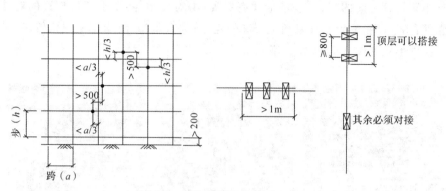

图 3-8　接头位置要求(单位:mm)

③纵向水平杆:设于横向水平杆之下、立杆内侧,长度不少于 3 跨,用直角扣件和立杆扣紧,步距 1.2~1.4m(最下一层步距可放大到 1.8m)。接长宜采用对接扣件连接,也可采用搭接。若采用搭接时,搭接长度不应小于 1m,应等间距设置 3 个旋转扣件固定,端部扣件盖板边缘至搭接纵向水平杆端的距离不应小于 100mm。接头位置要求如图 3-8 所示。对接、搭接应符合下列规定:纵向水平杆的对接扣件应交错布置;两根相邻纵向水平杆的接头不宜设置在同步或同跨内;不同步或不同跨两个相邻接头在水平方向的距离不应小于 500mm;各接头中心至最近主节点的距离不宜大于纵距的 1/3。

④横向水平杆:每个立杆节点处必须设置横向水平杆,用直角扣件扣紧于纵向水平杆之上,且严禁拆除;作业层上非主节点处的横向水平杆,宜根据支撑脚手板的需要间距设置,最大间距不应大于纵距 1/2。主节点处两个直角扣件的中心距不应大于 150mm。在双排脚手架中,横向水平杆靠墙一端的外伸长度不应大于杆长的 40%,且不应大于 500mm。

⑤剪刀撑:每道剪刀撑宽度不应小于 4 跨(6 步 4 跨),且不应小于 6m,斜杆与地面的倾角宜在 45°~60°;高度在 24m 以下的单、双排脚手架,均必须在外侧立面的两端各设置一道剪刀撑,并应由底至顶连续设置,中间各道剪刀撑之间的净距不应大于 15m;24m 以上的双排脚手架应在外侧立面整个长度和高度上连续设置剪刀撑;剪刀撑、横向斜撑搭设应随立杆、纵向和横向水平杆等同步搭设,各底层斜杆下端均必须支承在垫块或垫板上。剪刀撑、横向斜撑等接长宜采用搭接,连接的旋转扣件不得少于 3 个;剪刀撑斜杆应用旋转扣件固定在与之相交的横向水平杆的伸出端或立杆上,旋转扣件中心线至主节点的距离不宜大于 150mm。

⑥连墙杆:不仅可以防止架子外倾,而且能增加立杆的纵向刚度,如图 3-9 所示。高度在 24m 以下的单、双排脚手架,宜采用刚性连墙件与建筑物可靠连接,亦可采用拉筋和顶撑配合使用的附墙连接方式,严禁使用仅有拉筋的柔性连墙件。24m 以上的双排脚手架,必须采用刚性连墙件与建筑物可靠连接,连墙件必须采用可承受拉力和压力的构造。50m 以下(含 50m)脚手架连墙件应按 3 步 3 跨进行布置,50m 以上的脚手架连墙件应按 2 步 3 跨进行布置。

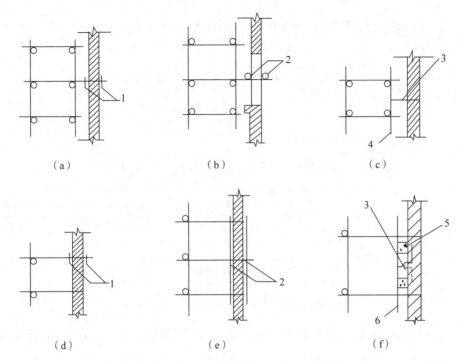

（a）　　　　　　　　　　（b）　　　　　　　　　　（c）

（d）　　　　　　　　　　（e）　　　　　　　　　　（f）

1—扣件；2—短钢管；3—铅丝与墙内埋设的钢筋环拉住；4—顶墙横杆；5—木楔；6—短钢管

图 3-9　连墙杆的做法

⑦水平斜拉杆：在有连墙杆的脚手架内、外排立杆间的步架平面内的"之"字形斜杆，可增强脚手架的横向刚度。

（3）扣件式钢管脚手架的搭设和拆除

①搭设。脚手架搭设范围内的地基要夯实找平，做好排水处理。立杆底座须在底下垫以木板或垫块。杆件搭设时应注意立杆垂直。竖立第一节立柱时，每 6 跨应暂设一根抛撑（垂直于大横杆，一端支承在地面上），直至固定件架设好后方可根据情况拆除。剪刀撑搭设时将一根斜杆扣在小横杆的伸出部分，同时随着墙体的砌筑，设置连墙杆与墙锚拉，扣件要拧紧。具体的扣件式钢管脚手架搭设的施工流程如图 3-10 所示。

扣件式脚手架的
搭设及搭设规范

②拆除。脚手架的拆除按"由上而下、逐层向下"的顺序进行，严禁上下同时作业。连墙杆必须随脚手架逐层拆除，严禁将整层或数层固定件拆除后再拆脚手架。严禁抛扔，卸下的材料应集中。严禁行人进入施工现场，要统一指挥，上下呼应，保证安全。

（4）钢管扣件式脚手架的检查与验收程序

脚手架的检查与验收应由项目经理组织，项目施工、技术、安全、作业班组负责人等有关人员参加，按照技术规范、施工方案、技术交底等有关技术文件，对脚手架进行分段验收，在确认符合要求后，方可投入使用。

脚手架及其地基基础应在下列阶段进行检查和验收：①基础完工后及脚手架搭设前。②作业层上施加荷载前。③每搭设完 6～8m 高度后。④达到设计高度后。⑤遇有六级及

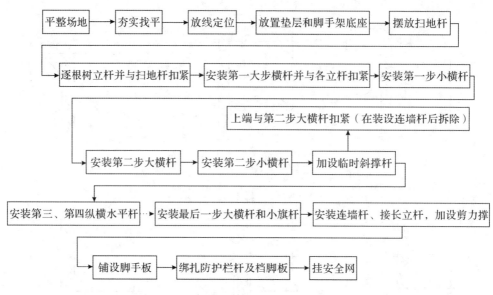

图 3-10　扣件式钢管脚手架搭设的施工流程

以上大风与大雨后。⑥寒冷地区土层开冻后。⑦停用超过一个月的，再重新投入使用之前。

　　脚手架定期检查的主要项目包括：①杆件的设置和连接，连墙件、支撑、门洞桁架等的构造是否符合要求。②地基是否有积水，底座是否松动，立杆是否悬空。③扣件螺栓是否有松动。④高度在 24m 以上的脚手架，其立杆的沉降与垂直度的偏差是否符合技术规范的要求。⑤架体的安全防护措施是否符合要求。⑥是否有超载使用的现象等。

2. 碗扣式钢管脚手架

　　杆件是用以构成脚手架主体的部件。其中的立杆和顶杆各有两种规格，在杆上均焊有间距为 600mm 的下碗扣。若将立杆和顶杆相互配合接长使用，就可构成任意高度的脚手架。立杆接长时，接头应错开，至顶层后再用两种长度的顶杆找平。

　　（1）碗扣式钢管脚手架的配件

　　碗扣式钢管脚手架的配件主要包括立杆、顶杆、横杆、单横杆、斜杆及底座等，如图 3-11 所示。立杆由一定长度规格为 ϕ48mm×3.5mm 的钢管上每隔 0.6m 安装碗扣接头，并在其顶端焊接立杆焊接管制成，用作脚手架的垂直承力杆。顶杆即顶部立杆，在顶端设有立杆的连接管，以便在顶端插入托撑，用作支撑架（柱）、物料提升架等顶端的垂直承力杆。斜杆在直径 48mm×3.5mm 钢管两端铆接斜杆接头制成，用于增强脚手架的稳定强度，提高脚手架的承载力。斜杆应尽量布置在

JGJ 166—2016
建筑施工碗扣
式钢管脚手架
安全技术规范

碗扣式脚手架配件

框架节点上。横杆由一定长度的规格为 ϕ48mm×3.5mm 钢管两端焊接横杆接头制成，用于立杆横向连接管，或框架水平承力杆。单横杆仅在规格为 ϕ48mm×3.5mm 钢管一端焊接横杆接头，用作单排脚手架横向水平杆。底座由 150mm×150mm×8mm 的钢板在中心

焊接连接杆制成,安装在立杆的根部,用作防止立杆下沉并将上部荷载分散传递给地基的构件。

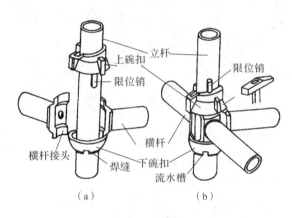

图 3-11　碗口接头

主构件按用途分类包括间横杆、架梯及连墙撑。间横杆是为满足普通钢或木脚手板的需要而专设的杆件,可搭设于主架横杆之间的任意部位,用以减小支承间距和支撑挑头脚手板。架梯由钢踏步板焊在槽钢上制成,两端带有挂钩,可牢固地挂在横杆上,用于作业人员上下脚手架的通道。连墙撑用于脚手架与墙体结构间的连接件,以加强脚手架抵抗风载及其他永久性水平荷载的能力,是防止脚手架倒塌和增强稳定性的构件。专用构件有提升滑轮和悬挑架。提升滑轮是用于提升小物料而设计的杆部件,由吊柱、吊架和滑轮等组成。吊柱可插入宽挑梁的垂直杆中固定,与宽挑梁配套使用。悬挑架由挑杆和撑杆用碗扣接头固定在楼层内支承架上构成,用于其上搭设悬挑脚手架,可直接从楼内挑出,不需在墙体结构设预埋件。

(2)组装过程

将上碗扣的缺口对准限位销,将上碗扣沿立柱向上拉起;将固定于横杆上的横杆接头插入下碗扣的圆槽内;将上腕扣沿限位销滑下;沿顺时针方向旋转扣紧;小锤轻击,达到扣紧要求。

碗扣式脚手架的搭设

碗扣处可同时连接 4 根横杆,可以互相垂直或偏转一定角度,可以组成直线形、曲线形、直角交叉形等各种形式。

3.2.2 里脚手架

里脚手架常用于楼层上砌砖、内粉刷等工程施工。由于使用过程中不断转移施工地点,装拆较频繁,所以其结构形式和尺寸应力求轻便灵活和装拆方便。为了确保脚手架施工的安全,脚手架应具备足够的强度、刚度和稳定性。使用脚手架时必须沿外墙设置安全网,以防材料下落伤人和高空操作人员坠落。安全网要随楼层施工进度逐层上升。里脚手架的形式很多,按其构造分为折叠式里脚手架和门架式里脚手架。如图 3-12 所示。

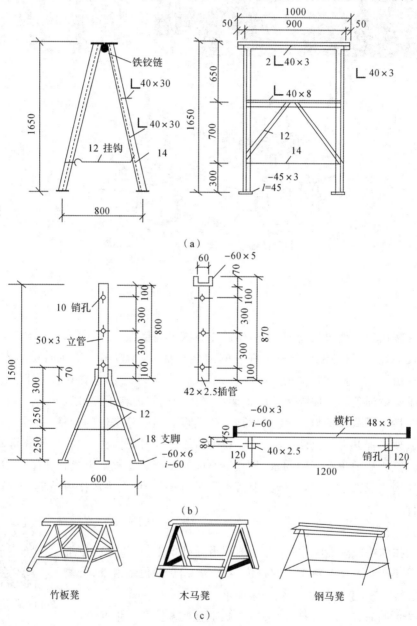

图 3-12　里脚手架(单位:mm)

3.2.3 门型脚手架

门型脚手架又称多功能门型脚手架,是目前国际上应用最普遍的脚手架之一。

门型脚手架由门式框架、剪刀撑和水平梁架或脚手板构成基本单元,如图 3-13 所示。将基本单元连接起来即构成整片脚手架,如图 3-14 所示。门型脚手架的主要部件如图 3-15 所示。门型脚手架的主要部件之间的连接形式有制动片式(见图 3-16(a))和偏重片式(见图 3-16(b))。

JGJ/T 128—2019
建筑施工门式
钢管脚手架安
全技术规范

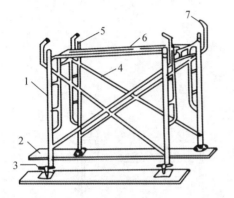

1—门架;2—平板;3—螺旋基脚;4—剪刀撑;
5—连接棒;6—水平梁架;7—锁臂

图 3-13 门型脚手架的基本单元

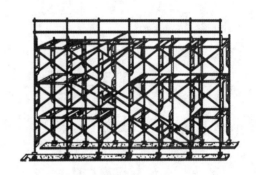

图 3-14 整片门型脚手架

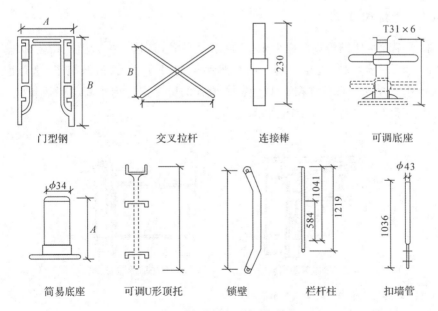

门型钢　　　交叉拉杆　　　连接棒　　　可调底座

简易底座　　可调U形顶托　　锁壁　　　栏杆柱　　　扣墙管

图 3-15 门型脚手架主要部件(单位:mm)

门型脚手架一般按以下程序搭设:铺放垫木(板)→拉线、放底座→自一端起立门架并随即装剪刀撑→装水平梁架(或脚手板)→装梯子→需要时,装设通常的纵向水平杆→装设连墙杆→照上述步骤,逐层向上安装→装加强整体刚度的长剪刀撑→装设顶部栏杆。

门型脚手架的搭设与拆除:搭设门型脚手架时,基底必须先平整夯实;外墙脚手架必须通过扣墙管与墙体拉结,并用扣件把钢管和处于相交方向的门架连接起来,如图 3-17 所示;整片脚手架必须适量放置水平加固杆(纵向水平杆),前三层要每层设置。三层以上则每隔三层设一道。在架子外侧面设置长剪刀撑。使用连墙管或连墙器将脚手架与建筑物连接。高层脚手架应增加连墙点布设密度。拆除架子时应自上而下进行,部件拆除顺序与安装顺序相反。

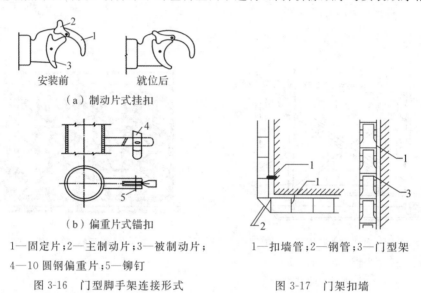

1—固定片;2—主制动片;3—被制动片;
4—10 圆钢偏重片;5—铆钉

图 3-16 门型脚手架连接形式

1—扣墙管;2—钢管;3—门型架

图 3-17 门架扣墙

3.2.4 吊挂脚手架

吊挂脚手架随主体结构逐层向上施工,用塔吊吊升,悬挂在挑梁上。在装饰施工阶段,该脚手架改为从屋顶吊挂,逐层下降。吊挂脚手架的吊升单元(吊篮架子)宽度宜控制在 5～6m,每一吊升单元的自重宜在 1t 以内。该形式的脚手架适用于高层框架和剪力墙结构施工。吊挂脚手架的安装如图 3-18 所示。

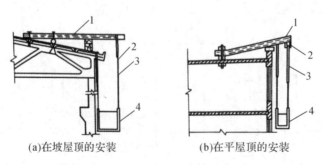

(a)在坡屋顶的安装   (b)在平屋顶的安装

1—挑梁;2—吊环;3—吊索;4—吊篮

图 3-18 吊挂脚手架

3.2.5　脚手架工程的安全要求

脚手架虽然是临时设施,但对其安全性应给予足够的重视。脚手架的不安全因素一般有以下几点:

(1)不重视脚手架施工方案的设计,对超常规的脚手架仍按经验搭设。

(2)不重视外脚手架连墙件的设置及地基基础的处理。

(3)对脚手架的承载力了解不够,施工荷载过大。

所以,在进行脚手架搭设时,应严格遵守安全技术要求。

1. 一般要求

(1)具有足够的强度、刚度和稳定性,确保施工期间在规定荷载作用下不发生破坏。

(2)具有良好的结构整体性和稳定性,保证使用过程中不发生晃动、倾斜、变形,以保障使用者的人身安全和操作的可靠性。

(3)应设置防止操作者高空坠落和零散材料掉落的防护措施。

(4)架子工在作业时,必须戴安全帽,系安全带,穿软底鞋。脚手材料应堆放平稳,工具应放入工具袋内,上下传递物件时不得抛掷。

(5)使用脚手架时必须沿外墙设置安全网,以防材料下落伤人和高空操作人员坠落。

(6)不得使用腐朽和严重开裂的竹、木脚手板,或虫蛀、枯脆、劈裂的材料。

(7)在雨、雪、冰冻的天气施工时,架子上要有防滑措施,并在施工前将积雪、冰碴清除干净。

(8)复工工程应对脚手架进行仔细检查,发现立杆沉陷、悬空、节点松动、架子歪斜等情况,应及时处理。

2. 防电、避雷

(1)脚手架与电压为 $1\sim20kV$ 架空输电线路的距离应不小于 $2m$,同时应有隔离防护措施。

(2)脚手架应有良好的防电避雷装置。钢管脚手架、钢塔架应有可靠的接地装置,每 $50m$ 长应设一处,经过钢脚手架的电线要严格检查,谨防破皮漏电。

(3)施工照明通过钢脚手架时,应使用 $12V$ 以下的低压电源。当电动机具必须与钢脚手架接触时,要有良好的绝缘措施。

小贴士

脚手架是施工现场最常见的临时设置之一,指为放置临时施工工具和少量建筑材料,解决作业施工人员高处作业而搭设的架体。脚手架是施工现场安全生产事故的多发场所之一。

2001 年 3 月 4 日下午,在上海某建设总承包公司总包、上海某建筑公司主承包、上海某装饰公司专业分包的某高层住宅施工工地上,进行钢管悬挑脚手架拆除作业时,悬挑脚手架突然失稳倾覆致使 2 名作业人员从高处(39 米和 31 米)落下,经抢救无效死亡。2015 年 3 月 26 日上午 8 时 30 分左右,南宁市江南区沙井下津路江南区标准厂房(1♯—6♯厂房)项目发生一起外架坍塌较大事故,造成 3 人死亡,3 人重伤,7 人轻伤。

另外,住建部在 2021 年 12 月 14 日发布的《房屋建筑和市政基础设施工程危及生产安全施工工艺、设备和材料淘汰目录(第一批)》中明确,将禁止使用竹(木)脚手架。

安全事故无小事。推进安全生产风险专项整治,加强重点行业、重点领域安全监管是今后行业监管的方向。作为学习土木建筑大类专业的同学,应该从学生时代开始树立起安全防范意识,严格履行职业职责,做一名合格的建设者。

3.3　砌体施工

3.3.1　机具的准备

砌筑前,必须按施工组织设计要求组织垂直和水平运输机械、砂浆搅拌机进场、安装、调试等工作。同时,还应准备脚手架、砌筑工具(如皮数杆、托线板)等。

GB 50924—2014
砌体结构工程施工
规范附条文

3.3.2　砖墙的组砌形式

1.240mm 厚砖墙的组砌形式

(1)一顺一丁

一顺一丁砌法是一皮中全部顺砖与一皮中全部丁砖相互间隔砌成,上下皮间的竖缝相互错开 1/4 砖长,如图 3-19(a)所示。

一顺一丁

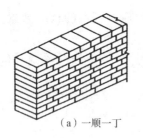

(a)一顺一丁

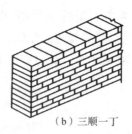

(b)三顺一丁

梅花丁

(c)梅花丁

图 3-19　砖墙组砌形式

砖墙的组砌形式

（2）三顺一丁

三顺一丁砌法是三皮中全部顺砖与一皮中全部丁砖间隔砌成，上下皮顺砖与丁砖间竖缝错开 1/4 砖长，上下皮顺砖间竖缝错开 1/2 砖长，如图 3-19（b）所示。

（3）梅花丁

梅花丁砌法是每皮中丁砖与顺砖相隔，上皮丁砖坐中于下皮顺砖，上下皮间竖缝相互错开 1/4 砖长，如图 3-19（c）所示。

砖砌体的组砌要求：上下错缝，内外搭接，以保证砌体的整体性，同时组砌要有规律，少砍砖，以提高砌筑效率，节约材料。当采用一顺一丁组砌时，七分头的顺面方向依次砌顺砖，丁面方向依次砌丁砖，如图 3-20（a）所示。砖墙的丁字接头处，应分皮相互砌通，内角相交处的竖缝应错开 1/4 砖长，并在横墙端头处加砌七分头砖，如图 3-20（b）所示。砖墙的十字接头处，应分皮相互砌通，立角处的竖缝相互错开 1/4 砖长，如图 3-20（c）所示。

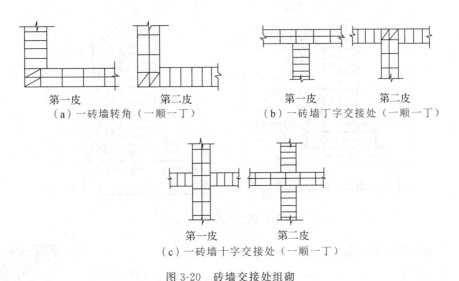

第一皮　　　　　　第二皮
（a）一砖墙转角（一顺一丁）　　　　第一皮　　　　　　第二皮
（b）一砖墙丁字交接处（一顺一丁）

第一皮　　　　　　第二皮
（c）一砖墙十字交接处（一顺一丁）

图 3-20　砖墙交接处组砌

■▊ 小贴士

2007 年 7 月 26 日，浙江省第十届人大常委会第三十三次会议审议通过了《浙江省发展新型墙体材料条例》，于 2008 年 1 月 1 日开始施行，该条例对鼓励新型墙体材料发展、禁止生产和使用已淘汰的黏土砖，给了明确的"说法"。2014 年 11 月 28 日，浙江省第十二届人大常委会第十四次会议关于修改《浙江省发展新型墙体材料条例（2014 修正）》并公布实施。2021 年 3 月 26 日，浙江省第十三届人大常委会第二十八次会议通过关于修改了《浙江省发展新型墙体材料条例》，并已公布施行。

禁止生产和使用实心粘土砖（烧结普通砖），生动阐释了习近平总书记的生态文明思想；坚持"绿水青山就是金上银山"的理念会让我们祖国的天更蓝、山更绿、水更清。希望同学们树立起环保意识、可持续发展的理念,发扬敢为人先的创新精神和潜心研究的奉献精神,为我国发展新型墙体材料贡献自己的力量,让青春在全面建设社会主义现代化国家的火热实践中绽放绚丽之花。

2. 砖基组砌

砖基础有带形基础和独立基础,基础下部扩大部分称为大放脚。大放脚有等高式和不等高式两种,具体如图 3-21 所示。等高式大放脚是两皮一收,两边各收进 1/4 砖长;不等高大放脚是两皮一收和一皮一收相间隔,两边各收进 1/4 砖长。大放脚一般采用一顺一丁砌法,竖缝要错开,要注意十字及丁字接头处砖块的搭接;在这些交接处,纵横墙要隔皮砌通;大放脚的最下一皮及每层的最上一皮应以丁砌为主。

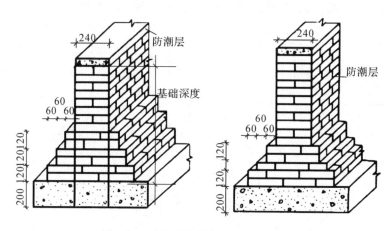

图 3-21　砖基础大放脚形式(单位:mm)

3. 砖砌体的施工工艺

砖砌体的施工过程有抄平、放线、摆砖、立皮数杆、挂线、砌砖、勾缝等工序。

(1)抄平

砌墙前应在基础防潮层或楼面上定出各层标高,并用 M7.5 水泥砂浆或 C15 细石混凝土找平,使各段砖墙底部标高符合设计要求。

(2)放线

根据龙门板上给定的轴线及图纸上标注的墙体尺寸,在基础顶面上用墨线弹出墙的轴线和宽度线,并定出门洞口位置线。如图 3-22 所示。

(3)摆砖

摆砖是指在放线的基面上按选定的组砌方式用干砖试摆。摆砖的目的是为了核对所放的墨线在门窗洞口、附墙垛等处是否符合砖的模数,以尽可能减少砍砖。如图 3-23 所示。

抄平放线

摆砖样

图 3-22　放线

图 3-23　摆砖

(4)立皮数杆

皮数杆是指在其上画有每皮砖和砖缝厚度以及门窗洞口、过梁、楼板、梁底、预埋件等标高位置的一种木制标杆。皮数杆应立于房屋四角及内外墙交接处,间距以 10~15m 为宜,砌块应按皮数杆拉线砌筑。如图 3-24 所示。

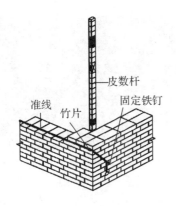
图 3-24　立皮数杆

立皮数杆

(5)挂线

为保证砌体垂直平整,砌筑时必须挂线,一般二四墙可单面挂线,三七墙及以上的墙则应双面挂线。如图 3-25 所示。

(a)单面挂线

(b)双面挂面

盘角挂线

图 3-25　挂线

（6）砌砖

砌砖的操作方法有"三一"砌砖法、挤浆法、刮浆法和满口灰法。砌砖时,先挂上通线,按所排的干砖位置把第一皮砖砌好,然后盘角。盘角又称立头角,指在砌墙时先砌墙角,然后从墙角处拉准线,再按准线砌中间的墙。砌筑过程中应"三皮一吊、五皮一靠",保证墙面垂直平整。"三一"砌砖法是一块砖、一铲灰、一挤揉,并将挤出的砂浆刮去的砌筑方法。其特点是灰缝饱满,黏结力好,墙面整洁。砌筑实心墙时宜选用"三一"砌砖法。挤浆法,又叫铺浆法,即先在墙顶面铺一段砂浆(长度不超过750mm,气温高于30℃时,铺浆长度不得超过500mm),然后双手或单手拿砖挤入砂浆中,达到下齐边、上齐线,横平竖直要求。其特点是可连续砌几块砖,减少烦琐的动作,平推平挤可使灰缝饱满,效率高。如图3-26所示。

砌砖三皮一靠
五皮一吊

三一砌筑法

（a）"三一"砌砖法　　　　　　（b）铺浆法

图3-26　砌砖

（7）勾缝、清理

清水墙砌完后,要进行墙面修正及勾缝。内墙面或混水墙可采用砌筑砂浆随砌随勾缝,称为原浆勾缝。外墙应采用1∶1.5水泥砂浆勾缝,称为加浆勾缝。墙面勾缝应横平竖直,深浅一致,搭接平整,不得有丢缝、开裂和黏结不牢等现象。砖墙勾缝宜采用凹缝或平缝,凹缝深度一般为4~5mm。为保持墙面的整洁,每砌十皮砖应进行一次墙面清理,当该楼层墙体砌筑完毕后,应进行落地灰的清理。

清理勾缝

4. 砖墙砌筑的质量要求

砖砌体的质量要求为:横平竖直、砂浆饱满、上下错缝、接槎可靠。

（1）横平竖直

①横平:即要求每一皮砖必须保持在同一水平面上,每块砖必须摆平。为此,在施工时应首先做好基础或楼面抄平工作。砌筑时严格按皮数杆挂线,将每皮砖砌平。

②竖直:即要求砌体表面轮廓垂直平整,竖向灰缝必须垂直对

砌体结构工程
施工质量验收规范
GB 50203—2011

齐,对不齐而错位时,称为"游丁走缝",影响砌体的外观质量。墙体垂直与否,直接影响砌体的稳定性;墙面平整与否,影响墙体的外观质量。在施工过程中要做到"三皮一吊、五皮一靠",随时检查砌体的横平竖直。检查墙面的平整度可用塞尺塞进靠尺与墙面的缝隙中,检查此缝隙的大小。检查墙垂直度时,可用线锤和靠尺或者用2m托线板靠在墙面上,看托线板上线锤与托线板垂直线相距有多少(从刻度上看,取最大值)。

(2)砂浆饱满

砂浆在砌体中的主要作用是传递荷载,黏结砌体。砂浆饱满不够将直接影响砌体内力的传递和整体性,所以施工验收规范规定砂浆饱满度水平灰缝不低于80%,竖向灰缝不低于60%,且灰缝厚度控制在8~12mm。影响砂浆饱满度的主要因素如下:

①砂浆的和易性:和易性好不仅操作方便,而且铺灰厚度均匀,易达到砂浆饱满度要求。水泥砂浆的和易性要比混合砂浆的差,虽然混合砂浆的抗压强度比水泥砂浆的低,但其砌体的强度一般均不低于水泥砂浆砌筑的砌体。因此,砌体结构施工时宜采用混合砂浆进行砌筑。

②砖的湿润程度:干砖上墙使砂浆的水分被吸收,影响砖与砂浆间的黏结力和砂浆饱满度。因此,砖在砌筑前必须浇水湿润,使其含水率达到10%~15%。

③砌筑方法:掌握正确的砌筑方法可以保证砌体的砂浆饱满。砌筑方法宜采用"三一"砌砖法,即"一铲灰、一块砖、一揉挤"的操作方法。竖向灰缝宜采用挤浆法或加浆法,使其砂浆饱满,严禁用水冲浆灌缝。如采用铺浆法砌筑,铺浆长度不得超过750mm。施工气温超过30℃时,铺浆长度不得超过500mm。

④在砌筑过程中,砌体的水平灰缝砂浆饱满度,每步架至少应抽查3处(每处3块砖),饱满度平均值不得低于80%。检查砂浆饱满度的方法是:掀起砖,将百格网放于砖底浆面上,看黏有砂浆的部分占格数(以百分率计)。

(3)上下错缝

为了保证砌体有一定的强度和稳定性,应选择合理的组砌形式,使上下两皮砖的竖缝相互错开至少1/4的砖长。不准出现通缝(上下两皮砖搭接长度小于25mm皆称为通缝),否则在垂直荷载的作用下,砌体会由于"通缝"丧失整体性而影响强度。同时,纵横墙交接处、转角处,应相互咬合牢固可靠。

(4)接槎可靠

①接槎:为保证砌体的整体稳定性,砖墙转角处和交接处应同时砌筑。对不能同时砌筑而需临时间断,先砌筑的砌体与后砌筑的砌体之间的接合处称为接槎。接槎时,应先清理基面,浇水湿润,然后铺浆接砌,并做到灰缝饱满。

②设置要求:为使接槎牢固,须保证接槎部分的砌体砂浆饱满,一般应砌成斜槎,斜槎的长度不应小于高度的2/3,如图3-27所示。临时间断处的高差不得超过一步脚手架的高度。

对非抗震设防及抗震设防烈度为6度、7度地区的临时间断处,留斜槎确有困难时,除转角外也可留直槎,但必须做成阳槎,即从墙面引出不小于120mm的直槎,如图3-28所示。留直槎处应加设拉结钢筋,拉结钢筋的数量为每120mm墙厚放置1φ6拉结钢筋

（120mm厚墙放置2φ6拉结钢筋），间距沿墙高不应超过500mm；埋入长度从留槎处算起每边均不应小于500mm，对抗震设防烈度6度、7度地区，不应小于1000mm；末端应有90°弯钩。

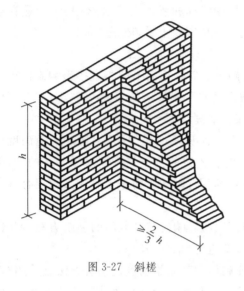

图 3-27　斜槎

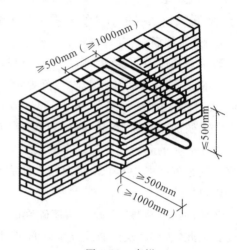

图 3-28　直槎

注：括号数字为抗震强度为6度、7度地区的要求

5. 砖墙砌筑的技术要求

（1）砌筑顺序

砌筑顺序应符合下列规定：①基底标高不同时，应从低处砌起，并应由高处向低处搭砌。当设计无要求时，搭接长度不应小于基础扩大部分的高度。②砌体的转角处和交接处应同时砌筑。当不能同时砌筑时，应按规定留槎、接槎。

（2）楼层标高的传递及控制

在楼房建筑中，楼层或楼面标高由下向上传递常用的方法有：①利用皮数杆传递；②用钢尺沿某一墙角的±0.000标高起向上直接丈量传递；③在楼梯间吊钢尺，用水准仪直接读取传递。

每层楼墙砌到一定高度（一般为1.2m）后，用水准仪在各内墙面分别进行抄平，并在墙面上弹出离室内地面高500mm的水平线（"+0.500"标高线），这条线可作为该楼层地面和室内装修施工时，控制标高的依据。

（3）钢筋混凝土构造柱的施工

设有钢筋混凝土构造柱的多层砖房，应先绑扎钢筋，再砌筑墙体，最后浇筑混凝土。构造柱部位的砖墙应砌成马牙槎，砌墙时应做到"五进五出"，即沿高每300mm伸出60mm，再退回60mm，马牙槎从每层楼面柱脚开始，应先退后出；构造柱下部应埋入地面以下不小于

构造柱砌筑

500mm或伸入地圈梁内，构造柱顶部要伸入顶层圈梁内，以形成封闭的骨架。为了加强构造柱与墙体的拉结，应沿墙高每500mm设2φ6拉结筋（一砖墙），每边伸入墙内应不小于1m，如图3-29所示。

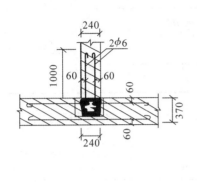

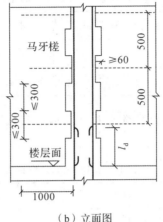

钢筋混凝土
构造柱施工

（a）平面图　　　　　　　（b）立面图

图 3-29　拉结钢筋布置及马牙槎（单位：mm）

（4）施工洞的留设

砌体结构施工时，为了使装修阶段的材料运输和人员能通过，常常在外墙和单元楼分隔墙上留设临时性施工洞，为保证墙身的稳定和人身安全，留设洞口的位置应符合规范要求，一般洞口侧边距丁字相交的墙面不小于 500mm，洞口净宽度不应超过 1m，而且宽度超过 300mm 的洞口上部，应设置过梁。在抗震设防烈度为 9 度的建筑物上留设洞口时，必须与设计单位研究决定。

钢筋砖过梁施工

（5）脚手眼的留设

在下列墙体或部位不得设置脚手眼：①120mm 厚墙、料石清水墙和独立柱；②过梁上与过梁成 60°角的三角形范围及过梁净跨度 1/2 的高度范围内；③宽度小于 1m 的窗间墙；④墙体门窗洞口两侧 200mm（石砌体为 300mm）和转角处 450mm（石砌体为 600mm）范围内；⑤梁或梁垫下及其左右 500mm 范围内；⑥设计不允许设置脚手眼的部位。

过梁施工

施工脚手眼补砌时，灰缝应填满砂浆，不得用干砖填塞。

（6）减少不均匀沉降

沉降不均匀将导致墙体开裂，对结构危害很大，砌体施工时要严加注意。若房屋相邻高差相差较大时，应先建高层部分；分段施工时，砌体相邻施工段的高差，不得超过一个楼层，也不得大于 4m，柱和墙上严禁施加大的集中荷载（如架设起重机），以减少灰缝变形而导致砌体沉降。现场施工时，砖墙每天砌筑的高度不宜超过 1.8m，雨天施工时，每天砌筑高度不宜超过 1.2m。

（7）其他要求

①砌筑砖基础前，应校核放线尺寸，允许偏差应符合表 3-1 的规定。

表 3-1 放线尺寸的允许偏差

长度 L、宽度 B/m	允许偏差/mm	长度 L、宽度 B/m	允许偏差/mm
L(或 B)≤30	±5	60<L(或 B)≤90	±15
30<L(或 B)≤60	±10	L(或 B)>90	±20

②尚未施工楼板或屋面的墙或柱,当可能遇到大风时,其允许自由高度不得超过表 3-2 的规定。

表 3-2 墙和柱的允许自由高度(cm)

墙(柱)厚/mm	砌体密度>1600kg/m³			砌体密度 1300~1600kg/m³		
	风载/(kN/m²)			风载/(kN/m²)		
	0.3 (约7级风)	0.4 (约8级风)	0.5 (约9级风)	0.3 (约7级风)	0.4 (约8级风)	0.5 (约9级风)
190	—	—	—	1.4	1.1	0.7
240	2.8	2.1	1.4	2.2	1.7	1.1
370	5.2	3.9	2.6	4.2	3.2	2.1
490	8.6	6.5	4.3	7.0	5.2	3.5
620	14.0	10.5	7.0	11.4	8.6	5.7

③砖砌体的位置及垂直度允许偏差应符合表 3-3 的规定。

表 3-3 砖砌体的位置及垂直度允许偏差

项次	项 目			允许偏差/mm	检验方法
1	轴线位置偏移			10	用经纬仪和尺检查,或用其他测量仪器检查
2	垂直度	每层		5	用 2m 托线板检查
		全高	≤10m	10	用经纬仪、吊线和尺检查,或用其他测量仪器检查
			>10m	20	

④构造柱位置及垂直度的允许偏差应符合表 3-4 的规定。

表 3-4　构造柱尺寸允许偏差

项次	项　目			允许偏差 /mm	检验方法
1	柱中心线位置			10	用经纬仪和尺检查,或用其他测量仪器检查
2	柱层间错位			8	用经纬仪和尺检查,或用其他测量仪器检查
3	柱垂直度	每层		10	用 2m 托线板检查
		全高	≤10m	15	用经纬仪、吊线和尺检查,或其他测量仪器检查
			>10m	20	

6. 排砖计算(普通砖 240mm×115mm×53mm)

(1)墙面排砖:(墙长为 Lmm,一个立缝宽按 10mm 计,如图 3-30 所示)

丁行砖数 $n=(L+10)/125$,顺行整砖数 $N=(L-365)/250$

(2)门窗洞口上下排砖:(洞宽 B,如图 3-31 所示)

丁行砖数 $n=(B-10)/125$,顺行整砖数 $N=(B-135)/250$

(3)计算立缝宽度:(应在 8~12mm 之内)。

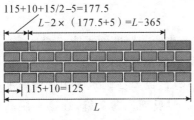

115+10+15/2−5=177.5

$L-2\times(177.5+5)=L-365$

115+10=125

L

图 3-30　墙面排砖计算

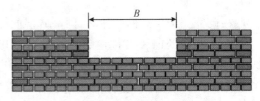

B

图 3-31　洞口排砖计算

7. 影响砖砌体工程质量的因素与防治措施

(1)砂浆强度不稳定

现象:砂浆强度低于设计强度标准值,有时砂浆强度波动较大,匀质性差。

主要原因:材料计量不准确;砂浆中塑化材料或微沫剂掺量过多;砂浆搅拌不均匀;砂浆使用时间超过规定;水泥分布不均匀;等。

预防措施:建立材料的计量制度和计量工具校验、维修、保管制度;减少计量误差,对塑化材料(石灰膏等)宜调成标准稠度(120mm)进行称量,再折算成标准容积;砂浆尽量采用机械搅拌,分两次投料(先加入部分砂子、水和全部塑化材料,拌匀后再投入其余的砂子和全部水泥进行搅拌),保证搅拌均匀;砂浆应按需要搅拌,宜在当班用完。

(2)砖墙墙面游丁走缝

现象:砖墙墙面上下砖层之间竖缝产生错位,丁砖竖缝歪斜,宽窄不匀,丁不压中。清水墙窗台部位与窗间墙部位的上下竖缝错位、搬家。

主要原因:砖的规格不统一,每块砖长、宽尺寸误差大;操作中未掌握控制砖缝的标准,开始砌墙摆砖时,没有考虑窗口位置对砖竖缝的影响,当砌至窗台处窗口尺寸时,窗的边线不在竖缝位置上。

预防措施:砌墙时用同一规格的砖,如规格不一,则应弄清现场用砖情况,统一摆砖确定组砌方法,调整竖缝宽度;提高操作人员技术水平,强调丁压中即丁砖的中线与下层条砖的中线重合;摆砖时应将窗口位置引出,使窗的竖缝尽量与窗口边线相齐,如果窗口宽度不符合砖的模数,砌砖时要打好七分头,排匀立缝,保持窗间墙处上下竖缝不错位。

(3)清水墙面水平缝不直,墙面凹凸不平

现象:同一条水平缝宽度不一致,个别砖层冒线砌筑;水平缝下垂;墙体中部(两步脚手架交接处)凹凸不平。

主要原因:砖的两个条面大小不等,使灰缝的宽度不一致,个别砖大面偏差较多,不易将灰缝砂浆压薄,从而出现冒线砌筑;所砌墙体长度超过20m,挂线不紧,挂线产生下垂,灰缝就出现下垂现象;由于第一步架墙体出现垂直偏差,接砌第二步架时进行了调整,两步架交接处出现凹凸不平。

预防措施:砌砖应采取小面跟线;挂线长度超过15m时,应加垫线;墙面砌至脚手架排木搭设部位时,预留脚手眼,并继续砌至高出脚手架板面一层砖;挂立线应由下面一步架墙面引伸,以立线延至下部墙面至少500mm,挂立线吊直后,拉紧平线,用线锤吊平线和立线,当线锤与平线、立线相重时,则可认为立线正确无误。

(4)"螺丝"墙

现象:砌完一个层高的墙体时,同一砖层的标高差一皮砖的厚度而不能咬圈。

主要原因:砌筑时没有按皮数杆控制砖的层数;每当砌至基础面和预制混凝土楼板上接砌砖墙时,由于标高偏差大,皮数杆往往不能与砖层吻合,需要在砌筑中用灰缝厚度逐步调整;如果砌同一层砖时,误将负偏差当作正偏差,砌砖时反而压薄灰缝,在砌至层高赶上皮数时,与相邻位置正好差一皮砖。

预防措施:砌筑前应先测定所砌部位基面标高误差,通过调整灰缝厚度来调整墙体标高;标高误差宜分配在一步架的各层砖缝中,逐层调整;操作时挂线两端应相互呼应,并经常检查与皮数杆的砌层号是否相符。

砌块代替黏土砖作为墙体材料,是墙体改革的一个重要途径。中小型砌块按材料分有混凝土空心砌块、粉煤灰硅酸盐砌块、煤矸石硅酸盐空心砌块、加气混凝土砌块等。砌块高度为380~940mm的称为中型砌块,砌块高度小于380mm的称为小型砌块。

中型砌块的施工,是采用各种吊装机械及夹具将砌块安装在设计位置,一般要按建筑物的平面尺寸及预先设计的砌块排列图逐块地按次序吊装,就位固定。小型砌块的施工方法同砖砌体施工方法一样,主要是手工砌筑。

3.3.3 混凝土小型空心砌块施工

混凝土小型空心砌块分为普通混凝土小型空心砌块和轻集料混凝土小型空心砌块两种,施工时所用的小砌块的产品龄期不应小于 28 天。普通混凝土小砌块施工前一般不宜浇水;当天气干燥炎热时,可提前洒水湿润小砌块;轻集料混凝土小砌块施工前可洒水湿润,但不宜过多。小砌块施工时,必须与砖砌体施工一样设立皮数杆,拉水准线。小砌块砌筑应从转角或定位处开始,内外墙同时砌筑,纵横交错搭接。外墙转角处应使小砌块隔皮露端面;T 字交接处应使横墙小砌块隔皮露端面。小砌块表面有浮水时,不得施工。小砌块应底面朝上反砌于墙上。承重墙严禁使用断裂的小砌块。小砌块施工应对孔错缝搭砌,灰缝应横平竖直,宽度宜为 8～12mm。砌体水平灰缝的砂浆饱满度,按净面积计算不得低于90%,竖向灰缝饱满度不得低于 80%,不得出现瞎缝、透明缝等。小砌块砌体临时间断处应砌成斜槎,斜槎长度不应小于斜槎高度的 2/3;如留斜槎有困难,除外墙转角处及抗震设防地区,砌体临时间断处不应留直槎外,可从砌体面伸出 200mm 砌成阴阳槎,并沿砌体高每三皮砌块(600mm)设拉结筋或钢筋网片。

3.3.4 加气混凝土砌块施工

加气混凝土砌块砌筑前,应根据建筑物的平面、立面图绘制砌块排列图。砌筑时必须设置皮数杆,拉水准线。加气混凝土砌块的砌筑面上应提前适量洒水润湿。砌筑时宜采用专用工具,上下皮砌块的竖向灰缝应相互错开,并不小于 150mm。如不能满足时,应在水平灰缝设置 2Φ6 的拉结钢筋或 Φ4 钢筋网片,长度不应小于 700mm。灰缝应横平竖直,砂浆饱满,水平灰缝砂浆饱满度不应小于 90%,宽度宜为 15mm;竖向灰缝砂浆饱满度不应小于80%,宽度宜为 20mm。加气混凝土砌块墙的转角处,应使纵横墙的砌块相互搭砌,隔皮砌块露端面。加气混凝土砌块墙的 T 字交接处,应使横墙砌块隔皮露端面,并坐中于纵墙砌块。

加气混凝土砌块墙如无有效措施,不得使用于下列部位:

(1)建筑物室内地面标高以下部位。

(2)长期浸水或经常受干湿影响部位。

(3)受化学环境侵蚀(如强酸、强碱)或高浓度二氧化碳等环境。

(4)砌块表面经常处于 80℃ 以上的高温环境。

(5)需留设脚手眼的墙体。

3.3.5 中型砌块施工

1. 现场平面布置

(1)砌块堆置场地应平整夯实,有一定泄水坡度,必要时挖排水沟。

(2)砌块不宜直接堆放在地面上,应堆在草袋、煤渣垫层或其他垫层上,以免砌块底部被污染。

(3)砌块的规格、数量必须配套,不同类型分别堆放。堆放要稳定,通常采用上下皮交错堆放,堆放高度不宜超过 3m,堆放一皮至二皮后宜堆成踏步形。

(4)现场应储存足够数量的砌块,保证施工顺利进行。砌块堆放位置应使场内运输路线最短。

2. 机具准备

砌块的装卸可用桅杆式起重机、汽车式起重机、履带式起重机和塔式起重机。砌块的水平运输可用专用砌块小车、普通平板车等。另外,还有安装砌块的专用夹具,如图 3-32 所示。

3. 绘制砌块排列图

砌块在吊装前应先绘制砌块排列图,以指导吊装施工和砌块准备,如图 3-33 所示。砌块排列图绘制方法:在立面图上用 1:50 或 1:30 的比例绘制出纵横墙面,然后将过梁、平板、大梁、楼梯、混凝土垫块等在图上标出,再将管道等孔洞标出;在纵横墙上画水平灰缝线,按砌块错缝搭接的构造要求和竖缝的大小,尽量以主砌块为主、其他各种型号砌块为辅进行排列。需要镶砖时,尽量对称分散布置。

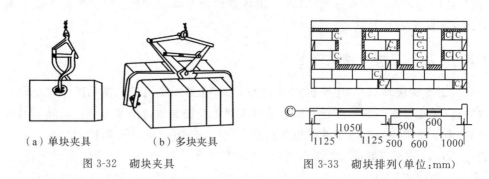

(a) 单块夹具　　　　(b) 多块夹具

图 3-32　砌块夹具　　　　　图 3-33　砌块排列(单位:mm)

砌块排列应遵守的技术要求是:上下皮砌块错缝搭接长度一般为砌块长度的 1/2(较短的砌块必须满足这个要求),或不得小于砌块皮高的 1/3,以保证砌块牢固搭接;外墙转角处及纵横墙交接处应用砌块相互搭接,如纵横墙不能互相搭接,则应每二皮设置一道钢筋网片。

4. 选择砌块安装方案

常用的砌块安装方案有如下两种:

(1)用台灵架安装砌块,用附设起重拔杆的井架进行砌块、楼板的垂直运输。台灵架安装砌块时的吊装路线有后退法、合拢法及循环法。

(2)用台灵架安装砌块,用塔式起重机进行砌块和预制构件的水平和垂直运输及楼板安装。

5. 砌块施工工艺

砌块施工工艺流程主要有以下内容:

(1)铺灰:砌块墙体所采用的砂浆,应具有较好的和易性;砂浆稠度宜为 50～80mm;铺灰应均匀平整,长度一般不超过 5m,炎热天气及严寒季节应适当缩短。

(2)砌块吊装:就位吊装砌块一般用摩擦式夹具,夹砌块时应避免偏心。砌块就位时,应使夹具中心尽可能与墙身中心线在同一垂直线上,对准位置徐徐下落于砂浆层上,待砌块安放稳定后,方可松开夹具。

（3）校正砌块：吊装就位后，用锤球或托线板检查砌块的垂直度，用拉准线的方法检查砌块的水平度。

（4）灌缝：竖缝可用夹板在墙体内外夹住，然后灌砂浆，用竹片插或用铁棒捣，使其密实。

（5）镶砖：镶砖工作要紧密配合安装，应在砌块校正后进行，不要在安装好一层墙身后才镶砖。

3.3.6　石砌体施工

石砌体是指用乱毛石、平毛石砌成的砌体。乱毛石是指形状不规则的石块；平毛石是指形状不规则，但有两个平面大致平行的石块。

1. 材料要求

石砌体采用的石材应质地坚实，无风化剥落和裂纹。用于清水墙、柱表面的石材，尚应色泽均匀。石材及砌筑砂浆的强度等级应符合设计要求。砂浆常用水泥砂浆或水泥混合砂浆。砂浆饱满度应不小于 80%。

2. 石砌体施工

石砌体的组砌形式应符合下列规定：内外搭砌，上下错缝，拉结石、丁砌石交错设置。石砌体的轴线位置及垂直度允许偏差应符合表 3-5 的规定。石砌体的一般尺寸允许偏差应符合表 3-6 的规定。

表 3-5　石砌体的轴线位置及垂直度允许偏差

项次	项目	允许偏差/mm							检验方法
		毛石砌体		料石砌体					
		基础	墙	毛料石		粗料石		细料石	
				基础	墙	基础	墙	墙、柱	
1	轴线位置	20	15	20	15	15	10	10	用经纬仪和尺检查，或用其他测量仪器检查
2	墙面垂直度	每层		20		20	10	7	用经纬仪、吊线和尺检查，或用其他测量仪器检查
		全高		30		30	25	20	

表 3-6　石砌体的一般尺寸允许偏差

项次	项目	允许偏差/mm							检验方法
		毛石砌体		料石砌体					
		基础	墙	毛料石		粗料石		细料石	
				基础	墙	基础	墙	墙、柱	
1	基础和墙砌体顶面标高	±25	±15	±25	±15	±15	±15	±10	用水准仪和尺检查

续表

项次	项目		允许偏差/mm						检验方法
			毛石砌体		料石砌体				
					毛料石		粗料石		细料石	
			基础	墙	基础	墙	基础	墙	墙、柱	
2	石砌体厚度		+30	+20 −10	+30	+20 −10	+15	+10 −5	−10 −5	用尺检查
3	表面平整度	清水墙、柱	—	20	—	20	—	10	5	细料石用2m靠尺和楔形塞尺检查;其他用两直尺垂直于灰缝,拉2m线和尺检查
		混水墙、柱	—	20	—	20	—	15	—	
4	清水墙水平灰缝平直度		—	—	—	—	—	10	5	拉10m线和尺检查

（1）石基础的砌筑

石基础的断面形式有阶梯形和梯形。基础的顶面宽度应比墙厚大200mm,即每边宽出100mm,每阶高度一般为300～400mm,并至少砌二皮毛石。砌筑毛石基础的第一皮石块应坐浆,并将大面朝下。毛石基础的最上一皮,宜选用较大的毛石砌筑。基础的第一皮及转角处、交接处和洞口处,应选用较大的平毛石砌筑。砌筑料石基础的第一皮石块应用丁砌层坐浆砌筑。上级阶梯的石块应至少压砌下级阶梯的1/2,相邻阶梯的毛石应相互错缝搭砌。

（2）石挡土墙的砌筑

毛石挡土墙应符合下列规定:每砌3～4皮为一个分层高度,每个分层高度应找平一次;外露面的灰缝厚度不得大于40mm,两个分层高度间分层处的错缝不得小于80mm。挡土墙的泄水孔当设计无规定时,施工应符合下列规定:泄水孔应均匀设置,在每米高度上间隔2m左右设置一个泄水孔;泄水孔与土体间铺设长宽各为300mm、

平拱砖过梁施工

厚200mm的卵石或碎石作疏水层。毛石砌体的第一皮及转角处、交接处和洞口处,应用较大的平毛石砌筑。毛石墙在转角处,应采用有直角边的"角石"砌在墙角一面,并根据长短形状纵横搭接砌入墙体内。

工程实例分析

【工程实例 3-1】　本工程位于南宁市西乡塘区,相思湖北路北侧,属于和思·相思湖畔A区工程。其中包括4栋(1♯楼2♯楼3♯楼5♯楼)高层商住楼,1栋(4♯楼)高层住宅楼。

请分析该工程砌体工程的专项施工方案。

【工程实例 3-2】　鸥鹏·天境 17#楼工程,建筑基底面积 923.89m²,总建筑面积 11903.20m²,总计容面积 12115.02m²,建筑层数地上 18/吊 1 层,建筑高度 54.30m。本工程建筑结构形式为剪力墙结构,设计使用年限为 50 年,抗震设防烈度为 6 度,建筑类别为二类高层居住建筑,工程等级二级,耐火等级二级。请分析该工程砌体工程的施工方案。

和思相思湖畔 A 区砌砖工程专项施工方案砌体工程专项施工方案

鸥鹏·天境二期砌体工程施工方案

巩固练习

一、单项选择题

1. 双排钢管扣件式脚手架的搭设高度不应大于(　　)。

A. 25m
B. 80m
C. 45m
D. 50m

2. 扣件式钢管脚手架、碗扣式钢管脚手架所共用的钢筋规格是(　　)。

A. 48mm×3.5mm
B. 50mm×3.5mm
C. 55mm×4.5mm
D. 48mm×2.5mm

3. 剪刀撑斜杆与地面的倾角宜为(　　)。

A. 45°～75°
B. 45°～60°
C. 30°～60°
D. 30°～75°

4. 剪刀撑斜杆用旋转扣件固定在与其相交的横向水平杆伸出端或立杆上,旋转扣件中心线至主节点的距离不应(　　)。

A. 大于 150mm
B. 小于 150mm
C. 大于 300mm
D. 小于 300mm

5. 双排脚手架(　　)。

A. 应设置剪刀撑与横向斜撑
B. 应设置剪刀撑
C. 应设置横向斜撑
D. 可不设置剪刀撑

6. 高度在 24m 以下的双排脚手架,均必须在外侧立面设剪刀撑,其规定为(　　)。

A. 两端各设一道,并从底到上连续设置,中间每道剪刀撑净距不应大于 15m
B. 无论多长的脚手架只需在两端各设一道剪刀撑
C. 剪刀撑不需从底到上连续设置
D. 剪刀撑的设置没有规定,可随意设置

7. 扣件式钢管脚手架搭设高度在(　　)步以上,必须设置连墙杆。

A. 一
B. 三
C. 二
D. 四

8. 脚手架底层步距不应(　　)。

A. 大于 2m
B. 大于 1.8m
C. 大于 3m
D. 大于 1.5m

9. 剪刀撑的设置宽度(　　)。

A. 不应小于 4 跨且不应小于 6m
B. 不应小于 3 跨且不应小于 4.5m

C.不应小于 3 跨且不应小于 5m　　　　　　D.不应小于 4 跨且不应大于 6m

10.脚手架上各构件配件拆除时（　　　）。

A.严禁抛掷至地面

B.可将配件一个个抛掷到地面

C.应在高处将构配件捆绑后一次性抛掷到地面

D.等工人下班后无人时抛掷到地面

11.扣件式钢管脚手架在立杆搭设时,应每隔（　　　）跨设置一根抛撑,直到连墙件安装稳定后,方可根据情况拆除。

A.3　　　　　　　B.5　　　　　　　C.6　　　　　　　D.9

12.连墙件必须（　　　）。

A.采用可承受压力的构造

B.采用可承受拉力的构造

C.采用可承受压力和拉力的构造

D.采用仅有拉筋或仅有顶撑的构造

13.扣件式钢管脚手架搭设,立杆垂直度最大垂直允许偏差为正负（　　　）。

A.50mm　　　　　　B.80mm　　　　　　C.100mm　　　　　　D.120mm

14.塔吊作业时应结合现场实际采用（　　　）进行指挥。

A.口头喊话　　　　B.哑语　　　　　C.对讲机　　　　　D.手机通话

15.脚手架必须设置纵横扫地杆,纵向扫地杆固定在立杆内侧,其距底座上皮的距离不应大于（　　　）mm。

A.100　　　　　　B.200　　　　　　C.250　　　　　　D.300

16.有一建筑物高度为 27m,则剪刀撑应（　　　）布置。

A.仅在建筑物转角处搭设

B.两端各设置一道,中间每隔 15m 再设剪刀撑

C.所有外立面均应设置剪刀撑

D.两端各设置一道,中间每隔 10m 再设剪刀撑

17.有一建筑物高度为 20m,则剪刀撑应（　　　）布置最经济合理。

A.仅在建筑物转角度搭设

B.两端各设置一道,中间每隔 15m 再设剪刀撑

C.所有外立面均应设置剪刀撑

D.两端各设置一道,中间每隔 10m 再设剪刀撑

18.每道剪刀撑至少跨越（　　　）跨,且宽度不应小于（　　　）m。

A.3　5　　　　　　B.4　6　　　　　　C.5　7　　　　　　D.6　8

19.剪刀撑宜采用旋转扣件固定在与之相交的（　　　）的伸出端

A.横向水平杆　　　B.纵向水平杆　　　C.立杆　　　　　D.扫地杆

20.砂浆的稠度越大,说明砂浆的（　　　）。

A.流水性越好　　　B.强度越高　　　　C.保水性越好　　　D.黏结力越强

21.关于砂浆稠度的选择,以下说法正确的是( )。

A.砌筑粗糙多孔且吸水能力较大块料,应使用稠度较小的砂浆

B.在干热条件下施工时,应增加砂浆稠度

C.雨期施工应增加砂浆稠度

D.冬期施工块料不浇水时,应降低砂浆的稠度

22.下列关于砌筑砂浆强度的说法中,( )是不正确的

A.砂浆的强度是将所取试件经 28 天标准养护后,测得的抗剪强度值来评定

B.砌筑砂浆的强度常分为 6 个等级

C.每 250m³ 砌体、每种类型及强度等级的砂浆、每台搅拌机应至少抽检一次

D.同盘砂浆只能一组试验

23.砖墙水平灰缝的砂浆饱满度至少达到( )。

A.90% B.80% C.75% D.70%

24.砌砖墙留斜槎时,斜槎长度不应小于高度的( )。

A.1/2 B.1/3 C.2/3 D.1/4

25.砖砌体留直槎时应加设拉结筋,拉结筋沿墙高每( )设一层。

A.300mm B.500mm C.700mm D.1000mm

26.砌砖墙留直槎时,必须留成阳槎并加设拉结筋,拉结筋沿墙高每 500mm 留一层,每层按( )墙厚留一根,但每层最少为 2 根

A.370mm B.240mm C.120mm D.60mm

27.砖墙的水平灰缝厚度和竖缝宽度,一般应为( )左右

A.3mm B.7mm C.10mm D.15mm

28.在砖墙中留设施工洞时,洞边距墙体交接处的距离不得小于( )。

A.240mm B.360mm C.500mm D.1000mm

29.隔墙或填充墙的顶面与上层结构的接触处,宜( )。

A.用砂浆塞填 B.用砖斜砌顶紧 C.用埋筋拉结 D.用现浇混凝土连接

30.某砖墙高度为 2.5m,在常温的晴好天气时,最短允许( )天砌完

A.1 B.2 C.3 D.5

31.对于实心砖砌体宜采用( )砌筑,容易保证灰缝饱满

A."三一"砌砖法 B.挤浆法 C.刮浆法 D.满后灰法

32.常温下砌筑砌块墙体时,铺灰长度不宜超过( )。

A.1m B.3m C.5m D.7m

33.为了保证砌筑砂浆的强度,在保证材料合格的前提条件下,应重点抓好( )。

A.拌制方法 B.计量控制 C.上料顺序 D.搅拌时间

34.为了避免砌体施工时可能出现的高度偏差,最有效的措施是( )。

A.准确绘制和正确树立皮数杆 B.挂线砌筑

D.采用"三一"砌砖法 D.提高砂浆和易性

35.对砌筑砂浆的技术要求不包括( )。

A. 黏结性   B. 保水性   C. 强度   D. 坍落度

36. 以下对砂浆保水性的说法错误的是(   )。

A. 保水性是指砂浆保全拌和水,不致因析水而造成离析的能力

B. 保水性差的砂浆,在使用中易引起泌水、分层、离析等现象

C. 保水性差使砂浆的流动性降低,难以铺成均匀的砂浆层

D. 纯水泥砂浆的保水性优于混合砂浆

37. 砌筑砂浆的抽样频率应符合:每一检验批且不超过(   )砌体的同种砂浆,每台搅拌机至少抽检一次。

A. 100m³   B. 150m³   C. 250m³   D. 500m³

38. 砖基础砌筑施工,做法不正确的是(   )。

A. 基础深度不同,应由底往上砌筑

B. 先砌转角和交接处,再拉线砌中间

C. 先立皮数杆再砌筑

D. 抗震设防地区,基础墙的水平防潮层应铺油毡

39. 砖墙的水平缝厚度(   )。

A. 一般为 10mm,并不大于 12mm   B. 一般大于 8mm,并小于 10mm

C. 一般大于 8mm,并小于 12mm   D. 一般为 8mm,并不大于 12mm

40. 砌砖墙留槎正确的做法是(   )。

A. 墙体转角留斜槎加拉钢筋

B. 内外墙交接处必须做成阳槎

C. 外墙转角处留直槎

D. 不大于 7 度的抗震设防地区留阳槎加拉结筋

41. 砖墙的转角处和交接处应(   )。

A. 分段砌筑   B. 同时砌筑   C. 分层砌筑   D. 分别砌筑

42. 每层承重墙的最上一皮砖,在梁或梁垫的下面,应用(   )砌筑。

A. 一顺一丁   B. 丁砖   C. 三顺一丁   D. 顺砖

43. 隔墙或填充墙的顶面与上层结构的交接处,宜(   )。

A. 用砖斜砌顶紧   B. 用砂浆塞紧

C. 用埋筋拉结   D. 用现浇混凝土连接

44. 有钢筋混凝土构造柱的标准砖应砌成马牙槎,每槎高度不超过(   )。

A. 一皮砖   B. 二皮砖   C. 三皮砖   D. 五皮砖

45. 对空心砖的砌筑,以下说法正确的是(   )。

A. 不得采用半砖厚的空心砖隔墙

B. 承重空心砖的孔洞应呈水平方向砌筑

C. 非承重空心砖墙的底部至少砌五皮实空心砖

D. 在门口两侧一砖长范围内,用实心砖砌筑

46. 对于实心砖砌体宜采用(   )砌筑,容易保证灰缝饱满。

A. 挤浆法　　　　　　B. 刮浆法　　　　　　C. "三一"砌砖法　　D. 满口灰法

47. 砌体墙与柱应沿高度方向每(　　)设 2Φ6 钢筋。

A. 300mm　　　　　B. 三皮砖　　　　　C. 五皮砖　　　　　D. 500mm

48. 关于砌块中灰缝厚度正确的说法是(　　)。

A. 配筋时水平灰缝厚度应为 10～20mm

B. 水平灰缝厚度应为 15～25mm

C. 竖缝的宽度为 10～20mm

D. 当竖缝宽度大于 150mm 时要用黏土砖镶砌

49. 避免砌体裂缝厚度的措施(　　)。

A. 控制灰缝最小厚度　　　　　　　　B. 准确绘制和立皮数杆

C. 砌体出池后应有足够的静置时间　　D. 提高块材的强度

50. 在冬期施工中,拌合砂浆用水的温度不得超过(　　)。

A. 30℃　　　　　B. 5℃　　　　　C. 50℃　　　　　D. 80℃

51. 适用于建筑施工和维修,也可在高层建筑施工中运送施工的是(　　)。

A. 塔式起重机　　　B. 龙门架　　　C. 施工升降机　　　D. 井架

52. 结构脚手架或装修脚手架中的均载应不大于(　　)。

A. 2kN 或 3kN　　B. 1kN 或 2kN　　C. 3kN 或 2kN　　D. 2kN 或 1kN

53. 砖墙每日砌筑高度不应超过(　　)。

A. 1.5m　　　　　B. 2.1m　　　　　C. 1.2m　　　　　D. 1.8m

54. 检查灰缝是否饱满的工具是(　　)。

A. 楔形塞尺　　　B. 百格网　　　C. 靠尺　　　　　D. 托线板

55. 砌体工程按冬期施工规定进行的条件是 5 天室外平均气温低于(　　)。

A. 0℃　　　　　B. +5℃　　　　C. -3℃　　　　D. +3℃

56. 抗震设防烈度为 6 度、7 度地区,砖砌体临时间断采用直槎时,拉接筋埋入墙体长度每边不应小于(　　)。

A. 240mm　　　　B. 500mm　　　C. 750mm　　　D. 1000mm

57. 在常温下,混合砂浆应在(　　)内使用完毕。

A. 2h　　　　　B. 3h　　　　　C. 4h　　　　　D. 5h

58. 在常温下,当采用铺浆法砌筑实心砖砌体时,规范要求铺浆长度不得超过(　　)mm。

A. 500　　　　　B. 750　　　　　C. 1000　　　　D. 1500

59. 按现行的施工规范要求,实心砖砌体水平灰缝的砂浆饱满度,用百格网检查不得低于(　　)。

A. 50%　　　　　B. 100%　　　　C. 无要求　　　　D. 80%

二、多项选择题

1. 下列部件中属于扣件式钢管脚手架的有(　　　)。

A. 钢管　　　　　B. 吊环　　　　　C. 扣件　　　　　D. 底座

E. 脚手板

2.脚手架拆除的顺序应按( )进行。

A.先搭的后拆   B.先搭的先拆   C.后搭的先拆   D.后搭的后拆

E.随机无序

3.在脚手架使用期间,严禁拆除( )。

A.剪刀撑   B.节点处的纵横向水平杆

C.连墙件   D.纵横向扫地杆

E.横向斜撑

4.砌筑工程施工中常用的垂直运输工具有( )。

A.汽车式起重机   B.塔式起重机   C.井架   D.龙门架

E.施工升降机

5.砌砖宜采用"三一"砌筑法,即( )的砌筑方法。

A.一把刀   B.一铲灰   C.一块砖   D.一揉压

E.一铺灰

6.砌筑工程质量的基本要求是( )。

A.横平竖直   B.砂浆饱满   C.上下错缝   D.内外搭接

E.砖强度高

7.施工规范规定,实心砖砌体竖向灰缝不得出现( )。

A.饱满度低于80%   B.饱满度低于60%   C.透明缝   D.瞎缝

E.假缝

8.普通黏土砖实心砖墙的常用组砌形式有( )。

A.两平一侧   B.全顺式   C.三顺一丁   D.一顺一丁

E.梅花丁

9.影响砌筑砂浆饱满度的因素有( )。

A.砖的含水量   B.铺灰方法   C.砂浆标号   D.砂浆和易性

E.水泥种类

10.砖墙砌筑的工序包括( )。

A.抄平   B.放线   C.立皮数杆   D.挂准线

E.砌砖

11.砌体工程冬季施工的具体方法有( )。

A.掺盐砂浆法   B.加热法   C.红外线法   D.暖棚法

E.冻结法

12.有关钢管外脚手架的搭设高度正确的是( )。

A.单排 H 小于等于24m   B.双排 H 小于等于60m

C.单排 H 小于等于35m   D.单排 H 小于等于50m

E.双排 H 小于等于50m

13.在砖墙组砌时,应用于丁砖组砌的部位是( )。

A.墙的台阶水平面上   B.砖墙最上一皮

C.砖墙最下一皮　　　　　　　　　　　D.砖挑檐腰线

E.门洞侧

14.砖砌体的组砌原则是(　　　　)。

A.砖块之间要错缝搭接　　　　　　　B.砖体表面不能出现游丁走缝

C.砌体内外不能有过长通缝　　　　　D.尽量少砍砖

E.有利于提高生产率

15.扣件式钢管脚手架的下列杆件中属于受力杆的是(　　　　)。

A.纵向水平杆　　　B.力杆　　　C.剪刀撑　　　D.横向水平杆

E.连横杆

16.砂浆的砌筑质量与(　　　　)有关。

A.砂浆的种类　　B.砂浆的抗冻性　　C.砂浆的强度　　D.块材的平整度

E.砂浆的和易性

17.在纯水泥砂浆中掺入(　　　　)可提高其和易性和保水性。

A.粉煤灰　　　B.石灰　　　C.粗砂　　　D.黏土

E.石膏

18.保水性差的砂浆,在施工使用中易产生(　　　　)等现象。

A.灰缝不平　　　B.泌水　　　C.黏结强度低　　　D.离析

E.干缩性增大

19.抗震设防烈度较低时,砌砖墙可留直槎,但必须留成阳槎,并沿墙高每 500mm 设置一道拉结筋。当墙体厚度为(　　　　)时,拉结筋可用 2Φ6。

A.490mm　　　B.370mm　　　C.240mm　　　D.180mm

E.120mm

20.对砌体结构中的构造柱,下述不正确的做法有(　　　　)。

A.马牙槎从柱角开始,应先进后退

B.沿高度每 500mm 设 2Φ6 钢筋每边深入墙内不应少于 1000mm

C.砖墙应砌成马牙槎,每一马牙槎沿高度方向的尺寸不超过 500mm

D.应先绑扎钢筋,而后在砌砖墙,最后浇筑混凝土

E.构造柱应与圈梁连接

21.下述砌砖工程的施工方法,错误的是(　　　　)。

A."三一"砌砖法即是三顺一丁的砌法

B.砌筑空心砖砌体宜采用"三一"砌砖法

C."三一"砌砖法随砌随铺,随即挤揉,灰缝容易饱满,黏结力好

D.砖砌体的砌筑方法有砌砖法、挤浆法、刮浆法

E.挤浆法可使灰缝饱满,效率高

22.钢筋砖过梁的正确施工方法是(　　　　)。

A.底部配置不少于 3 根钢筋,两端深入墙内不应少于 120mm

B.过梁上至少六皮砖用 M5.0 的水泥砂浆

C. 施工时先在模板上铺设 30mm 厚 1∶3 水泥砂浆

D. 第一皮砖应顺砌

E. 砌筑时,在过梁底部支设模板,模板中部应有 1‰ 的起拱

23. 空心砌块的排列应遵循(　　　)。

A. 上下皮砌块的错缝搭接长度不少于砌体长度的 1/4

B. 墙体转角处和纵横交接处应同时砌筑

C. 砌块中水平灰缝厚度应为 10～20mm

D. 空心砌块要错缝搭接,小砌块应面朝上,反砌于墙体上

E. 墙体的转角处和纵横墙交接处,需要镶砖时应整砖镶砌

24. 为了避免砌块墙体开裂,预防措施包括(　　　)。

A. 清除砌块表面脱模剂及粉尘　　　　　B. 采用和易性好的砂浆

C. 控制铺灰长度和灰缝厚度　　　　　　D. 设置芯柱、圈梁、伸缩缝

E. 砌块出池后立即砌筑

25. 砌筑砂浆的强度等级有(　　　)。

A. M2.5　　　　　　B. M5.0　　　　　　C. M7.5　　　　　　D. M10

E. M15

三、判断题

1. 砖砌体水平灰缝的砂浆饱满度不得小于 80%。　　　　　　　　　　(　　　)

2. 砌筑砂浆现场拌制时,各组分材料可采用体积计量。　　　　　　　(　　　)

3. 多孔砖的孔洞应垂直于受压面砌筑。　　　　　　　　　　　　　　(　　　)

4. "三一"砌砖法不适用于夏季。　　　　　　　　　　　　　　　　　(　　　)

5. 当砖墙出现数块砖贯通裂缝时,可以对砖墙做适当加强后继续使用。(　　　)

6. 砌筑时留直槎处,均应做成阳槎并按构造设置拉结筋。　　　　　　(　　　)

7. 控制砌块水平度的方法是托线板。　　　　　　　　　　　　　　　(　　　)

8. 在砌筑墙体时铺灰均匀平整,长度一般以不超过 4m 为宜。　　　　(　　　)

9. 一般情况下,轻骨料混凝土小砌块砌墙时可不浇水湿润。　　　　　(　　　)

10. 小砌块房屋屋盖处及每层楼盖处都需要设置圈梁。　　　　　　　(　　　)

11. 增强石膏空心板不能用于卫生间、厨房等位置。　　　　　　　　(　　　)

12. 砌筑时,高差不宜过大,一般不得超过一步架的高度。　　　　　(　　　)

13. 过火砖、欠火砖都属于不合格砖,不能使用到现场施工中。　　　(　　　)

14. 一砖墙及以上必须双面挂线。　　　　　　　　　　　　　　　　(　　　)

15. 砌筑工程中严禁使用脱水硬化的石灰膏。　　　　　　　　　　　(　　　)

16. 在施工现场,电箱内保险丝烧断时,我们可临时采用铜丝代替。　(　　　)

17. 架子工在高处递送脚手架材料时,应该站在楼层上递送。　　　　(　　　)

18. 施工人员不得随意拆除现场一切安全防护设施,如因工作需要,也必须经安全负责人同意方可进行。　　　　　　　　　　　　　　　　　　　　　　　　　　　　(　　　)

四、论述题

1. 搭设脚手架的基本要求有哪些？

2. 砌筑用砂浆有哪些种类？分别适用于什么场合？

3. 对砂浆制备和使用有什么要求？

4. 砖墙砌体主要有哪几种砌筑形式？各有何特点？

5. 试述砖墙的砌筑工艺。

6. 砖墙砌体的质量要求是什么？

7. 何谓"三一"砌砖法？其优点是什么？

8. 加气混凝土砌块由哪些材料组成？简述其构造要求。

第 4 章　钢筋混凝土工程施工

　　了解模板及支架系统的要求,钢筋的力学性能,混凝土的振捣、养护和质量要求,预应力混凝土的生产过程和装配式混凝土工程的生产工艺;熟悉模板的安装、钢筋的加工工艺和连接方法,大体积混凝土施工的注意事项;掌握钢筋配料计算,混凝土工程质量事故的防治。通过本章的学习,同学们能理解模板的构造,进行模板的设计及拆除;掌握钢筋的进场验收、连接方法及安装质量验收标准,能进行钢筋配料计算;能进行混凝土配合比计算,掌握施工缝的留设部位。

　　由于钢筋混凝土结构是我国现阶段应用最广泛的一种结构形式,因此在建筑施工领域里钢筋混凝土工程无论在人力、物资消耗和对工期的影响方面都占有极其重要的地位。混凝土结构工程按施工方法可分为现浇混凝土结构工程和预制装配式混凝土结构工程。钢筋混凝土构件由混凝土和钢筋两种材料组成。混凝土是由水泥、粗细骨料和水经搅拌而成的混合物,用模板作为成型的工具,经过养护,混凝土达到规定的强度,拆除模板,成为钢筋混凝土结构构件。钢筋混凝土工程由模板工程、钢筋工程和混凝土工程所组成,在施工中三者之间要紧密配合,才能保证质量,缩短工期,降低成本。

　　钢筋混凝土工程施工工艺流程如图 4-1 所示。

4.1　模板工程施工

　　模板是使新拌混凝土在浇筑过程中保持设计要求的位置尺寸和几何形状,使之硬化成为钢筋混凝土结构或构件的模型。

　　混凝土结构的模板工程是混凝土结构构件成型的一个十分重要的组成部分。现浇混凝土结构中模板工程的造价约占钢筋混凝土工程总造价的 30%、总用工量的 50%。因此,采用先进的模板技术,对提高工程质量,加快施工速度,提高劳动生产率,降低工程成本和

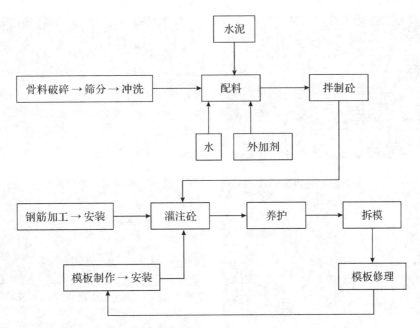

图 4-1　钢筋混凝土工程施工工艺流程

实现文明施工,都具有十分重要的意义。

　　模板工程的施工包括模板的选材、选型、设计、制作、安装、拆除和周转等过程。

4.1.1　模板的作用、组成和基本要求

1. 模板的作用

模板是使钢筋混凝土结构或构件按所要求的形状和尺寸成型的模型板。

2. 模板的组成

模板系统由模板(见图 4-2)、支撑系统(见图 4-3)、紧固件(见图 4-4)三部分组成。

图 4-2　模板

图 4-3　模板支撑系统

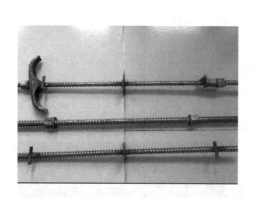

图 4-4　紧固件

3. 模板的基本要求

（1）保证土木工程结构和构件各部分形状尺寸与相互位置正确。

（2）具有足够的强度、刚度和稳定性，能可靠地承受新浇混凝土的重量和侧压力，以及施工过程中所产生的荷载。

（3）构造简单，装拆方便，并便于钢筋的绑扎与安装、混凝土的浇筑及养护等。

（4）模板接缝不应漏浆。

4.1.2　模板分类、构造

（1）模板按形状可分为平面模板和曲面模板。其中曲面模板用于廊道、隧洞、溢流面和某些形状特殊的部位，如进水口扭曲面、蜗壳、尾水管等。

（2）模板按材料可分为木模板、竹模板、钢模板、混凝土预制模板、塑料模板、橡胶模板等。

（3）模板按受力条件分为承重模板和侧面模板。其中承重模板主要承受混凝土重量和施工中的垂直荷载；侧面模板主要承受新浇混凝土的侧压力。侧面模板按其支撑受力方式，又分为简支模板、悬臂模板和半悬臂模板。

（4）模板按使用特点可分为固定式、拆移式、移动式和滑动式。其中，固定式用于形状特殊的部位，不能重复使用。后三种模板都能重复使用或连续使用在形状一致的部位，但其使用方式有所不同：拆移式模板需要拆散移动；移动式模板的车架装有行走轮，可沿专用轨道使模板整体移动；滑动式模板是以千斤顶或卷扬机提供动力，可在混凝土连续浇筑的过程中，使模板面紧贴混凝土面滑动。

（5）模板按规格形式可分为定型模板（如钢模板）和非定型模板（如木模板、胶合板模板等散装模板）。

（6）模板按结构类型可分为基础模板、柱模板、墙模板、梁和楼板模板、楼梯模板等。

4.1.3　木模板、胶合板模板

木模板的木材主要采用松木和杉木，其含水量不宜过高，以免干裂，材质不宜低于三等。

为了节约木材，现阶段木模板面板多采用胶合板。混凝土模板用的胶合板有木胶合板和竹胶合板（见图 4-5）。

图 4-5　木胶合板和竹胶合板

胶合板用作混凝土模板具有以下优点：

（1）板幅大，自重轻，板面平整，既可减少安装工作量，节省现场人工费用，又可减少混凝土外露表面的装饰及磨去接缝的费用。

（2）承载能力大，特别是经表面处理后耐磨性好，能多次重复使用。

（3）材质轻，厚 18mm 的木胶合板，单位面积重量为 50kg，模板的运输、堆放、使用和管理等都较为方便。

(4)保温性能好,能防止温度变化过快,冬期施工有助于混凝土的保温。

(5)锯截方便,易加工成各种形状的模板。

(6)便于按工程的需要弯曲成型,用作曲面模板。

(7)用于清水混凝土模板,最为理想。

1. 木模板、胶合板模板的构造

木模板和胶合板模板的构造类似。

木模板的基本元件是拼板,它由板条和拼条(木档)组成,如图4-6所示。其中,板条厚为25~50mm,宽度不宜超过200mm,以保证在干缩时缝隙均匀,浇水后缝隙要严密且板条不翘曲,但梁底板的板条宽度不受限制,以免漏浆。拼条截面尺寸为25mm×35mm~50mm×50mm,拼条间距需根据施工荷载的大小及板条的厚度而定,一般取400~500mm。

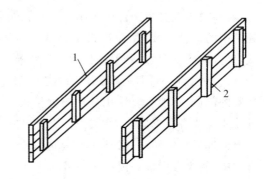

(a)一般拼板　　　　(b)梁侧板的拼板

图4-6　拼板构造

1—板条;2—拼条

胶合板常用厚度为12mm或18mm,应整张直接使用,尽量减少随意锯裁,以免造成胶合板浪费。

2. 木模板、胶合板模板的安装

木模板和胶合板模板的安装类似。

(1)施工准备

①作业条件

a.模板拼装:拼装场地夯实平整,条件许可时可设拼装操作平台。按模板设计图尺寸,采用沉头自攻螺丝将竹胶板与方木拼成整片模板,接缝处要求附加小龙骨。胶合板模板锯开的边及时用防水油漆封边两道,防止竹胶合板模板使用过程中开裂、起皮。

b.模板加工好后,应有专人认真检查模板规格尺寸,按照配模图编号,并均匀涂刷隔离剂,分规格码放,并有防雨、防潮、防砸措施。放好轴线、模板边线、水平控制标高,模板底口平整、坚实,若达不到要求的应做水泥砂浆找平层,柱子加固用的地锚已预埋好且可以使用。柱子、墙钢筋绑扎完毕,水电管线及预埋件已安装,绑好钢筋保护层垫块,并办理好隐蔽验收手续。

②材料要求

a.胶合板模板:尺寸为1220mm×2440mm,厚度为12mm、15mm。

b.方木:50mm×80mm,要求规格统一,尺寸规矩。

c.对拉螺栓:采用A14以上的Ⅰ级钢筋(最好用HPB235),双边套丝扣,并且两边带好两个螺母,沾油备用。

d.隔离剂:严禁使用油性隔离剂,必须使用水性隔离剂。

e.模板截面支撑用料:采用钢筋支撑,两端点好防锈漆。

③施工机具

a.木工圆锯、木工平刨、压刨、手提电锯、手提压刨、打眼电钻、线坠、靠尺板、方尺、铁水平尺、撬棍等。

b. 支撑体系：柱箍、钢管支柱、钢管脚手架或碗扣式脚手架等。

（2）工艺流程

①安装柱模板：搭设安装脚手架→沿模板边线贴密封条→立柱子片模→安装柱箍→校正柱子方正、垂直和位置→全面检查校正→群体固定→办预检。

②安装梁模板：弹出梁轴线及水平线并复核→搭设梁模板支架→安装梁底楞→安装梁底模板→梁底起拱→绑扎钢筋→安装梁侧模板→安装另一侧模板→安装上下锁品楞、斜撑楞、腰楞和对拉螺栓→复核梁模尺寸、位置→与相邻模板连接牢固→办预检。

③安装顶板模板：搭设支架→安装横纵大小龙骨→调整板下皮标高及起拱→铺设顶板模板→检查模板上皮标高、平整度→办预检。

柱模板施工

（3）操作工艺

①安装柱模板（见图 4-7）。

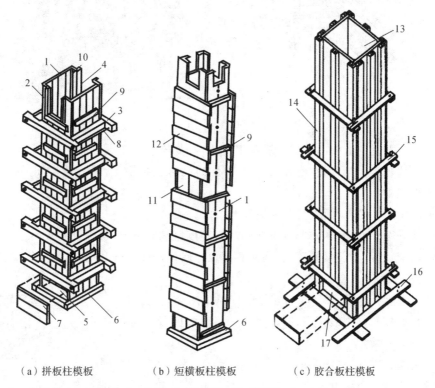

（a）拼板柱模板　　　（b）短横板柱模板　　　（c）胶合板柱模板

1—内拼板；2—外拼版；3—柱箍；4—梁缺口；5—清理孔；6—木框；

7—盖板；8—拉紧螺栓；9—拼条；10—三角木条；11—浇筑孔；

12—短横板；13—内拼板；14—外拼板；15—柱箍；16—梁缺口；17—清理孔

图 4-7　柱模板

a. 模板组片完毕后，按照模板设计图纸的要求留设清扫口，检查模板的对角线、平整度和外形尺寸。

b.吊装第一片模板,并临时支撑或用铅丝与柱子主筋临时绑扎固定。

c.随即吊装第二、三、四片模板,做好临时支撑或固定。

d.先安装上、下两个柱箍,并用脚手管和架子临时固定。

e.逐步安装其余的柱箍,校正柱模板的轴线位移、垂直偏差、截面、对角线,并做支撑。

f.按照上述方法安装一定流水段柱子模板后,全面检查安装质量,注意在纵、横两个方向上都挂通线检查,并做好群体的水平拉(支)杆及剪力支杆的固定。

梁模板施工

g.将柱模板内清理干净,封闭清理口,检查合格后办预检。

②安装梁模板(见图 4-8)。

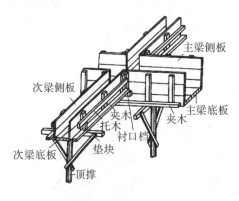

主梁侧板
次梁侧板
主梁底板
夹木
托木
衬口档
垫块
次梁底板
顶撑

图 4-8　梁模板

a.在柱子混凝土上弹出梁的轴线及水平线,并复核。

b.安装梁模板支架前,在专用支柱下脚要铺设通长脚手板,并且楼层间的上下支柱应在同一条直线上。

c.搭设梁底小横木,间距符合模板设计要求。

d.拉线安装梁底模板,控制好梁底的起拱高度,使其符合模板设计要求。

e.清除杂物后,安装梁侧模板,将两侧模板与底模用脚手管和扣件固定好。梁侧模板上口要拉线找直,用梁内支撑固定。

f.复核梁模板的截面尺寸,与相邻梁柱模板连接固定。

g.安装后校正梁中线标高、断面尺寸。将梁模板内杂物清理干净,检查合格后办预检。

③安装楼板模板(见图 4-9)。

板模板施工

a.脚手架按照模板设计要求搭设完毕后,根据给定的水平线调整上支托的标高及起拱高度。

b.按照模板设计的要求支搭板下的大小龙骨,其间距必须符合模板设计的要求。

c.铺设竹胶合板模板,用 0.5mm 带孔铁片在两块板接缝处钉两枚铁钉。必须保证模板拼缝严密。

d.在相邻两块竹胶合板的端部贴好密封条。

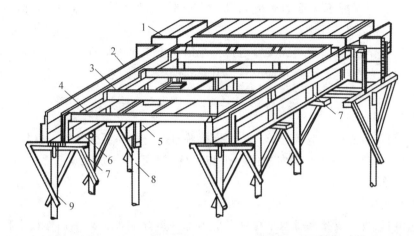

1—楼板模板；2—梁侧模板；3—楞木；4—托木；5—杠木；

6—夹木；7—短撑木；8—杠木撑；9—顶撑

图 4-9　楼板模板

e. 模板铺设完毕后，用靠尺、塞尺和水平仪检查平整度与楼板标高，并校正。

f. 将模板内杂物清理干净，检查合格后办预检。

④墙柱钢筋、模板施工。

⑤筏板基础底板模板施工。

（4）模板拆除

①模板拆除的一般要点：

a. 侧模拆除：在混凝土强度能保证其表面及棱角不因拆除模板而受损后，方可拆除。

墙柱钢筋模板施工

b. 底模的拆除，必须执行《混凝土结构工程施工质量验收规范》（GB 50204—2015）的有关条款。作业班组必须先提交拆模申请，经技术部门批准后方可拆除底模。

筏板基础底板
模板施工

c. 已拆除模板及支架的结构，在混凝土达到设计强度等级后方允许承受全部使用荷载；当施工荷载所产生的效应比使用荷载的效应更不利时，必须经核算，加设临时支撑。

d.拆除模板的顺序和方法,应按照配板设计的规定进行。若无设计规定时,应遵循先支后拆,后支先拆;先拆不承重的模板,后拆承重部分的模板;自上而下,先拆侧向支撑支架,后拆竖向支撑支架等原则。

e.模板工程作业组织,应遵循支模与拆模统由一个作业班组执行作业。其好处是,支模时就考虑拆模的方便与安全,拆模时人员熟知,依照拆模关键点位,对拆模进度、安全、模板及配件的保护都有利。

②柱模板拆除:

a.工艺流程:拆除拉杆或斜撑→自上而下拆除柱箍→拆除部分竖肋→拆除模板及配件。

b.柱模板拆除时,要从上口向外侧轻击和轻撬,使模板松动,要适当加设临时支撑,以防柱模板倾倒伤人。

③梁模板拆除:

a.工艺流程:拆除支架部分水平拉杆和剪刀撑→拆除侧模板→下调楼板支柱→使模板下降→分段、分片拆除楼板模板→拆除木龙骨及支柱→拆除梁底模板及支撑系统。

b.拆除工艺施工要点:拆除支架部分水平拉杆和剪刀撑,以便作业。而后拆除梁侧模板上的水平钢管及斜支撑,轻撬梁侧模板,使之与混凝土表面脱离。下调支柱顶托螺杆后,轻撬模板下的龙骨,使龙骨与模板分离,或用木槌轻击,拆下第一块,然后逐块、逐段拆除。切不可用钢棍或铁锤猛击乱撬。每块竹胶合板被拆下时,或用人工托扶放于地上,或将支柱顶托螺杆再下调相当高度,以托住拆下的模板。严禁模板自由坠落于地面。拆除梁底模板的方法大致与楼板模板相同。但拆除跨度较大的梁底模板时,应从跨中开始下调支柱顶托螺杆,然后向两端逐根下调;拆除梁底模支柱时,亦从跨中向两端作业。

(5)成品保护

①预组拼的模板要有存放场地,场地要平整夯实。模板平放时,要有木方垫架,立放时,要搭设分类模板架,模板触地处要垫木方,以此保证模板不扭曲、变形。不可乱堆乱放或在组拼的模板上堆放分散模板和配件。

②工作面已安装完毕的墙、柱模板,不准在吊运其他模板时碰撞,不准在预拼装模板就位前作为临时依靠,以防止模板变形或产生垂直偏差。工作面已安装完毕的平面模板,不可作为临时堆料处和作业平台,以保证支架的稳定,防止平面模板标高和平整产生偏差。

③拆除模板时,不得用大锤、撬棍硬砸猛撬,以免混凝土的外形和内部受到损伤。

4.1.4 定型组合钢模板

定型组合钢模板,系按模数制设计,工厂成型,有完整的、配套使用的通用配件,具有通用性强、装拆方便、周转次数多等优点。在现浇钢筋混凝土施工中,用它能事先按设计要求组拼成梁、柱、墙、楼板的大型模板整体吊装就位,也可采用散装、散拆方法。

定型组合钢模板系列包括钢模板、连接件、支承件三部分。其中,钢模板包括平面钢模板和拐角模板;连接件有U形卡、L形插销、钩头螺栓、紧固螺栓、蝶形扣件等;支承件有圆钢管、薄壁矩形钢管、内卷边槽钢、单管伸缩支撑等。

1. 钢模板的规格和型号

钢模板包括平面模板、阳角模板、阴角模板和连接角模,如图 4-10 所示。单块钢模板由面板、边框和加劲肋焊接而成,其中面板厚为 2.3mm 或 2.5mm,在边框和加劲肋上面按一定距离(如 150mm)钻孔,并利用 U 形卡和 L 形插销等拼装成大块模板。

GB 50214T—2013
组合钢模板技术
规范附条文

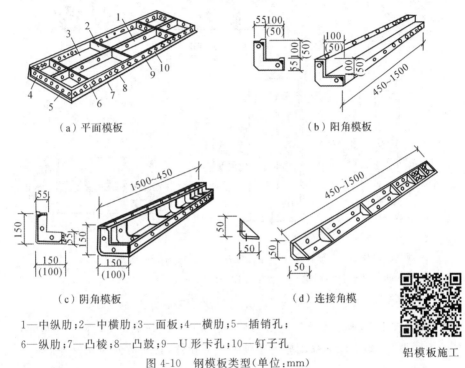

（a）平面模板　　　　　　　　（b）阳角模板

（c）阴角模板　　　　　　　　（d）连接角模

1—中纵肋;2—中横肋;3—面板;4—横肋;5—插销孔;
6—纵肋;7—凸棱;8—凸鼓;9—U 形卡孔;10—钉子孔

铝模板施工

图 4-10　钢模板类型(单位:mm)

钢模板的宽度以 50mm 进级,长度以 150mm 进级,其规格和型号已做到标准化。如型号为 P3015 的钢模板,P 表示平面模板,3015 表示宽×长为 300mm×1500mm。又如型号为 Y1015 的钢模板,Y 表示阳角模板,1015 表示宽×长为 100mm×1500mm。如拼装时出现不足模数的空隙时,用镶嵌木条补缺,用钉子或螺栓将木条与板块边框上的孔洞连接。

2. 连接件

(1)U 形卡。它用于钢模板之间的连接与锁定,使钢模板拼装密合。U 形卡安装间距一般不大于 300mm,即每隔一孔卡插一个,安装方向一顺一倒相互交错,如图 4-11(a)所示。

(2)L 形插销。它插入模板两端边框的插销孔内,用于增强钢模板纵向拼接的刚度和保证接头处板面平整,如图 4-11(b)所示。

(3)钩头螺栓。它用于钢模板与内、外钢楞之间的连接固定,使之成为整体,安装间距一般不大于 600mm,长度应与采用的钢楞尺寸相适应,如图4-11(c)所示。

(4)紧固螺栓。它用于紧固钢模板内、外钢楞,增强组合模板的整体刚度,长度与采用的钢楞尺寸相适应,如图 4-11(d)所示。

(5)对拉螺栓。它用来保持模板与模板之间的设计厚度并承受混凝土侧压力及水平荷载,使模板不致变形,如图 4-11(e)所示。

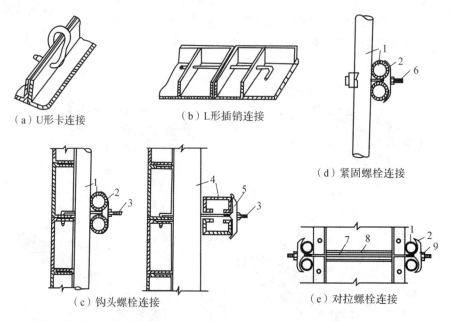

（a）U形卡连接   （b）L形插销连接   （d）紧固螺栓连接

（c）钩头螺栓连接   （e）对拉螺栓连接

1—圆钢管钢楞;2—3 形扣件;3—钩头螺栓;4—内卷边槽钢钢楞;
5—蝶形扣件;6—紧固螺栓;7—对位螺栓;8—塑料套管;9—螺母

图 4-11　钢模连接件

(6)扣件。它用于将钢模板与钢楞紧固,并与其他的配件一起将钢模板拼装成整体。按钢楞的不同形状尺寸,分别采用蝶形扣件和 3 形扣件,其规格分为大、小两种。

3. 支承件

配件的支承件包括钢楞、柱箍、梁卡具、圈梁卡、钢管架、斜撑、组合支柱、钢管脚手支架、平面可调桁架和曲面可变桁架等。

(1)钢楞

钢楞即模板的横档和竖档,分内钢楞与外钢楞。

内钢楞配置方向一般应与钢模板垂直,直接承受钢模板传来的荷载,其间距一般为700～900mm。

钢楞一般用圆钢管、矩形钢管、槽钢或内卷边槽钢,其中又以钢管用得较多。

(2)柱箍

柱模板四角设角钢柱箍。角钢柱箍由两根互相焊成直角的角钢组成,用弯角螺栓及螺母拉紧,如图 4-12 所示。

(3)钢支架

常用钢支架如图 4-13（a）所示。它由内、外两节钢管制成,其高低调节距模数为100mm;支架底部除垫板外,均用木楔调整标高,以利于拆卸。

另一种钢管支架本身装有调节螺杆,能调节一个孔距的高度,使用方便,但成本略高,

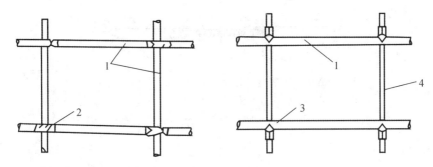

1—圆钢管;2—直角扣件;3—3 形扣件;4—对拉螺栓

图 4-12 柱箍

如图 4-13(b)所示。

当荷载较大、单根支架承载力不足时,可用组合钢支架或钢管井架,如图 4-13(c)所示。

还可用扣件式钢管脚手架、门型脚手架作支架,如图 4-13(d)所示。

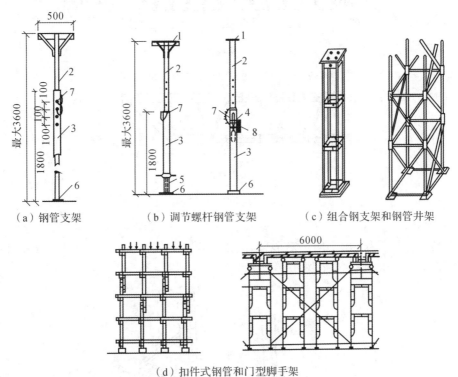

（a）钢管支架 （b）调节螺杆钢管支架 （c）组合钢支架和钢管井架

（d）扣件式钢管和门型脚手架

1—顶板;2—插管;3—套管;4—转盘;5—螺杆;6—底板;7—插销;8—转动手柄

图 4-13 钢支架(单位:mm)

（4）斜撑

斜撑由组合钢模板拼成的整片墙模或柱模,在吊装就位后,应由斜撑调整和固定其垂直位置,如图 4-14 所示。

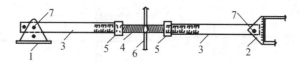

1—底座；2—顶撑；3—钢管斜撑；4—花篮螺丝；

5—螺母；6—旋杆；7—销钉

图 4-14　斜撑

（5）钢桁架

钢桁架如图 4-15 所示，其两端可支承在钢筋托具、墙、梁侧模板的横档以及柱顶梁底横档上，以支承梁或板的模板。如图 4-15(a)所示为整榀式；如图 4-15(b)所示为组合式。

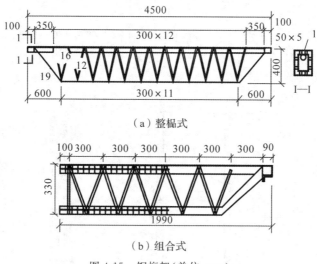

（a）整榀式

（b）组合式

图 4-15　钢桁架(单位：mm)

（6）梁卡具

梁卡具又称梁托架，用于固定矩形梁、圈梁等模板的侧模板，可节约斜撑等材料，也可用于侧模板上口的卡固定位，如图 4-16 所示。

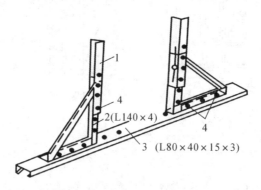

1—调节杆；2—三角架；3—底座；4—螺栓

图 4-16　梁卡具(单位：mm)

4.1.5　其他形式模板

1. 滑升模板

滑升模板(简称为滑模),是在混凝土连续浇筑过程中,可使模板面紧贴混凝土面滑动的模板。采用滑模施工要比常规施工节约 70%左右的木材(包括模板和脚手板等);采用滑模施工可以节约 30%～50%的劳动力;采用滑模施工要比常规施工的工期短,速度快,可以缩短 30%～50%的施工周期;滑模施工的结构整体性好,抗震效果明显,适

GB 50113—2019
滑动模板工程
技术标准

用于高层或超高层抗震建筑物和高耸构筑物施工;滑模施工的设备便于加工、安装、运输。

液压滑升模板适用于各种构筑物(如烟囱、筒仓等)的施工,也可用于现浇框架、剪力墙、筒体等结构施工,如图 4-17 所示。

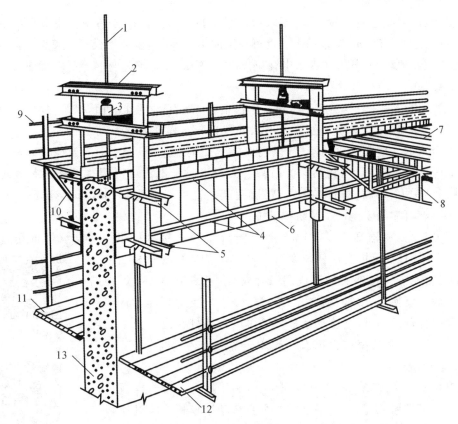

1—支撑杆;2—提升架;3—液压千斤顶;4—围圈;5—围圈支托;6—模板;7—操作平台;
8—平台桁架;9—栏杆;10—外挑三脚架;11—外吊脚手架;12—内吊脚手架;13—混凝土墙体

图 4-17　液压滑模

(1)滑模系统装置的三个组成部分:

①模板系统:包括提升架、围圈、模板,以及加固、连接配件。

②施工平台系统:包括工作平台、外圈走道、内吊脚手架和外吊脚手架。

③提升系统(以液压设备为例):包括千斤顶、油管、分油器、针形阀、控制台、支承杆及测量控制装置。

(2)主要部件的构造及作用如下:

①提升架:是整个滑模系统的主要受力部分。各项荷载集中传至提升架,最后通过装设在提升架上的千斤顶传至支承杆上。提升架由横梁、立柱、牛腿及外挑架组成。各部分尺寸及杆件断面应通盘考虑后经计算确定。

②围圈:是模板系统的横向连接部分,将模板按工程平面形状组合为整体。围圈也是受力部件,它既承受混凝土侧压力产生的水平推力,又承受模板的重量、滑动时产生的摩擦阻力等竖向力。在有些滑模系统的设计中,也将施工平台支承在围圈上。在这种情况下,围圈还将承受平台传来的各种荷载。围圈架设在提升架的牛腿上,各种荷载将最终传至提升架上。围圈一般用型钢制作,也可用木材制作。为保证围圈的垂直刚度与水平刚度,限制变形,围圈须经过验算。

③模板:是混凝土成型的模具,要求板面平整,尺寸准确,刚度适中。模板高度一般为90～120cm,宽度为50cm,但根据需要也可加工成小于50cm的异形模板。模板通常用钢材制作,也有用其他材料制作,如钢木组合模板,用硬质塑料板或玻璃钢等材料做面板的有机材料复合模板。

④施工平台与吊脚手架:施工平台是滑模施工中各工种的作业面,以及材料、工具的存放场所。施工平台应视建筑物的平面形状、开门大小、操作要求及荷载情况设计。施工平台必须有可靠的强度及必要的刚度,以确保施工安全,防止平台变形导致模板倾斜。如果跨度大,在平台下应设置承托桁架。吊脚手架用于对已滑出的混凝土结构进行处理或修补,要求沿结构内、外两侧周围布置。吊脚手架的高度一般为1.8m,可以设双层或三层。吊脚手架要有可靠的安全设备及防护设施。

⑤提升设备:由液压千斤顶、液压控制台、油路及支承杆组成。支承杆可用直径为25mm的光圆钢筋,每根支承杆长度以3.5～5m为宜。支承杆的接头可用螺栓连接(支承杆两头加工成阴阳螺纹)或现场用小坡口焊接连接。若回收重复使用,则需要在提升架横梁下附设支承杆套管。如有条件并经设计部门同意,则该支承杆钢筋可以直接打在混凝土中以代替部分结构配筋,替代率可达50%～60%。

整体现浇滑模

2. 爬升模板

爬升模板是在混凝土墙体浇筑完毕后,利用提升装置将模板自行提升到上一个楼层,浇筑上一层墙体的垂直移动式模板。爬升模板采用整片式大平模,模板由面板及肋组成,而不需要支撑系统;提升设备采用电动螺杆提升机、液压千斤顶或导链。爬升模板是将大模板工艺和滑升模板工艺相结合,既保持大模板施工墙面平整的优点,又保持了

JGJ 195—2010
液压爬升模板
工程技术规程

滑模利用自身设备使模板向上提升的优点,墙体模板能自行爬升而不依赖塔吊。爬升模板适用于高层建筑墙体、电梯井壁、管道间混凝土施工。

爬升模板由钢模板、提升架和提升装置三部分组成,如图4-18所示。

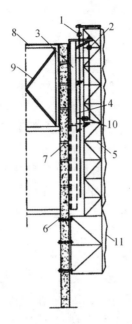

液压自爬模

1—提升外模板的葫芦；2—提升外爬架的葫芦；3—外爬升模板；4—预留孔；

5—外爬架（包括支撑架和附墙架）；6—螺栓；7—外墙；8—楼板模板；

9—楼板模板支撑；10—模板校正器；11—安全网

图 4-18　爬升模板

3. 大模板

大模板为一大尺寸的工具式模板，一般是一块墙面用一块大模板。大模板由面板、加劲肋、支撑桁架、稳定机构等组成。面板多为钢板或胶合板，亦可用小钢模组拼；加劲肋多用槽钢或角钢；支撑桁架用槽钢和角钢组成。因其重量大，需起重机配合装拆进行施工。独立基础支模现场如图 4-19 所示。

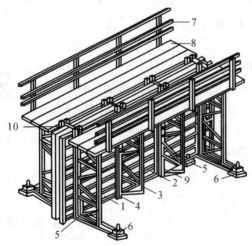

JGJ/T 74—2017
建筑工程大模板
技术标准

1—板面；2—水平加劲肋；3—支撑桁架；4—竖楞；5—调整水平度的螺旋千斤顶；

6—调整垂直度的螺旋千斤顶；7—栏杆；8—脚手板；9—穿墙螺栓；10—固定卡具

图 4-19　独立基础支模现场

小贴士

　　中国式现代化是全体人民共同富裕的现代化,是中国特色社会主义的本质要求。中共中央、国务院于 2021 年 6 月 10 日发布《中共中央国务院关于支持浙江高质量发展建设共同富裕示范区的意见》,赋予浙江重要示范改革任务,先行先试、作出示范,为全国推动共同富裕提供省域范例。意见紧扣推动共同富裕和促进人的全面发展等,围绕构建有利于共同富裕的体制机制和政策体系,提出 6 方面、20 条重大举措。浙江省作为全国首个共同富裕样板,扛起了社会主义发展道路上的重要历史使命,全国人民真真切切地感受到了中国发展铿锵有力的步伐,共同富裕变得看得见、摸得着、真实可感。

　　如同混凝土工程中的模板工程,浙江作为共同富裕的模板,为全国推动共同富裕提供省域范例。作为新时代的浙江大学生,我们是样板工程的参与者,也是将来工程的主力军。首先,我们要学习该《意见》精神坚持党的领导、坚持以人民为中心、坚持共建共享、坚持改革创新、坚持系统观念;其次,在大学期间积极参与各项共同富裕活动,帮助社会,帮助困难群众;最后,学好自己的专业知识,做一个工匠大师,运用自己的职业技能服务社会,共同富裕需要我们共同的努力。

4.1.6　模板施工

1. 模板安装

在安装模板之前,应事先熟悉设计图纸,掌握建筑物结构的形状和尺寸,并根据现场条件,初步考虑好立模及支撑的程序,以及与钢筋绑扎、混凝土浇捣等工序的配合,尽量避免工种之间的相互干扰。

模板的安装包括放样、立模、支撑加固、吊正找平、尺寸校核、堵设缝隙及清仓去污等工序。

JGJ 162—2014
建筑施工模板
安全技术规范

墙柱钢筋模板施工

(1)在安装过程中,应注意下述事项:

①模板竖立后,须切实校正位置和尺寸,垂直方向用锤球校对,水平长度用钢尺丈量两次以上,务必使模板的尺寸符合设计标准。

②模板各结合点与支撑必须坚固紧密,牢固可靠,尤其是采用振捣器捣固的结构部位,更应注意,以免在浇捣过程中发生裂缝、鼓肚等不良情况。但为了增加模板的周转次数,减少模板拆模损耗,模板结构的安装应力求简便,尽量少用圆钉,多用螺栓、木楔、拉条等进行加固联结。

③凡属承重的梁板结构,跨度大于 4m 以上时,由于地基的沉陷和支撑结构的压缩变形,跨中应预留起拱高度。

④为避免拆模时建筑物受到冲击或震动,安装模板时,撑柱下端应设置硬木楔形垫块,所用支撑不得直接支承于地面,应安装在坚实的桩基或垫板上,使撑木有足够的支承面积,

以免沉陷变形。

⑤模板安装完毕,最好立即浇筑混凝土,以防日晒雨淋导致模板变形。为保证混凝土表面光滑和便于拆卸,宜在模板表面涂抹肥皂水或润滑油。在夏季或气候干燥的情况下,为防止模板干缩裂缝漏浆,在浇筑混凝土之前,需洒水养护。如发现模板因干燥产生裂缝,应事先用木条或油灰填塞衬补。

⑥安装边墙、柱等模板时,在浇筑混凝土以前,应将模板内的木屑、刨片、泥块等杂物清除干净,并仔细检查各联结点及接头处的螺栓、拉条、楔木等有无松动滑脱现象。在浇筑混凝土的过程中,木工、钢筋、混凝土、架子等工种均应有专人"看仓",以便发现问题随时加固修理。

⑦现浇结构模板的偏差应符合表 4-1 的规定。

(2)模板安装施工安全的基本要求:

①模板工程作业高度在 2m 及以上时,要有安全可靠的操作架子或操作平台,并按要求进行防护。

②操作架子、平台上不宜堆放模板,必须短时间堆放时,一定要码放平稳,数量必须控制在架子或平台的允许荷载范围内。

③冬期施工,应事先清除操作地点和人行通道上的冰雪。雨期施工,高耸结构的模板作业,要安装避雷装置,沿海地区要考虑抗风和加固措施。

④五级以上大风天气,不宜进行大块模板拼装和吊装作业。

⑤在架空输电线路下方进行模板施工,如果不能停电作业,应采取隔离防护措施。

⑥夜间施工,必须有足够的照明。

表 4-1　现浇结构模板安装的允许偏差及检验方法

项　目		允许偏差/mm	检验方法
轴线位置		5	钢尺检查
底模上表面标高		±5	水准仪或拉线、钢尺检查
截面内部尺寸	基础	±10	钢尺检查
	柱、墙、梁	+4,−5	钢尺检查
层高垂直度	≤5m	6	经纬仪或吊线、钢尺检查
	>5m	8	
相邻两板表面高低差		2	钢尺检查
表面平整度		5	2m 靠尺和塞尺检查

2. 模板拆除

(1)拆模顺序

一般是先支后拆,后支先拆,先拆非承重(如侧模板),后拆承重(如底模板),重大复杂的应有拆除方案。

不承重的侧模板在混凝土强度能够保证混凝土表面和棱角不因拆模而受损害时方可拆除。一般此时混凝土强度应达到 2.5MPa 以上;承重模板应在混凝土达到表 4-2 所要求的强度后方可拆除。

表 4-2 承重模板拆除时混凝土强度要求

构件类型	构件跨度/m	达到设计的混凝土立方体抗压强度标准值的百分比/%
板	≤2	≥50
	>2,≤8	≥75
	>8	100
梁、拱、壳	≤8	≥75
	>8	100
悬臂构件		100

肋形楼板的拆模顺序,首先拆除柱模板,然后拆除楼板底模板、梁侧模板,最后拆除梁底模板。

多层楼板模板支架的拆除,应按下列要求进行:

①上层楼板正在浇筑混凝土时,下一层楼板的模板支架不得拆除,再下一层楼板模板的支架仅可拆除一部分。

②跨度大于等于 4m 的梁均应保留支架,其间距不得大于 3m。

(2)拆模注意事项

①模板拆除工作应遵守一定的方法与步骤。拆模时要按照模板各结合点构造情况,逐块松卸。首先去掉扒钉、螺栓等连接铁件,然后用撬杠将模板松动或用木楔插入模板与混凝土接触面的缝隙中,以木槌轻击木楔,使模板与混凝土面逐渐分离。拆模时,禁止用重锤直接敲击模板,以免使建筑物受到强烈震动或将模板毁坏。

②拆卸拱形模板时,应先将支柱下的木楔缓慢放松,使拱架徐徐下降,避免新拱因模板突然大幅度下沉而担负全部自重,并应从跨中点向两端同时对称拆卸。拆卸跨度较大的拱模时,则需从拱顶中部分段分期向两端对称拆卸。

③高空拆卸模板时,不得将模板自高处摔下,而应用绳索吊卸,以防砸坏模板或发生事故。

④当模板拆卸完毕后,应将附着在板面上的混凝土砂浆洗凿干净,损坏部分需加以修整,板上的圆钉应及时拔除(部分可以回收使用),以免刺脚伤人。卸下的螺栓应与螺帽、垫圈等拧在一起,并加黄油防锈。扒钉、铁丝等物均应收捡归仓,不得丢失。所有模板应按规格分放,妥善保管,以备下次立模周转使用。

⑤对于大体积混凝土,为了防止拆模后混凝土表面温度骤然下降而产生表面裂缝,应考虑外界温度的变化而确定拆模时间,并应避免早、晚或夜间拆模。

4.2 钢筋工程施工

钢筋混凝土结构常用热轧钢筋,按其化学成分和强度分为 HRB335、HRB400、

HRB500、RRB335、RRB400、RRB500。新版《混凝土结构设计规范》(GB 50010—2010)规定:普通钢筋混凝土结构以热轧带肋 HRB400(Ⅲ)级钢筋为主导钢筋;预应力混凝土结构以高强低松弛钢丝和钢绞线为主导钢筋。钢筋是钢筋混凝土结构中最主要的受力材料,其质量的优劣直接影响结构的安全性。钢筋工程施工的主要内容有钢筋的验收、钢筋下料计算、钢筋代换、钢筋的加工、钢筋连接、钢筋的绑扎与安装等。

4.2.1　钢筋的验收与储存

1. 钢筋的验收

钢筋进场时,应按现行国家标准《钢筋混凝土用钢　第 2 部分:热轧带肋钢筋》(GB/T 1499.2—2018)等的规定抽取试件做力学性能检验,其质量必须符合有关标准的规定。验收内容包括核对标牌和检查外观,并按有关标准的规定抽取试样进行力学性能试验。钢筋的外观检查包括钢筋应平直、无损伤,表面不得有裂纹、油污、颗粒状或片状锈蚀;钢筋表面凸块不允许超过螺纹的高度;钢筋的外形尺寸应符合有关规定。热轧钢筋机械性能检验以 60t 为一批。进行力学性能试验时,可从每批中任意抽取两根钢筋,在每根钢筋上取两个试样分别进行拉力试验(测定其屈服点、抗拉强度、伸长率)和冷弯试验。如有一项试验结果不符合规定,则从同一批中另取双倍数量的试样重做各项实验。如仍有一个试样不合格,则该批钢筋判为不合格,应降级使用。

2. 钢筋的储存

钢筋运至现场后,必须严格按批分等级、牌号、直径、长度等挂牌存放,并注明数量,不得混淆。钢筋应尽量堆放整齐,堆入仓库或料棚内。条件不具备时,应选择地势较高,土质坚硬的场地存放。堆放时,钢筋下部应垫高,离地面至少 200mm 高,以防钢筋锈蚀。在堆场周围应挖排水沟,以利泄水。

■ 小贴士

　　钢筋的强度等级可以用钢筋牌号表示,那用于描述人的坚定信仰和顽强意志就可以用"钢七连精神"!

　　"钢铁七连"是人民解放军第 39 集团军机步 116 师 347 团 7 连的荣誉称号。在辽沈战役义县的吴家小庙战斗中,申明和同志英勇顽强,负伤不下火线,带领全连仅剩下的 17 人顽强坚守阵地,与敌人展开肉搏战,先后打退敌人 7 次反扑,胜利完成任务,被上级授予"钢铁连队"荣誉称号。

　　1951 年 1 月 3 日,中国人民志愿军 347 团七连作为尖刀连,插到了汉城外围的釜谷里,异常激烈的战斗开始了。担任守卫釜谷里任务的七连连长厉风堂带着两个排投入战斗,卡住了敌人撤退的道路。敌人的炮火猛烈地轰击着,官兵们已经接连打退了敌人的 2 次冲击,当敌人第 3 次冲上来时,连长厉风堂也倒下了。就在战斗极端紧张的时候,只剩下 17 个士兵。在生死存亡的关键时刻,有一个人站了出来,大声地说:"同志们,我是咱们这些人里的唯一的老兵,又是共产党员,听我指挥,我们必须像连长在时一样,保持英雄连队的本色,守住阵地,打退敌人。"这个人叫郑起,是连队司号员。轻机枪手、共产党员李家福第一个用嘶哑的声音说:"你指挥吧。我们一定坚守住,为牺牲的同志们报仇!"隆隆的炮声响成一片,大大小小的弹坑一个挨着一个,很难相信这里还有生命存在。就在郑起手摸军号之际,阵地上传来一声惊天动地的巨响。原来,弹药手史洪祥从牺牲的同志那里找到了两根爆破筒,捆在一起,在敌人即将爬上阵地的危急关头,将爆破筒掷下山去,敌人在巨响之中惊呆了。奇迹出现了,200多名敌人恐慌了,畏缩了,停止了射击,停止了前进,急忙掉转头,向山下没命逃窜。这时增援部队及时赶了上来,把阵地牢牢地控制在自己手中。由于郑起的特殊贡献,志愿军总部授予他"二级英雄"称号并记特等功一次。朝鲜民主共和国授予他"一级战斗荣誉勋章"一枚。

"钢七连"为我们完美演绎了不抛弃、不放弃的团队精神和高度的集体荣誉感,其时刻激励着我们新时代的大学生。正是因为有了党和人民完全可以信赖的英雄军队,我们可以安享岁月静好的盛世日子。"钢七连精神"必将永垂不朽!

4.2.2 钢筋的配料计算

钢筋加工前应依照图样进行配料计算。配料计算是根据钢筋混凝土构件的配筋图,先绘出各种形状和规格的单根钢筋图,并加以编号,然后分别计算钢筋的下料长度和根数,填写钢筋配料单,交给钢筋工进行加工。

拉伸试验

1. 钢筋下料长度的计算原则及规定

(1)钢筋长度

结构施工图中所指钢筋长度是钢筋外缘之间的长度,即外包尺寸,这是施工中量度钢筋长度的基本依据。

(2)混凝土保护层厚度

混凝土保护层是指最外层钢筋外边缘至混凝土构件表面的距离,其作用是保护钢筋在混凝土结构中不受锈蚀。混凝土保护层厚度,一般用水泥砂浆垫块、塑料卡垫或马凳在钢筋与模板之间来控制。塑料卡垫的形状有塑料垫块和塑料环圈两种。塑料垫块用于水平构件,塑料环圈用于垂直构件。

冷弯实验

16G101—123 合并版

(3)弯曲量度差值

钢筋弯曲后,受弯处外边缘伸长,内边缘缩短,中心线则保持原有尺寸。钢筋长度的度量方法是指外包尺寸,因此钢筋弯曲后,存在一个量度差值,在计算下料长度时必须加以扣除。如图4-20所示,根据理论推理和实际经验求得。

钢筋在不做90°弯折的时候考虑的是钢筋中部弯曲处的度量差值,按照规范的规定:弯折30°的取$0.35d$;弯折45°的取$0.5d$;弯折60°的取$0.85d$;弯折90°的取$2d$。

钢筋在做大于90°弯折的时候考虑钢筋弯钩增加值,90°的一个弯钩取$3.5d$;135°的一

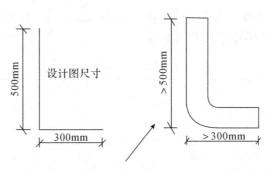

图 4-20　弯曲量度差值

个弯钩取 $4.9d$；$180°$ 的一个弯钩取 $6.25d$。

常规情况按此计算，但实际情况中，按抗震级、钢筋规格等级不同，有细微变化而不同。根据理论推理和实际经验，钢筋弯曲量度差值如表 4-3 所示。

表 4-3　钢筋弯曲量度差值

钢筋弯曲角度	30°	45°	60°	90°	135°
钢筋弯曲量度差值	$0.35d$	$0.5d$	$0.85d$	$2d$	$2.5d$

（4）钢筋弯钩增加值

弯钩形式最常用的有半圆弯钩、直弯钩和斜弯钩。受力钢筋的弯钩和弯折应符合下列要求：

①对于 HPB300 钢筋，为了增加其与砼的锚固能力，两端做 180° 弯钩。其弯弧内直径不应小于钢筋直径的 2.5 倍，弯钩弯后平直部分的长度不应小于钢筋直径的 3 倍。如图 4-21 所示或见表 4-4。

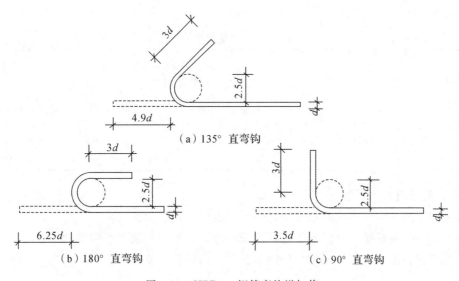

（a）135° 直弯钩

（b）180° 直弯钩

（c）90° 直弯钩

图 4-21　HPB300 钢筋弯钩增加值

对于 HRB335、HRB400、HRB500 钢筋,因其是变形钢筋,与混凝土黏结力较好,一般两端不设弯钩,但由于锚固长度原因,钢筋末端须设 90°或 135°弯钩。

表 4-4 钢筋弯钩增加长度

弯钩类型		弯 钩		
		180°	135°	90°
增加长度	HPB300 光圆钢筋	6.25d	4.9d	3.5d
	HRB335 月牙肋钢筋		5.9d	3.9d

备注:HRB400、HRB500 月牙肋钢筋同 HRB335 月牙肋钢筋。

②当设计要求钢筋末端需做 135°弯钩时,HRB335、HRB400、HRB500 钢筋的弯弧内直径不应小于钢筋直径的 4 倍,弯钩弯后平直部分的长度应符合设计要求。

③钢筋做不大于 90°的弯折时,弯折处的弯弧内直径不应小于钢筋直径的 5 倍。

(5)箍筋调整值

①除焊接封闭环式箍筋外,在箍筋的末端应做弯钩,弯钩形式应符合设计要求。当无具体要求时,应符合下列要求:

a.箍筋弯钩的弯弧内直径除应满足上述要求外,尚应不小于受力钢筋的直径。

b.箍筋弯钩的弯折角度:对于一般结构不应小于 90°;对于有抗震要求的结构应为 135°。

c.箍筋弯后平直部分的长度:对于一般结构不宜小于箍筋直径的 5 倍;对于有抗震要求的结构,不应小于箍筋直径的 10 倍。

②为了箍筋计算方便,一般将箍筋弯钩增长值和量度差值两项合并成一项为箍筋调整值(见表 4-5)。计算时,将箍筋外包尺寸或内皮尺寸加上箍筋调整值即为箍筋下料长度。

表 4-5 箍筋调整值

箍筋量度方法	箍筋直径/mm			
	4~5	6	8	10~12
量外包尺寸/mm	40	50	60	70
量内皮尺寸/mm	80	100	120	150~170

(6)钢筋下料长度计算

直钢筋下料长度=直构件长度-保护层厚度+弯钩增加长度

弯起钢筋下料长度=直段长度+斜段长度-弯折量度差值+弯钩增加长度

箍筋下料长度=直段长度+弯钩增加长度-弯折量度差值

2. 钢筋配料单的编制

(1)熟悉图纸。编制钢筋配料单之前必须熟悉图纸,把结构施工图中钢筋的品种、规格列成钢筋明细表,并读出钢筋设计尺寸。

(2)计算钢筋的下料长度。

(3)填写和编写钢筋配料单。根据钢筋下料长度,汇总编制钢筋配料单。在配料单中,要反映出工程名称,钢筋编号,钢筋简图和尺寸,钢筋直径、数量、下料长度、质量等。

(4)填写钢筋料牌。根据钢筋配料单,为每一编号的钢筋制作一块料牌,作为钢筋加工的依据,示例如图 4-22 所示。

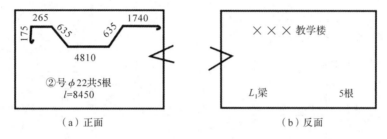

图 4-22　钢筋料牌(单位:mm)

3. 钢筋下料计算的注意事项

(1)在设计图纸中,钢筋配置的细节问题没有注明时,一般按构造要求处理。

(2)配料计算时,要考虑钢筋的形状和尺寸,在满足设计要求的前提下,要有利于加工。

(3)配料时,还要考虑施工需要的附加钢筋。

4. 钢筋配料计算实例

【例 4-1】　已知某教学楼钢筋混凝土框架梁 KL1 的截面尺寸与配筋如图 4-23 所示,共计 3 根。混凝土强度等级为 C30。环境类别二 a,抗震等级一级,柱截面尺寸为 300mm×300mm。求:

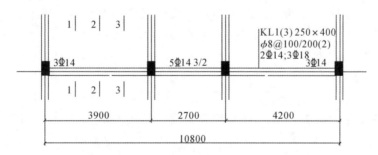

图 4-23　某教学楼钢筋混凝土框架梁 KL1(单位:mm)

(1)画出该梁的钢筋施工图并编号;

(2)画出该梁的 1—1、2—2、3—3 截面图;

(3)求各钢筋的下料长度;

(4)编制该梁的钢筋配料单。

解：(1)施工配筋图(单位：mm)如下。

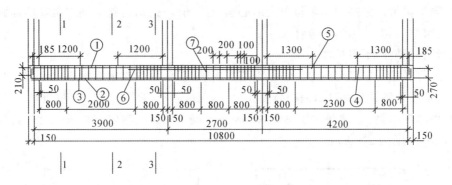

(2)截面图(单位：mm)如下。

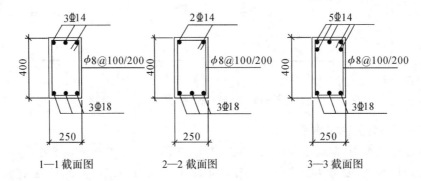

1—1 截面图   2—2 截面图   3—3 截面图

(3)各种钢筋简图及长度。

①上部通长筋长度(型号 2Φ14)。

单根下料长度 L1＝净跨长＋两端锚固长度－量度差值＝(10800－150－150)＋2×(300－25＋15×14)－2×2×14≈10500＋970－56＝11414(mm)

②下部通长长度(型号 3Φ18)。

单根下料长度 L2＝净跨长＋两端锚固长度－量度差值＝(10800－150－150)＋2×(300－25＋15×18)－2×2×18≈10500＋1090－72＝11518(mm)

③1 支座负筋(型号 1Φ14)。

单根长度 L3＝平直长度＋锚固长度－量度差值＝(3900－150－150)/3＋(300－25＋15×14)－2×14≈1200＋485－28＝1657(mm)

④4 支座负筋(型号 1Φ14)。

单根长度 L4＝平直长度＋锚固长度－量度差值＝(4200－150－150)/3＋(300－25＋15×14)－2×14≈1300＋485－28＝1757(mm)

⑤2、3 支座负筋(上排)(型号 1Φ14)。

单根长度 L5＝2700＋300＋(4200－300)/3＋(3900－300)/3＝5500(mm)

⑥2、3 支座负筋(下排)(型号 2Φ14)。

单根长度 L6＝2700＋300＋(4200－300)/4＋(3900－300)/3＝4875(mm)

⑦箍筋长度(型号 $\phi8@100/200(2)$)。

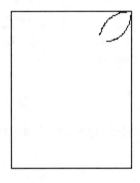

单个箍筋长度 L4＝(梁宽－2×保护层)×2＋(梁高－2×保护层)×2＋2×1.9d＋2max(75,10d)＝(250－50)×2＋(400－50)×2＋1.9×2×8＋2×80≈1290(mm)

数量:加密区间＝2Hb＝2×400＝800

一跨加密区根数＝(800－50)÷100＋1＝8.5,取 9 根,两边各 9 根＝18 根

二跨加密区根数＝(800－50)÷100＋1＝8.5,取 9 根,两边各 9 根＝18 根

三跨加密区根数＝(800－50)÷100＋1＝8.5,取 9 根,两边各 9 根＝18 根

一跨非加密区根数＝[(3900－300)－800×2]÷200－1＝9,取 9 根

二跨非加密区根数＝[(2700－300)－800×2]÷200－1＝3,取 3 根

三跨非加密区根数＝[(4200－300)－800×2]÷200－1＝10.5,取 11 根

总共＝18×3＋9＋3＋11＝77(根)。

（4）钢筋配料单（见表 4-6）。

表 4-6　钢筋配料单

构件名称	钢筋编号	简图	钢号	直径/mm	下料长度/mm	单根根数	合计根数	质量/kg
KL2 共 3 根	①		Φ	14	11414	2	6	82.87
	②		Φ	18	11518	3	9	207.32
	③		Φ	14	1657	1	3	6.01
	④		Φ	14	1757	1	3	6.38
	⑤		Φ	14	5500	1	3	19.97
	⑥		Φ	14	4875	2	6	35.39
	⑦		φ	8	1290	77	231	117.71
合　计		φ8:117.71kg					Φ14:150.62kg	Φ18:207.32kg

备注：钢筋重量表 φ6＝0.222kg/m；φ8＝0.395kg/m；φ10＝0.617kg/m；φ12＝0.888kg/m；φ14＝1.21kg/m；φ16＝1.58kg/m；φ18＝2kg/m；φ20＝2.47kg/m；φ22＝3kg/m；φ25＝3.86kg/m。

4.2.3　钢筋代换

当施工中遇有钢筋品种或规格与设计要求不符时，可进行钢筋代换，并应办理设计变更文件。

1. 代换原则

（1）等强度代换：当构件按强度控制时，钢筋可按强度相等原则进行代换。

（2）等面积代换：当构件按最小配筋率配筋时，钢筋可按面积相等原则进行代换。

（3）当构件受裂缝宽度或挠度控制时，代换后应进行裂缝宽度或挠度验算。

2. 代换构件截面的有效高度影响

钢筋代换后，有时由于受力钢筋直径加大或根数增多而需要增加排数，则构件截面的有效高度 h_0 减小，截面强度降低。通常对这种影响可凭经验适当增加钢筋面积，然后再复核截面强度。对矩形截面的受弯构件，可根据弯矩相等复核截面强度。

3. 代换注意事项

钢筋代换时，必须充分了解设计意图和代换材料性能，并严格遵守现行混凝土结构设计规范的各项规定；凡重要结构中的钢筋代换，应征得设计单位同意。

（1）对某些重要构件，如吊车梁、薄腹梁、桁架下弦等，不宜用 HPB300 级光圆钢筋代替 HRB335 和 HRB400 级带肋钢筋。

（2）钢筋代换后，应满足配筋构造规定，如钢筋的最小直径、间距、根数、锚固长度等。

　　(3)同一截面内,可同时配有不同种类和直径的代换钢筋,但每根钢筋的拉力差不应过大(如同品种钢筋的直径差值一般不大于 5mm),以免构件受力不均。

　　(4)梁的纵向受力钢筋与弯起钢筋应分别代换,以保证正截面与斜截面强度。

　　(5)偏心受压构件(如框架柱、有吊车厂房柱、桁架上弦等)或偏心受拉构件做钢筋代换时,不取整个截面配筋量计算,应按受力面(受压或受拉)分别代换。

　　(6)当构件受裂缝宽度控制时,如以小直径钢筋代换大直径钢筋,以强度等级低的钢筋代替强度等级高的钢筋,则可不验算裂缝宽度。

4.2.4　钢筋的加工

1. 钢筋除锈

钢筋工程一

钢筋由于保管不善或存放时间过久,就会受潮生锈。在生锈初期,钢筋表面呈黄褐色,称水锈或色锈,这种水锈除在焊点附近的必须清除外,一般可不处理;但是当钢筋锈蚀进一步发展,钢筋表面已形成一层锈皮,受锤击或碰撞可见锈皮剥落,这种铁锈不能很好地和混凝土黏结,会影响钢筋和混凝土的握裹力,并且会在混凝土中继续发展,因而需要清除。

钢筋除锈方式有三种:一是手工除锈,如钢丝刷、沙堆、麻袋沙包、砂盘等擦锈;二是除锈机机械除锈;三是在进行钢筋的其他加工工序的同时除锈,如在冷拉、调直过程中除锈。

　　(1)手工除锈

　　①钢丝刷擦锈:将锈钢筋并排放在工作台或木垫板上,分面轮换用钢丝刷擦锈。

　　②沙堆擦锈:将带锈钢筋放在沙堆上往返推拉,直至擦净为止。

　　③麻袋沙包擦锈:用麻袋包沙,将钢筋包裹在沙袋中,来回推拉擦锈。

　　④砂盘擦锈:在砂盘里装入掺有 20% 碎石的干粗砂,把锈蚀的钢筋穿进砂盘两端的半圆形槽里来回冲擦,可除去铁锈。

　　(2)机械除锈

电动除锈机,如图 4-24 所示。该机的圆盘钢丝刷有成品供应,也可用废钢丝绳头拆开编成。圆盘钢丝刷的直径为 20～30cm,厚度为 5～15cm,转速为 1000r/min 左右;电动机功率为 1.0～1.5kW。为了减少除锈时灰尘飞扬,应装设排尘罩和排尘管道。

在除锈过程中,发现钢筋表面的氧化铁皮鳞落现象严重并已损伤钢筋截面,或在除锈后钢筋表面有严重的麻坑、斑点伤蚀截面时,应将其降级使用或剔除不用。

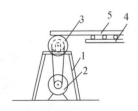

1—支架;2—电动机;
3—圆盘钢丝刷
4—滚轴台;5—钢筋
图 4-24　电动除锈机

2. 钢筋调直

钢筋在使用前必须经过调直,否则会影响钢筋受力,甚至会使混凝土提前产生裂缝,如未调直直接下料,会影响钢筋的下料长度,并影响后续工序的质量。

钢筋调直应符合下列要求：

(1)钢筋的表面应洁净，使用前应无表面油渍、漆皮、锈皮等。

(2)钢筋应平直，无局部弯曲，钢筋中心线同直线的偏差不超过其全长的 1%。成盘的钢筋或弯曲的钢筋均应调直后才允许使用。

(3)钢筋调直后其表面伤痕不得使钢筋截面积减少 5% 以上。

钢筋调直一直采用机械调直，常用的调直机械有钢筋调直机、弯筋机、卷扬机等。钢筋调直机用于圆钢筋的调直和切断，并可清除其表面的锈皮和污迹。

3. 钢筋切断

钢筋切断前应做好以下准备工作：

(1)汇总当班所要切断的钢筋料牌，将同规格（同级别、同直径）的钢筋分别统计，按不同长度进行长短搭配，一般情况下先断长料，后断短料，以尽量减少短头，减少损耗。

(2)检查测量长度所用工具或标志的准确性，在工作台上有量尺刻度线的，应事先检查定尺卡板的牢固和可靠性。在断料时应避免用短尺量长料，防止在量料中产生累计误差。

钢筋切断有人工剪断、机械切断、氧气切割等三种方法。直径大于 40mm 的钢筋一般用氧气切割。

手工切断的工具有断线钳（用于切断直径在 5mm 以下的钢丝）、手动液压钢筋切断机（用于切断直径在 16mm 以下的钢筋及直径在 25mm 以下的钢绞线）。

钢筋机械切断一般采用钢筋切断机，它将钢筋原材料或已调至钢筋阶段，其主要类型有机械式、液压式和手持式钢筋切断机。其中机械式钢筋切断机又有偏心轴立式、凸轮式和曲柄连杆式等形式。

4. 钢筋弯曲成型

将已切断、配好的钢筋，弯曲成所规定的形状尺寸是钢筋加工的一道主要工序。钢筋弯曲成型要求加工的钢筋形状正确，平面上没有翘曲不平的现象，便于绑扎安装。

钢筋弯曲成型有手工（见图 4-25）和机械弯曲成型两种方法。

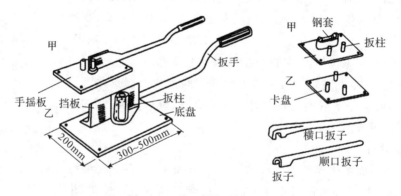

图 4-25　手工弯曲钢筋工具

　小贴士

钢筋需要除锈、调直,而人需要"批评与自我批评"。

"房子是应该经常打扫的,不打扫就会积满了灰尘;脸是应该经常洗的,不洗也就会灰尘满面。我们同志的思想,我们党的工作,也会产生灰尘的,也应该打扫与洗涤。"1945 年,在中共七大的政治报告中,毛泽东同志通过一连串生动的比喻,首次将"批评与自我批评"作为党的"三大作风"之一明确地提了出来。

毛泽东是带领中华民族站起来的伟人,他高瞻远瞩的思想激励着我们一代又一代人。一路走来,"批评与自我批评"在无数关键时刻发挥出重要作用,一代代中国共产党人以此为"良药"和"武器",定期自省,及时纠偏,让这个百年大党始终焕发着生机和活力。新时代的大学生更应拾起"批评与自我批评"的武器,做到"吾日三省吾身",时刻注意修正自己的人生道路,积极响应党的初心使命感召,坚定不移听党话、跟党走,怀抱梦想又脚踏实地,敢想敢为又善作善成,立志做有理想、敢担当、能吃苦、肯奋斗的新时代好青年。

4.2.5　钢筋的连接

直条钢筋的长度通常只有 9~12m,如构件长度大于 12m 时,一般都要接长钢筋。钢筋的接长方式可分为绑扎连接、焊接连接、机械连接三类。

纵向钢筋宜优先采用机械连接接头或焊接接头,机械连接可采用直螺纹或挤压套筒,焊接可采用闪光对焊、电弧焊、电渣压力焊或气压焊。当钢筋直径小于等于 14mm 时采用绑扎搭接,当钢筋直径大于 14mm 时优先选用机械连接,可选用焊接,机械连接采用二级的质量等级,筏板钢筋选用机械连接。

本节主要介绍钢筋绑扎连接、钢筋焊接和钢筋机械连接。

1. 钢筋绑扎连接

钢筋绑扎连接的基本要求如下:

(1)当受拉钢筋的直径大于 28mm、受压钢筋直径大于 32mm 时,不宜采用绑扎搭接接头。

(2)轴心受拉及小偏心受拉杆件(如桁架和拱架的拉杆等)的纵向受力钢筋和直接承受动力荷载结构中的纵向受力钢筋均不得采用绑扎搭接接头。

(3)搭接长度的末端与钢筋弯曲处相距大于等于 $10d$,且接头不宜位于最大弯矩处。

(4)在受拉区,HPB300 级钢筋绑扎接头末端应做成弯钩,热轧带肋钢筋可不做弯钩。

(5)钢筋直径不大于 12mm 的受压 HPB300 级钢筋末端,以及轴心受压结构中任意直径的受力钢筋的末端,可不做弯钩,但搭接长度不应小于钢筋直径的 35 倍。

(6)同一构件中相邻纵向受力钢筋的绑扎搭接接头宜相互错开。钢筋绑扎搭接接头连接区段的长度为 $1.3l_1$(l_1 为搭接长度),凡搭接接头中点位于该连接区段长度内的搭接接头均属于同一连接区段,如图 4-26 所示。同一连接区段内,有搭接接头的纵向受力钢筋截面面积占全部纵向受力钢筋截面面积的百分率应符合设计要求,无设计具体要求时,应符合规定:对梁类、板类及墙类构件,不宜大于25%;对柱类构件,不宜大于50%;当工程中确有必要增大接头面积百分率时,对梁类构件,不应大于50%,对其他构件可根据实际情况放宽。

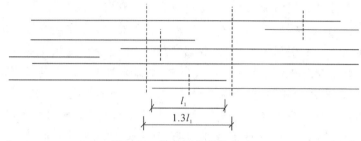

图 4-26　钢筋绑扎搭接接头

(7)纵向受拉钢筋的最小搭接长度应符合图集《混凝土结构施工图平面整体表示方法制图规则和构造详图(现浇混凝土框架、剪力墙、梁、板)》(22G101—1)的规定。

(8)绑扎接头处的中心和两端均应用铁丝扎牢。

(9)绑扎搭接接头中钢筋的横向净距不应小于钢筋直径,且不应小于25mm。

(10)有抗震要求的受力钢筋搭接长度,对一、二级抗震设防应增加50%。

(11)在梁柱类构件的纵向受力钢筋搭接长度范围内,应按设计要求配置箍筋,箍筋直径不小于搭接钢筋较大直径的25%;受拉搭接区段的箍筋的间距不大于搭接钢筋较小直径的5倍,且不大于100mm;受压搭接区段的箍筋的间距不大于搭接钢筋较小直径的10倍,且不大于200mm;当柱纵向受力钢筋直径大于25mm时,应在搭接接头两个端面外100mm范围内,各设置两个箍筋,其间距为50mm。

2. 钢筋焊接

钢筋焊接的方式有闪光对焊、电弧焊、电渣压力焊、埋弧压力焊、气压焊等。其中对焊用于接长钢筋;点焊用于焊接钢筋网片;埋弧焊用于钢筋与钢板的焊接;电渣压力焊用于现场焊接竖向钢筋。

焊接相关规定:焊工必须持证上岗。焊接前应先试焊,经测试合格后,方可正式焊接施工。钢筋接头严格按照设计施工图和施工规范进行施工,设置在同一构件内的钢筋接头应相互错开,在长度为35d且不小于500mm的截面内,焊接接头在受拉区不超过50%。钢筋焊接的接头型式、焊接方法、适用范围应符合现行《钢筋焊接及验收规程》(JGJ 18—2012)的规定。

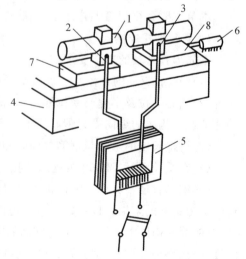

图 4-27　钢筋闪光对焊原理

(1)闪光对焊

工艺:将两根钢筋安放成对接形式,利用电阻热使接触点金属熔化,产生强烈飞溅,形成闪光,迅速加顶锻力完成的一种压焊方法,如图4-27所示。

钢筋闪光对焊的焊接工艺可分为连续闪光对焊、预热闪光对焊和闪光-预热闪光焊等，根据钢筋品种、直径、焊机功率、施焊部位等因素选用。

①连续闪光对焊

连续闪光对焊适于焊接直径小于 25mm 的钢筋。

连续闪光对焊的工艺过程包括连续闪光和顶锻过程。施焊时，先闭合一次电路，使两根钢筋端面轻微接触，此时端面的间隙中即喷射出火花般熔化的金属微粒——闪光，接着徐徐移动钢筋使两端面仍保持轻微接触，形成连续闪光。当闪光到预定的长度，使钢筋端头加热到将近熔点时，就以一定的压力迅速进行顶锻。先带电顶锻，再无电顶锻到一定长度，焊接接头即告完成。

②预热闪光对焊

预热闪光对焊适于焊接直径大于 25mm，端面较平的钢筋。

预热闪光对焊是在连续闪光焊前增加一次预热过程，以扩大焊接热影响区。其工艺过程包括预热、闪光和顶锻过程。施焊时先闭合电源，然后使两根钢筋端面交替地接触和分开，这时钢筋端面的间隙中发出断续的闪光，而形成预热过程。当钢筋达到预热温度后进入闪光阶段，随后顶锻而成。

③闪光-预热闪光焊

闪光-预热闪光焊适于焊接直径大于 25mm，端面不平整的钢筋。

闪光-预热闪光焊是在预热闪光焊前加一次闪光过程，目的是使不平整的钢筋端面烧化平整，使预热均匀。其工艺过程包括一次闪光、预热、二次闪光及顶锻过程。施焊时首先连续闪光，使钢筋端部闪平，然后同预热闪光焊。

（2）电弧焊

电弧焊是利用弧焊机使焊条与焊件之间产生高温电弧，使焊条和电弧燃烧范围内的焊件熔化，待其凝固便形成焊缝或接头，如图 4-28 所示。

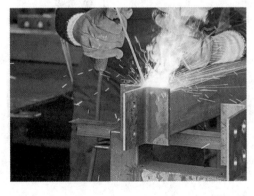

图 4-28　电弧焊

电弧焊广泛用于钢筋接头与钢筋骨架焊接、装配式结构接头焊接、钢筋与钢板焊接及各种钢结构焊接。

弧焊机有直流与交流之分，常用的是交流弧焊机。

钢筋电弧焊的接头形式有搭接焊接头、帮条焊接头及坡口焊接头三种,如图4-29所示。

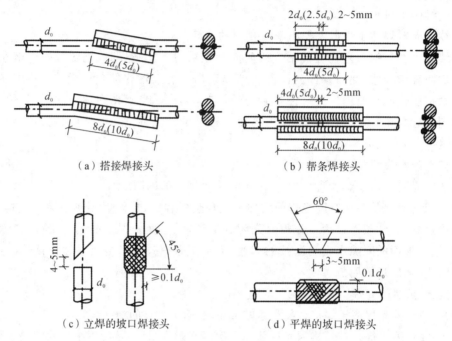

（a）搭接焊接头　（b）帮条焊接头

（c）立焊的坡口焊接头　（d）平焊的坡口焊接头

d_0—钢筋直径

图 4-29　电弧焊的接头形式

搭接焊接头的长度、帮条的长度、焊缝的宽度和高度,均应符合规范的规定。

①电弧焊接头外观检查时,应在清渣后逐个进行目测或量测。

②钢筋电弧焊接头外观检查结果,应符合下列要求:

a. 焊缝表面应平整,不得有凹陷或焊瘤;

b. 焊接接头区域不得有裂纹;

c. 坡口焊、熔槽帮条焊和窄间隙焊接头的焊缝余高不得大于3mm。

（3）电渣压力焊

电渣压力焊是利用电流通过渣池产生的电阻热将钢筋端部熔化,然后施加压力使钢筋焊合。

钢筋电渣压力焊分手工操作和自动控制两种。采用自动电渣压力焊时,主要设备是电渣焊机,其构造如图4-30所示。

电渣压力焊的焊接参数为焊接电流、渣池电压和通电时间等,可根据钢筋直径选择。

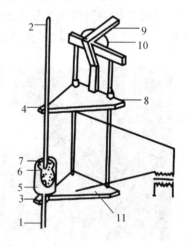

1、2—钢筋;3—固定电极;4—活动电极;
5—药盒;6—导电剂;7—焊药;8—滑动架;
9—手柄;10—支架;11—固定架

图 4-30　电渣焊机的构造

　　直径大于等于 $\phi16mm$ 的竖向钢筋连接,宜采用电渣压力焊。电渣压力焊只适用于竖向钢筋的连接,不能用于水平钢筋和斜筋的连接。

　　工艺:将钢筋安放成竖向对接形式,利用焊接电流通过两钢筋端面间隙,在焊剂层下形成电弧过程和电渣过程,产生电弧热和电阻热,熔化钢筋,加压完成。

　　施工注意事项:焊机的上、下钳口要保持同心。钢筋焊接端头要对正压紧且保持垂直。罐内倒焊剂,严禁将焊剂从罐内一侧倾倒。在低温条件下,焊剂罐拆除时间要较常温条件下适当延长。雨雪天气时,在无可靠遮蔽措施条件下禁止施焊。用电渣压力焊焊接的墙体钢筋如图 4-31 所示。

图 4-31　用电渣压力焊焊接的墙体钢筋

　　电渣压力焊质量要求:

　　①焊包较均匀,不得有裂缝、咬口、未熔合。

　　②钢筋轴线弯折角不得大于 $4°$。

　　③钢筋焊接点无气孔、夹渣,钢筋表面无损伤。

　　④接头处钢筋轴线偏移不得大于直径的 10%,且不得大于 2mm。

　　(4)埋弧压力焊

　　埋弧压力焊是利用焊剂层下的电弧,将两焊件相邻部位熔化,然后加压顶锻使两焊件焊合,如图 4-32 所示。

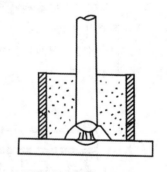

图 4-32　埋弧压力焊示意

　　特点:焊后钢板变形小,抗拉强度高。

　　适用范围:钢筋与钢板做 T 形接头的焊接。

　　(5)气压焊

　　气压焊是利用乙炔、氧气混合气体燃烧的高温火焰,加热钢筋结合端部,不待钢筋熔融使其高温下加压接合。

　　气压焊的设备包括供气装置、加热器、加压器和压接器等,如图 4-33 所示。

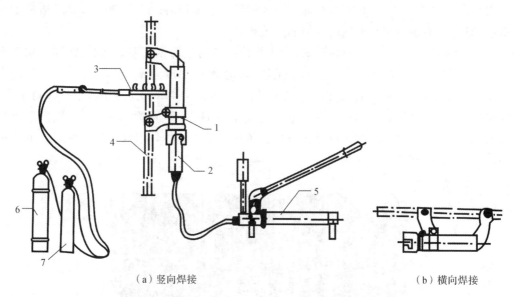

（a）竖向焊接　　　　　　　　　　　　（b）横向焊接

1—压接器；2—顶头油缸；3—加热器；4—钢筋；5—加压器（手动）；6—氧气；7—乙炔

图 4-33　气压焊装置系统

3. 钢筋机械连接

钢筋机械连接是指通过连接件的机械咬合作用或钢筋端面的承压作用，将一根钢筋的力传递至另一根钢筋的连接方式。这种连接方法的接头质量可靠，稳定性好，施工简便，与母材等强，但是成本高，工人工作强度大。

常用钢筋机械连接类型有套筒挤压连接、锥螺纹连接和直螺纹连接。

（1）套筒挤压连接

套筒挤压连接是把两根待接钢筋的端头先插入一个优质钢套筒，然后用挤压机在侧向加压数次，待套筒塑性变形后即与带肋钢筋紧密咬合达到连接的目的，如图 4-34 所示。

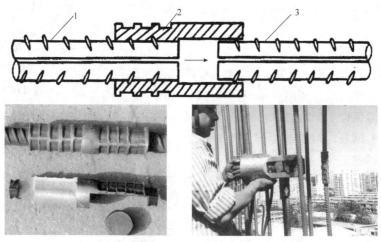

1—钢筋 1；2—套筒；3—钢筋 2

图 4-34　套筒挤压连接

特点:强度高、速度快、准确、安全、不受环境限制。

适用:(带肋粗筋)HRB400、RRB400 级直径 $18\sim40d$ 的钢筋,异径差不大于 5mm。

方法:径向挤压;轴向挤压。

(2)锥螺纹连接

锥螺纹连接是用锥螺纹套筒将两根钢筋端头对接在一起,利用螺纹的机械咬合力传递拉力或压力,如图 4-35 所示。所用的设备主要是套丝机,通常安放在现场对钢筋端头进行套丝。

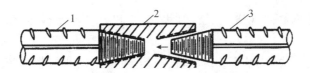

1—已连接的钢筋;2—锥螺纹套筒;3—未连接的钢筋

图 4-35　锥螺纹连接

(3)直螺纹连接

直螺纹连接是近年来开发的一种新的螺纹连接方式。它先把钢筋端部镦粗,然后再切削直螺纹,最后用套筒实行钢筋对接,如图 4-36 所示。

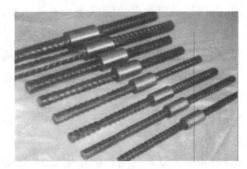

图 4-36　直螺纹连接

直螺纹连接的优点:强度高,接头强度不受扭紧力矩影响,连接速度快,应用范围广,经济,便于管理。

钢筋机械连接接头质量检查与验收:

①工程中应用钢筋机械连接时,应由该技术提供单位提交有效的检验报告。

②钢筋连接工程开始前及施工过程中,应对每批进场钢筋进行接头工艺检验。工艺检验应符合设计图纸或规范要求。

③现场检验应进行外观质量检查和单向拉伸试验。

④接头的现场检验按验收批进行。

⑤对接头的每一验收批,必须在工程结构中随机截取 3 个试件进行单向拉伸试验,按设计要求的接头性能等级进行检验与评定。

⑥在现场连续检验 10 个验收批。

⑦外观质量检验的质量要求、抽样数量、检验方法及合格标准由各类型接头的技术规程确定。

4.2.6 钢筋的绑扎与安装

1. 准备工作

(1)现场弹线,并剔凿、清理接头处表面混凝土浮浆、松动石子、混凝土块等,清理接头处钢筋。

钢筋工程二

(2)校对需绑扎钢筋的规格、直径、形状、尺寸和数量等是否与料单、料牌和图纸相符。

(3)准备绑扎用的铁丝、绑扎工具(如钢筋钩、带扳口的小撬棍)、绑扎架等。钢筋绑扎用的铁丝,一般采用 20~22 号铁丝(火烧丝)或镀锌铁丝(铅丝),其中 22 号铁丝只用于绑扎直径在 12mm 以下的钢筋。

(4)准备控制混凝土保护层用的水泥砂浆垫块或塑料卡。水泥砂为浆垫块的厚度应等于保护层的厚度。当保护层厚度等于或小于 20mm 时,垫块的平面尺寸为 30mm×30mm;大于 20mm 时,垫块的平面尺寸为 50mm×50mm。当在垂直方向使用垫块时,可在垫块中埋入 20 号铁丝。

塑料卡有两种:塑料垫块和塑料环圈。塑料垫块用于水平构件(如梁、板),在两个方向均有槽,以便适应两种保护层厚度。塑料环圈用于垂直构件(如柱、墙),使用时钢筋从卡嘴进入卡腔;塑料环圈有弹性,可使卡腔的大小适应钢筋直径的变化。

(5)画出钢筋位置线。平板或墙板的钢筋,在模板上画线;柱的箍筋,在两根对角线主筋上画点;梁的箍筋,则在架立筋上画点;基础的钢筋,在两个方向各取一根钢筋画点或在垫层上画线。

钢筋接头的位置,应根据来料规格,按规范对有关接头位置、数量进行规定,使其错开,在模板上画线。

(6)绑扎形式复杂的结构部位钢筋时,应先研究逐根钢筋穿插就位的顺序。

2. 柱钢筋绑扎

(1)柱钢筋的绑扎应在柱模板安装前进行。

(2)框架梁、牛腿及柱帽等钢筋,应放在柱子纵向钢筋的内侧。

柱钢筋施工

(3)柱中的竖向钢筋搭接时,角部钢筋的弯钩应与模板成 45°角(多边形柱为模板内角的平分角,圆柱形柱应与模板切线垂直),中间钢筋的弯钩应与模板成 90°角。

(4)箍筋的接头(弯钩叠合处)应交错布置在四角纵向钢筋上;箍筋转角与纵向钢筋交叉点均应扎牢(钢筋平直部分与纵向钢筋交叉点可间隔扎牢),绑扎箍筋时绑扣相互间成八字形。

3. 墙钢筋绑扎

（1）墙钢筋的绑扎也应在墙模板安装前进行。

（2）墙（包括水塔壁、烟囱筒身、池壁等）的垂直钢筋每段长度不宜超过 4m（钢筋直径小于等于 12mm）或 6m（钢筋直径大于 12mm）或层高加搭接长度，水平钢筋每段长度不宜超过 8m，以利绑扎。钢筋的弯钩应朝向混凝土内。

（3）采用双层钢筋网时，在两层钢筋内应设置撑铁或绑扎架，以固定钢筋间距。

墙柱钢筋施工

4. 梁、板钢筋绑扎

（1）当梁的高度较小时，梁的钢筋架空在梁模板顶上绑扎，然后再落位；当梁的高度较大（大于等于 1.0m）时，梁的钢筋宜在梁底模上绑扎，其两侧或一侧模板后安装。板的钢筋在模板安装后绑扎。

（2）梁纵向受力钢筋采取双层排列时，两排钢筋之间应垫以直径大于等于 25mm 的短钢筋，以保证其设计距离。钢筋的接头（弯钩叠合处）应交错布置在两根架立钢筋上，其余同柱。

梁钢筋施工

（3）板的钢筋网绑扎，四周两行钢筋交叉点应每点扎牢，中间部分交叉点可相隔交错扎牢，但必须保证受力钢筋不移位。双向主筋的钢筋网，则须将全部钢筋相交点扎牢。采用双层钢筋网时，在上层钢筋网下面应设置钢筋撑脚，以保证钢筋位置正确。绑扎时应注意相邻绑扎点的铁丝要成八字形，以免网片歪斜变形。

板钢筋施工

（4）板上部的负筋要防止被踩下，特别是雨棚、挑檐、阳台等悬臂板（悬臂板受力筋在上部），要严格控制负筋位置，以免拆模后断裂。

（5）板、次梁与主梁交叉处，板的钢筋在上，次梁的钢筋居中，主梁的钢筋在下；当有圈梁或垫梁时，主梁的钢筋在上。

剪力墙钢筋施工

（6）框架节点处钢筋穿插十分稠密时，应特别注意梁顶面主筋间的净距要有 30mm，以利浇筑混凝土。

（7）梁板钢筋绑扎时，应防止水电管线位置影响钢筋位置。

地梁钢筋施工

4.3　混凝土工程施工

混凝土，简称"砼（tóng）"，是指由胶凝材料将集料胶结成整体的工程复合材料的统称。通常讲的混凝土一词是指用水泥作胶凝材料，砂、石作集料，与水（加或不加外加剂和掺和料）按一定比例配合，经搅拌、成型、养护而得的水泥混凝土，也称普通混凝土，它广泛应用于土木工程。混凝土工程施工中的任何一个细小的环节，都有严格的法律法规来规范。

梁施工

本节从混凝土的制备、混凝土的运输、混凝土的浇筑、混凝土的养护等几方面阐述了混凝土工程施工的各个环节的施工要求，并提出了具体的操作方法。

4.3.1 混凝土的施工配料

配料时按设计要求,称量每次拌和混凝土的材料用料。配料的精度将直接影响混凝土的质量。混凝土配料要求采用质量配料法,即将砂、石、水泥、掺和料按质量计量,水和外加剂溶液按质量折算成体积计量,称量的允许偏差应满足要求。设计配合比中的加水量要根据水灰比的计算来确定,并以饱和面干状态的砂子为标准。由于水灰比对混凝土强度和耐久性的影响极大,因此绝不能任意变更;由

GB 50666—2011
混凝土结构工
程施工规范

于施工中采用的砂子的含水量往往较高,因此在配料时采用的加水量应是在扣除了砂子表面含水量及外加剂中的水量之后的水量。

混凝土应按国家现行标准《普通混凝土配合比设计规程》(JGJ 55—2011)的有关规定,根据混凝土强度等级、耐久性和工作性等要求设计配合比。

施工配料时影响混凝土质量的因素主要有两个方面:一是称量不准;另一是未按砂、石骨料实际含水率的变化换算施工配合比。

1. 施工配合比换算

施工时应及时测定砂、石骨料的含水率,并将混凝土配合比换算成在实际含水率情况下的施工配合比。

设混凝土实验室配合比为水泥:砂:石子$=1:x:y$,水灰比W/C,测得砂的含水率为W_x,石子的含水率为W_y,则施工配合比为

$$水泥:砂:石子=1:x(1+W_x):y(1+W_y)$$

水灰比W/C不变,但加水量应扣除砂、石中的含水量。

2. 施工配料

施工配料是确定每拌和一次需用的各种原材料的用量,它根据施工配合比和搅拌机的出料容量计算。它是保证混凝土质量的重要环节之一,因此必须加以严格控制。

施工中往往以一袋或两袋水泥为下料单位,每搅拌一次叫作一盘。因此,求出每$1m^3$混凝土材料用量后,还必须根据工地现有搅拌机出料容量确定每次需用几袋水泥,然后按水泥用量算出砂、石子的每盘用量。

【例 4-2】 已知 C20 混凝土的试验室配合比为$1:2.55:5.12$,水灰比W/C为 0.55,经测定砂的含水率为 3%,石子的含水率为 1%。每立方米混凝土中水泥用量为 310kg。(1)求施工配合比;(2)求每立方米混凝土中各材料的用量;(3)若采用 JZ250 型搅拌机,出料容量为 $0.25m^3$,则每搅拌一次的材料用量是多少?

解:(1)求施工配合比:

由 $W/C=0.55$ 得 $W=0.55C$

$1:2.55(1+3\%):5.12(1+1\%)=1:2.55(1+3\%):5.12(1+1\%)=1:2.63:5.17$

$$\frac{W}{C}=\frac{0.55C-2.55C\times3\%-5.12C\times1\%}{C}=\frac{0.42C}{C}$$

(2)每立方米混凝土中各材料的用量如下：

水泥：310kg。

砂：310kg×2.63＝815.3kg。

石子：310kg×5.17＝1602.7kg。

水：310kg×0.42＝130.2kg。

(3)若采用JZ250型搅拌机，出料容量为0.25m³，则每搅拌一次的材料用量如下：

水泥：310kg×0.25＝77.5kg(取一袋半水泥，即75kg)。

砂：815.3kg×75/310＝197.25kg。

石子：1602.7kg×75/310＝387.75kg。

水：130.2kg×75/310＝31.5kg。

4.3.2　混凝土的搅拌

混凝土搅拌，是将水，水泥和粗、细骨料进行均匀拌和及混合的过程。同时，通过搅拌还要使材料达到强化、塑化的作用。

混凝土工程

1. 混凝土拌和方法

混凝土的拌和方法有人工拌和与机械拌和两种。其中，机械拌和混凝土应用较广，它能提高拌和质量和生产率。混凝土搅拌机按搅拌原理分为自落式和强制式两类。

自落式搅拌机是通过筒身旋转，带动搅拌叶片将物料提高，在重力作用下物料自由坠落，反复进行，互相穿插、翻拌、混合，使混凝土各组分搅拌均匀。自落式搅拌机多用于搅拌塑性混凝土和低流动性混凝土，根据其构造的不同又分为若干种，如图 4-37 所示。

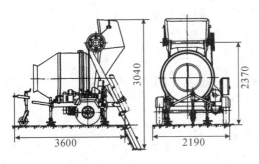

图 4-37　自落式搅拌机

强制式搅拌机一般是筒身固定，搅拌机叶片旋转，对物料施加剪切、挤压、翻滚、滑动、混合，使混凝土各组分搅拌均匀。强制式搅拌机多用于搅拌干硬性混凝土和轻骨料混凝土，也可以搅拌低流动性混凝土。强制式搅拌机又分为立轴式和卧轴式两种，如图 4-38 所示。卧轴式有单轴、双轴之分，而立轴式又分为涡桨式和行星式。

图 4-38　强制式搅拌机

搅拌机在使用前应按照"十字作业法"(清洁、润滑、调紧、紧固、防腐)的要求检查离合器、制动器、钢丝绳等各个系统和部位是否机件齐全、机构灵活、运转正常,并按规定位置加注润滑油脂;进行空转检查,检查搅拌机的旋转方向是否与机身上的箭头方向一致;进行空车运转,检查。

2. 混凝土搅拌

(1)搅拌时间

混凝土的搅拌时间:从砂、石、水泥和水等全部材料投入搅拌筒起,到开始卸料为止所经历的时间。

搅拌时间与混凝土的搅拌质量密切相关,随搅拌机类型和混凝土的和易性不同而变化。

搅拌时间过短:拌和不均匀,会降低混凝土的强度及和易性。

搅拌时间过长:强度有所提高,但过长时间的搅拌不经济,影响搅拌机的生产效益,而且混凝土的和易性又重新降低或产生分层离析,影响混凝土的质量。在一定范围内,随搅拌时间的延长,加气混凝土还会因搅拌时间过长而使含气量下降。

混凝土搅拌的最短时间可按表 4-7 采用。

表 4-7　混凝土搅拌的最短时间

混凝土坍落度/cm	搅拌机机型	最短时间/s		
		搅拌机容量<250L	250~500L	>500L
≤3	自落式	90	120	150
	强制式	60	90	120
>3	自落式	90	90	120
	强制式	60	60	90

注:(1)当掺有外加剂时,搅拌时间应适当延长;

(2)全轻混凝土宜采用强制式搅拌机,砂轻混凝土可采用自落式搅拌机,搅拌时间均应延长 60~90s;

(3)高强混凝土应采用强制式搅拌机,搅拌时间应适当延长。

(2)投料顺序

投料顺序应从提高搅拌质量,减少叶片、衬板的磨损,减少拌和物与搅拌筒的黏结,减少水泥飞扬,改善工作环境,提高混凝土强度及节约水泥等方面综合考虑确定。常用一次投料法和二次投料法。

①一次投料法

一次投料法是在上料斗中先装石子,再加水泥和砂,然后一次投入搅拌筒中进行搅拌。

自落式搅拌机要在搅拌筒内先加部分水,投料时砂压住水泥,使水泥不飞扬,而且水泥和砂先进搅拌筒形成水泥砂浆,可缩短水泥包裹石子的时间。

强制式搅拌机出料口在下部,不能先加水,应在投入原材料的同时,缓慢、均匀、分散地加水。

②二次投料法

二次投料法是先向搅拌机内投入水和水泥(和砂),待其搅拌 1min 后再投入石子和砂继续搅拌到规定时间。这种投料方法,能改善混凝土性能,提高混凝土的强度,在保证规定的混凝土强度的前提下可节约水泥。

目前常用的二次投料法有预拌水泥砂浆法和预拌水泥净浆法两种。

预拌水泥砂浆法是指先将水泥、砂和水加入搅拌筒内进行充分搅拌,成为均匀的水泥砂浆后,再加入石子搅拌成均匀的混凝土。

预拌水泥净浆法是先将水泥和水充分搅拌成均匀的水泥净浆后,再加入砂和石子搅拌成混凝土。

与一次投料法相比,二次投料法可使混凝土强度提高 10%～15%,节约水泥15%～20%。

(3)搅拌要求

严格控制混凝土施工配合比。砂、石必须严格过磅,不得随意加减用水量。在搅拌混凝土前,搅拌机应加适量的水运转,使搅拌筒表面润湿,然后将多余水排干。搅拌第一盘混凝土时,考虑到筒壁上黏附砂浆的损失,石子用量应按配合比规定减半。

搅拌好的混凝土要卸尽,在混凝土全部卸出之前,不得再投入拌和料,更不得采取边出料边进料的方法。混凝土搅拌完毕或预计停歇 1h 以上时,应将混凝土全部卸出,倒入石子和清水,搅拌 5～10min,把黏在料筒上的砂浆冲洗干净后全部卸出。料筒内不得有积水,以免料筒和搅拌叶片生锈,同时还应清理搅拌筒以外的积灰,使机械保持清洁完好。

(4)进料容量

进料容量是将搅拌前各种材料的体积累积起来的容量,又称干料容量。

进料容量与搅拌机搅拌筒的几何容量有一定比例关系。进料容量约为出料容量的 1.4～1.8 倍(通常取 1.5 倍),如任意超载(超载 10%),就会使材料在搅拌筒内无充分的空间进行拌和,影响混凝土的和易性;反之,如果装料过少,又不能充分发挥搅拌机的效能。

3. 混凝土搅拌站

在混凝土的施工工地,通常将骨料堆场、水泥仓库、配料装置、拌和机及运输设备等进行比较集中的布置,组成混凝土搅拌站,或采用成套的混凝土工厂(拌和楼)来制备混凝土。

混凝土搅拌站是用来集中搅拌混凝土的联合装置,又称混凝土预制场。由于它的机械化、自动化程度较高,所以生产率也很高,并能保证混凝土的质量和节约水泥,常用于混凝土工程量大、工期长、工地集中的大中型水利、电力、桥梁等工程。随着市政建设的发展,采用集中搅拌、提供商品混凝土的搅拌站具有很大的优越性,因而得到迅速发展,并为推广混凝土泵送施工,实现搅拌、输送、浇筑机械联合作业创造了条件。

4.3.3　混凝土的运输

混凝土运输是整个混凝土施工中的一个重要环节,对工程质量和施工进度影响较大。由于混凝土料拌和后不能久存,而且在运输过程中对外界的影响敏感,因此运输方法不当或疏忽大意,都会降低混凝土的质量,甚至造成废品。

1. 混凝土运输的要求

运输中的全部时间不应超过混凝土的初凝时间。

运输中应保持匀质性,不应产生分层离析现象,不应漏浆;运至浇筑地点应具有规定的坍落度,并保证混凝土在初凝前能有充分的时间进行浇筑。

混凝土的运输道路要求平坦,应以最少的运转次数、最短的时间从搅拌地点运至浇筑地点。

从搅拌机中卸出后到浇筑完毕的延续时间不宜超过表 4-8 的规定。

表 4-8　混凝土从搅拌机中卸出后到浇筑完毕的延续时间

混凝土强度等级	延续时间/min	
	气温<25℃	气温≥25℃
低于及等于 C30	120	90
高于 C30	90	60

注:(1)掺用外加剂或采用快硬水泥拌制混凝土时,应按试验确定;
　　(2)轻骨料混凝土的运输、浇筑延续时间应适当缩短。

2. 运输工具的选择

混凝土运输分为地面水平运输、垂直运输和楼面水平运输三种。

地面运输时,短距离多用双轮手推车、机动翻斗车,长距离宜用自卸汽车、混凝土搅拌运输车,如图 4-39 所示。

图 4-39　机动翻斗车和混凝土搅拌运输车

垂直运输可采用各种井架、龙门架和塔式起重机。对于浇筑量大,浇筑速度比较稳定的大型设备基础和高层建筑,宜采用混凝土泵,也可采用自升式塔式起重机或爬升式塔式起重机运输。

3. 泵送混凝土

泵送混凝土是利用混凝土泵的压力将混凝土通过管道输送到浇筑地点,一次完成水平运输和垂直运输。泵送混凝土具有输送能力大、效率高、连续作业、节省人力等优点。常用的混凝土泵有液压柱塞泵和挤压泵两种。

(1)液压柱塞泵

液压柱塞泵如图 4-40 所示。它是利用柱塞的往复运动将混凝土吸入和排出。

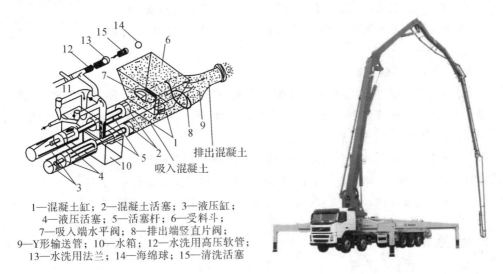

1—混凝土缸;2—混凝土活塞;3—液压缸;
4—液压活塞;5—活塞杆;6—受料斗;
7—吸入端水平阀;8—排出端竖直片阀;
9—Y形输送管;10—水箱;12—水洗用高压软管;
13—水洗用法兰;14—海绵球;15—清洗活塞

图 4-40 液压活塞泵

混凝土输送管有直管、弯管、锥形管和浇筑软管等,一般由合金钢、橡胶、塑料等材料制成,常用混凝土输送管的管径为 100~150mm。

(2)泵送混凝土对原材料的要求

①粗骨料:碎石最大粒径与输送管内径之比不宜大于 1:3;卵石不宜大于 1:2.5。

②砂:以天然砂为宜,砂率宜控制在 40%~50%,通过 0.315mm 筛孔的砂不少于 15%。

③水泥:最少水泥用量为 300kg/m³,坍落度宜为 80~180mm,混凝土内宜适量掺入外加剂(主要有泵送剂、减水剂和引气剂等)。泵送轻骨料混凝土的原材料选用及配合比,应通过试验确定。

(3)泵送混凝土施工中应注意的问题

①输送管的布置宜短直,尽量减少弯管数,转弯宜缓,管段接头要严密,少用锥形管。

②混凝土的供料应保证混凝土泵能连续不间断工作;正确选择骨料级配,严格控制配合比。

③泵送前,为减少泵送阻力,应先用适量与混凝土内成分相同的水泥浆或水泥砂浆润滑输送管内壁。

④泵送过程中,泵的受料斗内应充满混凝土,防止吸入空气形成阻塞。

⑤防止停歇时间过长,若停歇时间超过45min,应立即用压力或其他方法冲洗管内残留的混凝土。

⑥泵送结束后,要及时清洗泵体和管道。

⑦用混凝土泵浇筑的建筑物,要加强养护,防止龟裂。

4.3.4　混凝土的浇筑与振捣

混凝土成型就是将混凝土拌和料浇筑在符合设计尺寸要求的模板内,并加以捣实,使其具有良好的密实性,达到设计强度的要求。混凝土成型过程包括浇筑和振捣,是混凝土工程施工的关键,将直接影响构件的质量和结构的整体性。混凝土经浇筑和捣实后应内实外光,尺寸准确,表面平整,钢筋及预埋件位置符合设计要求,新旧混凝土结合良好。

主体屋面结构施工

1. 混凝土浇筑前的准备工作

(1)混凝土浇筑前,应对模板及其支架进行检查。检查模板的位置、标高、尺寸、强度和刚度是否符合要求,接缝是否严密;对模板中的垃圾、泥土和钢筋上的油污应加以清除;木模板应浇水湿润,但不允许留有积水。

(2)对钢筋及其预埋件进行检查。应请工程监理人员共同检查钢筋的级别、直径、排放位置及保护层厚度是否符合设计和规范要求,并认真做好隐蔽工程记录。

(3)准备和检查材料、机具等,注意天气预报,不宜在下雨天浇筑混凝土。

(4)做好施工组织工作和技术安全工作。

2. 施工缝和后浇带

(1)施工缝的留设与处理

如果由于技术或施工组织上的原因,不能对混凝土结构一次连续浇筑完毕,而必须停歇较长的时间,其停歇时间已超过混凝土的初凝时间,致使混凝土已初凝;当继续浇混凝土时,形成了接缝,即为施工缝。

①施工缝的留设位置

施工缝设置的原则,一般宜留在结构受力(剪力)较小且便于施工的部位,并使接触面与结构物的纵向轴线相垂直,尽可能利用伸缩缝或沉降缝作为施工分界段,减少施工缝数量。

柱子:宜留在基础与柱子交接处的水平面上,或梁的下面,或吊车梁牛腿、吊车梁、无梁楼盖柱帽的下面,如图4-41所示。

高度大于1m的钢筋混凝土梁的水平施工缝,应留在楼板底面下20～30mm处,当板下有梁托时,留在梁托下部。

单向板:留在平行于短边的任何位置。

有主、次梁的楼盖:顺次梁方向浇筑,在次梁中间1/3跨度范围内留垂直缝,如图4-42所示。

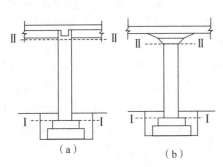

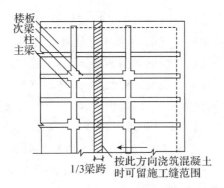

图 4-41　柱子施工缝的位置　　　　　图 4-42　有梁楼盖的施工缝位置

墙:在门洞口过梁中间 1/3 跨度范围内,或在纵横墙交接处留垂直缝。

双向楼板、大体积混凝土结构、拱、薄壳、蓄水池、多层刚架等,按设计要求的位置留置。

②施工缝的处理

施工缝处继续浇筑混凝土时,应待混凝土的抗压强度不小于 1.2MPa 方可进行。

施工缝浇筑混凝土之前,在已硬化的混凝土表面,应除去水泥薄膜、松动石子和软弱的混凝土层,并加以充分湿润和冲洗干净,不得有积水。

浇筑时,施工缝处宜先铺一层水泥浆(水泥:水=1:0.4)或与混凝土成分相同的水泥砂浆,厚度为 30～50mm,以保证接缝的质量。

浇筑过程中,施工缝应细致捣实,使其紧密结合。

(2)后浇带的施工

后浇带是在现浇混凝土结构施工过程中,克服由于温度、收缩可能产生有害裂缝而设置的临时施工缝。该缝需根据设计要求保留一段时间后再浇筑混凝土,将整个结构连成整体。

后浇带的留置位置应按设计要求和施工技术方案确定。后浇带的设置距离,应考虑有效降低温度和收缩应力的条件下,通过计算来获得。在正常的施工条件下,有关规范对此的规定是:如混凝土置于室内和土中,后浇带的设置距离为 30m,露天为 20m。

后浇带的保留时间应根据设计确定,若设计无要求时,一般至少保留 28 天以上。

后浇带的宽度应考虑施工简便,避免应力集中,一般宽度为 700～1000mm。后浇带内的钢筋应完好保存。后浇带的构造如图 4-43 所示。

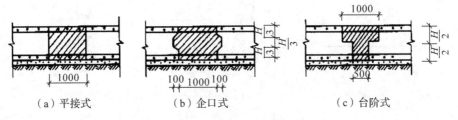

（a）平接式　　　（b）企口式　　　（c）台阶式

图 4-43　后浇带构造(单位:mm)

后浇带混凝土浇筑应严格按照施工技术方案进行。在浇筑混凝土前,必须将整个混凝土表面按照施工缝的要求进行处理。浇筑结构混凝土时,后浇带的模板上应设一层钢丝网,后浇带施工时,钢丝网不必拆除。后浇带无论采用何种形式设置,都必须在封闭前仔细地将整个混凝土表面的浮浆凿除,并凿成毛面,彻底清除后浇带中的垃圾及杂物,并隔夜浇水湿润,铺设水泥浆,以确保后浇带砼与先浇捣的砼连接良好。地下室底板和外墙后浇带的止水处理,按设计要求及相应施工验收规范进行。后浇带的封闭材料应采用比先浇捣的结构砼设计强度等级提高一级的微膨胀混凝土(可在普通混凝土中掺入微膨胀剂 UEA,掺量为 12%～15%)浇筑振捣密实,并保持不少于 14 天的保温、保湿养护。

3. 混凝土浇筑

(1)混凝土浇筑的一般规定

①混凝土浇筑前不应发生离析或初凝现象,如已发生,须重新搅拌。混凝土运至现场后,其坍落度应满足表 4-9 的要求。

表 4-9　混凝土浇筑时的坍落度

结构种类	坍落度/mm
基础或地面的垫层,无配筋的大体积结构(挡土墙、基础等)或配筋稀疏的结构	10～30
板,梁,大型及中型截面的柱子等	30～50
配筋密列的结构(薄壁、斗仓、筒仓、细柱等)	50～70
配筋特密的结构	70～90

②浇筑中,当混凝土自由倾落高度较大时,易产生离析现象。为防止离析,当混凝土自由倾落高度大于 2m 或在竖向结构中浇筑高度超过 3m 时,应设串筒、溜槽或振动串筒等,如图 4-44 所示。

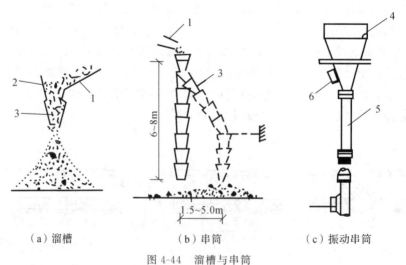

(a)溜槽　　　　(b)串筒　　　　(c)振动串筒

图 4-44　溜槽与串筒

1—溜槽;2—挡板;3—串筒;4—漏斗;5—节管;6—振动器

③混凝土的浇筑,应当由低处往高处逐层进行,并尽可能使砼顶面保持水平,减少砼在模板内的流动,防止骨料和砂浆分离。预埋件位置应特别注意,切勿使其移动。

④混凝土的浇筑应分段、分层连续进行,随浇随捣。混凝土浇筑层厚度应符合表 4-10 的规定。

⑤在浇筑竖向结构混凝土前,应先在底部浇入厚 50～100mm 的与混凝土成分相同的水泥砂浆,以避免产生蜂窝麻面现象。

⑥为保证混凝土的整体性,浇筑工作应连续进行。当由于技术上或施工组织上的原因必须间歇时,其间歇时间应尽可能缩短,并应在前层混凝土凝结之前,将次层混凝土浇筑完毕。间歇的最长时间应按所用水泥品种及混凝土条件确定。

表 4-10　混凝土浇筑层厚度

项　次	捣实混凝土的方法		浇筑层厚度/mm
1	插入式振捣		振捣器作用部分长度的 1.25 倍
2	表面振动		200
3	人工捣固	在基础、无筋混凝土或配筋稀疏的结构中	250
		在梁、墙板、柱结构中	200
		在配筋密列的结构中	150
4	轻骨料混凝土	插入式振捣器	300
		表面振动(振动时须加荷)	200

⑦正确留置施工缝。施工缝的位置应在混凝土浇筑之前确定,并宜留置在结构受剪力较小且便于施工的部位。柱应留水平缝,梁、板、墙应留垂直缝。

⑧在混凝土浇筑过程中,应随时注意模板及其支架、钢筋、预埋件及预留孔洞的变化,当出现不正常的变形、位移时,应及时采取措施进行处理,以保证混凝土的施工质量。

⑨在混凝土浇筑过程中应及时、认真地填写施工记录。

(2)混凝土的浇筑方法

浇筑框架结构首先要划分施工层和施工段,施工层一般按结构层划分,而每一施工层的施工段划分,则要考虑工序数量、技术要求、结构特点等。

混凝土的浇筑顺序:先浇捣柱子,在柱子浇捣完毕后,停歇 1～1.5h,使混凝土达到一定强度后,再浇捣梁和板。

①柱混凝土浇筑

a.宜在梁板模板安装后,钢筋未绑扎前浇筑,以便利用梁板模板作横向支撑和柱浇筑操作平台。

b.开始浇筑砼时,应先在底部浇筑一层厚 5～10cm 的与砼成分相同的砂浆垫层,以免底部产生蜂窝现象。

c.浇筑成排柱子时,其顺序是先外后内,先两端后中间,以免因浇筑混凝土后由于模板吸水膨胀、端面增大而产生横向推力,最后使柱发生弯曲变形。

d.凡柱截面在 40cm×40cm 以内,并有交叉箍筋时,应在柱模板侧面开个高度不小于

30cm 的门洞,插入斜溜槽分段浇筑,每段高度小于等于 2m。

e. 随着柱浇筑高度的升高,砼表面将集聚大量浆水,因此,砼的水灰比和坍落度应随浇筑高度上升予以递减。

②梁和板混凝土浇筑

a. 浇筑前检验钢筋保护层垫块是否安全可靠。

b. 肋形楼板的梁、板应同时浇筑,先将梁根据高度分层浇捣成阶梯形,当达到板底位置时即与板的砼一起浇捣,随着阶梯形的不断延长,则可连续向前推进。倾倒砼的方向应与浇筑方向相反。

c. 当梁高大于 1m 时,允许单独浇筑,施工缝可留在距板底面以下 2～3cm。

③剪力墙混凝土浇筑

剪力墙混凝土浇筑除按一般规定进行外,还应注意门窗洞口应两侧同时下料,浇筑高差不能太大,以免门窗洞口发生位移或变形;同时应先浇筑窗台下部,后浇筑窗间墙,以防窗台下部出现蜂窝孔洞。

4. 混凝土浇筑工艺

(1)铺料

开始浇筑前,要在旧混凝土面上先铺一层 20～30mm 厚的水泥砂浆(接缝砂浆),以保证新混凝土与基岩或旧混凝土结合良好。砂浆的水灰比应较混凝土水灰比减少 0.03～0.05。混凝土的浇筑,应按一定厚度、次序、方向分层推进。

主体混凝土施工

铺料厚度应根据拌和能力、运输距离、浇筑速度、气温及振捣器的性能等因素确定。一般情况下,浇筑层的允许最大厚度不应超过表 4-10 规定的数值,如采用低流态混凝土及大型强力振捣设备时,其浇筑层厚度应根据试验确定。

(2)平仓

平仓是把卸入仓内成堆的混凝土摊平到要求的均匀度。平仓不好会造成离析,使骨料架空,严重影响混凝土质量。

①人工平仓。人工平仓用铁锹,平仓距离不超过 3m,只适用于以下场合:(a)在靠近模板和钢筋较密的地方,用人工平仓,使石子分布均匀。(b)水平止水,止浆片底部要用人工送料填满,严禁料罐直接下料,以免止水,止浆片卷曲和底部混凝土架空。(c)门槽、机组预埋件等空间狭小的二期混凝土。(d)各种预埋件、观测设备的周围用人工平仓,防止位移和损坏。

②振捣器平仓。振捣器平仓时应将振捣器斜插入混凝土料堆下部,使混凝土向操作者位置移动,然后一次一次地插向料堆上部,直至混凝土摊平到规定的厚度为止。如将振捣器垂直插入料堆顶部,平仓工效固然较高,但易造成粗骨料沿锥体四周下滑,砂浆则集中在中间形成砂浆窝,影响混凝土匀质性。经过振动摊平的混凝土表面可能已经泛出砂浆,但内部并未完全捣实,切不可将平仓和振捣合二为一,影响浇筑质量。

(3)振捣

振捣是振动捣实的简称,它是保证混凝土浇筑质量的关键工序。振捣的目的是尽可能地减少混凝土中的空隙,以清除混凝土内部的孔洞,并使混凝土与模板、钢筋及预埋件紧密结合,从而保证混凝土的最大密实度,提高混凝土质量。

　　振捣方式分为人工振捣和机械振捣两种。人工振捣是利用捣锤或插钎等工具的冲击力来使混凝土密实成型,其效率低、效果差;机械振捣是将振动器的振动力传给混凝土,使之发生强迫振动而密实成型,其效率高、质量好。

　　混凝土振动机械按其工作方式分为内部振动器、外部振动器、表面振动器和振动台等,如图 4-45 所示。

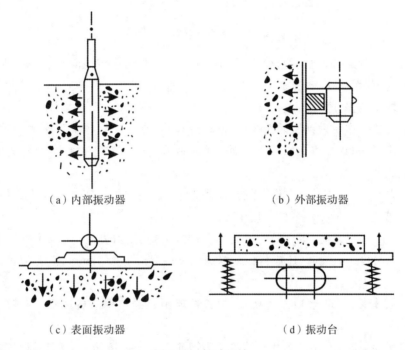

（a）内部振动器　　　　　　　　　　（b）外部振动器

（c）表面振动器　　　　　　　　　　（d）振动台

图 4-45　振动机械

　　当结构钢筋较密,振捣器难于施工,或混凝土内有预埋件,观测设备周围混凝土振捣力不宜过大时,采用人工振捣。人工振捣要求混凝土拌和物坍落度大于 5cm,铺料层厚度小于20mm。人工振捣工具有捣固锤、捣固铲和捣固杆。捣固锤主要用来捣固混凝土的表面;捣固铲用于插边,使砂浆与模板靠紧,防止表面出现麻面;捣固杆用于钢筋稠密的混凝土中,以使钢筋被水泥砂浆包裹,增加混凝土与钢筋之间的握裹力。人工振捣工效低,不易保证混凝土质量。

　　混凝土振捣主要采用振捣器进行,振捣器产生小振幅、高频率的振动,使混凝土在其振动的作用下,内摩擦力和黏结力大大降低,使干稠的混凝土获得了流动性,在重力的作用下骨料互相滑动而紧密排列,空隙由砂浆所填满,空气被排出,从而使混凝土密实,填满模板内部空间,且与钢筋紧密结合。

　　①内部振动器,又称插入式振动器,其构造如图 4-46 所示,适用于振捣梁、柱、墙等构件和大体积混凝土。

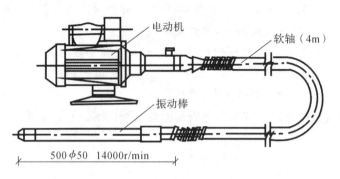

图 4-46　插入式振捣器的构造

内部振动器的振捣方法有两种:一是垂直振捣,即振动棒与混凝土表面垂直;二是斜向振捣,即振动棒与混凝土表面成 40°～45°。

插入式振动器操作要点:

a.振捣器的操作要做到快插慢拔,在振动过程中,宜将振动棒上下略微抽动,以使上下振捣均匀。快插:防止先将表面砼捣实而与下面砼发生分层离析;慢拔:使砼能填满振动棒抽出时所造成的空洞。

b.插点要均匀,逐点移动,顺序进行,不得遗漏,达到均匀振实。振动棒的移动,可采用行列式或交错式。一般振动棒的作用半径为 30～40cm。

c.混凝土分层浇筑时,每层砼的厚度不超过振动棒长度的 1.25 倍,还应将振动棒上下来回抽动 50～100mm;同时,还应将振动棒深入下层混凝土中 50mm 左右,以消除两层间的接缝,如图 4-47 所示。

d.掌握好振捣时间,过短不宜捣实,过长可能引起砼产生离析现象。一般每一振捣点的振捣时间为 20～30s。

e.使用振动器时,不允许将其支承在结构钢筋上或碰撞钢筋,不宜紧靠模板振捣。

f.混凝土振实的条件是:不再出现气泡,砼不再明显下沉、表面泛浆、表面形成水平面。

②表面振动器,又称平板振动器,是将电动机轴上装有左、右两个偏心块的振动器固定在一块平板上而成。其振动作用可直接传递于混凝土面层上,如图 4-48 所示。

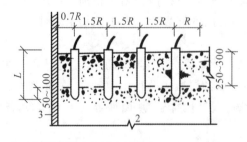

R—作用半径;L—插入浓度

图 4-47　插入式振捣器的插入深度(单位:mm)

图 4-48　表面振动器

这种振动器适用于振捣楼板、空心板、地面和薄壳等薄壁结构。

③外部振动器,又称附着式振动器,它是直接安装在模板上进行振捣的,利用偏心块旋转时产生的振动力通过模板传给混凝土,达到振实的目的。其最大振动深度 30cm 左右,适用于振捣断面较小或钢筋较密的柱子、梁、板等构件。

④振动台,一般在预制厂用于振实干硬性混凝土和轻骨料混凝土。其宜采用加压振动的方法,加压力为 $1\sim3kN/m^2$。

5. 混凝土的养护

(1)混凝土的养护方法有自然养护和加热养护两大类。现场施工一般为自然养护。自然养护又分为覆盖浇水养护、薄膜布包裹养护和养生液养护等。

(2)对已浇筑完毕的混凝土,应在混凝土终凝前(通常为混凝土浇筑完毕后 8~12h 内)开始自然养护。

(3)混凝土采用覆盖浇水养护的时间:对于硅酸盐水泥、普通硅酸盐水泥或矿渣硅酸盐水泥拌制的混凝土,不得少于 7 天;对于掺用缓凝型外加剂矿物掺和料或有抗渗性要求的混凝土,不得少于 14 天。浇水次数应能保证混凝土处于润湿状态,混凝土的养护用水应与拌和用水相同。

(4)当采用塑料薄膜布覆盖包裹养护时,其外表面全部应覆盖包裹严密,并应保证塑料布内有凝结水。

(5)采用养生液养护时,应按产品使用要求,均匀喷刷在混凝土外表面,不得有漏喷刷处。

(6)已浇筑的混凝土必须养护至其强度达到 $1.2N/mm^2$ 以上,才准在上面行人和架设支架、安装模板,但不得冲击混凝土。

4.4　大体积混凝土施工

大体积混凝土是指厚度大于等于 2m,长、宽较大,施工时水化热引起砼内的最高温度与外界温度之差不低于 25℃的砼结构。

大体积钢筋混凝土结构多为工业建筑中的设备基础及高层建筑中厚大的桩基承台或基础底板等。

大体积混凝土的特点是:混凝土浇筑面和浇筑量大,整体性要求高,不能留施工缝,以及浇筑后水泥的水化热量大且聚集在构件内部,形成较大的内外温差,易造成混凝土表面产生收缩裂缝等。

GB 50496—2018
大体积混凝土
施工标准

为保证混凝土浇筑工作连续进行,不留施工缝,应在下一层混凝土初凝之前,将上一层混凝土浇筑完毕。

大体积混凝土
冬季施工

4.4.1　大体积混凝土的浇筑方案

大体积混凝土浇筑方案一般分为全面分层、分段分层和斜面分层三种,如图 4-49 所示。

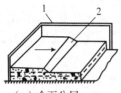 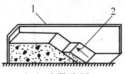 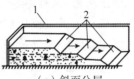

（a）全面分层　　　　　　（b）分段分层　　　　　　（c）斜面分层

1—模板；2—新浇筑的混凝土

图 4-49　大体积混凝土浇筑方案

全面分层：在第一层浇筑完毕后，再回头浇筑第二层，如此逐层浇筑，直至完工为止。其适用于平面尺寸不宜太大的结构。施工时，从短边开始，沿长边方向进行。

分段分层：混凝土从底层开始浇筑，进行 2～3m 后再回头浇筑第二层，同样依次浇筑各层。其适用于厚度不大，而面积较大的结构。

斜面分层：要求斜坡坡度不大于 1/3。其适用于结构长度超过厚度 3 倍的情况。

4.4.2　大体积混凝土的振捣

（1）混凝土应采用振捣棒振捣。

（2）在振动初凝以前对混凝土进行二次振捣，排除混凝土因泌水在粗骨料、水平钢筋下部生成的水分和空隙，提高混凝土与钢筋的握裹力，防止因混凝土沉落而出现裂缝，减少内部微裂，增加混凝土密实度，使混凝土抗压强度提高，从而提高其抗裂性。

4.4.3　大体积混凝土的养护

（1）养护方法分为保温法和保湿法两种。

（2）为了确保新浇筑的混凝土有适宜的硬化条件，防止在早期由于干缩而产生裂缝，大体积混凝土浇筑完毕后，应在 12h 内加以覆盖和浇水。对有抗渗要求的混凝土，采用普通硅酸盐水泥拌制的混凝土养护时间不得少于 14 天；采用矿渣水泥、火山灰水泥等拌制的混凝土养护时间不得少于 21 天。

4.4.4　大体积混凝土裂缝的控制

厚大钢筋混凝土结构由于体积大，水泥水化热聚积在内部不易散发，内部温度显著升高，外表散热快，形成较大的内外温差，内部产生压应力，外表产生拉应力，如内外温差过大（25℃以上），则混凝土表面将产生裂纹。当混凝土内部逐渐散热冷却，产生收缩，由于受到基底或已硬化混凝土的约束，不能自由收缩，而产生拉应力。温差越大，约束程度越高，结构长度越长，则拉应力越大。当拉应力超过混凝土的抗拉强度时即产生裂纹，裂缝从基底开始向上发展，甚至贯穿整个基础。这种裂缝比表面裂缝危害更大。

（1）优先选用低水化热的矿渣水泥拌制混凝土，并适当使用缓凝减水剂。

（2）在保证混凝土设计强度等级前提下，适当降低水灰比，减少水泥用量。

（3）降低混凝土的入模温度，控制混凝土内外的温差（当设计无要求时，控制在 25℃以内）。如降低拌和水温度（拌和水中加冰屑或用地下水）；骨料用水冲洗降温,避免暴晒。

（4）及时对混凝土覆盖保温、保湿材料。

（5）可在基础内预埋冷却水管,通入循环水,强制降低混凝土水化热产生的温度。

（6）在拌和混凝土时,还可掺入适量的微膨胀剂或膨胀水泥,使混凝土得到补偿收缩,减少混凝土的温度应力。

（7）设置后浇带。当大体积混凝土平面尺寸过大时,可以适当设置后浇带,以减少外应力和温度应力;同时,也有利于散热,降低混凝土的内部温度。

（8）大体积混凝土可采用二次抹面工艺,减少表面收缩裂缝。

4.4.5　泌水的处理

大体积混凝土的另一个特点是上、下灌筑层施工间隔时间较长,各分层之间易产生泌水层,将使混凝土强度降低,产生酥软、脱皮、起砂等不良后果。采用自流方式和抽汲方法排除泌水,会带走一部分水泥浆,影响混凝土的质量。如在同一结构中使用两种不同坍落度的混凝土,可收到较好的效果。若掺用一定数量的减水剂,则可大大减少泌水现象。

小贴士

碳达峰,是指在某一个时点,二氧化碳的排放不再增长,达到峰值,之后逐步回落。碳达峰是二氧化碳排放量由增转降的历史拐点,标志着碳排放与经济发展实现脱钩。达峰目标包括达峰年份和峰值。

碳中和,是指企业、团体或个人测算在一定时间内,直接或间接产生的温室气体排放总量,通过植树造林、节能减排等形式,抵消自身产生的二氧化碳排放,实现二氧化碳的"零排放"。

碳达峰与碳中和一起,简称"双碳"。2020 年 9 月 22 日,中国政府在第七十五届联合国大会上提出:中国将提高国家自主贡献力度,采取更加有力的政策和措施,二氧化碳排放力争于 2030 年前达到峰值,努力争取 2060 年前实现碳中和。

水泥工业是我国工业全面实现碳减排的重要产业,对我国实现碳中和目标影响巨大。2020 年我国水泥工业碳排放约 12.3 亿吨,约占建材工业的 84.3%,约占全国的 13.5%。

水泥行业是最重要的建筑原材料之一,也是典型的资源密集型行业。作为世界最大的水泥生产和消费国,提前实现碳达峰、达成碳中和是现在行业不可推卸的历史使命。90% 以上碳排放来自化石燃料燃烧和生产过程的水泥行业来说,无论是碳达峰还是碳中和,都是艰巨的任务。对水泥企业来说,面对碳达峰、碳中和的挑战,要从技术和管理两个层面着手来应对。

实现碳达峰碳中和是一场广泛而深刻的经济社会系统性变革。为子孙计,为未来计,为地球计,作为建筑人的我们,必须承担起减少碳排放量的使命,推动经济社会发展绿色化、低碳化。

4.5　预应力混凝土施工

预应力混凝土能充分发挥高强度钢材的作用,即在外荷载作用于构件之前,利用钢筋张拉后的弹性回缩,对构件受拉区的混凝土预先施加压力,产生预压应力,使混凝土结构在作用状态下充分发挥钢筋抗拉强度高和混凝土抗压能力强的特点,可以提高构件的承载能力。当构件在荷载作用下产生拉应力时,首先抵消预应力,然后随着荷载不断增加,受拉区混凝土才受拉开裂,从而延迟了构件裂缝的出现和限制了裂缝的开展,提高了构件的抗裂度和刚度。这种利用钢筋对受拉区混凝土施加预压应力的钢筋混凝土,叫作预应力混凝土。

预应力混凝土的特点是:与普通钢筋混凝土相比,具有构件截面小、自重轻、刚度大、抗裂度高、耐久性好、材料用量省等优点;在大开间、大跨度与重荷载的结构中,采用预应力混凝土结构,可减少材料用量,扩大使用功能,综合经济效益好。其在现代结构中具有广阔的发展前景。

4.5.1　预应力混凝土的分类

1. 先张法预应力混凝土

先张法是先张拉预应力筋,后浇筑混凝土的预应力混凝土生产方法。这种方法需要专用的生产台座和夹具,以便张拉和临时锚固预应力筋,待混凝土达到设计强度后,放松预应力筋。先张法适用于预制厂生产中小型预应力混凝土构件。预应力是通过预应力筋与混凝土间的黏结力传递给混凝土的。

2. 后张法预应力混凝土

后张法是先浇筑混凝土后张拉预应力筋的预应力混凝土生产方法。这种方法需要预留孔道和专用的锚具,张拉锚固的预应力筋要求进行孔道灌浆。后张法适用于施工现场生产大型预应力混凝土构件与结构。预应力是通过锚具传递给混凝土的。

预应力混凝土
施工先张法

3. 有黏结预应力混凝土

有黏结预应力混凝土是指预应力筋沿全长均与周围混凝土相黏结。先张法的预应力筋直接浇筑在混凝土内,预应力筋和混凝土是有黏结的;后张法的预应力筋通过孔道灌浆与混凝土形成黏结力,这种方法生产的预应力混凝土也是有黏结的。

4. 无黏结预应力混凝土

无黏结预应力混凝土的预应力筋沿全长与周围混凝土能发生相对滑动,为防止预应力筋腐蚀和与周围混凝土黏结,采用涂油脂和缠绕塑料薄膜等措施。

预应力混凝土
施工后张法

4.5.2　预应力混凝土的优点

(1)改善结构的使用性能:延缓裂缝的出现,减小裂缝宽度;显著提高截面刚度,挠度减小,可建造大跨度结构。

(2)受剪承载力提高:施加纵向预应力可延缓斜裂缝的形成,使受剪承载力得到提高。

(3)卸载后的结构变形或裂缝可得到恢复:由于预应力的作用,使用活荷载移去后,裂缝会闭合,结构变形也会得到复位。

(4)提高构件的疲劳承载力:预应力可降低钢筋的疲劳应力比,增加钢筋的疲劳强度。

(5)使高强钢材和高强混凝土得到应用:有利于减轻结构自重,节约材料,取得经济效益。

4.5.3　先张法预应力混凝土施工

先张法是在浇筑混凝土构件之前将预应力筋张拉到设计控制应力,用夹具将其临时固定在台座或钢模上,进行绑扎钢筋,安装铁件,支设模板,然后浇筑混凝土;待混凝土达到规定的强度,保证预应力筋与混凝土有足够的黏结力时,放松预应力筋,借助它们之间的黏结力,在预应力筋弹性回缩时,使混凝土构件受拉区的混凝土获得预压应力。先张法生产如图 4-50 所示。

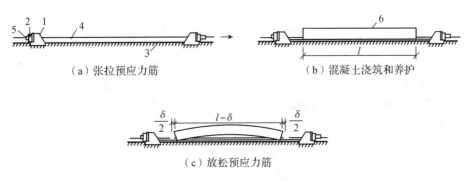

（a）张拉预应力筋　　　　　　　　　（b）混凝土浇筑和养护

（c）放松预应力筋

1—台座;2—横梁;3—台面;4—预应力筋;5—夹具;6—构件;l—构件长度

图 4-50　先张法生产

先张法一般用于预制构件厂生产定型的中小型构件,如楼板、屋面板、檩条及吊车梁等。

先张法生产时,可采用台座法和机组流水法。

采用台座法时,预应力筋的张拉、锚固,混凝土的浇筑、养护及预应力筋放松等均在台座上进行;预应力筋放松前,其拉力由台座承受。

采用机组流水法时,构件连同钢模通过固定的机组,按流水方式完成(张拉、锚固、混凝土浇筑和养护)每一生产过程;预应力筋放松前,其拉力由钢模承受。

1. 先张法施工准备

(1)台座

台座由台面、横梁和承力结构等组成,是先张法生产的主要设备。预应力筋张拉、锚固,混凝土浇筑、振捣和养护及预应力筋放张等全部施工过程都在台座上完成;预应力筋放松前,台座承受全部预应力筋的拉力。因此,台座应有足够的强度、刚度和稳定性。台座一般采用墩式台座和槽式台座。

①墩式台座

墩式台座由台墩、台面与横梁等组成。台墩和台面共同承受拉力。墩式台座用以生产各种形式的中小型构件。

②槽式台座

槽式台座由端柱、传力柱、横梁和台面组成。槽式台座既可承受拉力,又可作蒸汽养护槽,适用于张拉吨位较大的大型构件,如屋架、吊车梁等。槽式台座构造如图4-51所示。

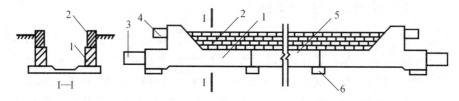

1—钢筋混凝土端柱;2—砖墙;3—下横梁;4—上横梁;5—传力柱;6—柱垫

图4-51　槽式台座

(2)夹具

夹具是先张法构件施工时保持预应力筋拉力,并将其固定在张拉台座(或设备)上的临时性锚固装置。按其工作用途不同分为钢丝锚固夹具和钢丝张拉夹具。

①钢丝锚固夹具又分为圆锥齿板式夹具(锥销夹具)和镦头夹具。锥销夹具可分为圆锥齿板式夹具和圆锥槽式夹具,如图4-52所示。采用镦头夹具时,将预应力筋端部热镦或冷镦,通过承力分孔板锚固,如图4-53所示。

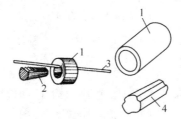

图4-52　钢质锥销夹具

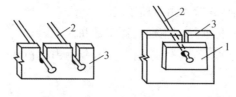

图4-53　固定端墩头夹具

②钢筋锚固夹具。钢筋锚固常用圆套筒三片式夹具,由套筒和夹片组成(见图4-54)。其型号有 YJ12、YJ14,适用于先张法;用 YC-18 型千斤顶张拉时,适用于锚固直径为12mm、14mm 的单根冷拉 HRB400、RRB400 级钢筋。

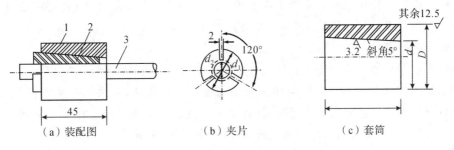

（a）装配图　　　　　（b）夹片　　　　　（c）套筒

1—套筒；2—夹片；3—预应力钢筋

图 4-54　圆套筒三片式夹具

　　③张拉夹具。张拉夹具是夹持住预应力筋后，与张拉机械连接起来进行预应力筋张拉的机具。常用的张拉夹具有月牙形夹具、偏心式夹具、楔形夹具等，如图 4-55 所示。其适用于张拉钢丝和直径 16mm 以下的钢筋。

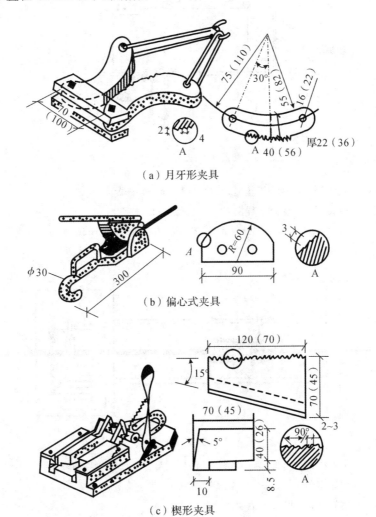

（a）月牙形夹具

（b）偏心式夹具

（c）楔形夹具

图 4-55　张拉夹具（单位：mm）

④张拉设备。张拉机具的张拉力应不小于预应力筋张拉力的 1.5 倍;张拉机具的张拉行程不小于预应力筋伸长值的 1.1~1.3 倍。

a.钢丝张拉设备

钢丝张拉分单根张拉和成组张拉。用钢模以机组流水法或传送带法生产构件时,常采用成组钢丝张拉。在台座上生产构件一般采用单根钢丝张拉,可采用电动卷扬机、电动螺杆张拉机进行张拉。电动卷扬机张拉、杠杆测力装置如图 4-56 所示。电动螺杆张拉机由螺杆、顶杆、张拉夹具、弹簧测力计及电动机等组成,如图 4-57 所示。

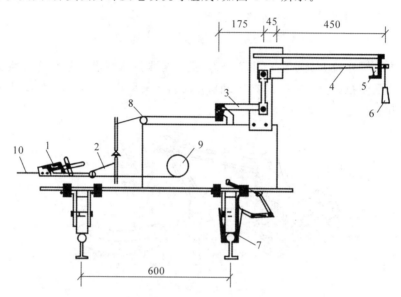

1—钳式张拉夹具;2—钢丝绳;3、4—杠杆;5—断电器;
6—砝码;7—夹轨器;8—导向轮;9—卷扬机;10—钢丝

图 4-56　卷扬机张拉、杠杆测力装置(单位:mm)

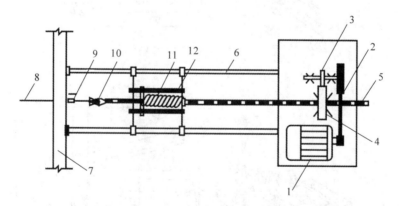

1—电动机;2—皮带;3—齿轮;4—齿轮螺母;5—螺杆;6—顶杆;
7—台座横梁;8—钢丝;9—锚固夹具;10—张拉夹具;
11—弹簧测力计;12—滑动架

图 4-57　电动螺杆张拉机

b.钢筋张拉设备

穿心式千斤顶用于直径 12～20mm 的单根钢筋、钢绞线或钢丝束的张拉。

用 YC-20 型穿心式千斤顶张拉时,高压油泵启动,从后油嘴进油,前油嘴回油,被偏心夹具夹紧的钢筋随液压缸的伸出而被拉伸。

YC-20 型穿心式千斤顶的最大张拉力为 20kN,最大行程为 200mm。其适用于用圆套筒三片式夹具张拉锚固 12～20mm 单根冷拉 HRB400 和 RRB400 钢筋。

预应力混凝土
施工先张法

2. 先张法施工工艺

先张法施工工艺流程如图 4-58 所示,其中关键是预应力筋的张拉与固定、混凝土浇筑以及预应力筋的放张。

(1)预应力筋的铺设、张拉

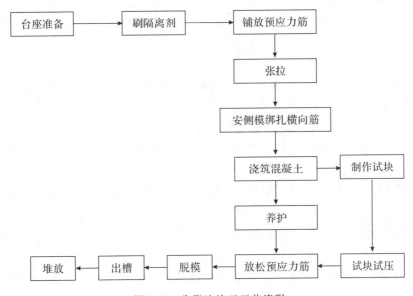

图 4-58　先张法施工工艺流程

①预应力筋(丝)的铺设

长线台座面(或胎模)在铺放钢丝前,应进行清扫并涂刷隔离剂。隔离剂不应沾污钢丝,以免影响钢丝与混凝土的黏结。如果预应力筋遭受污染,应使用适当的溶剂加以清洗干净。在生产过程中,应防止雨水冲刷台面上的隔离剂。

②张拉前的准备

a.检查预应力筋的品种、级别、规格、数量(排数、根数)是否符合设计要求。

b.预应力筋的外观质量应全数检查,预应力筋应符合展开后平顺,没有弯折,表面无裂纹、小刺、机械损伤、氧化铁皮和油污等。

c.检查张拉设备是否完好,测力装置是否校核准确。

d.检查横梁、定位承力板是否贴合及严密稳固。

e.预应力筋张拉后,对设计位置的偏差不得大于 5mm,也不得大于构件截面最短边长的 4%。

f.在浇筑混凝土前发生断裂或滑脱的预应力筋必须予以更换。

g.张拉、锚固预应力筋应由专人操作,实行岗位责任制,并做好预应力筋张拉记录。

h.在已张拉钢筋(丝)上进行绑扎钢筋、安装预埋铁件、支承安装模板等操作时,要防止踩踏、敲击或碰撞钢丝。

③预应力筋张拉注意事项

a.为避免台座承受过大的偏心力,应先张拉靠近台座截面重心处的预应力筋。

b.钢质锥形夹具锚固时,敲击锥塞或楔块应先轻后重,同时倒开张拉设备并放松预应力筋,两者应密切配合,既要减少钢丝滑移,又要防止敲击力过大导致钢丝在锚固夹具处断裂。

对重要结构构件(如吊车梁、屋架等)的预应力筋,用应力控制方法张拉时,应校核预应力筋的伸长值。同时,张拉多根预应力钢丝时,应预先调整初应力($10\%\sigma_{con}$),使其相互之间的应力一致。

(2)混凝土的浇筑与养护

混凝土的收缩是水泥浆在硬化过程中脱水密结和形成毛细孔压缩的结果。混凝土的徐变是荷载长期作用下混凝土的塑性变形,因水泥石内凝胶体的存在而产生。

为了减少混凝土的收缩和徐变引起的预应力损失,在确定混凝土配合比时,应优先选用干缩性小的水泥,采用低水灰比,控制水泥用量,对骨料采取良好的级配等技术措施。

预应力钢丝张拉、绑扎钢筋、预埋铁件安装及立模工作完成后,应立即浇筑混凝土,每条生产线应一次连续浇筑完成,不允许留设施工缝。

采用机械振捣密实时,要避免碰撞钢丝。混凝土未达到一定强度前,不允许碰撞或踩踏钢丝。

预应力混凝土可采用自然养护或湿热养护,自然养护不得少于 14 天。干硬性混凝土浇筑完毕后,应立即覆盖进行养护。

当预应力混凝土采用湿热养护时,要尽量减少由于温度升高而引起的预应力损失。

为了减少温差造成的应力损失,采用湿热养护时,在混凝土未达到一定强度前,温差不要太大,一般不超过 20℃。

(3)预应力筋放张

①放张要求

放张预应力筋时,混凝土强度必须符合设计要求。当设计无要求时,不得低于设计的混凝土强度标准值的 75%。对于重叠生产的构件,要求最上一层构件的混凝土强度不低于设计强度标准值的 75% 时方可进行预应力筋的放张。过早放张预应力筋会引起较大的预应力损失或产生预应力筋滑动。预应力混凝土构件在预应力筋放张前要对混凝土试块进行试压,以确定混凝土的实际强度。

②放张顺序

a.预应力筋放张时,应缓慢放松锚固装置,使各根预应力筋缓慢放松。

b.预应力筋放张顺序应符合设计要求,当设计未规定时,可按下列要求进行:

（a）承受轴心预应力构件的所有预应力筋应同时放张。

（b）承受偏心预压力构件,应先同时放张预压力较小区域的预应力筋,再同时放张预压力较大区域的预应力筋。

（c）不满足上述要求的,应分阶段、对称、相互交错进行放张,以防止放张过程中构件产生弯曲和预应力筋断裂。

（d）长线台座生产的钢弦构件,剪断钢丝宜从台座中部开始。

（e）叠层生产的预应力构件,宜按自上而下的顺序进行放张。

（f）板类构件放张时,从两边逐渐向中心进行。

③放张方法

a.对于中小型预应力混凝土构件,预应力丝的放张宜从生产线中间处开始,以减少回弹量且有利于脱模;对于大构件应从外向内对称、交错逐根放张,以免构件扭转、端部开裂或钢丝断裂。

b.放张单根预应力钢筋,一般采用千斤顶放张,如图 4-59(a)所示。

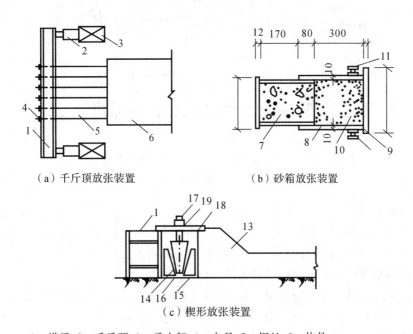

（a）千斤顶放张装置　　　　　（b）砂箱放张装置

（c）楔形放张装置

1—横梁;2—千斤顶;3—承力架;4—夹具;5—钢丝;6—构件;

7—活塞;8—套箱;9—套箱底板;10—砂;11—进砂口(M25 螺丝);

12—出砂口(M16 螺丝);13—台座;14、15—钢固定楔块;

16—钢滑动楔块;17—螺杆;18—承力板;19—螺母

图 4-59　预应力筋放张装置

c.构件预应力筋较多时,整批同时放张可采用砂箱、楔块等装置,如图 4-59(b)、(c)所示。

d.对于装置预应力筋数量不多的混凝土构件,可以采用钢丝钳剪断、锯割、熔断(仅属于Ⅰ～Ⅲ级冷拉筋)方法放张,但对钢丝、热处理钢筋不得用电弧切割。

4.5.4　后张法预应力钢筋混凝土施工

后张法是指先制作混凝土构件,并在预应力筋的位置预留出相应孔道,待混凝土强度达到设计规定的数值后,穿入预应力筋进行张拉,并利用锚具把预应力筋锚固,最后进行孔道灌浆。预应力混凝土后张法生产工艺如图 4-60 所示。

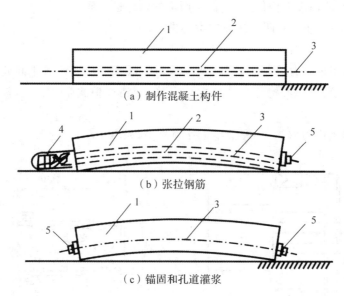

1—混凝土构件;2—预留孔道;3—预应力筋;4—千斤顶;5—锚具

图 4-60　预应力混凝土后张法生产示意

后张法的特点如下:

(1)预应力筋在构件上张拉,无须台座,不受场地限制,张拉力可达几百吨,所以后张法适用于大型预应力混凝土构件制作。它既适用于预制构件生产,也适用于现场施工大型预应力构件,而且后张法又是预制构件拼装的手段。

(2)锚具为工作锚。预应力筋用锚具固定在构件上,不仅在张拉过程中起作用,而且在工作过程中也起作用,永远停留在构件上,成为构件的一部分。

(3)预应力传递靠锚具。

1. 预应力筋、锚具和张拉机具

(1)单根粗钢筋(直径 18～36mm)

①锚具。单根粗钢筋的预应力筋,如果采用一端张拉,则在张拉端用螺丝端杆锚具,固定端用帮条锚具或镦头锚具;如果采用两端张拉,则两端均用螺丝端杆锚具。螺丝端杆锚具如图 4-61 所示。帮条锚具如图 4-62 所示。镦头锚具由镦头和垫板组成。

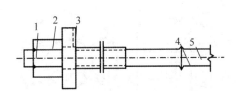

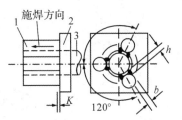

1—螺丝端杆;2—螺母;3—垫板;4—焊接接头;5—钢筋

图 4-61　螺丝端杆锚具

1—帮条;2—衬板;3—主筋

图 4-62　帮条锚具

②张拉设备

与螺丝端杆锚具配套的张拉设备为拉杆式千斤顶。常用的有 YL-20 型、YL-60 型油压千斤顶。YL-60 型油压千斤顶是一种通用型的拉杆式液压千斤顶(见图 4-63)。YL-60 型油压千斤顶适用于张拉采用螺丝端杆锚具的粗钢筋、锥形螺杆锚具的钢丝束及镦头锚具的钢筋束。

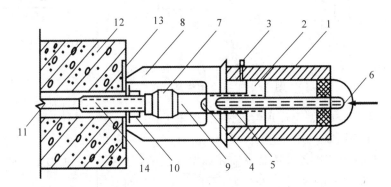

1—主缸;2—主缸活塞;3—主缸进油孔;4—副缸;5—副缸活塞;

6—副缸进油孔;7—连接器;8—传力架;9—拉杆;10—螺母;

11—预应力筋;12—混凝土构件;13—预埋铁板;14—螺丝端杆

图 4-63　拉杆式千斤顶张拉单根粗钢筋的工作原理

③单根粗钢筋预应力筋制作

单根粗钢筋预应力筋制作包括配料、对焊、冷拉等工序。预应力筋的下料长度应通过计算确定,计算时要考虑结构构件的孔道长度、锚具厚度、千斤顶长度、焊接接头或镦头的预留量、冷拉伸长值、弹性回缩值等。

(2)钢筋束、钢绞线

①锚具

钢筋束、钢绞线采用的锚具有 JM 型、KT-Z 型、XM 型、QM 型和镦头锚具等。其中镦头锚具用于非张拉端。

a.JM 型锚具。JM 型锚具是一种利用楔块原理锚固多根预应力筋的锚具,它既可作为张拉端的锚具,又可作为固定端的锚具或重复使用的工具锚。JM 型锚具由锚环与夹片组成(见图 4-64),锚环分甲型和乙型两种。

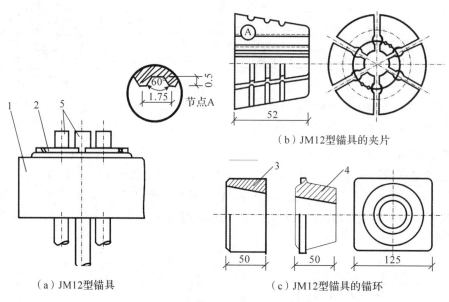

（a）JM12型锚具　　　　　　　　（b）JM12型锚具的夹片

节点A

（c）JM12型锚具的锚环

1—锚环；2—夹片；3—圆锚环；4—方锚环；5—预应力钢丝束

图 4-64　JM12 型锚具（单位：mm）

JM 型锚具与 YL-60 型千斤顶配套使用，适用于锚固 3～6 根直径为 12mm 光面或螺纹钢筋束，也可用于锚固 5～6 根直径为 12mm 或 15mm 的钢绞线束。

b. KT-Z 型锚具。KT-Z 型锚具由锚环和锚塞组成，分为 A 型和 B 型两种。当预应力筋的最大张拉力超过 450kN 时采用 A 型，不超过 450kN 时采用 B 型。KT-Z 型锚具适用锚固 3～6 根直径为 12mm 的钢筋束或钢绞线束。

c. XM 型和 QM 型锚具。XM 型和 QM 型锚具是新型锚具，利用楔形夹片将每根钢绞线独立地锚固在带有锥形的锚环上，形成一个独立的锚固单元。XM 型锚具由锚环和 3 块夹片组成，如图 4-65 所示。

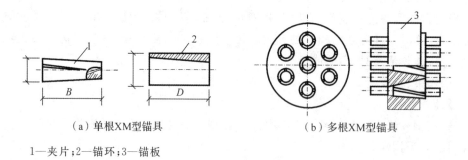

（a）单根XM型锚具　　　　　　　（b）多根XM型锚具

1—夹片；2—锚环；3—锚板

图 4-65　XM 型锚具

d. 镦头锚具。镦头锚具适用于预应力钢筋束固定端锚固用，由固定板和带镦头的预应力筋组成。

②钢筋束、钢绞线的制作

钢筋束所用钢筋是成圆盘供应,不需要对焊接头。钢筋束或钢绞线束预应力筋的制作包括开盘冷拉、下料、编束等工序。预应力钢筋束下料应在冷拉后进行。当采用镦头锚具时,则应增加镦头工序。

当采用 JM 型或 XM 型锚具,用穿心式千斤顶张拉时,钢筋束和钢丝束的下料长度 L 应等于构件孔道长度加上两端为张拉、锚固所需的外露长度。

(3)钢丝束

①锚具。钢丝束用作预应力筋时,由几根到几十根直径 3~5mm 的平行碳素钢丝组成。其固定端采用钢丝束镦头锚具,张拉端锚具可采用钢质锥形锚具、锥形螺杆锚具、XM型锚具。

a.锥形螺杆锚具用于锚固 14、16、20、24 或 28 根直径为 5mm 的碳素钢丝,如图 4-66所示。

b.钢丝束镦头锚具适用于 12~54 根直径为 5mm 的碳素钢丝,如图 4-67 所示。常用镦头锚具分为 A 型与 B 型。A 型由锚环与螺母组成,用于张拉端。B 型为锚板,用于固定端。

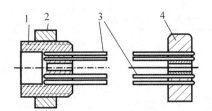

1—A 型锚环;2—螺母;3—钢丝束;4—B 型锚环。

图 4-66　XM 锥形螺杆锚具

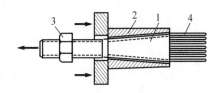

1—锥形螺杆;2—套筒;3—螺帽;4—预应力钢丝束。

图 4-67　钢丝束镦头锚具

c.钢质锥形锚具用于锚固以锥锚式双作用千斤顶张拉的钢丝束,适用于锚固 6、12、18或 24 根直径 5mm 的钢丝束,如图 4-68 所示。

②张拉设备。锥形螺杆锚具、钢丝束镦头锚具宜采用拉杆式千斤顶(YL-60 型)或穿心式千斤顶(YC-60 型)张拉锚固。钢质锥形锚具应用锥锚式双作用千斤顶(常用 YZ-60 型)张拉锚固。

③钢丝束制作。钢丝束制作一般需经调直、下料、编束和安装锚具等工序。

当用钢质锥形锚具、XM 型锚具时,钢丝束的制作和下料长度计算基本上与预应力钢筋束相同。钢丝束镦头锚固体系,如采用镦头锚具一端张拉时,应考虑钢丝束张拉锚固后螺母位于锚环中部。用钢丝束镦头锚具锚固钢丝束时,其下料长度力求精确。

编束是为了防止钢筋扭结,如图 4-69 所示。

采用镦头锚具时,将内圈和外圈钢丝分别用铁丝按次序编排成片,然后将内圈放在外圈内绑扎成钢丝束。

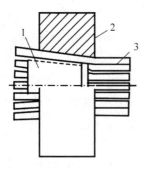

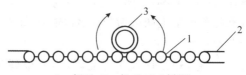

1—锚塞;2—锚环;3—钢丝束。

图 4-68 钢质锥形锚具

1—钢丝;2—铅丝;3—衬圈。

图 4-69 钢丝束的编束

2. 后张法施工工艺

后张法施工工艺与预应力施工有关的是孔道留设、预应力筋张拉和孔道灌浆三部分,如图 4-70 所示。

预应力混凝土
施工后张法

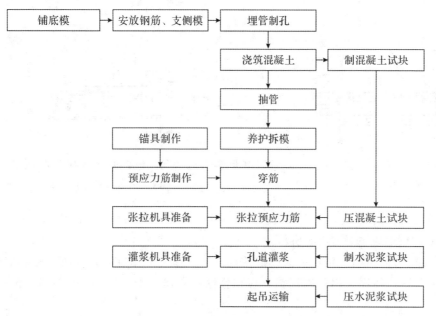

图 4-70 后张法施工工艺流程

(1)孔道留设

①孔道留设的基本要求。构件中留设孔道主要用于穿预应力钢筋(束)及张拉锚固后灌浆。孔道留设的基本要求如下:

a.孔道直径应保证预应力筋(束)能顺利穿过。

b.孔道应按设计要求的位置、尺寸埋设准确、牢固,浇筑混凝土时不应出现移位和变形。

c.在设计规定位置上留设灌浆孔。

d.在曲线孔道的曲线波峰部位应设置排气兼泌水管,必要时可在最低点设置排水管。

e.灌浆孔及泌水管的孔径应能保证浆液畅通。

②孔道留设方法。预留孔道形状有直线、曲线和折线形,孔道留设方法如下:

a.钢管抽芯法。预先将平直、表面圆滑的钢管埋设在模板内预应力筋孔道位置上。在开始浇筑至浇筑后拔管前,间隔一定时间要缓慢匀速地转动钢管;待混凝土初凝后至终凝之前(常温下抽管时间在混凝土浇筑后 3～5h)。用卷扬机匀速拔出钢管即在构件中形成孔道。

钢管抽芯法只用于留设直线孔道,钢管长度不宜超过 15m,钢管两端各伸出构件 500mm 左右,以便转动和抽管。构件较长时,可采用两根钢管,中间用套管连接,如图 4-71 所示。

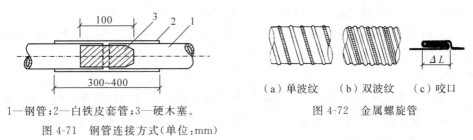

1—钢管;2—白铁皮套管;3—硬木塞。

图 4-71　钢管连接方式(单位:mm)

（a）单波纹　（b）双波纹　（c）咬口

图 4-72　金属螺旋管

抽管时间与水泥品种、浇筑气温和养护条件有关。采用钢筋束镦头锚具和锥形螺杆锚具留设孔道时,张拉端的扩大孔也可用钢管成型,留孔时应注意端部扩孔应与中间孔道同心。

b.胶管抽芯法。胶管抽芯法利用的胶管有 5～7 层的夹布胶管和钢丝网胶管,应将其预先架设在模板中的孔道位置上,胶管每间隔距离不大于 0.5m 用钢筋井字架予以固定。

采用夹布胶管预留孔道时,混凝土浇筑前夹布胶管内充入压缩空气或压力水,使管径增大 3mm 左右,然后浇筑混凝土,待混凝土初凝后放出压缩空气或压力水,使管径缩小和混凝土脱离开,抽出夹布胶管。夹布胶管内充入压缩空气或压力水前,胶管两端应有密封装置。采用钢丝网胶管预留孔道时,预留孔道的方法和钢管相同。由于钢丝网胶管质地坚硬,并具有一定的弹性,抽管时在拉力作用下管径缩小和混凝土脱离开,即可将钢丝网胶管抽出。

c.预埋管法。预埋管法是用钢筋井字架将黑铁皮管、薄钢管或金属螺旋管(见图 4-72)固定在设计位置上,在混凝土构件中埋管成型的一种施工方法,无须抽出。此法适用于预应力筋密集或曲线预应力筋的孔道埋设,但电热后张法施工中,不得采用波纹管或其他金属管埋设的管道。

(2)预应力筋张拉

①预应力损失

a.预应力直线钢筋由于锚具变形和钢筋内缩引起的预应力损失。

b.预应力钢筋与孔道壁之间的摩擦引起的预应力损失。

c.混凝土加热养护时,受张拉的钢筋与承受拉力的设备之间温差引起的预应力损失。

d.钢筋应力松弛引起的预应力损失。

e.混凝土收缩、徐变引起受拉区和受压区预应力钢筋的预应力损失。

f.用螺旋式预应力钢筋作配筋的环行构件,当直径 $d \leq 3m$ 时,由于混凝土的局部挤压引起的预应力损失。

g.预应力损失值组合。

上述的 a～f 项预应力损失,它们有的只发生在先张法构件中,有的只发生于后张法。构件中,有的两种构件均有,而且是分批产生的。应按规范规定进行组合。

②张拉对混凝土强度要求

预应力筋张拉时,构件的混凝土强度应符合设计要求;如设计无要求时,混凝土强度不应低于设计强度等级的 75%。对于拼装的预应力构件,其拼缝处混凝土或砂浆强度如设计无要求时,不宜低于块体混凝土设计强度等级的 40%,且不低于 15MPa。

后张法构件为了搬运需要,可提前施加一部分预应力,使构件建立较低的预应力值以承受自重荷载。但此时混凝土的立方强度不应低于设计强度等级的 60%。

③穿筋

螺丝端杆锚具预应力筋穿孔时,用塑料套或布片将螺纹端头包扎保护好,避免螺纹与混凝土孔道摩擦损坏。成束的预应力筋将一头对齐,按顺序编号套在穿束器上。

④预应力筋的张拉顺序

预应力筋张拉顺序应按设计规定进行;如设计无规定时,应采取分批、分阶段、对称地进行。

如图 4-73 所示是预应力混凝土屋架下弦预应力筋张拉顺序。

如图 4-74 所示是预应力混凝土吊车梁预应力筋采用两台千斤顶的张拉顺序,对配有多根不对称预应力筋的构件,应采用分批、分阶段、对称张拉。

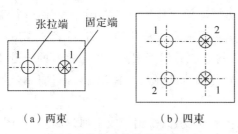

（a）两束　　　　　　（b）四束

1、2—预应力筋的分批张拉顺序。

图 4-73　屋架下弦杆预应力筋张拉顺序

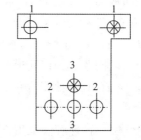

1、2、3—预应力筋的分批张拉顺序。

图 4-74　吊车梁预应力筋张拉顺序

平卧重叠浇筑的预应力混凝土构件,张拉预应力筋的顺序是先上后下,逐层进行。

⑤预应力筋张拉程序

预应力筋的张拉程序,主要根据构件类型、张锚体系、松弛损失取值等因素来确定。

⑥预应力筋的张拉方法

对于曲线预应力筋和长度大于 24m 的直线预应力筋,应采用两端同时张拉的方法;长度等于或小于 24m 的直线预应力筋,可一端张拉,但张拉端宜分别设置在构件两端。

对预埋波纹管孔道曲线预应力筋和长度大于 30m 的直线预应力筋宜在两端张拉;长度

等于或小于 30m 的直线预应力筋可在一端张拉。

安装张拉设备时,对于直线预应力筋,应使张拉力的作用线与孔道中心线重合;对于曲线预应力筋,应使张拉力的作用线与孔道中心线末端的切线方向重合。

⑦张拉安全事项

在张拉构件的两端应设置保护装置,如用麻袋、草包装土筑成土墙,以防止螺帽滑脱、钢筋断裂飞出伤人;在张拉操作中,预应力筋的两端严禁站人,操作人员应在侧面工作。

(3)孔道灌浆

预应力筋张拉后,应尽快地用灰浆泵将水泥浆压灌到预应力孔道中去。灌浆用水泥浆应有足够的黏结力,且应有较大的流动性,较小的干缩性和泌水性。灌浆前,用压力水冲洗和湿润孔道。灌浆顺序应先下后上,以免上层孔道漏浆把下层孔道堵塞。灌浆工作应缓慢均匀连续进行,不得中断。

 小贴士

预应力混凝土是预先施加应力,从而充分利用钢筋的拉伸性能,规避混凝土抗拉强度差的缺点。我们在工作生活中也多多运用预应力混凝土的思想,扬长避短,充分发挥自身的优势,对我们以后的学习工作生活都会有很大的帮助。

纵观古今,扬长避短成就人生的人和事比比皆是。春秋时期,田忌通过用下等马对上等马,中等马对下等马,上等马对中等马的方式来弥补自身马匹的不足,从而赢得胜利;我国著名的文学家钱钟书,虽然年轻的时候数学不及格,但是清华大学还是破格录取之,终在文学方面成为一代大师;抗战时期,中共中央放弃走苏联红军"城市包围农村"的老路,毅然决定发挥自身优势"以农村包围城市",最终取得了战争的胜利。

4.6　装配式混凝土结构施工

装配式钢筋混凝土结构(见图 4-75)是我国建筑结构发展的重要方向之一,它有利于我国建筑工业化的发展,提高生产效率,节约能源,发展绿色环保建筑,并且有利于提高和保证建筑工程质量。与现浇施工工法相比,装配式钢筋混凝土结构有利于绿色施工,因为装配式施工更能符合绿色施工的节地、节能、节材、节水和环境保护等要求,降低对环境的负面影响,包括降低噪声,防止扬尘,减少环境污染,清洁运输,减少场地干扰,节约水、电、材料等资源和能源,遵循可持续发展的原则。而且,装配式结构可以连续地按顺序完成工程的多个或全部工序,从而减少进场的工程机械种类和数量,消除工序衔接的停闲时间,实现立体交叉作业,减少施工人员,从而提高工效,降低物料消耗,减少环境污染,为

混凝土构件安装

绿色施工提供保障。另外,装配式结构在较大程度上减少建筑垃圾(约占城市垃圾总量的30%~40%),如废钢筋、废铁丝、废竹木材、废弃混凝土等。

图 4-75 装配式钢筋混凝土结构

国内外学者对装配式结构做了大量的研究工作,并开发了多种装配式结构形式,如无黏结预应力装配式框架、混合连接装配式混凝土框架、预制结构钢纤维高强混凝土框架、装配整体式钢骨混凝土框架等。由于我国对预制混凝土结构抗震性能认识不足,导致预制混凝土结构的研究和工程应用与国外先进水平相比还有明显差距,预制混凝土结构在地震区的应用受到限制,因此我国迫切需要展开对预制混凝土结构抗震性能的系统研究。

4.6.1 术语

1. 工业化建筑

工业化建筑是采用以标准化设计、工厂化生产、装配式施工、一体化装修和信息化管理为主要特征的工业化生产方式建造的建筑,如图 4-76 所示。

图 4-76 工业化建筑

2. 预制混凝土构件

预制混凝土构件是在工厂或现场预先制作的混凝土构件,简称预制构件。

3. 装配式混凝土结构

装配式混凝土结构是由预制混凝土构件通过可靠的连接方式装配

预制混凝土楼梯的安装施工

而成的混凝土结构,包括装配整体式混凝土结构、全装配混凝土结构等。在建筑工程中,简称装配式建筑;在结构工程中,简称装配式结构。

4. 装配整体式混凝土结构

装配整体式混凝土结构是由预制混凝土构件通过可靠的方式进行连接并与现场后浇混凝土、水泥基灌浆料形成整体的装配式混凝土结构,简称装配整体式结构。

5. 装配式混凝土墙板结构

装配式混凝土墙板结构是全部或部分墙体采用预制墙板装配而成的 9 层及 9 层以下、房屋高度不大于 28m 的混凝土结构,简称墙板结构。

6. 建筑部品

建筑部品是经工厂化生产和现场组装的,具有独立功能的建筑产品。

7. 预制率

预制率是装配式混凝土建筑室外地坪以上主体结构和围护结构中预制构件部分的材料用量占对应构件材料用量的体积比。

8. 装配率

装配率是装配式建筑中预制构件、建筑部品的数量(或面积)占同类构件或部品总数量(或面积)的比例。

9. 装配整体式混凝土框架结构

装配整体式混凝土框架结构是全部或部分框架梁、柱采用预制构件构建成的装配整体式混凝土结构,简称装配整体式框架结构。

10. 装配整体式混凝土剪力墙结构

装配整体式混凝土剪力墙结构是全部或部分剪力墙采用预制墙板构建成的装配整体式混凝土结构,简称装配整体式剪力墙结构。

11. 混凝土叠合受弯构件

混凝土叠合受弯构件是预制混凝土梁、板顶部在现场后浇混凝土而形成的整体受弯构件,简称叠合板(见图 4-77)、叠合梁。

图 4-77　叠合板

预制混凝土叠合梁的安装施工

预制混凝土叠合楼板的安装施工

12. 预制叠合剪力墙

预制叠合剪力墙是一种采用部分预制、部分现浇工艺生产的钢筋混凝土剪力墙。其预制部分称为预制剪力墙板,在工厂制作、养护成型,运至施工现场后和现浇部分整浇。预制剪力墙板参与结构受力,其外侧的外墙饰面可根据需要在工厂一并生产制作,预制剪力墙板在施工现场安装就位后可作为剪力墙外侧模板使用。预制叠合剪力墙简称为叠合剪力墙,如图 4-78 所示。

预制混凝土竖向受力构件的安装施工

图 4-78　预制双面叠合剪力墙

13. 预制外挂墙板

预制外挂墙板是安装在主体结构上,起围护、装饰作用的非承重预制混凝土外墙板,简称外挂墙板,如图 4-79 所示。

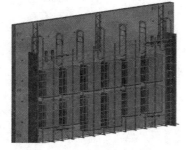

预制混凝土外挂墙板的安装施工

预制混凝土外挂墙板的防水处理

图 4-79　预制外挂墙板

14. 预制保温墙体

预制保温墙体是由保温层、内外层混凝土墙板以及 FRP(纤维塑料)连接件组成的一种夹芯式墙体。该墙体在预制构件厂制作生产,然后运输至施工现场进行安装使用。

15. 预制混凝土夹心保温外墙板

预制混凝土夹心保温外墙板是中间夹有保温层的预制混凝土外墙板,简称夹心外墙板,如图 4-80 所示。

图 4-80　预制夹心保温外墙板

4.6.2　构件制作

（1）预制构件制作单位应具备相应的生产工艺设施，并应有完善的质量管理体系和必要的试验检测手段。

（2）预制构件制作前，应对其技术要求和质量标准进行技术交底，并应制定生产方案；生产方案应包括生产工艺，模具方案，生产计划，技术质量控制措施，成品保护、堆放及运输方案等内容。

（3）预制结构构件采用钢筋套筒（见图 4-81）灌浆连接时，应在构件生产前进行钢筋套筒灌浆连接接头的抗拉强度试验，每种规格的连接接头试件数量不应少于 3 个。

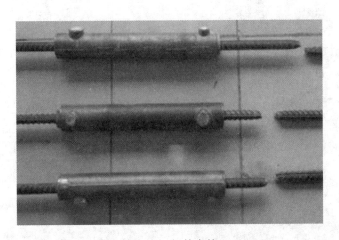

图 4-81　钢筋套筒

4.6.3　运输与堆放

（1）应制定预制构件的运输和堆放方案，其内容应包括运输时间、次序、堆放场地、运输线路、固定要求、堆放支垫及成品保护措施等。对于超高、超宽、形状特殊的大型构件的运输和堆放应有专门的质量安全保证措施。

（2）预制构件堆放（见图 4-82）应符合下列规定：

图 4-82　构件堆放

①堆放场地应平整、坚实，并应有排水措施。

②预埋吊件应朝上，标识宜朝向堆垛间的通道。

③构件支垫应坚实，垫块在构件下的位置宜与脱模、吊装时的起吊位置一致。

④重叠堆放构件时，每层构件间的垫块应上下对齐，堆垛层数应根据构件、垫块的承载力确定，并应根据需要采取防止堆垛倾覆的措施。

⑤堆放预应力构件时，应根据构件起拱值的大小和堆放时间采取相应措施。

（3）墙板的运输与堆放（见图 4-83）应符合下列规定：

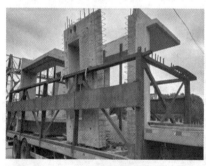
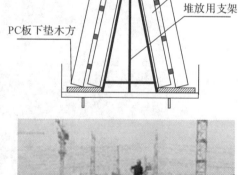

图 4-83　墙板的运输与堆放

①当采用靠放架堆放或运输构件时,靠放架应具有足够的承载力和刚度,与地面倾斜角度宜大于 80°;墙板宜对称靠放且外饰面朝外,构件上部宜采用木垫块隔离;运输时构件应采取固定措施。

②当采用插放架直立堆放或运输构件时,宜采取直立运输方式;插放架应有足够的承载力和刚度,并应支垫稳固。

③采用叠层平放的方式堆放或运输构件时,应采取防止构件产生裂缝的措施。

4.6.4　工程施工

1. 一般规定

(1)吊具(见图 4-84)应根据预制构件形状、尺寸及重量等参数进行配置,吊索水平夹角不宜小于 60°,且不应小于 45°;对尺寸较大或形状复杂的预制构件,宜采用有分配梁或分配桁架的吊具。

图 4-84　吊装吊具

(2)钢筋套筒灌浆前,应在现场模拟构件连接接头的灌浆方式。每种规格钢筋应制作不少于 3 个套筒灌浆连接接头,进行灌注质量以及接头抗拉强度的检验;经检验合格后,方可进行灌浆作业。

(3)未经设计允许,不得对预制构件进行切割、开洞。

2. 安装与连接

(1)采用钢筋套筒灌浆连接、钢筋浆锚搭接连接的预制构件就位前,应检查下列内容:

①套筒与预留孔的规格、位置、数量和深度。

②被连接钢筋的规格、数量、位置和长度。

当套筒、预留孔内有杂物时,应清理干净;当连接钢筋倾斜时,应进行校直。连接钢筋偏离套筒或孔洞中心线不宜超过 5mm。

(2)墙、柱构件的安装应符合下列规定:

①构件安装前,应清洁结合面。

②构件底部应设置可调整接缝厚度和底部标高的垫块。

③钢筋套筒灌浆连接接头、钢筋浆锚搭接连接接头灌浆前,应对接缝周围进行封堵,封堵措施应符合结合面承载力设计要求。

④多层预制剪力墙底部采用坐浆材料时,其厚度不宜大于 20mm。

(3)构件连接部位后浇混凝土及灌浆料的强度达到设计要求后,方可拆除临时固定措施。

4.6.5 成品保护

(1)预制构件在运输、堆放、安装施工过程中及装配后应做好成品保护。

(2)预制构件在运输过程中宜在构件与刚性搁置点处填塞柔性垫片。

(3)现场预制构件堆放处 2m 内不应进行电焊、气焊作业。

(4)预制外墙板饰面砖、石材、涂刷表面可采用贴膜或用其他专业材料保护。

(5)预制构件暴露在空气中的预埋铁件应涂抹防锈漆,防止产生锈蚀。预埋螺栓孔应采用海绵棒填塞,防止混凝土浇捣时将其堵塞。

(6)预制楼梯安装后,踏步口宜铺设木条或以其他覆盖形式保护。

(7)预制外墙板安装完毕后,门、窗框应用槽型木框保护。

 小贴士

2020 年 7 月 3 日,住房和城乡建设部联合国家发展和改革委员会、科学技术部、工业和信息化部、人力资源和社会保障部、交通运输部、水利部等十三个部门联合印发《关于推动智能建造与建筑工业化协同发展的指导意见》。意见提出:要围绕建筑业高质量发展总体目标,以大力发展建筑工业化为载体,以数字化、智能化升级为动力,形成涵盖科研、设计、生产加工、施工装配、运营等全产业链融合一体的智能建造产业体系。

2020 年 8 月 28 日,住房和城乡建设部、教育部、科技部、工业和信息化部等九部门联合印发《关于加快新型建筑工业化发展的若干意见》。意见提出:一、要大力培养新型建筑工业化专业人才,壮大设计、生产、施工、管理等方面人才队伍,加强新型建筑工业化专业技术人员继续教育,鼓励企业建立首席信息官(CIO)制度;二、培育技能型产业工人,深化建筑用工制度改革,完善建筑业从业人员技能水平评价体系,促进学历证书与职业技能等级证书融通衔接,打通建筑工人职业化发展道路,弘扬工匠精神,加强职业技能培训,大力培育产业工人队伍；全面贯彻新发展理念，推动城乡建设绿色发展和高质量发展，以新型建筑工业化带动建筑业全面转型升级，打造具有国际竞争力的"中国建造"品牌。

建筑工业化是国家对建筑行业的深化改革，针对传统建筑行业的生产粗放型、管理混乱、劳动力减少、施工现场脏乱差等未痛点做出的换道超车法。国家的顶层设计高瞻远瞩，我们新时代的大学生要适应这样的行业环境，并推动建筑业的高端化、智能化、绿色化发展。

杭州市第三人民医院医疗综合楼模板工程专项施工方案

杭州市第三人民医院医疗综合楼钢筋工程专项施工方案

工程实例分析

【工程实例 4-1】　杭州市第三人民医院医疗综合楼工程位于杭州市西湖大道 38 号，东邻城头巷，西邻九曲巷。该工程为三级医院，医院建设规模为 450 床，主要功能为病房、医技房、急诊等。地下 2 层，地下室面积 8673.08m²；地上 15 层，建筑面积 33270.57m²；总建筑面积 41943.65m²，建筑高度 57.6m。请分析该工程模板工程、钢筋工程、混凝土工程的专项施工方案。

杭州市第三人民医院医疗综合楼混凝土工程专项施工方案

【工程实例 4-2】　某工程由地下 1 层商铺，地上 2 栋 33 层标准层住宅组成。建筑面积总计 55253.72m²。建筑总高均为 109.5m。该工程设计框架剪力墙结构，住宅部分为混凝土剪力墙结构。抗震设防烈度为 6 度。剪力墙抗震等级为三级（框架柱为四级）。本工程为丙类建筑，结构安全等级为二级。设计使用耐久年限为 50 年。建筑耐火等级为一级。屋面防水等级为Ⅱ级。请分析该工程的优质图片。

优质工程图片集

巩固练习

一、单项选择题

1.柱模板顶部开有与梁模板连接的梁缺口，底部开有（　　）。

A.检查孔　　　　　B.浇筑孔　　　　　C.清理孔　　　　　D.预留孔

2.安装柱模板，高度超过（　　）时，应沿高度方向每隔 2m 左右开设混凝土浇筑孔，以防混凝土产生分层离析。

A.2m　　　　　　　B.3m　　　　　　　C.4m　　　　　　　D.5m

3.梁跨度等于或大于 4m 时，模板应起拱，设计无要求时，钢模板的起拱高度为全跨长度的（　　）。

A.1‰～2‰　　　　B.2‰～3‰　　　　C.3‰～4‰　　　　D.4‰～5‰

4.现浇结构模板表面平整度允许偏差(　　)。

A.±2mm　　　　　B.±3mm　　　　　C.±4mm　　　　　D.±5mm

5.插入式振动棒的操作要点是(　　)。

A.快拔慢插　　　　B.慢拔慢插　　　　C.快拔快插　　　　D.慢拔快插

6.拆模程序一般是(　　)。

A.先支的先拆,后支的后拆,先拆非承重,后拆承重

B.先支的后拆,后支的先拆,先拆承重,后拆非承重

C.先支的后拆,后支的先拆,先拆非承重,后拆承重

D.先支的先拆,后支的后拆,先拆承重,后拆非承重

7.钢筋的代换原则(　　)。

A.等体积代换　　　B.等刚度代换　　　C.等压力代换　　　D.等强度代换

8.光圆钢筋为了增加其与混凝土锚固的能力,一般在其两端做成(　　)弯钩。

A.30°　　　　　　B.60°　　　　　　C.90°　　　　　　D.180°

9.为了方便计算,钢筋弯折处的量度差值近似地取为:当弯折(　　)时,量度差值取 0.5d。

A.45°　　　　　　B.60°　　　　　　C.90°　　　　　　D.135°

10.为了方便计算,钢筋弯折处的量度差值近似地取为:当弯折(　　)时,量度差值取 0.85d。

A.45°　　　　　　B.60°　　　　　　C.90°　　　　　　D.135°

11.为了方便计算,钢筋弯折处的量度差值近似地取为:当弯折 135°时,量度差值取(　　)。

A.0.5d　　　　　B.1d　　　　　　C.2d　　　　　　D.2.5d

12.电渣压力焊多用于(　　)。

A.钢筋接长以及预应力钢筋与螺丝端杆的焊接

B.钢筋接头、钢筋骨架焊接、装配式结构接头的焊接等

C.现浇混凝土结构构件内竖向或斜向(倾斜度在 4∶1 范围内)钢筋的接长

D.钢筋的交叉连接

13.下列属于混凝土搅拌投料顺序常用的方法是(　　)。

A.二次投料法　　　　　　　　　　B.三次投料法

C.四次投料法　　　　　　　　　　D.五次投料法

14.混凝土倾倒高度一般不宜超过(　　),竖向结构不宜超过 3m。

A.2m　　　　　　B.3m　　　　　　C.4m　　　　　　D.5m

15.混凝土浇筑完毕后(　　)以内应进行覆盖并洒水养护。

A.7h　　　　　　B.12h　　　　　　C.14h　　　　　　D.24h

16.洒水养护日期与水泥品种有关,对于硅酸盐水泥和矿渣硅酸盐水泥拌制的混凝土,不得少于(　　)。

A.5 天　　　　　　B.7 天　　　　　　C.14 天　　　　　D.18 天

17. 洒水养护日期与水泥品种有关,对于掺用缓凝型外加剂或有抗渗性要求的混凝土及火山灰质硅酸盐水泥和粉煤灰硅酸盐水泥拌制的混凝土,不得少于(　　)。

　A. 5 天　　　　　B. 7 天　　　　　C. 14 天　　　　　D. 18 天

18. 预应力先张法施工适用于(　　)。

　A. 现场大跨度结构施工　　　　　　　B. 构件厂生产大跨度构件

　C. 现在构件的组并　　　　　　　　　D. 构件厂生产中小型构件

19. 先张法施工时,当混凝土强度至少达到设计强度标准值的(　　)时,方可放张。

　A. 50%　　　　　B. 75%　　　　　C. 85%　　　　　D. 100%

20. 后张法施工较先张法的优点是(　　)。

　A. 不需要台座,不受地点限制　　　　B. 工序少

　C. 工艺简单　　　　　　　　　　　　D. 锚具可重复利用

21. 无黏结预应力的特点是(　　)。

　A. 需留孔道和灌浆　　　　　　　　　B. 张拉时摩擦阻力大

　C. 易用于多跨连续梁板　　　　　　　D. 预应力筋沿长度方向受力不均

22. 不属于后张法预应力筋张拉设备的是(　　)。

　A. 液压千斤顶　　　B. 卷扬机　　　C. 高压油泵　　　D. 压力表

23. 钢筋冷拉后,若采用自然实效,一般需(　　)天才能完成。

　A. 5~10　　　　　B. 10~15　　　　C. 15~28　　　　D. 20~30

24. 常用于高耸烟囱结构的模板体系是(　　)。

　A. 大模板　　　　　B. 爬模　　　　　C. 滑模　　　　　D. 台模

25. 现浇钢筋混凝土框架柱的纵向钢筋的焊接应采用(　　)。

　A. 闪光对焊　　　　B. 坡口立焊　　　C. 电弧焊　　　　D. 电渣压力焊

26. 混凝土在温度为 20±3℃,相对湿度为 90% 以上的潮湿环境或水中进行的养护称为(　　)。

　A. 标准养护　　　　B. 自然养护　　　C. 真空养护　　　D. 热养护

27. (　　)是将Ⅱ~Ⅲ级热轧钢筋在常温下通过张拉再经时效处理而成,可直接用作预应力钢筋。

　A. 冷拔低碳钢丝　　　　　　　　　　B. 冷拉钢筋

　C. 碳素钢丝　　　　　　　　　　　　D. 热处理钢筋

28. 钢筋冷拉应力控制的实质是(　　)。

　A. 仅控制冷拉应力　　　　　　　　　B. 既控制冷拉应力,又控制冷拉率限值

　C. 最大冷拉率控制　　　　　　　　　D. 最大应力控制

29. 梁底模板设计时,不考虑(　　)。

　A. 施工荷载　　　　　　　　　　　　B. 混凝土及模板自重

　C. 钢筋自重　　　　　　　　　　　　D. 混凝土侧压力

30. 混凝土搅拌时间是指(　　)。

　A. 原材料全部投入到全部卸出　　　　B. 开始投料到开始卸料

C. 原材料全部投入到开始卸出　　　　　　D. 开始投料到全部卸料

31. 跨度 3m 的现浇悬臂梁,其承重底模的混凝土拆模强度不得低于设计强度的(　　)。

A. 50%　　　　　　B. 75%　　　　　　C. 85%　　　　　　D. 100%

32. 混凝土养护后质量检查是指(　　)。

A. 抗剪强度检查　　　　　　　　　　　B. 抗压强度检查

C. 抗劈裂检查　　　　　　　　　　　　D. 抗弯强度检查

33. 大体积混凝土早期裂缝是因为(　　)。

A. 内热外冷　　　　　　　　　　　　　B. 内冷外热

C. 混凝土与基底约束较大　　　　　　　D. 混凝土与基底无约束

34. 不同种类的钢筋代换,应按(　　)原则进行。

A. 钢筋面积相等　　　　　　　　　　　B. 钢筋强度相等

C. 钢筋面积不小于代换前　　　　　　　D. 钢筋受拉承载力设计值相等

35. 混凝土在运输过程中不应产生分层离析现象。如有离析现象,必须在浇筑前进行(　　)。

A. 加水　　　　　　B. 振捣　　　　　　C. 二次搅拌　　　　　　D. 二次配合比设计

36. 钢筋冷拔的机理是(　　)。

A. 消除残余应力　　B. 轴向拉伸　　　　C. 径向压缩　　　　D. 抗拉强度提高

37. 木模板的基本元件是拼板,它由板条和拼条组成。其中,板条厚为 25～50mm,宽度不宜超过(　　)mm。

A. 100　　　　　　B. 150　　　　　　C. 200　　　　　　D. 300

38. 自落式混凝土搅拌机用一次投料法向料斗中加料的顺序为(　　)。

A. 石子→砂→水泥　　　　　　　　　　B. 石子→水泥→砂

C. 水泥→石子→砂　　　　　　　　　　D. 水→水泥→石子和砂

39. 热轧钢筋的力学性能试验若有一项指标不符合规定时应(　　)。

A. 正常使用　　　　　　　　　　　　　B. 降级使用

C. 该批钢筋为废品　　　　　　　　　　D. 双倍取样送检

二、多项选择题

1. 下列试验项目属于混凝土长期性能和耐久性实验内容的是(　　)。

A. 抗压强度试验　　B. 抗冻性能试验　　C. 抗水渗透试验　　D. 碱-骨料反应试验

2. 钢筋混凝土结构具有(　　)等特点。

A. 可模性好,适用面广　　　　　　　　B. 易于就地取材

C. 抗拉强度高　　　　　　　　　　　　D. 耐久性和耐火性较好

E. 抗裂性能好

3. 大体积混凝土施工中,为防止混凝土开裂,可采取的做法有(　　)。

A. 采用低水化热品种的水泥

B. 适当增加水泥用量

C. 降低混凝土入仓温度

D. 在混凝土结构中布设冷却水管,中宁后通水降温

E. 一次连续浇筑完成,掺入质量符合要求的速凝剂

4. 下列做法符合试件养护规定的是(　　　　)。

A. 试件放在支架上

B. 试件彼此间隔 10～20mm

C. 试件表面应保持潮湿,并不能被水直接冲淋

D. 试件放在地面上

5. 混凝土拌和物应具有良好的和易性,和易性是一个综合性的技术指标,它包括(　　　　)。

A. 流动性　　　　　B. 黏聚性　　　　　C. 保水性　　　　　D. 稳定性

E. 饱和性

6. 下列试验项目属于普通混凝土拌和物性能试验的是(　　　　)。

A. 立方体抗压强度试验　　　　　　　B. 凝结时间试验

C. 泌水及压力泌水试验　　　　　　　D. 稠度试验

7. 混凝土按采用胶凝材料的不同可分为(　　　　)。

A. 塑性混凝土　　　　　　　　　　　B. 有机胶凝材料混凝土

C. 无机有机复合胶凝材料混凝土　　　D. 无机胶凝材料混凝土

8. 混凝土的长期性能和耐久性包括(　　　　)。

A. 抗冻性　　　　　B. 抗渗性　　　　　C. 抗蚀性　　　　　D. 抗碳化性能

9. 在混凝土中掺入(　　　　),对混凝土抗冻性有明显改善

A. 引气剂　　　　　B. 减水剂　　　　　C. 缓凝剂　　　　　D. 早强剂

10. 人工成型混凝土试件用捣棒,下列符合要求的是(　　　　)。

A. 钢制,长度 600mm　　　　　　　　B. 钢制,长度 500mm

C. 直径 16mm　　　　　　　　　　　D. 端部呈半球形

11. 混凝土的基本组成材料有(　　　　)。

A. 水泥　　　　　B. 骨料、水　　　　　C. 鹅卵石　　　　　D. 混凝土的外加剂

12. 早强剂主要分为(　　　　)。

A. 氯盐类　　　　　B. 硫酸盐类　　　　　C. 有机胺类　　　　　D. 无机胺类

13. 氯盐类早强剂有(　　　　)。

A. 氯化钠　　　　　B. 氯化钾　　　　　C. 氯化铝　　　　　D. 氯化钙

14. 无机胶凝材料混凝土有(　　　　)。

A. 水泥混凝土　　　　　　　　　　　B. 沥青混凝土

C. 石膏混凝土　　　　　　　　　　　D. 水玻璃混凝土

15. 砼从开始制作到制得成品要经历(　　　　)阶段。

A. 拌和　　　　　　　　　　　　　　B. 凝结成型

C. 养护　　　　　　　　　　　　　　D. 硬化后达到强度要求

16. 和易性是砼拌和物的一种综合性的技术性质,包括(　　　　)方面的含义。

A. 流动性　　　　　B. 黏聚性　　　　　C. 保水性　　　　　D. 缓凝性

17. 钢筋混凝土工程包括（　　　　　）。

A. 模板　　　　　　　　　　　　　　B. 钢筋

C. 混凝土　　　　　　　　　　　　　D. 混凝土养护

E. 混凝土运输

18. 钢筋接头的连接方式有（　　　　　）。

A. 绑扎连接　　　　B. 焊接连接　　　　C. 机械连接　　　　D. 锚固连接

19. 一般情况下,模板工程费用占结构工程费用的（　　　　　）左右,劳动量占（　　　　　）左右。

A. 20%　　　　　　B. 50%　　　　　　C. 70%　　　　　　D. 30%

20. 框架结构中主、次梁与板筋位置说法正确的是（　　　　　）。

A. 次梁筋在主梁筋上　　　　　　　　B. 次梁筋在主梁筋下

C. 板筋在梁筋上　　　　　　　　　　D. 板筋在梁筋下

21. 泵送混凝土对材料的要求有（　　　　　）。

A. 石子粒径宜小　　　　　　　　　　B. 掺入适量外加剂

C. 水泥用量较大　　　　　　　　　　D. 坍落度较大

22. 模板的基本要求包括（　　　　　）。

A. 足够的强度　　　B. 足够的高度　　　C. 稳定性　　　　D. 承载能力

23. 模板包括（　　　　　）。

A. 平面模板　　　　B. 阴角模板　　　　C. 阳角模板　　　　D. 连接角模板

24. 设计无要求时,梁跨度的钢模起拱高度为全跨的（　　　　　）,木模的起拱高度为（　　　　　）。

A. 1%～2%　　　　B. 2%～3%　　　　C. 3%～4%　　　　D. 4%～5%

25. 拆模顺序应为（　　　　　）。

A. 先支后拆,后支先拆　　　　　　　B. 先非承重,后承重

C. 先拆先安,后拆后安　　　　　　　D. 谁安谁拆

26. 电弧焊广泛用于（　　　　　）。

A. 钢筋接头　　　　B. 钢筋骨架焊接　　　C. 装配式接头焊接

D. 坡口焊接　　　　E. 熔槽帮条焊接头

27. 电渣压力焊多用于砼构件内（　　　　　）钢筋的接长。

A. 竖向　　　　　　B. 斜向　　　　　　C. 立向　　　　　　D. 平向

28. 混凝土搅拌方法主要有（　　　　　）。

A. 人工搅拌　　　　B. 振动搅拌　　　　C. 机械搅拌　　　　D. 旋转搅拌

29. 钢筋焊接分为压焊和熔焊两种形式,压焊包括（　　　　　）。

A. 闪光对焊　　　　B. 电渣压力焊　　　C. 电弧焊　　　　　D. 气压焊

E. 电阻点焊

30. 模板配板的原则为优先选用（　　　　　）等内容。

A. 通用性强　　　　　　　　　　　　B. 大块模板

C. 种类和块数少　　　　　　　　　　D. 木板镶拼量少

E. 强度高

31. 钢筋对焊接头必须做机械性能试验，包括（　　　　　）。

A. 抗拉试验　　　　B. 压缩试验　　　　C. 冷弯试验　　　　D. 屈服试验

32. 下列是钢筋锥螺纹连接方法的特点的是（　　　　　）。

A. 丝扣松动对接头强度影响小　　　　　B. 应用范围广

C. 不受气候影响　　　　　　　　　　D. 扭紧力矩不准对接头强度影响小

E. 现场操作工序简单、速度快

33. 混凝土浇筑前应先做好隐蔽工程验收的有（　　　　　）。

A. 模板和支撑系统　　　　　　　　　B. 水泥、砂、石等材料的配合比

C. 钢筋骨架　　　　　　　　　　　　D. 预埋件

E. 预埋线管

34. 拌制混凝土时，水灰比增大，产生的影响有（　　　　　）。

A. 黏聚性差　　　　B. 强度下降　　　　C. 节约水泥　　　　D. 容易拌和

E. 密实度下降

35. 混凝土施工缝宜留在（　　　　　）等部位。

A. 柱的基础顶面　　　　　　　　　　B. 梁的支座边缘

C. 肋形楼板的次梁中间 1/3 梁跨　　　D. 结构受力较小且便于施工的部位

E. 便于施工的部位

36. 混凝土浇筑后如天气炎热干燥不及时养护，新混凝土内水分蒸发过快，会使水泥不能充分水化，出现（　　　　　）等现象。

A. 干缩裂缝　　　　B. 表面起粉　　　　C. 强度低　　　　D. 凝结速度加快

37. 在配合比和原材料相同的前提下，影响混凝土强度的主要因素有（　　　　　）。

A. 振捣　　　　　　B. 养护　　　　　　C. 龄期　　　　　　D. 搅拌机

38. 混凝土结构的主要质量要求有（　　　　　）。

A. 内部密实　　　　B. 表面平整　　　　C. 尺寸准确　　　　D. 强度高

E. 施工缝结合良好

39. 混凝土结构的蜂窝麻面和空洞易发生在（　　　　　）。

A. 钢筋密集处　　　B. 模板阴角处　　　C. 施工缝处　　　D. 模板接缝处

E. 梁的底部

40. 下列是各种混凝土结构产生裂缝的原因的是（　　　　　）。

A. 接缝处模板拼缝不严，漏浆　　　　B. 模板局部沉降

C. 拆模过早　　　　　　　　　　　　D. 养护时间过短

E. 混凝土养护期间内部与表面温差过大

41. 预应力混凝土后张法施工中适用曲线型预应力筋的有（　　　　　）等方法。

A. 钢管抽芯　　　　B. 胶管抽芯　　　　C. 预埋波纹管　　　D. 无黏结预应力

42. 后张法预应力混凝土当钢筋采用钢绞线时，配套锚具宜采用（　　　　　）。

A. 螺丝端杆锚具　　　B. 墩头锚具　　　　　C. JM 型锚具　　　　　D. XM 型锚具

43. 单层厂房结构安装施工方案中,应着重解决的是(　　　　　)等问题。

A. 起重设备的选择　　　　　　　　　　B. 结构吊装方法

C. 起重机开行路线　　　　　　　　　　D. 构建平面布置

44. 单层厂房结构安装施工方案中,分件吊装法是起重机开行一次吊装(　　　　　)。

A. 一种构件　　　　　　　　　　　　　B. 两种构件

C. 所有各类构件　　　　　　　　　　　D. 数种构件

45. 利用小型设备安装大跨度空间结构的有(　　　　　)。

A. 分块吊装法　　　　　　　　　　　　B. 整体吊装法

C. 整体提升法　　　　　　　　　　　　D. 整体顶升法

46. 混凝土浇筑前必须验收(　　　　　)。

A. 预埋件　　　　　B. 接头位置　　　　C. 保护层厚度　　　　D. 绑扎牢固

E. 表面污染

47. 钢筋冷拔后(　　　　　)。

A. 抗拉强度提升　　　B. 塑性提高　　　C. 抗拉强度降低　　　D. 塑性降低

48. 工程中对模板系统的基本要求为(　　　　　)。

A. 保持形状、尺寸、位置的准确性　　　　B. 有足够的强度

C. 有足够的刚度和稳定性　　　　　　　　D. 装拆方便

E. 板面光滑

49. 模板的拆除顺序为(　　　　　)。

A. 先支先拆　　　　B. 先支后拆　　　C. 非承重的先拆　　　D. 非承重的后拆

50. 一般建筑结构混凝土适用石子最大粒径不得超过(　　　　　)。

A. 钢筋净距 1/4　　　　　　　　　　　B. 结构最小截面尺寸的 1/4

C. 实心板厚 1/2　　　　　　　　　　　D. 40mm

51. 钢筋的连接方式中较节约钢材的有(　　　　　)。

A. 搭接绑扎　　　　B. 闪光对焊　　　C. 电渣压力焊　　　　D. 锥螺纹连接

E. 搭接电弧焊

52. 单层厂房结构安装施工方案中,综合吊装的主要缺点有(　　　　　)。

A. 起重机开行路线短　　　　　　　　　B. 构件矫正困难

C. 停机点位置少　　　　　　　　　　　D. 平面布置复杂

E. 起重机操作复杂

53. 跨度 6m 梁,采用组合钢模板搭设,若底模板起拱高度设计无具体规定时,可取
(　　　　　)mm。

A. 5　　　　　B. 10　　　　　C. 12　　　　　D. 16　　　　　E. 20

54. 当采用冷拉方法调直钢筋时,(　　　　　)级钢筋的冷拉率不宜大于 1%。

A. HPB300　　　　　B. HRB335　　　　　C. HRB400　　　　　D. RRB400

E. RRB435

55.混凝土冬期施工养护期间加热的方法包括(　　　　　)。

A.蓄热法　　　　　B.掺化学外加剂　　　C.蓄气加热法　　　D.暖棚法

E.电极加热法

三、判断题

1.大模板主要用于现浇楼盖结构的施工。　　　　　　　　　　　　　　　　　(　　)

2.滑模和爬模适用于现浇钢筋混凝土墙体施工。　　　　　　　　　　　　　　(　　)

3.模板系统由模板和支撑两部分组成。　　　　　　　　　　　　　　　　　　(　　)

4.柱箍间距与混凝土侧压力大小有关,柱模板上部柱箍较密。　　　　　　　　(　　)

5.柱模开浇筑孔目的是为了便于进行混凝土的浇筑。　　　　　　　　　　　　(　　)

6.当梁或板的跨度大于等于8m时,才需要将梁底或板底模板起拱1‰~3‰。(　　)

7.8m跨度的梁底模拆除时,混凝土强度不应低于设计强度标准值的100%。　(　　)

8.拆模顺序一般是先支后拆,后支先拆,先拆侧模,后拆底模。　　　　　　　(　　)

9.闪光对焊的力学性能试验只需做拉伸试验而不必做冷弯试验。　　　　　　(　　)

10.电弧焊、电渣压力焊接头均只需做拉伸试验而不必做冷弯试验。　　　　　(　　)

11.钢筋下料长度是指结构施工图中的钢筋长度,即外包尺寸。　　　　　　　(　　)

12.相同种类和级别的钢筋代换应按等面积原则进行代换。　　　　　　　　　(　　)

13.混凝土施工配制强度应大于或等于混凝土设计强度标准值。　　　　　　　(　　)

14.强制式混凝土搅拌机宜于搅拌干硬性混凝土。　　　　　　　　　　　　　(　　)

15.塔式起重机和混凝土泵都能同时完成混凝土的水平运输和垂直运输。　　　(　　)

16.钢筋的拉伸性能可反映钢材的强度和塑性。　　　　　　　　　　　　　　(　　)

17.钢筋的冷弯性能可反映钢材的强度和塑性。　　　　　　　　　　　　　　(　　)

18.钢筋的含碳量增加则其强度和塑性都会提高。　　　　　　　　　　　　　(　　)

19.钢筋冷拉后强度提高而塑性降低。　　　　　　　　　　　　　　　　　　(　　)

20.多根连接的钢筋应先冷拉后焊接,不得先焊接后冷拉。　　　　　　　　　(　　)

21.用平板振动器振捣楼板混凝土时,应按两遍方向互相垂直进行。　　　　　(　　)

22.大体积混凝土内外温差使混凝土产生表面裂缝。　　　　　　　　　　　　(　　)

23.外界气温骤降对大体积混凝土施工不利。　　　　　　　　　　　　　　　(　　)

24.大体积混凝土为防止温度裂缝可掺入粉煤灰。　　　　　　　　　　　　　(　　)

四、论述题

1.在现浇钢筋混凝土结构施工中,对模板系统的基本要求有哪些?

2.简述钢筋连接的方式及其特点。

3.混凝土浇筑的一般规定有哪些?

4.简述混凝土运输的要求。

5.简述在施工中为避免大体积混凝土由于温度应力作用而产生裂缝的技术措施。

第 5 章　钢结构吊装工程施工

学习目标

了解钢结构工程的特点；熟悉钢结构的类型；了解钢结构工程的应用与发展；了解各起重机械的工作原理；掌握选择起重机械的相关参数；掌握焊接的种类和焊接工艺参数；掌握普通螺栓连接和高强度螺栓连接的原理和施工方法；掌握钢结构建筑物各构件的吊装、校正和固定方法；了解钢结构防腐与防火要求、方法。

钢结构安装工程就是利用起重机械将预先在工厂制作的结构构件，严格按照设计图纸的要求在施工现场进行组装，以构成一幢完整的建筑物或构筑物的整个施工过程。钢结构行业是我国一个新兴行业，与钢筋混凝土结构比较，钢结构具有强度高、自重轻、抗震性能好、施工周期短、工业化程度高、环境污染少等一系列优点。钢结构建筑是一种新型的节能环保、循环使用效率最高的结构建筑，被誉为 21 世纪的"绿色建筑"。目前，钢结构建筑被广泛应用于体育场馆、航站楼、展馆、超市、桥梁、厂房、商务大厦、住宅等。

5.1　钢结构工程概述

5.1.1　钢结构特点及类型

1. 钢结构的特点

钢结构，简单地说主要是用钢材制成的结构。从广义上讲，机械设备大部分都是由钢结构组成的。建筑钢结构一般是以热轧型钢（角钢、工字钢、槽钢、钢管等）、钢板、冷却加工成型的薄壁型钢以及钢索作为基本原件，通过下料、加工、组装和焊接等连接方式，按一定的规律连接起来制成基本构件后，再经过现场安装、检验交付使用的产品。

上海京沪高铁虹桥站主题钢结构封顶

目前，钢结构产品已在国民经济各部门和各产业取得非常广泛的应用。在工业与民用建筑业中都大规模应用了建筑钢结构。建筑钢结构如此广泛的应用,原因是在于建筑钢结构与其他材料制成的结构相比,具有以下特点:

(1)质轻,质地均匀。钢材与混凝土、木材相比,虽然密度大,但其屈服点较混凝土和木材要高得多,其密度与屈服点的比值相对较低。在承载力相同的条件下,钢结构与钢筋混凝土结构、木结构相比,构件体积较小,质量较轻,便于运输和安装。钢材质地均匀,各向同性,弹性模量大,具有良好的塑性和韧性,为理想的弹塑性体,完全符合目前所采用的计算方法和基本理论。

(2)生产、安装工业化程度高,施工周期短。建筑钢结构生产具备成批大件生产和高度准确性的特点,可以采用工厂制作、工地安装的施工方法,所以其生产作业面多,可缩短施工周期,进而为降低造价、提高效益创造条件。

(3)密闭性能好。钢材本身组织非常致密,当采用焊接连接,甚至螺栓连接时,都可以做到完全密封不渗漏。因此,一些要求气密性和水密性好的高压容器、大型油库、气柜、管道等板壳结构都采用钢结构。

小贴士

当前,世界之变、时代之变、历史之变正以前所未有的方式展开。中国始终坚持维护世界和平、促进共同发展的外交政策宗旨,致力于推动构建人类命运共同体,深化拓展平等、开放、合作的全球伙伴关系,致力于扩大同各国利益的汇合点,不断以中国新发展为世界提供新机遇,推动建设开放型世界经济,更好惠及各国人民。

中俄东线天然气项目作为世界上距离最长的大口径、高压力"输气管道",不仅要穿越沼泽、山地、地震活动区、永冻土地段这样的地理地貌,还要面临低至零下62℃的极寒考验。因此,管道敷设需采用大壁厚、高钢级、耐低温的螺旋焊管。这些都对管道的制造材料和施工技术提出了很高要求,管线钢在具有较高的承压强度的同时,还要具有较高的低温韧性和优良的焊接性能。

该项目的实施,有利于将俄罗斯的资源优势转化为经济优势,带动中俄两国沿线地区的经济社会发展,同时进一步改善中国的能源结构,促进两国能源战略多元化和保障两国能源安全,对全球能源合作格局都将产生积极影响。中国综合国力的提高和科技实力的增强已得到国际社会的普遍认可,各国积极与中国先进企业接洽,达成跨国科技合作,视中国为平等的合作伙伴和参与者。

(4)抗震及抗动力荷载性能好。钢结构因自重轻、质地均匀,具有较好的延性,因而抗震及抗动力荷载性能好。

(5)钢结构的耐热性好,但防火性差。当温度在250℃以内,钢的性质变化很小;当温度达到300℃以上,钢的强度逐渐下降;当温度达到450~650℃时,钢的强度降为零。因此,钢结构可用于温度不高于250℃的场合。在自身有特殊防火要求的建筑中,钢结构必须用耐火材料予以维护。在防火设计不当或防火层处于破坏的状况下,有可能产生灾难性的后果。

(6)钢结构抗腐蚀性较差。钢结构的最大缺点是易被锈蚀。新建造的钢结构一般都需仔细除锈、镀锌或刷涂料,而且隔一定时间又要重新刷涂料,这就使钢结构维护费用比钢筋混凝土结构高。随着高科技的发展,钢结构易锈蚀、防火性能比混凝土差的问题逐渐得到解决。一方面从钢材本身解决,如采用耐候钢和耐火高强度钢;另一方面采用高效防腐涂料,特别是防腐、防火合一的涂料。

(7)钢材的低温脆性。当钢材在其临界温度以下服役时容易发生脆性断裂,所以在低温状态下使用的钢结构的设计应充分考虑钢材的抗冻性。

2. 钢结构的类型

钢结构应用在各种建筑物和工程构筑物上的类型很多。

(1)钢结构根据其基本元件的几何特征,可分为杆系钢结构和板壳钢结构。

由若干杆件按照一定的规律组成几何形体不变的结构,称为杆系结构。其特征是每根杆件的长度远大于其宽度和厚度,以及截面尺寸较小。常见的塔式起重机的臂架和塔身是杆系结构,高压输电线路塔架、广播电视发射塔架也是杆系结构,如图 5-1 所示。

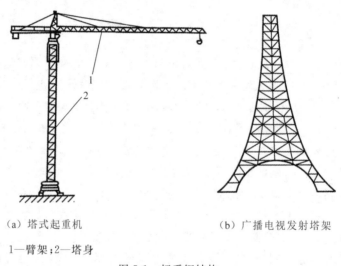

(a)塔式起重机　　　　　　　　　(b)广播电视发射塔架

1—臂架;2—塔身

图 5-1　杆系钢结构

板壳钢结构是由钢板焊接而成的,钢板的厚度远小于它的长度与宽度。按照中面的几何形状,板又分为薄板和薄壳。薄板是中面为平面的板;薄壳是中面为曲面的板。因为板壳结构是由薄板和薄壳组成的,所以板壳结构又被称为薄壁结构。例如储气罐、储液罐等要求密闭的容器,大直径高压输油管道、输气管道等,以及高炉的炉壳、轮船的船体等都是板克钢结构。

建筑钢结构一般是杆系钢结构,现代大型和高层建筑大多采用建筑钢结构和钢筋混凝土混合结构。

(2)建筑钢结构按其外形的不同,可分为臂架结构、车架结构、塔架结构、人字架转台、桅杆、门架结构和网架结构等。其中,门架结构(见图 5-2)和网架结构是当前建筑钢结构中被广泛采用的钢结构类型。

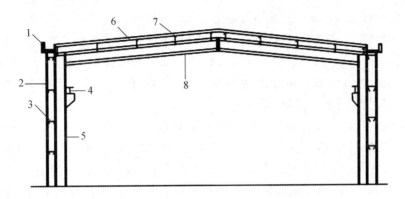

1—外天沟;2—压型钢板;3—墙架;4—吊车梁;5—钢架柱;
6—压型钢板;7—檩条;8—钢架横梁

图 5-2　门架结构

网架结构是一种高次超静定的空间杆系结构,也称为网格结构。网架结构空间刚度大、整体性强、稳定性好、安全度高,具有良好的抗震性能,较好的建筑造型效果,同时兼有质量轻、材料省、制作安装方便等优点,因此是适用于大、中跨度屋盖体系的一种良好的结构形式。近三十年来,网架结构在国内外得到了普通推广应用。

5.1.2　建筑钢结构的组成、应用及发展

建筑钢结构主要是钢结构的杆系结构工程。

1. 建筑钢结构的组成

钢结构在建筑工程中有着广泛的应用。由于使用功能及结构组成方式不同,钢结构种类繁多,形式各异。所有这些钢结构尽管用途、形式各不相同,但它们都是由钢板和型钢经过加工、组合连接制成,如拉杆(有时还包括钢索)、压杆、梁、柱及桁架等,然后将这些基本构件按一定方式通过焊接和螺栓组成结构,以满足使用要求。

2. 建筑钢结构的应用

建筑钢结构的应用范围和钢材供应情况密切相关。随着钢产量逐年提高,钢材品种不断增加,使钢结构的应用范围不断扩大。目前,钢结构的应用范围大致如下:

(1)厂房结构。对于单层厂房,钢结构一般用于重型、大型车间的承重骨架,如冶金工厂的平炉车间,重型机械厂的铸钢车间、锻压车间等,通常由檩条、天窗架、屋架、托架、柱、吊车梁、制动梁(桁架)、各种支撑及墙体等构件组成。

(2)大跨结构。体育馆、影剧院、大会堂等公共建筑及飞机装配车间或检修库等工业建筑要求有较大的内部自由空间,如北京国家体育场"鸟巢"工程和国家大剧院等,故屋盖结构的跨度很大,因而采用材料强度高而质量轻的钢结构。其结构体系主要有框架结构、拱架结构、网架结构、悬索结构和预应力钢结构等。

大运会中心
体育馆钢结构

（3）多层高层结构。对于高层建筑来说，当层数多时，也采用钢结构，如旅馆、饭店公寓等多层及高层楼房。目前高层钢结构的应用正蓬勃发展着。

（4）高耸建筑物。高耸结构包括塔架和桅杆结构，如高压输电线路塔架、广播和电视发射用的塔架和桅杆，多采用钢结构。这类结构的特点是高度大和主要承受风荷载，采用钢结构可以减轻自重，方便架设和安装，并因构件截面小而使风荷载大大减少。法国巴黎的埃菲尔铁塔就是举世闻名的高耸建筑物。

（5）密闭压力容器。对于要求密闭的容器，如要求能承受很大的内力的大型储液库、煤气库，另外，温度急剧变化的高炉结构、大直径高压输液油管和煤气管等，均采用钢结构。

（6）移动结构。钢结构不仅质量轻，还可以用螺栓或者其他便于拆装的手段来连接。需要搬迁或者移动的结构，如流动式展览馆和活动房屋，采用钢结构最适宜。另外钢结构还用于水工闸门、桥式吊车和各种塔式起重机、缆绳起重机等。

（7）中等跨度和大跨度的桥梁结构中，如武汉长江大桥、南京长江大桥和杭州湾跨海大桥的主体结构均为钢结构，它们的难度和规模举世闻名。

（8）轻钢结构。跨度较小、屋面较轻的工业和商业用房，常采用冷弯薄壁型钢、小角钢、圆钢等焊接而成。轻钢结构因具有用钢量省、造价低、供货迅速、安装方便、外形美观、内部空旷等特点，得到迅速发展。

小贴士

没有坚实的物质技术基础，就不可能全面建成社会主义现代化强国。火神山、雷神山医院火速建成的关键原因：医院主体结构采用轻钢结构搭建，病房是使用标准模块化箱式房。箱式房是一种可移动、可重复使用的建筑产品，采用模式化设计，工厂化生产；可单独使用，也可水平竖直方向不同组合，形成宽敞的使用空间。箱体的单元结构是用特殊型钢焊接而成的标准构件，箱与箱之间通过螺栓连接而成，结构简单，安装方便快捷。

为了应急疫情战，武汉火速开建火神山和雷神山两大医院，两大医院从方案设计到建成交付仅仅用了10天的时间，被称为"中国速度"。"疫情战"正如一场战役，胜负就在分秒之间，时间不等人，病毒不等人，我们用中国速度在跟瘟疫进行了一场大决战。这是中国人面对疫情众志成城，集中发力，一切行动听指挥，上下统一一盘棋，联动抗击"疫情"的行动力。通过医院的建设和管理也充分展现了中国建筑领域的职业素养和团队精神。

（9）住宅钢结构。住宅钢结构采用以钢结构为骨架配合多种复合材料的轻型墙体拼装而成，所用材料均为工厂标准化、系列化、批量化生产，改变了传统的住宅和沿用已久的钢筋混凝土等传统的现场作业模式。

改革开放以来，特别是20世纪90年代以后，随着国民经济的发展和钢铁工业的跨越式发展，我国的粗钢产量由2004年的2.72亿吨增长到2014年的8.23亿吨，在政府"从限制和合理使用钢结构到发展钢结构"的政策指导和支持下,从重大工程、标志性建筑使用钢结构到钢结构的普遍使用,钢结构行业得到迅速发展。随着国家加大基础设施建设的投入力度,建筑钢结构将广泛运用到能源工程、基础设施、高层住宅等领域,城市地铁和轻轨工程、立交桥、高架桥等城市公共设施都将越来越多地采用钢结构,钢结构应用前景广阔。此外,随着绿色、环保建造理念的普及,钢结构住宅设计规范及配套技术日趋成熟,钢结构建筑规模将有所提升。由于我国钢材价格、劳动力成本都远低于国际水平,势必对轻钢结构集成化住宅的研发、推广产生积极影响。

5.2 起重机械

结构安装工程中常用的起重结构包括塔式起重机和自行式起重机(履带式起重机、轮胎式起重机、汽车式起重机)。

5.2.1 塔式起重机

塔式起重机具有竖直的塔身,其起重臂安装在塔身顶部与塔身组成"Γ"形,使塔式起重机具有较大的工作空间。由于它的安装位置能靠近施工的建筑物,因此其有效工作半径较其他类型的起重机大。常用的塔式起重机的类型有附着式塔式起重机、爬升式塔式起重机、轨道式塔式起重机,它们被广泛应用于多层及高层建筑工程施工中。

1. 附着式塔式起重机

附着式塔式起重机是固定在建筑物近旁混凝土基础上的起重机械,它可借助顶升系统随建筑物施工进度而自行向上接高。为了减小塔身的计算长度,规定每隔 20m 左右将塔身与建筑物用锚固装置连接起来。这种附着式塔式起重机宜用于高层建筑施工。

附着式塔式起重机的型号有 QT4-10 型、QT1-4 型、ZT-120 型、ZT-100 型、QT(B)-3-5型等。

QT4-10 型起重机如图 5-3 所示,每顶升一次升高 2.5m,常用的起重臂长为 30m,此时最大起重力矩为 1600kN·m,起重量为 5~10t,起重半径为 3~35m,起重高度为 160m。QT4-10 型自升式塔式起重机的主要技术性能如表 5-1 所示。

表 5-1 QT4-10 型自升式塔式起重机的主要技术性能

项 目		技术参数					
起重臂长/m		30			35		
起重半径/m		3~16	20	30	3~16	25	35
起重量/t		10	8	5	8	5	3
起升速度 /m·min⁻¹	4 索	22.5					
	2 索	45					
小车变幅速度/m·min⁻¹		18					

续表

项　目	技术参数
回转速度/r·min⁻¹	0.47
顶升速度/m·min⁻¹	0.52
轨距/m	6.5
起重机行走速度/m·min⁻¹	10.36

QT4-10型附着式塔式起重机的液压顶升系统主要包括顶升套架、长行程液压千斤顶、支承座、顶升横梁及定位销等。液压千斤顶的缸体装在塔吊上部结构的底端承座上,活塞杆通过顶升横梁(扁担梁)支承在塔身顶部。其顶升过程可分为以下五个步骤(见图5-3和图5-4)。

附着式塔吊自升

(1)将标准节吊到摆渡小车上,并将过渡节与塔身标准节相连的螺栓松开,准备顶升,如图5-3(a)所示。

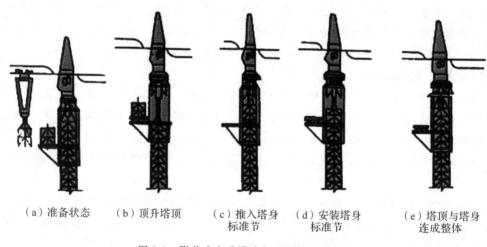

(a)准备状态　　(b)顶升塔顶　　(c)推入塔身　　(d)安装塔身　　(e)塔顶与塔身
　　　　　　　　　　　　　　　标准节　　　　标准节　　　　连成整体

图5-3　附着式自升塔式起重机的顶升过程

(2)开动液压千斤顶,将塔吊上部结构(包括顶升套架)向上顶升到超过一个标准节的高度,然后用定位销将套架固定,此时塔吊上部结构的重量就通过定位销传递到塔身,如图5-3(b)所示。

(3)液压千斤顶回缩,形成引进空间,此时将装有标准节的摆渡小车开到引进空间内,如图5-3(c)所示。

(4)利用液压千斤顶稍微提起标准节,退出摆渡小车,然后将标准节平稳地落在下面的塔身上,并用螺栓加以连接,如图5-3(d)所示。

(5)拔出定位销,下降过渡节,使之与已接高的塔身连成整体,如图5-3(e)所示。

如果一次要接高若干节塔身标准节,则可重复以上工序。

图 5-4　附着式自升塔式起重机

2. 爬升式塔式起重机

高层装配式结构施工,若采用一般轨道式塔式起重机,因其起重高度已不能满足构件的吊装要求,故需采用自升式塔式起重机。爬升式塔式起重机是自升式塔式起重机的一种,它安装在高层装配式结构的框架梁上,每吊装 1～2 层楼的构件后,向上爬升一次。这类起重机主要用于高层(10 层以上)框架结构的安装,其特点是机身体积小、质量轻、安装简单,适于现场狭窄的高层建筑结构的安装。

爬升式塔式起重机由底座、套架、塔身、塔顶、行车式起重臂、平衡臂等部分组成。起重机的型号有 QT5-4/40 型、QT3-4型及用原有 2～6t 塔式起重机改装的爬升式塔式起重机。

在 QT5-4/40 型塔式起重机的底座及套架上均设有可伸出和收回的活动支腿,在吊装构件过程中及爬升过程中分别将支腿支承在框架梁上。在每层楼的框架梁上均需埋设地脚螺栓,用以固定活动支腿。

QT5-4/40 型爬升式塔式起重机的爬升过程如图 5-5 所示。首先将起重小车回至最小幅度,下降吊钩,使起重钢丝绳绕过回转支承上支座的导向滑轮,穿过走台的方洞,用吊钩吊住套架的提环,如图 5-5(a)所示;放松固定套架的地脚螺栓,将活动支腿收进套架梁内,提升套架至两层楼高度,摇出套架活动支腿,用地脚螺栓固定,松开吊钩,如图 5-5(b)所示;松开底座地脚螺栓,收回活动支腿,开动爬升机结构起重机提升两层楼高

内爬式塔吊自升步骤

度,摇出底座活动支腿,并用地脚螺栓固定,如图5-5(c)所示。

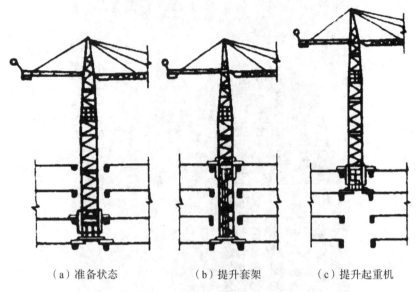

（a）准备状态　　　　（b）提升套架　　　　（c）提升起重机

图5-5　QT5-4/40型爬升式塔式起重机的爬升过程

3. 轨道式塔式起重机

轨道式塔式起重机是一种能在轨道上行驶的起重机,又称自行式塔式起重机。这种起重机可负荷行驶,有的只能在直线轨道上行驶,有的可在L形或U形轨道上行驶。常用的轨道式塔式起重机的型号有QT1-2型、QT1-6型、QT-60/8型。

（1）QT1-2型塔式起重机

QT1-2型塔式起重机是一种塔身回转式轻型塔式起重机,它主要由塔身、起重臂和底盘组成。这种起重机的塔身可以折叠,能整体运输,起重力矩为160kN·m,起重量为1～2t,轨距为2.8m,适用于五层以下民用建筑的结构安装和预制构件厂的装卸作业。

（2）QT1-6型塔式起重机

QT1-6型塔式起重机是一种中型塔顶旋转式塔式起重机,它由底座、塔身、起重臂、塔顶及平衡臂等组成,如图5-6所示。塔顶有齿式回转机构,塔顶通过它可围绕塔身回转360°。起重机的底座有两种:一种有4个行走轮,只能直线行驶;另一种有8个行走轮,能转弯行驶,内轨半径不小于5m。QT1-6型塔式起重机的最大起重力矩为400kN·m,起重量为2～6t。它适用于一般工业与民用建筑的安装和材料仓库的装卸作业。

图5-6　QT1-6型塔式起重机

（3）QT-60/80型塔式起重机

QT-60/80型塔式起重机是一种塔顶旋转式塔式起重机,起重力矩为600～800kN·m,最大起重量为10t。这种起重机适用于多层装配式工业与民用建筑结构安装,尤其适合装配式大板房屋施工。

(4)轨道式塔式起重机的注意事项

①轨道式塔式起重机的轨道位置,其边线与建筑物应有适当的距离,以防止行走时,行走台与建筑物相碰而发生事故,并避免起重机轮压传至基础,使基础产生沉陷。钢轨两端必须设置车挡。

②起重机工作时必须严格按照额定起重量起吊,不得超载,也不准吊运人员、斜拉重物、拔除地下埋设物。

③司机必须得到指挥信号后,方可进行操作。操作前,司机必须按电铃、发信号。吊物上升时,吊钩距起重臂端不得小于 1m。司机工作休息和下班时,不得将重物悬挂在空中。

④运转完毕后,起重机应开到轨道中部的位置停放,并用夹轨钳夹紧在钢轨上。吊钩上升到距起重臂端 2～3m 处,起重臂应转至平行于轨道的方向。

⑤所有控制器工作完毕后,必须扳到停止点(零位),断开电源总开关。

5.2.2　自行式起重机

自行式起重机可分为履带式起重机、汽车式起重机与轮胎式起重机。

1. 履带式起重机

履带式起重机主要由行走装置、回转机构、机身和起重臂四部分组成,如图 5-7 所示。为了减小对地面的压力,行走装置采用链条履带;回转机构装在底盘上,可使机身回转 360°;机身内部有动力装置、卷构机和操纵系统。

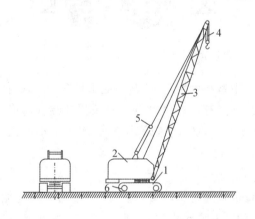

1—行走装置;2—机身;3—起重臂;4—吊钩

图 5-7　履带式起重机

起重臂为角钢组成的格构式杆件,下端铰接在机身上,随机身回转。起重臂可分节接长,设置有起重滑轮组与变幅滑轮组。钢丝绳通过起重臂顶端连到机身内的卷扬机上。

履带式起重机的特点是操纵灵活,使用方便,机身可回转 360°,可以负荷行驶并可原地回转,可在一般平整坚实的场地上行驶与工作。它是结构安装中的主要起重机械。履带式起重机的缺点是稳定性较差,不宜超负荷吊装,在需要起重臂接长或超负荷吊装时,要进行稳定性验算并采取相应的技术措施。在结构安装工程中,常用的履带式起重机有 W1-50 型、W1-100 型、W1-200 型及一些进口机型。

履带式起重机的技术性能包括三个重要参数:起重量 Q、起重半径 R 和起重高度 H。其中,起重量 Q 是指起重机安全工作所允许的最大起重重物的质量;起重高度 H 是指起重吊钩重心至停机面的距离;起重半径 R 是指起重机回转中心至吊钩的水平距离。这三个参数之间存在着相互制约的关系,其数值变化取决于起重臂长及其仰角的大小。当臂长一定时,随着起重臂仰角的增大,起重量和起重高度增加,而起重半径减小。当起重臂仰角不变时,随着起重臂长度的增加,起重半径和起重高度增加,而起重量减少。

最小臂长

2. 汽车式起重机

汽车式起重机是将起重机构安装在普通载重汽车或专用汽车底盘上的一种自行式全回转起重机,其构造基本上与履带式起重机相同,如图 5-8 所示。其优点是行驶速度快,转移灵活,对路面破坏性小;缺点是吊装作业时稳定性差,不能负荷行驶。为此,起重机装有可伸缩的支腿,作业时,支腿落地,以增加机身的稳定性。

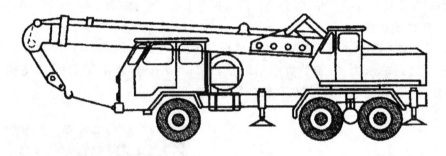

图 5-8　汽车式起重机

汽车式起重机按其重量的大小分为轻型、中型和重型三种,其中起重量在 20t 以内的为轻型,在 50t 以上的为重型;按起重臂的形式分为桁架或箱形臂两种;按传动装置的形式分为机械传动、电力传动、液压传动三种,其中液压传动应用比较普遍,适用于中小型构件及大型构件的吊装。

3. 轮胎式起重机

轮胎式起重机的外形和构造基本上与履带式起重机相似,但其行驶装置采用轮胎,起重机构与机身装在由加重型轮胎和轮轴组成的特制底盘上,能实现全回转。在底盘下装有若干根轮轴,根据起重量的大小,配备 4～10 个或更多轮胎,并装有 4 个可伸缩的支腿。起重时,支腿落地,以增加机身的稳定性,并起到保护轮胎的作用。

轮胎式起重机的优点是运行速度较快,能迅速转移工作地点,不损伤路面;缺点是不适合在松软或泥泞的地面上作业。

常用的轮胎式起重机按传动方式分为机械式、电动式和液压式。近年来,机械式已被淘汰,液压式已逐步替代了电动式。

常用的液压式轮胎起重机主要有 QLY16 型和 QLY25 型两种,其最大起重量为 16t 和

25t,适用于构件装卸和一般工业厂房的结构安装。

5.2.3　索具设备

1. 钢丝绳

钢丝绳是吊装工作中的常用绳索,它具有强度高、韧性好、耐磨性好等优点。同时,它在磨损后外表会产生毛刺,容易被发现,便于预防事故的发生。

(1)钢丝绳的构造。在结构吊装中常用的钢丝绳是由6股钢丝和1股绳芯(一般为麻芯)捻成的。每股又由多根直径为 $0.4 \sim 4.0mm$,强度为 1400MPa、1550MPa、1700MPa、1850MPa、2000MPa 的高强钢丝捻成,如图 5-9 所示。

图 5-9　普通钢丝绳的截面

(2)钢丝绳的种类。钢丝绳的种类很多,按钢丝和钢丝绳股的搓捻方向可分为反捻绳和顺捻绳。

①反捻绳:每股钢丝的搓捻方向与钢丝股的搓捻方向相反。这种钢丝绳较硬,强度较高,不易松散,吊重时不会扭结旋转,多用于吊装工作中。

②顺捻绳:每股钢丝的搓捻方向与钢丝股的搓捻方向相同。这种钢丝绳柔性好,表面较平整,不易磨损,但容易松散和扭结卷曲,吊重物时,易使重物旋转,一般多用于拖拉或牵引装置。

钢丝绳按每股钢丝根数,可分为 6 股 7 丝、6 股 19 丝、6 股 37 丝和 6 股 61 丝等几种。在结构安装工作中常用以下几种:

a.6×19+1,即 6 股,每股由 19 根钢丝组成,再加 1 根绳芯。此种钢丝绳较粗,硬而耐磨,但不易弯曲,一般用作缆风绳。

b.6×37+1,即 6 股,每股由 37 根钢丝组成,再加 1 根绳芯。此种钢丝绳比较柔软,一般用于穿滑轮组和吊索。

c.6×61+1,即 6 股,每股由 61 根钢丝组成,再加 1 根绳芯。此种钢丝绳质地软,一般用于重型起重机械。

(3)钢丝绳的安全检查和使用注意事项。

①钢丝绳的安全检查。

钢丝绳在使用一定时间后,就会产生断丝、腐蚀和磨损现象,其承载能力就会降低。钢丝绳的安全系数如表 5-2 所示。钢丝绳经检查有下列情况之一者,应予以报废:

a.钢丝绳磨损或锈蚀达直径的 40% 以上。

b.钢丝绳整股破断。

c.使用时断丝数目增加得很快。

d.在钢丝绳每一节距长度范围内,断丝根数超过规定的数值。一个节距是指某一股钢丝搓绕绳一周的长度,约为钢丝直径的 8 倍。

表 5-2　钢丝绳的安全系数

用　　途	安全系数	用　　途	安全系数
缆风绳	3.5	用作吊索(无弯曲)	6.0～7.0
用于手动起重设备	4.5	用作捆绑吊索	8.0～10.0
用于电动起重设备	5.0～6.0	用于载人起重设备	14.0

②钢丝绳的使用注意事项。

a.使用中不准超载。当在吊重的情况下,绳股间有大量的油挤出时,说明荷载过大,必须立即检查。

b.钢丝绳穿过滑轮时,滑轮槽的直径应比绳的直径大 1.0～2.5mm。

c.为了减少钢丝绳的腐蚀和磨损,应定期加润滑油(一般每工作 4 个月左右加一次)。钢丝绳在存放时,应保持干燥,并成卷排列,不得堆压。

d.使用旧钢丝绳时,应事先进行检查。

2. 电动卷扬机

在建筑施工中常用的电动卷扬机有快速和慢速两种。其中,快速电动卷扬机(JJK 型)主要用于垂直、水平运输和打桩作业;慢速电动卷扬机(JJM 型)主要用于结构吊装、钢筋冷拉和预应力钢筋张拉作业。常用的电动卷扬机的牵引能力一般为 10～100kN。

5.3　钢结构的连接

钢结构的连接是指通过一定的方式将各个杆件连接成整体。连接时,杆件间要保持正确的相互位置,以满足传力和使用要求,连接部位应有足够的静力强度和疲劳强度。因此,连接是钢结构设计和施工中的重要环节,必须保证连接符合安全可靠、构造简单、节省钢材和施工方便的原则。

GB 50755—2012
钢结构工程施工规范

钢结构的连接通常有焊接连接、螺栓连接及铆钉连接。其中,前两种应用比较广泛,而铆钉连接由于费钢费工,因此目前已很少采用,但又因为其韧性和塑性较好、传力可靠,所以在一些重要结构或承受动力荷载作用的结构中仍被采用。

5.3.1　焊接连接

焊接连接是钢结构的主要连接方式,它适用于任何形状的结构。其优点是构造简单,加工方便,构件刚度大,连接的密封性好,节约钢材,生产效率高;缺点是焊件易产生焊接应力和焊接变形,严重的甚至造成裂纹,导致脆性破坏,这些问题可通过改善焊接工艺,加强构造措施等方法予以解决。

GB 50661—2011
钢结构焊接规范

在进行钢结构焊接时，应根据材质和厚度、接头形式、设备条件等采用适宜的焊接方式，同时应采取必要的技术措施，以减少焊接应力和焊接变形。

1. 焊接方法的选择

常用的焊接方法有电弧焊、电渣焊、气压焊、接触焊与高频焊，其特点及适用范围如表 5-3 所示。其中电弧焊是工程中应用最普遍的焊接形式，它分为手工电弧焊、自动电弧焊、半自动电弧焊。

表 5-3　各种焊接方法的特点及适用范围

焊接类别			特　点	适用范围
电弧焊	手工焊	交流焊机	设备简单，操作灵活，可进行各种位置的焊接，是建筑工地上应用最广泛的焊接方法	焊接普通结构
		直流焊机	焊接技术与交流焊机同，成本比交流焊机高，但焊接时电弧稳定	焊接要求较高的钢结构
	埋弧自动焊		效率高，质量好，操作技术要求低，劳动条件好，适于在工厂中使用	焊接长度较大的对接、贴角焊缝，一般是有规律的直焊缝
	半自动焊		与埋弧自动焊基本相同，操作较灵活，但使用不够方便	焊接较短的或弯曲的对接、贴角焊缝
	CO_2 气体保护焊		用 CO_2 或惰性气体保护的光焊条焊接，可全位置焊接，质量较好，焊时应避风	薄钢板和其他金属焊接
电渣焊			利用电流通过液态熔渣所产生的电阻热焊接，能焊大厚度焊缝	大厚度钢板、粗直径圆钢和铸钢等焊接
气压焊			利用乙炔、氧气混合燃烧火焰熔融金属进行焊接。焊有色金属、不锈钢时需气焊粉保护	薄钢板、铸铁件、连接件和堆焊
接触焊			利用电流通过焊件时产生的电阻热焊接，在建筑施工中多用于对焊、点焊	钢筋对焊、钢筋网点焊、预埋件焊接
高频焊			利用高频电阻产生的热量进行焊接	薄壁钢管的纵向焊缝

2. 焊接接头的形式与构造

焊接接头根据焊件的厚度、使用条件、结构形状以及构件的相对位置分为对接（平接）、搭接、顶接（T 形接）和角接四种类型，如图 5-10 所示。

在各种形式的接头中，为了提高焊接质量，较厚的构件往往要开坡口，其目的是保证电弧能深入焊缝的根部,使根部能焊透,以清除熔渣,获得较好的焊缝形态。

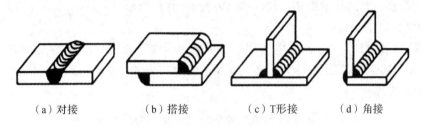

| （a）对接 | （b）搭接 | （c）T形接 | （d）角接 |

图 5-10　焊接的接头形式

焊接的连接形式按其构造可分为对接焊缝与角焊缝两种基本形式。

（1）对接焊缝

对接焊缝用于连接同一平面内的两个构件。用对接焊缝连接的构件常开成各种形式的坡口,焊缝金属填充在坡口内,所以对接焊缝实际上就是被连接构件截面的组成部分。对接焊缝的坡口形式与尺寸宜根据焊件厚度和施焊条件,按国家现行标准的要求选用,以保证焊缝质量,便于施焊。

在对接焊缝的拼接处,当焊件的宽度不同或厚度在一侧相差 4mm 以上时,应分别在宽度或厚度方向从一侧或两侧做成坡度不大于 1∶2.5 的斜角,如图 5-11 所示;当厚度不同时,焊缝的坡口形式应根据较薄焊件的厚度来取用。对于直接承受动力荷载且需要进行疲劳计算的结构,斜角的坡度应不大于 1∶4,以便形成平缓的过渡。

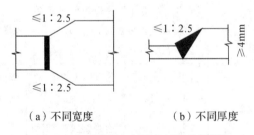

| （a）不同宽度 | （b）不同厚度 |

图 5-11　不同宽度和厚度钢板的拼接

对接焊缝的优点是传力均匀、平顺,无显著应力集中,比较经济;缺点是施焊时焊件应保持一定的间隙,板边需要加工,施工不方便。

（2）角焊缝

在相互搭接或丁字连接构件的边缘,所焊截面为三角形的焊缝,称为角焊缝。角焊缝分为直角角焊缝和斜角角焊缝(夹角为锐角或钝角);其中,直角角焊缝按受力方向不同又分为正面角焊缝和侧面角焊缝;斜角角焊缝不宜用作受力焊缝(钢管结构除外)。在钢结构中最常用的是普通直角角焊缝。其他如平坡、凹面或深熔等形式主要是为了改变受力状态,避免应力集中,一般多用于直接承受动力荷载的结构。

杆件与节点板的连接焊缝一般宜采用两面侧焊,也可用三面围焊;对角钢杆件可采用 L 形围焊。L 形围焊一般只适用于受力较小的杆件。所有围焊的转角处必须连续施焊,如图 5-12 所示。

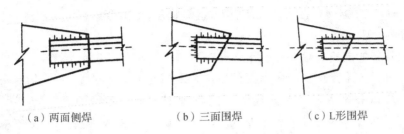

（a）两面侧焊　　　　　（b）三面围焊　　　　　（c）L形围焊

图 5-12　杆件与节点板的焊缝连接

在搭接连接中,搭接长度不得小于焊件最小厚度的 5 倍,并不得小于 25mm。角焊缝的优点是对焊件板边不必预先加工,也不需要校正缝距,施工方便;其缺点是应力集中现象比较严重,由于必须有一定的搭接长度,因此角焊缝连接不太经济。

3. 焊接施工

焊接施工前应做好准备,包括坡口制备、预焊部位清理、焊条烘干、预热、预变形及高强度钢切割表面探伤等,同时要合理确定焊接工艺参数。

（1）焊接工艺参数,包括焊接电流及焊接层数。

①焊接电流。焊接电流过大或过小都会影响焊接质量,所以应根据焊条的类型和直径、焊件的厚度和接头形式、焊缝空间位置等因素来选择,其中焊条直径和焊缝空间位置最为关键。

②焊接层数。焊接层数应视焊件的厚度而定。除薄板外,一般都采用多层焊。对于同一厚度的材料,当其他条件相同时,焊接层次增加,热输入量减少,有利于提高接头的塑性,但层次过多,焊件的变形会增大,因此,应该合理地进行选择。施工中每层焊缝的厚度不应大于 4mm。

（2）焊接工艺,主要包括引弧、熄弧、运条及完工后处理三部分。

①引弧与熄弧。引弧有碰击法和划擦法两种。其中,碰击法是将焊条垂直于工件进行碰击,然后迅速保持一定距离;划擦法是将焊条端头轻轻划过工件,然后保持一定距离。在施工中,严禁在焊缝区以外的母材上打火引弧。在坡口内引弧的局部面积应熔焊一次,不得留下弧坑。

②运条方法。电弧点燃之后,即进入正常的焊接过程。焊接过程中的焊条同时有三个方向的运动:沿其中心线向下送进,沿焊缝方向移动,横向摆动。由于焊条被电弧熔化逐渐变短,为保持一定的弧长,就必须使焊条沿其中心线向下送进,否则会发生断弧。焊条沿焊缝方向移动速度的快慢要根据焊条直径、焊接电流、工件厚度和接缝装配情况及所在位置而定。移动速度太快,焊缝熔深太小,易造成未透焊;移动速度太慢,焊缝过高,工件过热,会引起变形增加或烧穿。为了获得一定宽度的焊缝,焊条必须横向摆动。在横向摆动时,焊缝的宽度一般是焊条直径的 1.5 倍左右。以上三个方向的动作密切配合,根据不同的接缝位置、接头形式、焊条直径和性能、焊接电流和工件厚度等情况,采用合适的运条方式,就可以在各种焊接位置得到优质的焊缝。

③完工后的处理。焊接结束后,应彻底清除焊缝及其两侧的飞溅物、焊渣和焊瘤等。无特殊要求时,应根据焊接接头的残余应力、组织状态、熔敷金属含氢量和力学性能决定是否需要焊后热处理。

4. 焊接连接的质量检验

钢结构的焊接连接易受诸多因素的影响。焊缝中可能存在裂纹、气孔、烧穿和未焊透等缺陷。这些缺陷将削弱焊缝的受力面积,形成应力集中,继而产生裂缝。因此,焊缝的质量检验极为重要。《钢结构工程施工质量验收规范》(GB 50205—2020)规定,焊缝质量检验分为三级:一级检验的要求是对全部焊缝进行外观检查和超声波检查。焊缝长度的 2% 进行 X 射线检查,并至少有一

GB 50205—2020
钢结构工程施工
质量验收规范

张底片。二级检验的要求是对全部焊缝进行外观检查,并对 50% 的焊缝长度进行超声波检查。三级检验的要求是对全部焊缝进行外观检查。钢结构高层建筑焊缝的质量检验属二级检验。除对全部焊缝进行外观检查外,有些工程进行超声波检查的数量可按层而定。

(1)外观检查。普通碳素结构钢焊缝的外观检查,应在焊缝冷却至工作地点温度后进行;低合金结构应在完成焊接 24h 后进行。焊接金属表面的焊波应均匀,不得有裂纹、未熔合、夹渣、焊瘤、咬边、烧穿、弧坑和针状气孔等缺陷,焊接区不得有飞溅物。焊缝的位置、外形尺寸必须符合施工图和验收规范的要求。

(2)无损检验。无损检验是借助检测仪器探测焊缝金属的内部缺陷,是不损伤焊缝的一种检查方法,一般包括射线探伤检验和超声波探伤检验。其中,射线探伤具有直观性、一致性,但成本高,操作过程复杂,检测周期长,且对裂纹、未熔合等危害性缺陷检出率低;而超声波探伤正好相反,其操作程序简单、快速,对各种接头的适应性好,对裂纹、未熔合的检测灵敏度高,因此得到广泛使用。

①射线探伤检验。射线探伤检验焊缝的质量标准分两级,其内部缺陷分级及探伤方法应符合《金属熔化焊焊接接头射线照相》(GB/T 3323—2005)的规定。

②超声波探伤检验。超声波探伤检验焊缝质量,是利用频率高于 2000Hz 的声波的声能,传入金属材料内部,在不同的界面产生的反射波来传达内部的信息。超声波探伤的质量标准分两级,其内部缺陷分级及探伤方法应符合现行国家标准《焊缝无损检测 超声检测技术、检测等级和评定》(GB/T 11345—2013)的规定。

5.3.2　螺栓连接

螺栓作为钢结构连接的紧固件,通常用于构件间的连接固定和定位等。钢结构中的连接螺栓一般分为普通螺栓(A级、B级、C级)和高强度螺栓两种。采用普通螺栓或高强度螺栓而不施加紧固力,该连接即为普通螺栓连接,它主要用于拆装式结构或在焊接铆接施工时用作临时固定构件。其优点是装拆方便,不需特殊设备,施工速度快。采用高强度螺栓并对其施加紧固力,该连接称为高强度螺栓连接。它适用于永久性结构,具有强度高、承受动载安全可靠的特性。

如图 5-13 所示为两种螺栓连接的工作机理。对于普通螺栓连接,当承受外力后,节点连接板即产生滑动,外力通过螺栓杆受力和连接板孔壁承压来传递,如图 5-13(a)所示;摩擦型高强度螺栓连接,通过对高强度螺栓施加紧固轴力,将被连接的连接钢板夹紧产生摩擦效应,受外力作用时,外力靠连接板层接触面间的摩擦来传递,应力流通过接触面平滑传递,无应力集中现象,如图 5-13(b)所示。

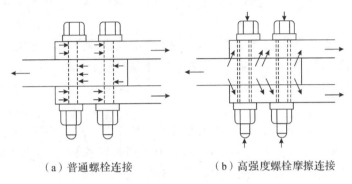

（a）普通螺栓连接　　　　　　　　（b）高强度螺栓摩擦连接

图 5-13　螺栓连接工作机理

1. 普通螺栓

普通螺栓连接是将普通螺栓、螺母、垫圈机械地和连接件连接在一起形成的一种连接形式。

(1)普通螺栓的种类。普通螺栓分为 A、B、C 三级。其中,A 级螺栓通称为精制螺栓,B 级螺栓通称为半精制螺栓,C 级螺栓通称为粗制螺栓。钢结构用连接螺栓,除特制注明外,一般为普通粗制 C 级螺栓。双头螺栓(柱)多用于连接厚板和不便使用六角螺栓连接的地方,如混凝土屋架、屋面梁悬挂单轨梁吊挂件等。

地脚螺栓分为一般地脚螺栓、直角地脚螺栓、锤头螺栓和锚固地脚螺栓。其中,一般地脚螺栓和直角地脚螺栓是浇筑混凝土基础时,预埋在基础之中用以固定钢柱的;锤头螺栓是基础螺栓的一种特殊形式,一般在浇筑混凝土基础时将特制模箱(锚固板)预埋在基础内,用以固定钢柱;锚固地脚螺栓是在已成形的混凝土基础上经钻机制孔后,再浇筑固定的一种地脚螺栓。

(2)普通螺栓的施工。普通螺栓的施工安装应注意以下两个问题。

①连接要求。普通螺栓在连接时应符合下列要求:

a.在永久螺栓的螺栓头和螺母的下面应放置平垫圈,垫置在螺母下面的垫圈不应多于 2 个,垫置在螺栓头部下面的垫圈不应多于 1 个。

b.螺栓头和螺母应与结构构件的表面及垫圈密贴。

c.对于槽钢和工字钢翼缘之类倾斜面的螺栓连接,则应放置斜垫片垫平,以使螺母和螺栓的头部支承面垂直于螺杆,避免螺栓紧固时螺杆受到弯曲力。

d.永久螺栓和锚固螺栓的螺母应根据施工图纸中的设计规定,采用有防松装置的螺母或弹簧垫圈。

e.对于动荷载或重要部位的螺栓连接,应在螺母的下面按设计要求放置弹簧垫圈。

f. 各种螺栓连接中,从螺母一侧伸出螺栓的长度应保持在不小于两个完整螺纹的长度。

g. 安设永久螺栓前应先检查建筑物各部分的位置是否准确,精度是否满足《钢结构工程施工质量验收规范》(GB 50205—2001)的要求,尺寸有误差时应予调整。

h. 精制螺栓的安装孔,在结构安装后应均匀地放入临时螺栓和冲钉。临时螺栓和冲钉的数量应按计算确定,但不少于安装孔总数的 1/3。每一节点应至少放入 2 个临时螺栓。冲钉的数量不多于临时螺栓数量的 30%,扩钻后的 A 级、B 级螺栓孔不允许使用冲钉。

② 紧固轴力。普通螺栓连接对螺栓紧固轴力没有要求,螺栓的紧固施工以操作者的手感及连接接头的外形控制为准。为了使连接接头中螺栓受力均匀,螺栓的紧固次序应从中间开始,对称向两边进行;对大型接头应采用复拧,即两次紧固方法,以保证接头内各个螺栓能均匀受力。

对于普通螺栓连接,螺栓紧固的检验方法比较简单,一般采用锤击法,即一手扶螺栓(或螺母)头,另一手用质量为 3kg 的小锤锤敲,要求锤击时螺栓头(螺母)不偏移、不颤动、不松动,锤声比较干脆,否则说明螺栓紧固质量不好,需要重新进行紧固施工。

2. 高强度螺栓

(1)高强度螺栓的种类

高强度螺栓连接已经发展成为与焊接并举的钢结构的主要连接形式之一,它具有受力性能好、耐疲劳、抗震性能好、连接刚度大、施工简便等优点,被广泛地应用在建筑钢结构的连接中。高强度螺栓连接按其受力状况,可分为摩擦型连接和承压型连接。

JGJ 82—2011
钢结构高强度螺栓
连接技术规程

在摩擦型连接接头处用高强度螺栓紧固,使连接板层夹紧,利用由此产生于连接板层接触面间的摩擦力来传递外荷载。高强度螺栓在连接接头中不受剪力,只受拉力,并由此给连接件之间施加了接触压力。这种连接应力传递圆滑,接头刚性好,我们通常所指的高强度螺栓连接就是这种摩擦型连接。它是目前应用最广泛的连接形式,其极限破坏状态即为连接接头滑移。

当外力超过摩擦阻力后,承压型高强度螺栓连接接头会发生明显的滑移,高强度螺栓杆与连接板孔壁接触并受力,这时外力靠连接接触面间的摩擦力、螺栓杆剪切及连接板孔壁承压三方共同传递,其极限破坏状态为螺栓剪断或连接板承压破坏。这种连接承载力高,可以利用螺栓和连接板的极限破坏强度,经济性能好,但连接变形大,可应用在非重要的构件连接中。

① 高强度大六角头螺栓。钢结构用高强度大六角头螺栓分为 8.8 级和 10.9 级两种等级,一个连接副为一个螺栓、一个螺母和两个垫圈。高强度螺栓连接副应同批制造,以保证扭矩系数稳定,在确定螺栓的预拉力 P 时应根据设计预拉力值,一般考虑螺栓的施工预拉力损失 10%,即螺栓施工预拉力 P 按 1.1 倍设计预拉力取值。如表 5-4 所示为高强度大六角头螺栓施工预拉力 P 的取值。

表 5-4 高强度大六角头螺栓施工预拉力

性能等级	螺栓公称直径						
	M12	M16	M20	M22	M24	M27	M30
8.8 级/kN	45	75	120	150	170	225	275
10.9 级/kN	60	110	170	210	250	320	390

②扭剪型高强度螺栓。钢结构用扭剪型高强度螺栓,一个螺栓连接副为一个螺栓、一个螺母和一个垫圈,它适用于摩擦型连接的钢结构。扭剪型高强度螺栓连接副紧固轴力如表 5-5 所示。

表 5-5 扭剪型高强度螺栓连接副紧固轴力

螺纹规格		M16	M20	M22	M24
每批紧固轴力的平均值/kN	公称	109	170	211	245
	最小	99	154	191	222
	最大	120	186	231	270
紧固轴力标准偏差 σ		≤1.01	≤1.57	≤1.95	≤2.27

(2)高强度螺栓的施工

高强度螺栓在施工中以手动紧固时,均应使用有示明扭矩值的扳手施拧,使其达到连接副规定的扭矩和剪力值。

①施工机具。施工机具主要有手动扭矩扳手和电动扳手。一般常用的手动扭矩扳手有指针式、音响式和扭剪型三种。

②施工方法。

a.高强度大六角头螺栓如图 5-14 所示。高强度大六角头螺栓的施拧方法有扭矩法和转角法。

扭矩法施工对高强度大六角头螺栓连接副来说,当扭矩系数 K 确定之后,由于螺栓的预拉力 P 是由设计规定的,则螺栓所施加的扭矩值 M 就可以容易地计算出来。根据计算确定的施工扭矩值,使用扭矩扳手(手动、电动)按施工扭矩值进行终拧。在采用扭矩法终拧前,应首先进行初拧,对螺栓多的大接头,还需进行复拧。初拧的目的就

图 5-14 高强度大六角头螺栓

是使连接接触面密贴,一般常用规格螺栓(M20、M22、M24)的初拧扭矩在 200~300N·m,螺栓轴力达到10~50kN即可。

初拧、复拧及终拧一般都应从中间向两边或四周对称进行,对初拧和终拧的螺栓都应做不同的标记,避免漏拧、超拧等情况的发生,同时也便于检查紧固质量。

转角法施工是利用螺母旋转角度来控制螺杆弹性伸长量,从而控制螺栓轴向力的方法。试验结果表明,螺栓在初拧以后,螺母的旋转角度与螺栓的轴向力成对应关系,当螺栓受拉处于弹

性范围内时,两者呈线性关系。根据这一线性关系,在确定了螺栓的施工预拉力(一般为 1.1 倍设计预拉力)后,就很容易得到螺母的旋转角度,施工操作人员按照此旋转角度紧固施工,就可以满足设计上对螺栓预拉力的要求。采用转角法施工可避免欠拧与超拧,避免出现较大误差。

转角法施工分初拧和终拧两步进行(必要时需增加复拧),初拧的要求比扭矩法施工要严,因为起初受连接板间隙的影响,螺母的转角大多消耗于板缝,转角与螺栓轴力关系不稳定。初拧的目的就是为了消除板缝影响,使终拧具有一致的基础。一般来讲,对于常用螺栓(M20、M22、M24),其初拧扭矩定在 200～300N·m 比较合适。初拧应该使连接板缝密贴。终拧是在初拧的基础上,再将螺母拧转一定的角度,使螺栓轴向力达到施工预拉力。如图 5-15 所示为转角法施工。

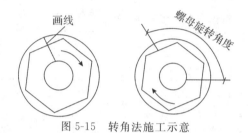

图 5-15　转角法施工示意

b. 扭剪型高强度螺栓。扭剪型高强度螺栓连接副的紧固施工比高强度大六角头螺栓连接副的紧固施工要简便得多,在正常情况下采用专用的电动扳手进行终拧,梅花头被拧掉标志着螺栓终拧的结束。

为了减少接头中螺栓群间的相互影响及消除连接板面间的缝隙,紧固也要分初拧和终拧两个步骤进行,对于超大型的接头还要进行复拧。

扭剪型高强度螺栓连接副的初拧扭矩可适当加大,一般初拧螺栓轴力可以控制在螺栓终拧轴力值的 50%～80%;对常用规格的高强度螺栓(M20、M22、M24),其初拧扭矩可以控制在 400～600N·m;若用转角法初拧,初拧转角应控制在 45°～75°,一般以 60° 为宜。

如图 5-16 所示为扭剪型高强度螺栓的紧固过程。先将扳手内套筒套在梅花头上,轻压

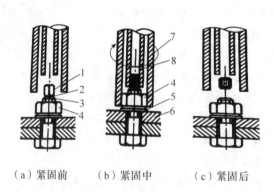

（a）紧固前　　（b）紧固中　　（c）紧固后

1—梅花头;2—断裂切口;3—螺栓;4—螺母;5—垫圈;6—被紧固的构件
7—扳手外套筒;8—扳手内套筒

图 5-16　扭剪型高强度螺栓的紧固过程

扳手,再将外套筒套在螺母上,按下扳手开关,外套筒旋转,使螺母拧紧、切口拧断;关闭扳手开关,将外套筒从螺母上卸下,将内套筒中的梅花头顶出。

③施工注意事项。

a.对于由制造厂处理的钢构件摩擦面,在安装前应逐组复验其所附试件的抗滑移系数,合格后方可安装;对于现场处理的钢构件摩擦面,其抗滑移系数应按国家现行标准《钢结构高强度螺栓连接技术规程》(JGJ 82—2011)的规定进行试验,并应符合设计要求。

b.安装高强度螺栓时,构件的摩擦面应清理干净,保持干燥、整洁,不得在雨中作业。

c.高强度螺栓连接的板叠接触面应平整。当接触有间隙时,小于 1mm 的间隙可不处理;1~3mm 的间隙,应将高出的一侧磨成 1∶10 的斜面,打磨方向应与受力方向垂直;大于 3mm 的间隙应加垫板,垫板两面的处理方法与构件相同。

d.安装高强度螺栓时,螺栓应自由穿入孔内,不得强行敲打,并不得气割扩孔,穿入方向宜一致并便于操作。高强度螺栓不得作为临时安装螺栓。

e.高强度螺栓的安装应按一定顺序施拧,宜由螺栓群中央顺序向外拧紧,并应在当天终拧完毕。其外露丝扣不得少于 2 扣。

f.高强度大六角头螺栓施工所用的扭矩扳手,在扳前必须校正,其扭矩误差不得大于 ±5%;校正用的扭矩扳手,其扭矩误差不得大于 ±3%。

5.4　钢结构的安装

5.4.1　钢结构单层厂房安装

钢结构单层厂房构件包括柱、吊车梁、桁架、天窗架、檩条、支撑及墙架等。由于构件的形式、尺寸、质量、安装标高都不相同,因此所采用的起重设备、吊装方法等也不同,但不论采用哪种设备和方法,都应经济合理。

1. 安装前的准备

为保证钢结构安装的质量,加快施工进度,在钢结构安装前应做好以下准备工作。

(1)编制钢结构工程的施工组织设计,选择吊装机械,确定构件吊装方法,规划钢构件堆场,确定流水作业程序及进度计划,制定质量标准和安全措施。

钢结构安装的关键是选择吊装机械。吊装机械的确定必须满足钢构件的安装要求。对于面积较大的单层工业厂房,宜用移动式起重机械;对于重型结构厂房,可选用起重量大的履带式起重机。

单层厂房吊装
平面图设计

在安装流水程序中要明确每台吊装机械的工作内容和各台吊装机械之间的相互配合。对重型结构厂房,因其柱子的质量大,所以要分节安装。在确定安装顺序时,要考虑生产设备安装和机械安装的方便。

（2）基础准备。基础准备包括轴线误差测量,基础支撑面准备,支撑面和支座表面标高与水平度的检验,地脚螺栓位置和伸出支撑长度的测量等。

柱子基础轴线和标高是否正确是确保钢结构安装质量的关键,应根据基础的验收资料复核各项数据,并标注在基础表面上。

钢柱脚下面的支撑构造应按设计要求复核。基础支撑面、支座和地脚螺栓位置的允许偏差应复核《钢结构工程施工质量验收规范》（GB 50205—2020）的相关规定。

GB 50205—2020
钢结构工程施工
质量验收规范

（3）钢构件检验。钢构件的外形和几何尺寸的正确是保证结构安装顺利进行的前提。为此,在安装之前应根据验收规范中的有关规定,仔细检验钢构件的外形和几何尺寸,如有超出规定的偏差,应在安装之前设法消除。为便于校正钢柱的平面位置和垂直度、桁架和吊车梁的标高等,需在钢柱底部和上部标出两个方向的轴线,在钢柱底部适当高度处标出标高准线。同时,吊点也应标出,便于吊装时按规定吊点绑扎,以保证构件受力合理。

2. 钢柱的安装与校正

（1）在安装柱子前应设置标高观测点和中心线标志,并且与土建工程相一致。钢柱经过初校,待垂直度偏差控制在 20mm 以内时方可使用起重机脱钩,钢柱的垂直度用经纬仪检验,如有偏差,可用螺旋千斤顶校正,如图 5-17 所示。在校正过程中要随时观察柱底部和标高控制块之间是否脱空,以防校正过程中造成水平标高的误差。

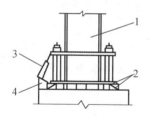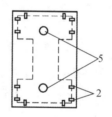

1—钢柱;2—承重块;3—千斤顶;4—钢托座;5—标高控制块

图 5-17　钢柱垂直度校正及承重块布置

（2）中心线标志应符合相应规定。

（3）在进行多节柱安装时,宜将柱组装后再整体吊装。

（4）钢柱吊装后应进行垂直度调整,如温差、阳光侧面照射等引起的偏差。

（5）柱子安装后的允许偏差应符合相应规定。

（6）屋架、吊车梁在安装后,应先进行总体调整,然后再进行固定连接,在固定连接后还应进行复测,对超差的应进行调整。

（7）对长度比较大的柱子,在吊装后应增加临时的固定措施。

（8）柱间支撑应在柱子找正后再进行安装。只有在确保柱子垂直

单机滑行吊装法

旋转吊装法

度的情况下,才能安装柱间支撑,要求支撑不得弯曲。

3. 吊车梁的安装与校正

在钢柱安装完成并经调整固定于基础上之后,即可安装吊车梁。单层工业厂房内的吊车梁,根据起重设备的起重能力分为轻型、中型、重型三类。轻型质量在 10t 以下,重型是跨度大于 30m、质量在 100t以上。

吊车梁安装

钢吊车梁均为简支梁形式,梁端之间留有 100mm 左右的空隙。梁的搁置处与牛腿面之间留有空隙,设有钢垫板。梁与牛腿用螺栓连接,梁与制动架之间用高强度螺栓连接,如图 5-18 所示。

图 5-18　单层厂房柱和吊车梁吊装

吊车梁在安装前应做好以下几项准备工作:

(1)检查钢柱吊装后是否存在位移和垂直度的偏差。

(2)实测吊车梁搁置处梁高制作的误差。

(3)认真做好临时标高垫块工作。

(4)严格控制定位轴线。

吊车梁的吊装机械多采用自行杆式起重机,以履带式起重机应用最多,也可用拔杆、桅杆式起重机及塔式起重机等进行吊装。对质量很大的吊车梁,可用双机抬吊,个别情况下还可设置临时支架分段吊装。

吊车梁的校正主要包括标高、垂直度、轴线和跨距等的校正。其中,标高的校正可在屋盖吊装前进行,其项目的校正宜在屋盖吊装完成后进行,因为屋盖的吊装可能引起钢柱在跨度方向的微小变动。

检验吊车梁的轴线以跨距为准,在吊车梁上面沿车间的长度方向拉通钢丝,再用锤球检验各根吊车梁的轴线;亦可用经纬仪在柱子侧面放一根与吊车梁轴线平行的校正基线,作为校正吊车梁轴线的依据。

吊车梁标高的校正主要是对梁作高低方向的移动,可用千斤顶或起重机等。轴线和跨距的校正是对梁作水平方向的移动,可用撬棍、钢楔、花篮螺丝、千斤顶等。

4. 钢桁架的安装与校正

钢桁架可用自行式起重机(履带式起重机)、塔式起重机和桅杆式起重机等进行吊装。由于桁架的跨度、质量和安装高度不同,适合的吊装机械和吊装方法也随之而异。桁架多用悬空吊装,如图 5-19 所示。为使桁架在吊起后不致发生摇摆,和其他构件碰撞,起吊前应在支座的节点附近用麻绳系牢,随吊随放松,以此保证其位置正确。桁架的绑扎点要能保证桁架的稳定性,否则就需在吊装前临时加固。

图 5-19 钢桁架吊装

对钢桁架要检验、校正其垂直度和弦杆的正直度,桁架的垂直度可用线锤球检验,而弦杆的正直度则可用拉紧的测绳检验。

钢桁架的最后固定是用电焊或者高强度的螺栓进行固定的。钢结构单层厂房的柱、梁、屋架、支撑等主要构件安装就位后,应立即进行校正、固定。若采用综合安装时,应将其划分成独立的单元,使每一单元的全部构件都安装完毕,形成空间刚度单元,以保证施工期间建筑物的整体稳定性。

钢结构单层厂房安装

5.4.2 钢结构多层、高层建筑安装

用于高层建筑的钢结构体系有框架体系、框架剪力墙体系、框筒体系、组合框筒体系、交错钢桁架体系等。高度很大的钢结构高层建筑多采用框筒体系和组合筒体系。此外,近年来在高层建筑中还发展了一种钢-混凝土组合结构,其体系有组合框筒体系(外部为钢筋混凝土框筒,内部为钢框架)、混凝土核心筒支撑体系(核心为钢筋混凝土体系,周围为钢框架)、组合钢框架体系(混凝土包钢柱、钢梁,楼板为钢筋混凝土)、墙板支撑的钢框架体系(用与钢框架有效连接的混凝土墙板等作为钢框架支撑等)。钢结构的特点是结构承载力高,抗震性能好,施工速度快,因而被广泛用于多层、高层和超高层建筑;其缺点是结构刚度小,用钢量大,造价高,防火要求高。

1. 钢结构安装前的准备

(1)钢构件的预检和配套

结构吊装单位对钢构件预检的项目主要有构件的外形和几何尺寸、螺孔的大小和间距、预埋件的位置、焊缝剖口、节点摩擦面、构件的数量和规格等。构件的内在制作质量以制造厂的质量报告为准。至于构件预检的数量,一般是关键构件全部检查,其他构件抽查10%,并不应少于 3 个;预检时应记录一切预检数据。

构件的配套按安装流水顺序进行,以一个结构的安装流水段(一般高层钢结构工程的安装流水段是以一节钢柱框架为一个安装流水段)为单元,先将所有的钢构件由堆场整理出来,并集中到配套场地上,在数量和规格齐全之后进行构件的预检和处理修复;然后根据安装顺序,分批将合格的构件由运输车辆供应到工地现场。配套中应特别注意附件(如连接板等)的配套,否则小小的零件将会影响到整个安装进度,一般是将零星附件用螺栓或铅丝直接捆扎在安装节点上。

(2)钢柱基础的检查

第一节钢柱直接安装在钢筋混凝土基础底板上的。钢结构的安装质量和工效,与柱基的定位轴线、基准标高密切相关。安装单位对柱基的预检重点是:定位轴线的间距、柱基面的标高和地脚螺栓的预埋位置。

①定位轴线的检查。从基础施工开始就应重视定位轴线,先要做好控制桩,待基础浇筑混凝土后再根据控制桩将定位轴线引测到柱基钢筋混凝土底板面上,然后预检定位线是否同原定位线重合、封闭;每根定位轴线总尺寸误差值是否超过控制数;纵横定位轴线是否垂直、平行。定位轴线的预检是在弹过线的基础上进行的。

②柱间距的检查。柱间距的检查是在定位轴线确定的前提下进行的,采用标准尺实测柱距(应是通过计算调整过的标准尺)。柱距的偏差值应严格控制在 ±3mm 的范围内。因为定位轴线的交点是柱基的中心点,是钢柱安装的基准点,所以钢柱的竖向间距是以此距为准的,框架钢梁的连接螺孔的孔洞直径一般比高强螺栓直径大 1.5～2.0mm。如柱距过大或过小,都会直接影响整个竖向框架梁的安装连接和钢柱的垂直。在安装中还会有安装误差。

③单独柱基中心线的检查。检查单独柱基中心线同定位轴线之间的误差,调整柱基中心线使其同定位轴线重合,然后以柱基中心线为依据,检查地脚螺栓的预埋位置。

④柱基地脚螺栓的检查。检查内容为螺栓长度、螺栓垂直度、螺栓间距。

⑤确定基准标高。考虑到施工因素,在柱基中心面和钢柱底面之间,规定有一定的间隙作为钢柱安装前的标高调整,该间隙规范规定为 50mm。基准标高点一般设置在柱基底板的适当位置,并对四周加以保护,它作为整个高层钢结构工程使用阶段标高的依据。以基准标高点为依据,对钢柱柱基表面进行标高实测,将测得的标高偏差用平面图表示,以作为临时支撑标高调整的依据。

(3)标高控制块的设置及柱底灌浆

为了精确控制钢结构上部的标高,在钢柱吊装之前,要根据钢柱预检(实际长度、牛腿间距离、钢柱底板平整度等)结果,在柱子基础表面浇筑标高控制块。标高控制块用无收缩砂浆,立模浇筑,其强度不宜小于 C30,块面须埋设厚度为 16~20mm 的钢板。浇筑标高控制块之前应凿毛基础底面,以增强黏结力。

待第一节钢柱吊装、校正和锚固螺栓固定后,要进行底层钢柱的柱底灌浆。灌浆前应在钢柱底板四周立模板,用清水清洗基础表面,在排除多余积水后灌浆。灌浆用砂浆基本上应保持自由流动,灌浆从一边进行,灌浆后用湿草包或麻袋等遮盖养护。

(4)钢构件现场堆放

对于按照安装流水顺序由中转堆场配套运入现场的钢构件,要利用现场的装卸机械尽量将其就位到安装机械地回转半径区域内;由运输造成的构件变形,应在施工现场加以矫正。

(5)安装机械地选择

高层钢结构的安装均用塔式起重机,要求塔式起重机的臂杆长度具有足够的覆盖面,要有足够的起重能力,以满足不同部位构件的起吊要求;多机作业时臂杆要有足够的高差,达到不碰撞地安全运转。各塔式起重机之间应有足够的安全距离,确保臂杆不与塔身相碰。

如用附着式塔式起重机,锚固点应选择钢结构,以便于加固,有利于形成框架整体结构和便于玻璃幕墙的安装;但需对锚固点进行计算。

如用爬升式塔式起重机,爬升位置应满足塔式自由高度和每节柱单元安装高度的要求;塔式起重机所在位置的钢结构,在爬升前应焊接完毕,形成整体。

(6)安装流水段的划分

高层钢结构安装需按照建筑物的平面形状、结构形式、安装机械数量和位置等划分流水段。在进行平面流水段划分时,应考虑钢结构安装过程中的整体稳定性和对称性,安装顺序一般由中央向四周扩展,以减少焊接误差。

2. 钢柱的安装

(1)绑扎与起吊

钢柱的吊点在吊耳处(柱子在制作时吊点部位焊有吊耳,吊装完毕再将其割去)。根据钢柱的质量和起重机的起重量,钢柱的吊装可用单机吊装或双机抬吊。采用单机吊装时需在柱子根部垫以垫木,以回转法起吊,严禁柱根拖地。采用双机抬吊时,钢柱吊离地面后应在空中回直。

结构吊装方法

(2)安装与校正

钢结构高层建筑的柱子,一节多为 3~4 层,节与节之间用坡口焊连接。在吊装第一节钢柱时,应在预埋的地脚螺栓上架设保护套,以免钢柱就位时碰坏地脚螺栓的丝牙。在钢柱吊装前,应预先在地面上将操作挂篮、爬梯等固定在施工需要的柱子部位上。

钢柱就位后,应先调整标高,再调整位移,最后调整垂直度。柱子要按验收规范规定的数值进行校正,标准柱子的垂直偏差应校正到零。当上柱与下柱发生扭转错位时,可以在连接上、下柱的耳板处加垫板进行调整。为了控制安装误差,对高层钢结构应先确定标准柱(能控制框架平面轮廓的少数柱子),一般选择平面转角柱为标准柱。正方形框架取

4 根转角柱,长方形框架(当长边与短边之比大于 2 时)取 6 根柱,多边形框架则取转角柱为标准柱。

①标高的调整。每安装一节钢柱后,对柱顶进行一次标高实测,当标高误差超过 6mm 时,需进行调整,多采用低碳钢板垫进行调整。如误差过大(大于 20mm)不易一次调整的,可先调整一部分,待下一次再调整,否则一次调整过大会影响支撑的安装和钢梁表面标高。中间框架柱的标高宜稍高些,因为钢框架安装工期长,结构自重不断增大,中间柱承受的结构荷载较大,基础沉降也较大。

②轴线位移的调整。以下节钢柱顶部的实际柱中心线为准,使要安装的钢柱的底部对准下节钢柱的中心线。校正位移时应注意钢柱的扭转,因为钢柱的扭转对框架安装非常不利。

③垂直度的调整。用两台经纬仪在相互垂直的位置投点,进行垂直度观测。进行调整时,在钢柱偏斜方向的同侧锤击钢楔或微微顶升千斤顶,在保证单节柱垂直度符合要求的前提下,将柱顶偏轴线位移校正至零,然后拧紧上、下柱临时接头的高强度大六角头螺栓至额定扭矩。

3. 钢梁的安装

钢梁在安装前应于柱子牛腿处检查标高和柱子间距,在安装主梁前,应在梁上装好扶手杆和扶手绳,待主梁安装就位后,应将扶手绳与钢柱系牢,以保证施工人员的安全。

一般在钢梁上翼缘处开孔,作为吊点,吊点位置取决于钢梁的跨度。为加快吊装速度,对质量较小的次梁和其他小梁,可利用多头吊索一次吊装数根。

在安装框架主梁时,应根据焊缝收缩量预留焊缝变形量。安装主梁时对柱子垂直度的监测,除要监测安放主梁的柱子两端的垂直度的变化外,还要监测相邻与主梁连接的各根柱子的垂直度的变化情况,以保证柱子除预留焊缝收缩值外,其他各项偏差均符合验收规范的规定。

安装楼层压型钢板时,要先在梁上画出压型钢板铺放的位置线,铺放时要对正相邻两排压型钢板的端头波形槽口,以便使现浇层中的钢筋能顺利通过。

在每一节柱子的全部构件安装、焊接、栓接完成并验收合格后,才能从地面上引测一节柱子的定位轴线。

4. 钢结构构件的连接施工

钢构件的现场连接是钢结构施工的重要问题。对连接的基本要求:提供设计要求的约束条件,应有足够的强度和规定的延性,制作和施工方便。

目前钢结构的现场连接,主要是用高强度螺栓和电焊连接(见图 5-20 和图 5-21)。钢柱多为坡口电焊连接,梁与柱、梁与梁的连接视约束要求而定,有的用高强度螺栓,有的则为坡口电焊和高强度螺栓共用。

高层钢结构柱与柱、柱与梁电焊连接时,应重视其焊接顺序,因为正确的焊接顺序能减少焊接变形,保证焊接质量。一般情况下应从中心向四周扩展,采用结构对称、节点对称的焊接顺序。至于立面一个流水段(一节钢柱高度内的所有构件)的焊接顺序一般是:

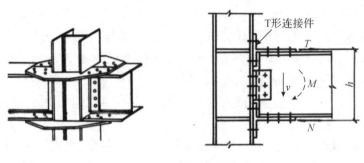

图 5-20 梁柱螺栓连接

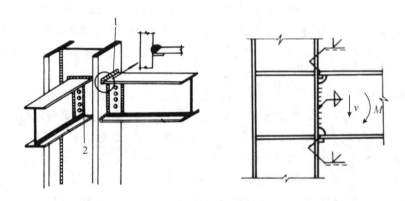

1—焊缝;2—螺栓
图 5-21 梁柱螺栓连接和焊接连接

(1)上层主梁→压型钢板;

(2)下层主梁→压型钢板;

(3)中层主梁→压型钢板;

(4)上、下柱焊接。

5. 楼层压型钢板安装

多层、高层钢结构楼板一般多采用压型钢板与混凝土叠合层组合而成,如图 5-22 所示。一节柱的各层梁安装校正后,应立即安装本节柱范围内的各层楼梯,并铺好各层楼面的压型钢板,进行叠合楼板施工。

楼层压型钢板安装工艺流程:弹线→清板→吊运→布板→切割→压合→侧焊→端焊→封堵→验收→栓钉焊接。

(1)压型钢板安装铺设。

①在铺板区弹出钢梁的中心线。主梁的中心线是铺设压型钢板固定位置的控制线,并决定压型钢板与钢梁熔透焊接的焊点位置;次梁的中心线决定了熔透焊栓钉的焊接位置。因压型钢板铺设后难以观察翼缘的具体位置,故将次梁的中心线及次梁翼缘反弹在主梁的中心线上,固定栓钉时再将其反弹在压型钢板上。

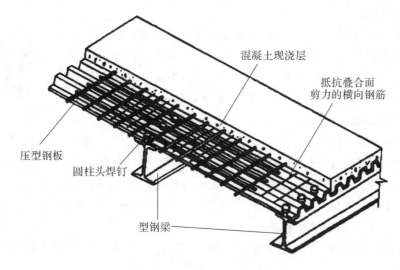

图 5-22　压型钢板组合楼板的构造

②将压型钢板分层分区按料单清理、编号,并运至施工指定部位。

③用专用软吊索吊运。吊运时,应保证压型钢板板材整体不变形,局部不卷边。

④按设计要求铺设。压型钢板的铺设应平整、顺直、波纹对正、设置位置正确;压型钢板与钢梁的锚固支承长度应符合设计要求,且不应小于 50mm。

⑤采用等离子切割机或剪板钳裁剪边角。裁剪放线时,富余量应控制在 5mm 以内。板间连成整板,然后用点焊将整板侧边及两端头与钢梁固定,最后采用栓钉固定。为了浇筑混凝土时不漏浆,端部肋做封端处理。

⑥压型钢板固定。压型钢板与压型钢板侧板间的连接采用吸口钳压合,使单片压型钢板间连成整板,然后用点焊将整板侧边及两端头与钢梁固定;最后采用栓钉固定。为了浇筑混凝土不漏浆,端部肋做封端处理。

(2)栓钉焊接。为了使组合楼板与钢梁能有效地共同工作,抵抗叠合面间的水平剪力作用,通常将栓钉穿过压型钢板焊于钢梁上。栓钉焊接的材料设备有栓钉、焊接瓷环和栓钉焊机。

焊接时,先将焊接用的电源及制动器接上,把栓钉插入焊枪的卡口,栓钉的下端置入母材上面的瓷环内;按焊枪电钮,栓钉被提升,在瓷环内产生电弧,在电弧发生后规定的时间内,用适当的速度将栓钉插入母池的熔池内;焊完后,立即除去瓷环,并在焊缝的周围去掉卷边,检查焊钉焊接的部位。

(3)压型钢板及栓钉安装完毕后,即可绑扎钢筋,浇筑混凝土。

5.4.3　钢网架安装

钢网架根据其结构形式和施工条件的不同,可选用高空拼装法、整体安装法或高空滑移法进行安装。

1. 高空拼装法

钢网架采用高空拼装法安装时,是先在设计位置处搭设拼装支架,然后用起重机把网架构件分件(或分块)吊至空中的设计位置,在支架上进行拼装。此法的特点是不需要大型起重设备,但拼装支架用量大,高空作业多,适用于高强度螺栓的连接、用型钢制作的钢网架或螺栓球节点的钢管网架的安装。

椐杆式起重机
高空拼装法

(1)拼装前的准备工作。大型网架为多支撑结构,支撑结构的轴线与标高是否准确将影响网架的内力和支撑反力。因此,支撑网架柱子的轴线和标高的偏差应较小,在网架拼装前应予以复核(要排除阳光的影响)。拼装网架时,为保证其标高和各榀屋架轴线的准确,需预先放出标高控制线和各榀屋架轴线的辅助线,以此来检查和调整网架的标高及各榀屋架的轴线偏差。

(2)吊装机械地选择。其主要根据结构特点、构件质量、安装标高以及现场施工与现有设备条件而定。

(3)拼装支架搭设。拼装支架是在拼装网架时,用于支撑网架、控制标高和作为操作平台之用。支架的数量和布置方式取决于安装单元的尺寸和刚度。

如将整个网架划分为几大块,利用少数拼装支架在空中进行拼装,称为整块安装法。这是介于高空拼装法和整体安装法之间的一种安装方法,兼有两者的优点。

2. 整体安装法

整体安装法是先将网架在地面上拼装成整体,然后用起重设备将其整体提升到设计位置上加以固定的方法。这种施工方法不需要高大的拼装支架,高空作业少,易保证焊接质量,但需要起重量大的起重设备,技术较复杂。因此,此法对球节点的钢管网架(尤其是三向网架等杆件较多的网架)较适宜。根据所用设备的不同,整体安装法又分为多机抬吊法、拔杆提升法与电动螺杆提升法等。

整体提升施工

(1)多机抬吊法。此法适用于高度和质量不大的中小型网架结构。安装前先在地面上对网架进行错位拼装(即拼装位置与安装轴线错开一定距离,以避开柱子的位置),然后用多台起重机(多为履带式起重机或汽车式起重机)将拼好的网架整体提升到柱顶以上,在空中移位后落下就位固定。如图 5-23 所示为某工程用四台履带式起重机抬吊的情况。

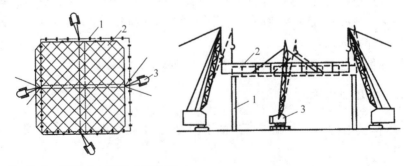

1—柱;2—网架;3—履带式起重机

图 5-23　四机抬吊钢网架示意

（2）拔杆提升法。对球节点的大型钢管网架的安装,目前多用拔杆提升法。用此法施工时,网架先在地面上错位拼装,然后用多根独脚拔杆将网架整体提升到柱顶以上,空中移位,落位安装。

（3）电动螺杆提升法。电动螺杆提升法是利用升板工程施工中使用的电动螺杆提升机,将地面上拼装好的钢网架整体提升至设计标高。此法的优点是不需要大型吊装设备,施工简便。

顶升法施工

3. 高空滑移法

对网架屋盖的安装近年来采用高空平行滑移法施工的逐渐增多,该法尤其适用于影剧院、礼堂等工程。采用这种施工方法,网架多是在建筑物前厅顶板上设拼装平台进行拼装的（也可在观众厅看台上搭设拼装平台进行拼装）,待第一个拼装单元（或第一段）拼装完毕后,将其下落至滑移轨道上,用牵引设备（多用人力绞磨）通过滑轮组将拼装好的网架向前滑移一定的距离;接下来在拼装平台上拼装第二个拼装单元（或第二段）,拼好后连同第一个拼装单元（或第一段）一同向前滑移;如此逐段拼装并不断向前滑移,直至整个网架拼装完毕并滑移至就位位置。

5.5　钢结构的防腐与防火

5.5.1　钢结构防腐

钢材表面与外界介质相互作用而引起的破坏称为腐蚀（锈蚀）。腐蚀不仅使钢材有效截面减小,承载力下降,而且严重影响钢结构的耐久性。

根据钢材与环境介质的作用原理,腐蚀分以下两类:

（1）化学腐蚀:是指钢材直接与大气或工业废气中的氧气、碳酸、硫酸等发生化学反应而产生腐蚀。

（2）电化学腐蚀:是由于钢材内部有其他金属杂质,它们具有不同的电极电位,与电解质溶液接触产生原电池作用,使钢材被腐蚀。

钢材在大气中被腐蚀是电化学腐蚀和化学腐蚀同时作用的结果。

1. 钢结构防腐防护

目前国内主要采用涂装方法进行防腐。涂装防腐是利用涂料涂层将钢结构与环境隔离,从而达到防腐的目的,延长钢结构的使用寿命。

（1）防腐涂料的组成与作用

防腐涂料一般由不挥发组分和挥发组分（稀释剂）组成。防腐涂料刷在钢材表面后,挥发组分逐渐挥发逸出,留下不挥发组分干结成膜。不挥发组分的成膜物质分为主要、次要和辅助成膜物质三种。主要成膜物质可以单独成膜,也可以黏结颜料等物质共同成膜,它是涂料的基础,也常称基料、添料或漆基,包括油料和树脂。次要成膜物质包含颜料和体质颜料,颜料组成中没有颜料和体质颜料的透明体称为清漆,具有颜料和体质颜料的不透明体称为色漆,加大量体质颜料的稠原浆状体称为腻子。

涂料经涂敷施工形成漆膜后,具有保护、装饰、标志和其他特殊作用。涂料在建筑防腐工程中的功能则以保护作用为主,兼考虑其他作用。

涂料的种类和品种繁多,其性能和用途也各自不同。在涂装过程中,必须根据使用要求和环境条件,合理选择适当的涂料品种。

(2)防腐涂料分类

目前所采用的防腐蚀方法除设计时考虑冶金防腐蚀成分外,在施工中主要采用防护层的方法防止金属腐蚀。其一般有以下几种:

①金属保护层。金属保护层是用具有阴极或阳极保护作用的金属或合金,通过电镀、喷镀、化学镀、热镀和渗镀等方法,在需要防护的金属表面形成金属保护层(膜)来隔离金属与腐蚀介质的接触,或利用电化学的保护作用使金属得到保护,从而防止腐蚀。如镀锌钢材在腐蚀介质中因它的电位较低,可以作为腐蚀的阳极而牺牲,而铁作为阴极得到了保护。

②化学保护层。化学保护层是用化学或者电化学方法,使金属表面生成一种具有耐腐蚀性能的化合物薄膜,以隔离腐蚀介质与金属接触,从而防止对金属的腐蚀。如钢铁的磷化和钝化处理。

③非金属保护层。非金属保护层是用涂料、塑料和搪瓷等材料,通过涂刷和喷涂等方法,在金属表面形成保护膜,使金属与腐蚀介质隔离,从而防止对金属的腐蚀。如钢结构的表面涂装,就是利用涂层来防止腐蚀的。

2. 钢结构防腐涂装施工

(1)涂装前的表面处理

发挥涂料的防腐效果的关键是漆膜与钢材表面的严密贴敷。若在基底与漆膜之间夹有锈、油脂、污垢及其他异物,不仅会妨害防锈效果,还会起反作用而加速锈蚀,因而钢材表面处理,并控制钢材表面的粗糙度,在涂料涂装前是必不可少的。

钢材表面处理的方法有:手工除锈、动力工具除锈、喷射或抛射除锈、酸洗除锈和火焰除锈等。

①手工除锈:金属表面的铁锈可用钢丝刷、钢丝布或粗砂布擦拭,直到露出金属本色,再用棉纱擦净。此方法施工简单,比较经济,可以在小构件和复杂外形构件上除锈。

②动力工具除锈:利用压缩空气或电能为动力,使除锈工具产生圆周式或往复式运动,产生摩擦或冲击来清除铁锈或氧化铁皮等。此方法工作效率和质量均高于手工除锈,是目前常用的除锈方法。常用工具有气动砂磨机、电动砂磨机、风动钢丝刷、风动气铲等。

③喷射除锈:利用经过油、水分离处理的压缩空气将磨料带入并通过喷嘴以高速喷向钢材表面,靠磨料的冲击和摩擦力将氧化铁皮等除掉,同时使表面获得一定的粗糙度。此方法效率高、除锈效果好,但费用较高。喷射除锈分为干喷射法和湿喷射法两种,湿法比干法工作条件好,粉尘少,但易出现返锈现象。

④抛射除锈:利用抛射机叶轮中心吸入磨料和叶尖抛射磨料的方法,以高速的冲击和摩擦除去钢材表面的污物。此方法的劳动强度比喷射方法低,对环境污染程度轻,而且费用也比喷射方法低,但扰动性差,磨料选择不当易使抛件变形。

⑤酸洗除锈:亦称化学除锈,利用酸洗液中的酸与金属氧化物反应,使金属氧化物溶解

从而除去。此方法除锈质量比手工和动力工具好,与喷射除锈质量相当且没有喷射除锈的粗糙度,但在施工过程中会产生对人和建筑物有害的酸雾。

⑥火焰除锈:火焰除锈为除锈工艺之一,火焰除锈代号为 Ft,主要工艺是先将基体表面锈层铲掉,再用火焰烘烤或加热,并配合使用动力钢丝刷清理加热表面。此种方法适用于除掉旧的防腐层(漆膜)或带有油浸过的金属表面工程,不适用于薄壁的金属设备、管道,也不能使用在退火钢和可淬硬钢除锈工程。

(2)涂装施工

钢结构涂装工序为:刷防锈漆→局部刮腻子→涂料涂装→漆膜质量检查。涂料涂装方法有刷涂法、滚涂法、浸涂法、空气喷涂法、雾气喷涂法。

①刷涂法:具有工具简单,施工方法简单,施工费用少,易于掌握,适应性强,节约涂料和经济等优点;缺点是劳动强度大,生产效率低,施工质量取决于操作者的技能。刷涂法操作要点:采用直握方法使用刷;应蘸少量涂料,以防涂料倒流;对于干燥较快的涂料不宜反复涂刷;刷涂料的顺序采用先上后下、先里后外、先难后易的原则;最后一道涂刷走向应按垂直平面由上而下进行,水平表面应按光线照射方向进行。

②滚涂法:是用多孔吸附材料制成的滚子进行涂料施工的方法。该方法施工用具简单,操作方便,施工效率比刷涂法高,适合大面积的构件;缺点是劳动强度大,生产效率较低。滚涂法操作要点:涂料装入装有滚涂板的容器,将滚子浸入涂料,在滚涂板上来回滚动,将多余涂料滚压掉;把滚子按 W 形轻轻滚动,将涂料大致涂布在构件上,然后密集滚动,将涂料均匀分布开,最后使滚子按一定的方向滚平表面并修饰;滚动初始时用力要轻,以防流淌。

③浸涂法:是将被涂物放入漆槽内浸渍,经过一段时间后取出,让多余涂料尽量滴净再晾干。优点是施工方法简单,涂料损失少,适用于构造复杂构件。缺点是有流挂现象,溶剂易挥发。浸涂法操作时应注意:为防止溶剂挥发和灰尘落入漆槽内,不作业时将漆槽加盖,作业过程中应严格控制好涂料黏度,浸涂槽厂房内应安装排风设备。

④空气喷涂法:是利用压缩空气的气流将涂料带入喷枪,经喷嘴吹散成雾状,并喷涂到物体表面上的涂装方法。优点是可获得均匀、光滑的漆膜,施工效率高。缺点是消耗溶剂量大,污染现场,对施工人员有害。空气喷涂操作时应注意:在进行喷涂时,将喷枪调整到适当程度,以保证喷涂质量。在喷涂过程中控制喷涂距离。注意维护喷枪,保证能正常使用。

⑤无气喷涂法:是利用特殊的液压泵,将涂料经喷嘴喷出,高速分散在被涂物表面上形成漆膜。其优点是喷涂效率高,对涂料适应性强,能获得厚涂层;缺点是如果要改变喷雾幅度和喷出量,必须更换喷嘴,也会损失涂料,对环境有一定污染。无气喷涂法操作时应注意:使用前检查高压系统各固定螺母和管路接头;涂料应过滤后才能使用;喷涂过程中注意补充涂料,吸入管不得移出液面;喷涂过程中应防止发生意外事故。

5.5.2　钢结构防火

钢材具有一定的耐热性,其长期经受 100℃辐射时,强度没有多大变化。钢材虽然有一定的耐热性,但在高温下,也会改变自己的性能而使结构强度降低。一般来说,随着温度的升高,钢材的屈服强度及弹性模量降低。在250℃左右,钢材抗拉强度略有提高,同时塑性和冲击韧性下降,即为蓝脆现象;当温度在250～350℃时,在一定荷载作用下,钢材将随时间的增长而逐渐增大,产生徐变现象。当温度达600℃时,其承载能力几乎完全丧失,可见钢结构是不耐火的。因此,钢结构的防火措施是防止建筑钢结构在火灾中倒塌,避免经济损失和环境破坏,保障人民生命与财产安全的有效办法。

钢结构防火即是在钢结构的表面施加一定的防火措施,使钢结构构件在火灾荷载作用下也能使结构处于稳定状态。钢结构的防火措施可分为外包混凝土材料、外包钢丝网水泥砂浆、外包防火材板、外喷防火涂料等几种形式。

外包混凝土防火是在钢构件外表浇捣混凝土,在浇捣混凝土前应配置好构造钢筋,防止混凝土剥落。由于混凝土材料具有经济、耐久、耐火等优点,长期以来被用作钢结构防火材料,但由于浇捣混凝土时要架设模板,施工周期长,一般适用于中、低层钢结构建筑的防火施工。

外包钢丝网水泥砂浆防火是在钢构件外表包上钢丝网,然后抹灰或混凝土作为保护层。这也是一种传统的防火措施。

外包防火板是一种干式防火方法。常用的板材有轻质混凝土预制板、石膏板、硅酸钙板等。施工时用黏结剂粘贴或用螺栓紧固。此施工中,应注意密封,防止产生防火薄弱环节,所用黏结剂在预计的耐火时间内应保证受热而不失去作用。

工程实例分析

【工程实例】

工程名称:国家物资储备综合仓库云南储备物资管理局五三零处土建及安装工程。

地理位置:云南省昆明市东郊大板桥镇。

K1,K2,K3,K4,K5,K6—钢结构门式钢架厂房。K1、K2檐口标高为9.25m,跨度为27m;K3、K4、K5、K6檐口标高为9.25m,跨度为24m。砼基础垫层为C15。基础、柱、基础梁砼为C25。连接由普通螺栓、高强度螺栓连接。钢结构由钢柱、钢梁等组成。请分析该工程钢结构厂房的施工方案。

国家物资储备综合仓库云南储备物资管理局五三零处钢结构厂房施工方案

巩固练习

一、单项选择题

1.下列不属于桅杆式起重机的是(　　　)。

A.悬臂把杆　　　B.独脚把杆　　　C.牵缆式桅杆起重机　　　D.塔桅

2.下列不是选用履带式起重机时要考虑的因素的是(　　)。

A.起重量　　　　　　　　　　　B.起重动力设备

C.起重高度　　　　　　　　　　D.起重半径

3.下列不是汽车式起重机的主要技术性能的是(　　)。

A.最大起重量　　　　　　　　　B.最小工作半径

C.最大起升高度　　　　　　　　D.最小行驶速度

4.履带式起重机当起重臂长一定时,随着起重臂仰角的增大(　　)。

A.起重量和回转半径增大　　　　B.起重高度和回转半径增大

C.起重量和起重高度增大　　　　D.起重量和回转半径减小

5.下列不属于履带式起重机的主要技术性能参数的是(　　)。

A.起重量　　　　B.起重臂　　　　C.起重高度　　　　D.起重半径

6.在焊接的各种形式接头中,为了提高焊接质量,较厚的构件往往要开(　　)。

A.平口　　　　　B.坡口　　　　　C.凹槽　　　　　D.圆弧

7.钢结构中的连接螺栓一般分为普通螺栓和(　　)两种。

A.A 级螺栓　　　B.B 级螺栓　　　C.高强螺栓　　　D.低强螺栓

8.钢网架根据其结构形式和施工条件的不同,可选用高空拼装法、整体安装法或(　　)。

A.零碎安装法　　B.高空提升法　　C.高空滑移法　　D.低空滑移法

二、论述题

1.钢结构的连接形式有哪些? 各有何特点?

2.钢结构的安装准备工作主要有哪些?

3.简述钢结构防腐与防火的措施。

第 6 章 建筑装饰工程施工

 学习目标

了解建筑装饰工程的基本状况和基本内容;掌握抹灰工程的分类及其施工工艺,熟悉抹灰工程的质量要求;掌握饰面工程的施工工艺;掌握楼地面工程的施工工艺;掌握吊顶与轻质隔墙工程的施工工艺;掌握幕墙工程的施工工艺;掌握门窗工程的施工工艺;掌握涂料工程的施工工艺;掌握裱糊工程的施工工艺。

建筑装饰是建筑装饰装修工程的简称。建筑装饰施工是为保护建筑物的主体结构,增强和改善建筑物的保温、隔热、防潮、隔音等使用功能,美化建筑物及周围环境,采用装饰装修材料或饰物对建筑物的内、外表面及空间进行各种处理的过程。建筑装饰是人们生活中不可缺少的一部分,是人类品味生活、品味人生的重要朋友。

建筑装饰工程包括抹灰工程、饰面工程、楼地面工程、吊顶与轻质隔墙工程、幕墙工程、门窗工程、涂料工程、裱糊工程等。

GB 50210—2018
建筑装饰装修工程
施工质量验收规范

GB 50327—2001
住宅装饰装修工程
施工规范

6.1 抹灰工程施工

将抹面砂浆涂抹在基底材料的表面,兼有保护基层和增加美观的作用及为建筑物提供特殊功能的施工过程被称为抹灰工程。抹灰工程主要有两大功能:一是防护功能,即保护墙体不受风、雨、雪的侵蚀,增加墙面防潮、防风化、隔热的能力,提高墙身的耐久性能、热工性能;二是美化功能,即改善室内卫生条件,净化空气,美化环境,提高居住舒适度。

6.1.1 概述

1. 抹灰的分类

抹灰的分类方法有多种,具体如表 6-1 所示。

表 6-1 抹灰的分类

分类标准	名 称	做法特点
建筑物标准和质量要求	普通抹灰	一底,一中,一面;20mm 厚
	高级抹灰	一底,多中,一面;25mm 厚
抹灰部位	室内抹灰	墙面、顶棚、楼地面、楼梯等
	室外抹灰	外墙面、压顶、檐口、窗台、雨棚等
面层材料	一般抹灰	水泥砂浆、混合砂浆、石灰砂浆、麻刀灰等
	装饰抹灰	水刷石、水磨石、假面砖、喷涂、弹涂、仿石等
	特种抹灰	保温、防水、耐酸砂浆抹灰等

JGJT 220—2010
抹灰砂浆技术规程

2. 抹灰层的组成

抹灰工程分层施工主要是为了保证抹灰质量,做到表面平整,避免裂缝,黏结牢固。其一般由底层、中层和面层组成,当底层和中层并为一起操作时,则可只分为底层和面层。各层的作用及对材料的要求如下。

底层:黏结层,起与基层黏结的作用,兼初步找平,厚 5～7mm。

中层:找平层,起找平作用,厚 5～12mm。

面层:装饰层,起装饰作用,厚 2～5mm。

抹灰层的组成如图 6-1 所示。

3. 抹灰层的厚度

抹灰层的厚度根据基体的材料、抹灰砂浆的种类、墙体表面的平整度、抹灰质量要求以及各地气候情况而定。

(1)内墙普通抹灰厚度不得大于 18mm,中级抹灰厚度不得大于 20mm,高级抹灰厚度不得大于 25mm;顶棚抹灰总厚度为 15～18mm;外墙抹灰总厚度小于 20mm。

(2)抹灰层每层的厚度要求为:水泥砂浆每层厚度宜为 5～7mm,水泥混合砂浆和石灰砂浆每层厚度宜为 7～9mm。

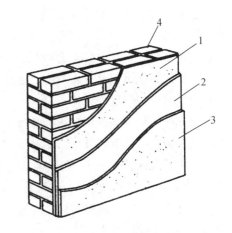

1—底层;2—中层;3—面层;4—砖墙
图 6-1 抹灰层的组成

4. 材料要求

（1）胶凝材料

常用的胶凝材料有水泥、石灰、聚合物、建筑石膏等。

①水泥。通用硅酸盐水泥均可以用来配制砂浆，水泥品种的选择与砂浆的用途有关。通常对抹灰砂浆的强度要求并不是很高，一般采用中等强度等级的水泥就能够满足要求。抹灰砂浆强度不宜超过基体材料强度两个强度等级。粘贴饰面砖的内、外墙，中层抹灰砂浆的强度不低于 M15，且优先选用水泥抹灰砂浆。堵塞门窗口边缝，脚手眼、孔洞堵缝，窗台、阳台抹面宜采用 M15、M20 水泥砂浆。水泥砂浆采用的水泥强度等级不宜大于 32.5 级；水泥混合砂浆采用的水泥强度等级不宜大于 42.5 级。如果水泥强度等级过高，会产生收缩裂缝，可适当掺入掺加料以避免裂缝的产生。

②石灰。为了改善砂浆的和易性和节约水泥，常在砂浆中掺入适量的石灰。石灰有生石灰和熟石灰（即消石灰）。工地上熟化石灰常用两种方法：消石灰浆法和消石灰粉法。根据加水量的不同，石灰可熟化成消石灰粉或石灰膏。石灰熟化的理论需水量为石灰质量的 32%。在生石灰中，均匀加入 60%～80% 的水，可得到颗粒细小、分散均匀的消石灰粉。若用过量的水熟化，将得到具有一定稠度的石灰膏。石灰膏保水性好，将它掺入水泥砂浆中，配成混合砂浆，可显著提高砂浆的和易性。

石灰中一般都含有过火石灰。过火石灰熟化慢，若在石灰浆体硬化后再发生熟化，会因熟化产生的膨胀而引起隆起和开裂。为了消除过火石灰的这种危害，石灰在熟化后，还应"陈伏"两周左右。

石灰在硬化过程中，要蒸发掉大量的水分，引起体积显著收缩，易出现干缩裂缝。所以，石灰不宜单独使用，一般要掺入砂、纸筋、麻刀等材料，以减少收缩，增加抗拉强度。同时，石灰不宜在长期潮湿和受水浸泡的环境中使用。

③聚合物。在许多特殊的场合可采用聚合物作为砂浆的胶凝材料，制成聚合物砂浆。聚合物水泥砂浆是指在水泥砂浆中添加聚合物胶黏剂，从而使砂浆性能得到很大改善的一种新型建筑材料。其中的聚合物胶黏剂作为有机黏结材料与砂浆中的水泥或石膏等无机黏结材料完美地组合在一起，大大提高了砂浆与基层的黏结强度、砂浆的可变形性（即柔性）、砂浆的内聚强度等性能。

聚合物的种类和掺量在很大程度上决定了聚合物水泥砂浆的性能，改变了传统砂浆的技术经济性能。目前已开发出品种繁多、性能优异的各类聚合物砂浆。

④建筑石膏。建筑石膏也称二水石膏，将天然二水石膏（$CaSO_4 \cdot 2H_2O$）在 107～170℃ 的干燥条件下加热可得建筑石膏。建筑石膏与其他胶凝材料相比有以下特性：

a. 凝结硬化快。建筑石膏在加水拌和后，浆体在几分钟内便开始失去可塑性，30min 内完全失去可塑性而产生强度。

b. 凝结硬化时体积微膨胀。石膏浆体在凝结硬化初期会产生微膨胀。这一性质使石膏制品的表面光滑、细腻，尺寸精确，形体饱满，装饰性好。建筑装饰工程中很多装饰饰品、装饰线条都利用这一特性，广泛使用建筑石膏。

c. 孔隙率大与体积密度小。建筑石膏在拌和水化时，在建筑石膏制品内部形成大量的毛细孔隙,所以导热系数小,吸声性较好,属于轻质保温材料。

d.具有一定的调温与调湿性能。由于石膏制品内部大量毛细孔隙对空气中的水蒸气具有较强的吸附能力,所以对室内的空气湿度有一定的调节作用。

e.防火性好,耐水性、抗渗性、抗冻性差。

(2)细骨料

配制砂浆的细骨料最常用的是天然砂。砂应符合混凝土用砂的技术性能要求。由于砂浆层较薄,砂的最大粒径应有所限制,理论上不应超过砂浆层厚度的 1/5～1/4,宜选用中砂,最大粒径以不大于 2.5mm 为宜。砂的粗细程度对砂浆的水泥用量、和易性、强度及收缩性等影响很大。

(3)水

拌制砂浆用水与混凝土拌和用水的要求相同,均需满足《混凝土用水标准》(JGJ 63—2006)的规定。

JGJ 63—2006
混凝土用水标准

(4)外加剂

为改善新拌及硬化后砂浆的各种性能或赋予砂浆某些特殊性能,常在砂浆中掺入适量外加剂。例如,为改善砂浆的和易性,提高砂浆的抗裂性、抗冻性及保温性,可掺入微沫剂、减水剂等外加剂;为增强砂浆的防水性和抗渗性,可掺入防水剂等;为增强砂浆的保温隔热性能,可掺入引气剂,提高砂浆的孔隙率。

(5)纤维

为了防止砂浆层的收缩开裂,有时需要加入一些纤维材料,或者为了使其具有某些特殊功能需要选用特殊骨料或掺加料,如纸筋、麻刀、玻璃纤维。纸筋、麻刀、玻璃纤维都是纤维材料。纤维是聚合物经一定的机械加工(牵引、拉伸、定型等)后形成细而柔软的细丝,形成纤维。纤维具有弹性模量大,受力时形变小,强度高等特点。纤维大体分为天然纤维、人造纤维和合成纤维。

将旧麻绳用麻刀机或竹条抽打加工成的絮状的麻丝团,称为麻刀。用稻草、麦秆或者是纤维物质加工成浆状,叫纸筋。玻璃纤维按形态和长度,可分为连续纤维、定长纤维和玻璃棉;按玻璃成分,可分为无碱、耐化学、高碱、中碱、高强度、高弹性模量和抗碱玻璃纤维等。纤维技术与建筑技术相结合,可起到防裂、抗渗、抗冲击和抗折性能,提高建筑工程质量。抗裂砂浆就是在聚合物砂浆中添加了纤维。

(6)颜料

颜料就是能使物体染上颜色的物质。颜料有无机的和有机的区别。无机颜料一般是矿物性物质,有机颜料一般取自植物和海洋动物。现代有许多用人工合成的化学物质做成的颜料。

抹灰用颜料,应采用矿物颜料及无机颜料,须具有高度的磨细度和着色力,耐光、耐碱,不含盐、酸等有害物质。

6.1.2 内墙一般抹灰

1. 作业条件

(1)主体工程已验收合格;

(2)门窗框安装完毕;

(3)各楼层水电管道等安装完毕;

(4)基层表面已清理到位;

(5)冬期施工已做好防冻措施。

抹灰施工

2. 工艺流程

基层处理,浇水润墙→甩浆(喷浆)→找规矩,做灰饼,设标筋→做护角→抹底层、中层灰→抹面层灰→清理。

3. 施工方法

(1)基层处理

①砖石、混凝土基层表面凹凸的部位,用配合比为 1:3 的水泥砂浆补平,表面的砂浆污垢及其他杂质应清除干净,并洒水湿润。

内墙砂浆抹灰

②门窗口与立墙交接处应用水泥砂浆或水泥混合砂浆嵌填密实。

③墙面的脚手孔洞应堵塞严密。

④不同基层材料相接处应铺设加强网,加强网与各基体的搭接宽度不应小于 100mm。

不同基层材料的相接处情况如图 6-2 所示。

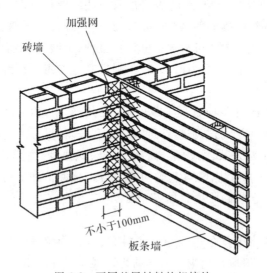

图 6-2 不同基层材料的相接处

(2)甩浆

用界面剂:水泥:过筛细沙=1:1:1.5 的水泥砂浆做甩浆液,使墙面布点均匀,无漏涂;浇水养护 24h,待水泥砂浆达到一定强度后再抹灰。

（3）找规矩，做灰饼，设标筋

根据基层表面的平整垂直情况，用一面墙作为基准，吊垂直、套方、找规矩，确定抹灰厚度（最薄处不宜小于 7mm）。做灰饼时应根据室内抹灰要求，确定灰饼的正确位置，再用靠尺板找好垂直与平整。灰饼尺寸为 50mm 见方，厚度与中层抹灰面找平。灰饼施工做法如图 6-3 所示。

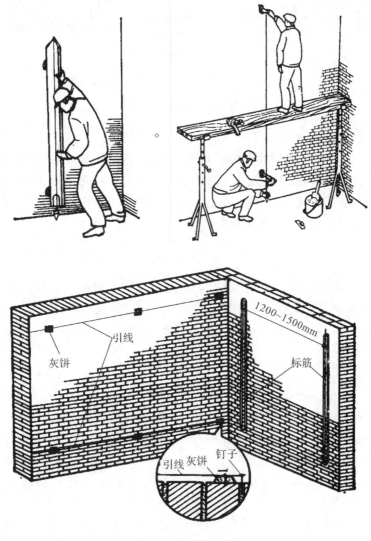

图 6-3　灰饼施工做法

设标筋，即在两个灰饼之间抹出一条长梯形灰埂，宽度为 100mm，厚度与灰饼相平。

（4）做护角

在内墙面的阳角和门洞口侧壁的阳角、柱脚等易碰部位采用强度较高的配合比为 1∶2 的水泥砂浆做暗护角，高度不小于 2m，每侧宽度不小于 50mm，阳角线条清晰、方正，如图 6-4 所示。

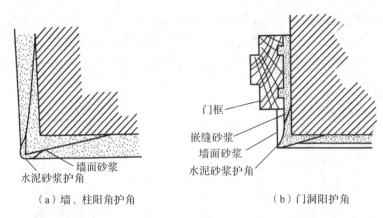

图 6-4　护角处理

（5）抹底层、中层灰

待标筋有一定强度后，即可在两标筋间用力抹上底层灰，用木抹子压实搓毛。待底层灰收水后，即可抹中层灰，抹灰厚度应略高于标筋。中层抹灰后，随即用木杠沿标筋刮平，不平处补抹砂浆，然后再刮，直至墙面平直为止。紧接着用木抹子搓压，使表面平整密实。阴角处先用方尺上下核对方正（水平横向标筋可免去此步），然后用阴角器上下抽动扯平，使室内四角方正为止。

（6）抹面层灰

待中层灰有六七成干时，即可抹面层灰。操作一般从阴角或阳角处开始，自左向右进行。一人在前抹面层灰，另一人在其后找平整，并用铁抹子压实赶光。阴、阳角处用阴、阳角抹子捋光，并用毛刷蘸水将门窗圆角等处刷干净。高级抹灰的阳角必须用拐尺找方。

小贴士

　　墙面抹灰机是一种装修使用的机器，不仅让墙面抹灰施工工艺变得简单，还可以加快整个装修的速度和进程。目前，自动内墙抹灰机运用于装修房屋内墙，具有省时、省力、省材料等特点，其施工效率可以达到人工施工的 10 倍左右。

　　当前，国家倡导形成全民学习、终身学习的学习型社会，促进人的全面发展。类似墙面抹灰机的新技术、新工艺、新材料、新设备在不断发展和应用，作为新时代大学生，要树立终身学习的理念，不仅要把课堂内知识学习好，也要不断学习新技术、新工艺、新材料、新设备等前沿知识，才能跟上时代发展的步伐，为我国的社会经济发展做出自己的贡献，实现自己的人生价值。

6.1.3　外墙一般抹灰

1. 工艺流程

基体处理、浇水润墙→找规矩,做灰饼和标筋→抹底层、中层灰→弹分格线,嵌分格条→抹面层灰,起分格条→抹滴水线→养护。

2. 施工方法

室外水泥砂浆抹灰工程工艺同室内抹灰一样,只是在选择砂浆时,应选用水泥砂浆或专用的干混砂浆。

施工中,除参照内墙抹灰要点外,还应注意以下施工要点:

(1)根据建筑高度确定放线方法,高层建筑可利用墙大角、门窗口两边,用经纬仪打直线找垂直;多层建筑时,可从顶层用大线坠吊垂直,绷铁丝找规矩,横向水平线可依据楼层标高或施工+500mm 线为水平基准线进行交圈控制,然后按抹灰操作层抹灰饼。做灰饼时应注意横竖交圈,以便操作。每层以灰饼做基准冲筋,使其保证横平竖直。

(2)抹底层灰、中层灰:根据不同的基体,抹底层灰前可刷一道胶黏性水泥浆,然后抹配合比为1∶3的水泥砂浆(加气混凝土墙底层应抹配合比为1∶6的水泥砂浆),每层厚度控制在 5～7mm 为宜。分层抹灰与冲筋平时用木杠刮平找直,用木抹子的搓毛。每层抹灰不宜跟得太紧,以防收缩影响质量。

(3)弹分格线,嵌分格条:大面积抹灰应分格,防止砂浆收缩,造成开裂。根据图纸要求弹分格线,粘分格条。分格条宜采用红松木制作,粘前应用水充分浸透。粘时在条两侧用素水泥浆抹成 45°八字坡形。粘分格条时注意竖条应粘在所弹立线的同一侧,防止左右乱粘,出现分格不均匀。条粘好后待底层灰呈七八成干后,可抹面层灰。

(4)抹面层灰,起分格条:待底层灰呈七八成干时开始抹面层灰,将底层灰墙面浇水均匀湿润,先刮一层薄薄的素水泥浆,随即抹罩面灰,与分格条找平,并用木杠横竖刮平,用木抹子搓毛,用铁抹子溜光、压实。待其表面无明水时,用软毛刷蘸水,垂直于地面向同一方向轻刷一遍,以保证面层灰颜色一致,避免出现收缩裂缝,随后将分格条起出,待灰层干后,用素水泥膏将缝勾好。难起的分格条不要硬起,防止棱角损坏,待灰层干透后补起,并补勾缝。

(5)抹滴水线:在抹檐口、窗台、窗眉、阳台、雨棚、压顶和突出墙面的腰线以及装饰凸线时,应将其上面做成向外的流水坡度,严禁出现倒坡,下面做滴水线(槽)。窗台上面的抹灰层应深入窗框下坎裁口内,堵塞密实。流水坡度及滴水线(槽)距外表面不小于 40mm,滴水线深度和宽度一般不小于 10mm,并应保证其流水坡度方向正确。

抹滴水线(槽)应先抹立面,后抹顶面,再抹底面。分格条在底面灰层抹好后,即可拆除。采用"隔夜"拆条法时,需待抹灰砂浆达到适当强度后方可拆除。滴水线(槽)做法如图 6-5 所示。

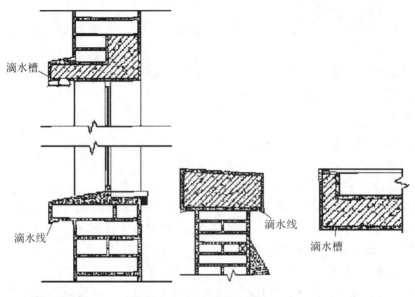

图 6-5　滴水线(槽)做法

(6)养护:水泥砂浆抹灰常温 24h 后应喷水养护,冬期施工要有保温措施。

6.1.4　顶棚一般抹灰

混凝土顶棚抹灰宜用聚合物水泥砂浆或粉刷石膏砂浆,厚度小于 5mm 的可以直接用腻子刮平。预制混凝土顶棚找平、抹灰厚度不宜大于 10mm,现浇混凝土顶棚抹灰厚度不宜大于 5mm。抹灰前在四周墙上弹出控制水平线,先抹顶棚四周,圈边找平,横竖均匀、平顺,操作时用力使砂浆压实,使其与基体黏牢,最后压实、压光。

6.1.5　装饰抹灰

下面以水刷石为例。水刷石是常用的一种外墙装饰抹灰。面层材料的水泥可采用彩色水泥、白水泥或普通水泥。颜料应选耐碱、耐光、分散性好的矿物颜料。骨料可选用中、小八厘石粒,玻璃碴,粒砂等,骨料颗粒应坚硬、均匀、洁净,色泽一致。

1. 工艺流程

基层处理→抹底层、中层灰→弹线,贴分格条→抹面层石子浆→冲刷面层→起分格条及浇水养护

2. 施工方法

(1)抹面层石子浆

待中层砂浆初凝后,酌情将中层抹灰层润湿,马上用水灰比为 1∶2.5 的素水泥浆满刮一遍,随即抹面层石子浆。待石子浆面层稍收水后,用铁抹子把面层浆满压一遍,把露出的石子棱尖轻轻拍平,然后用刷子蘸水刷一遍,再通压一遍。如此反复刷压不少于三遍,最后用铁抹子拍平,使表面石子大面朝外,排列紧密均匀。

（2）冲刷面层

冲刷面层是影响水刷石质量的关键环节。此工序应待面层石子浆刚开始初凝时进行（手指按上去不显指痕，用刷子刷表面而石粒不掉时）。冲刷分两遍进行，第一遍用软毛刷蘸水刷掉面层水泥浆，露出石粒。第二遍紧跟着用喷雾器向四周相邻部位喷水。把表面水泥浆冲掉，石子外露约为 1/2 粒径，使石子清晰可见，均匀密布。喷水顺序应由上至下，喷水压力要合适，且应均匀喷洒。喷头离墙 10～20cm。前道工序完成后用清水（水管或水壶）从上到下冲净表面。冲刷的时间要严格掌握，过早或过度则石子显露过多，易脱落；冲刷过晚则水泥浆冲刷不净，石子显露不够或饰面浑浊，影响美观。冲刷的顺序应由上而下分段进行，一般以每个分格线为界。为保护未喷刷的墙面面层，冲刷上段时，下段墙面可用牛皮纸或塑料布贴盖，将冲刷的水泥浆外排。若墙面面积较大，则应先罩面先冲洗，后罩面后冲洗。罩面顺序也是先上后下，这样既可保证各部分的冲刷时间，又可保护下段墙面不受损坏。

（3）起分格条

冲刷面层后，适时起出分格条，用小抹子顺线溜平，然后根据要求用素水泥浆做出凹缝并上色。

水刷石的外观质量要求是石粒清晰、分布均匀、紧密平整、色泽一致，不得有掉粒和接槎痕迹。

6.1.6　抹灰工程质量要求

1. 基本规定

（1）抹灰工程应有施工图、设计说明及其他设计文件。

（2）相关各单位、专业之间应进行交接验收并形成记录；未经监理工程师或建设单位技术负责人检查认可，不得进行下道工序施工。

（3）所有材料进场时应对品种、规格、外观和数量进行验收。材料包装应完好，应有产品合格证书和相关检测证书。进场后需要进行复验的材料应符合国家规范规定。

（4）现场配制的砂浆、胶黏剂等，应按设计要求或产品说明书配制。不同品种、不同标号的水泥不得混合使用。应对水泥的凝结时间和安定性进行复验。

（5）外墙抹灰工程施工前应先安装门窗框、护栏等，并应将墙上的施工孔洞堵塞密实。

（6）室内墙面、柱面和门洞口的阳角做法应符合设计要求。设计无要求时，应采用配合比为 1:2 的水泥砂浆做护角，其高度不应低于 2m，每侧宽度不应小于 50mm。

（7）当要求抹灰层具有防水、防潮功能时，应采用防水砂浆。

（8）各种砂浆抹灰层，在凝结前应防止快干、水冲、撞击、震动和受冻，在凝结后应采取措施防止玷污和损坏。水泥砂浆抹灰层应在湿润条件下养护。

（9）在施工中严禁违反设计文件擅自改动建筑主体、承重结构或主要使用功能，严禁未经设计确认和有关部门批准擅自拆改水、暖、电、燃气、通信等配套设施。

（10）外墙和顶棚的抹灰层与基层之间及各抹灰层之间必须黏结牢固。

2. 主控项目

（1）抹灰前基层表面的尘土、污垢、油渍等应清除干净，并应洒水润湿。

（2）一般抹灰所用材料的品种和性能应符合设计要求，砂浆的配合比应符合设计要求。

（3）抹灰工程应分层进行。当抹灰总厚度大于或等于35mm时，应采取加强措施；不同材料基体交接处表面的抹灰，应采取防止开裂的加强措施；当采用加强网时，加强网与各基体的搭接宽度不应小于100mm。

（4）抹灰层与基层之间及各抹灰层之间必须黏结牢固，抹灰层应无脱层、空鼓，面层应无爆灰和裂缝。抹灰层拉伸黏结强度实体检测值不应小于0.20MPa。

3. 一般项目

（1）一般抹灰工程

一般抹灰工程的表面质量应符合下列规定：

①普通抹灰表面应光滑、洁净，接槎平整，阴、阳角顺直，分格缝应清晰。

高级抹灰表面应光滑、洁净，颜色均匀、美观，无接槎痕，分格缝和灰线应清晰美观。

②护角、孔洞、槽、盒周围的抹灰表面应整齐、光滑；管道后面的抹灰表面应平整。

抹灰层的总厚度应符合设计要求；水泥砂浆不得抹在石灰砂浆层上；罩面石膏灰不得抹在水泥砂浆层上。

③抹灰分格缝的设置应符合设计要求，宽度和深度应均匀，表面应光滑，棱角应整齐。

④有排水要求的部位应做滴水线（槽）。滴水线（槽）应整齐顺直，应内高外低，滴水槽宽度和深度均不应小于10mm。

⑤一般抹灰工程质量的允许偏差和检验方法应符合表6-2的规定。

表 6-2　一般抹灰的允许偏差和检验方法

项　次	项　　目	允许偏差/mm		检验方法
		普通抹灰	高级抹灰	
1	立面垂直度	4	3	用2m垂直检测尺检查
2	表面平整度	4	3	用2m靠尺和塞尺检查
3	阴阳角方正	4	3	用直角检测尺检查
4	分格条（缝）直线度	4	3	用5m线，不足5m拉通线，用钢直尺检查
5	墙裙、勒脚上口直线度	4	3	拉5m线，不足5m拉通线，用钢直尺检查

（2）装饰抹灰工程

装饰抹灰工程的表面质量应符合下列规定：

①水刷石表面应石粒清晰、分布均匀、紧密平整、色泽一致，应无掉粒和接槎痕迹。

②装饰抹灰分格条（缝）的设置应符合设计要求，宽度和深度应均匀，表面应平整光滑，棱角应整齐。

③有排水要求的部位应做滴水线（槽）。滴水线（槽）应整齐顺直，应内高外低，滴水槽宽度和深度均不应小于10mm，并应采取加强措施。不同材料基体交接处表面的抹灰，应采取防止开裂的加强措施；当采用加强网时，加强网与各基体的搭接宽度不应小于100mm。

④装饰抹灰工程质量的允许偏差和检验方法应符合表 6-3 的规定。

表 6-3　装饰抹灰的允许偏差和检验方法

项　次	项　目	允许偏差/mm				检验方法
		水刷石	斩假石	干黏石	假面砖	
1	立面垂直度	5	4	5	5	用 2m 靠尺和塞尺检查
2	表面平整度	3	3	5	4	用 2m 靠尺和塞尺检查
3	阳角方正	3	3	4	4	用直角检测尺检查
4	分格条(缝)直线度	3	3	3	3	用 5m 线,不足 5m 拉通线,用钢直尺检查
5	墙裙、勒脚上口直线度	3	3	—	—	用 5m 线,不足 5m 拉通线,用钢直尺检查

6.2　饰面工程施工

饰面工程是在墙柱表面镶贴或安装具有保护和装饰功能的块料而形成的饰面层,可分为饰面砖(釉面砖、面砖、马赛克等)和饰面板(大理石、花岗石、人造饰面板等)两大类。

铺贴施工 1

6.2.1　饰面砖工程

1. 内墙面砖

铺贴施工 2

釉面砖是适用于室内墙面装饰的陶瓷饰面砖,因其在高温烧结前在砖坯上涂釉料而得名。釉面砖的规格有 $200mm \times 250mm \times 6mm$、$300mm \times 400mm \times 6mm$ 等,其质量要求为表面光洁,色泽一致,边缘整齐,无脱釉、缺釉、凹凸扭曲、裂纹等缺陷。

工艺流程:基层处理→吊垂直,套方,找规矩,贴灰饼→设标筋,抹底层砂浆→排砖、弹线→浸砖→铺贴面砖→铺贴边角→面砖擦缝。

(1)基层处理

将基层表面多余的砂浆、灰尘抠净,空洞堵严,墙面浇水润湿。

(2)吊垂直,套方,找规矩,贴灰饼

首先用托线板检查墙面的平整度和垂直度,由此确定抹灰厚度,最薄不应少于 7mm。遇墙面凹度较大处要分层涂抹,严禁一次抹灰太厚。在高 2m 左右,距两边阴角 100～200mm 处,分别做一个灰饼,尺寸为 $50mm \times 50mm$,厚度由墙面平整度和垂直度决定。灰饼间距为 1.2～1.5m,在门窗垛角处均应做灰饼。

（3）设标筋，抹底层灰

墙面浇水湿润后做水平和竖直的横筋和竖筋标筋，且所用砂浆须与底层灰相同。标筋做完后，首先薄薄抹一层底层灰，再用刮杠刮平，用木抹子搓平。接着抹第二遍，与标筋找平。抹底层灰的时间必须掌握好，不宜过早或过晚。

（4）排砖、弹线

排砖应按设计要求和选砖结果以及铺贴面砖部位实测尺寸，从上至下按皮数排列。排在最下一皮的面砖下边沿应比地面标高低 10mm。铺贴面砖从阳角开始，非整砖应排在阴角或次要部位。内墙面排砖如图 6-6 所示。

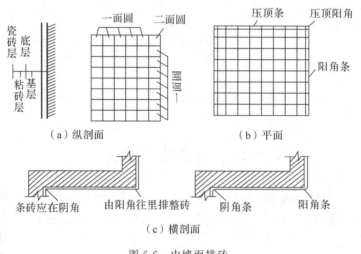

（a）纵剖面　　　　　　　（b）平面

（c）横剖面

图 6-6　内墙面排砖

经检查，基层表面符合贴砖要求后，即可按图样要求进行分段分格弹线。

（5）铺贴面砖

用配合比为 1∶1 的水泥砂浆或水泥素浆铺贴面砖。铺贴前，面砖应浸水 2h，晾干表面浮水后再铺贴。贴好几块后，必须认真检查平整度和调整缝隙。从缝隙中挤流出的灰浆及时用抹布、棉纱擦净。

（6）铺贴边角

用面砖配件砖和异形配件砖镶嵌转角、边角处，以期达到实用、美观的目的。

（7）擦缝

对所铺贴的砖面层，应进行自检，如发现空鼓、不平、不直的毛病应立即返工，然后用清水将砖面冲洗干净，用棉纱擦净。用长毛刷蘸粥状素水泥浆（与砖颜色一致）擦缝，应擦均匀、密实，以防渗水。最后清理砖面。

2. 外墙面砖

外墙面砖的规格有 150mm×75mm×12mm、200mm×100mm×12mm 等，其质量要求为表面光洁，质地坚固，尺寸、色泽一致，不得有暗痕和裂纹。

工艺流程：基层处理→吊垂直、套方、找规矩，贴灰饼→抹底层砂浆→弹分格线→排

JGJ 126—2015
外墙饰面砖工程
施工及验收规定

砖→浸砖→铺贴面砖→面砖勾缝与擦缝。

（1）基层处理

首先将凸出墙面的混凝土剔平，对大钢模施工的混凝土墙面应凿毛，并用钢丝刷满刷一遍，再浇水湿润。如果基层混凝土表面很光滑，亦可采取"毛化处理"办法，即先将表面尘土、污垢清扫干净，用 10% 火碱水将板面油污刷掉，随之用干净水将碱液冲净、晾干；然后在配合比为 1:1 的水泥细砂浆内掺水重 20% 的 108 胶，喷或用扫帚将砂浆甩到墙上，甩点要均匀；待其终凝后浇水养护，直至水泥砂浆疙瘩全部粘到混凝土光面上，并有较高的强度（用手掰不动）为止。

（2）吊垂直，套方，找规矩，贴灰饼

若建筑物为高层时，应在四大角和门窗口边用经纬仪打垂直线找直；如果建筑物为多层时，可从顶层开始用特制的大线坠绷铁丝吊垂直，然后根据面砖的规格尺寸分层设点并做灰饼。横向线则以楼层为水平基准线交圈控制，竖向线则以四周大角和通天柱或垛子为基准线控制，应全部是整砖。每层打底时则以灰饼作为基准点进行冲筋，使其底层灰做到横平竖直。同时要注意找好凸出檐口、腰线、窗台、雨棚等饰面的流水坡度和滴水线（槽）。

（3）抹底层砂浆

先刷一遍掺水重 10% 的 108 胶素水泥浆，随即分层分遍抹底层砂浆（常温时采用配合比为 1:3 的水泥砂浆），第一遍厚度约为 5mm，抹后用木抹子搓平，隔天浇水养护；待第一遍六七成干时，即可抹第二遍，厚度约为 8~12mm，随即用木杠刮平，用木抹子搓毛，隔天浇水养护；若需要抹第三遍时，其操作方法同第二遍，直至把底层砂浆抹平为止。

（4）弹分格线

待基层灰六七成干时，即可按图样要求进行分段分格弹线，同时亦可进行面层贴标准点的工作，以控制面层出墙尺寸及垂直度、平整度。

（5）排砖

根据大样图及墙面尺寸进行横、竖向排砖，以保证面砖缝隙均匀，符合设计图样要求，注意大墙面、通天柱子和垛子要排整砖，以及在同一墙面上的横竖排列均不得有一行（列）以上的非整砖。非整砖行应排在次要部位，如窗间墙或阴角处等，但亦要注意一致和对称。如遇有突出的卡件，应用整砖套割吻合，不得用非整砖随意拼凑镶贴。外墙面排砖如图 6-7 所示。

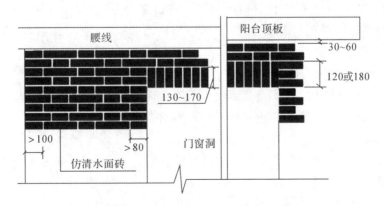

图 6-7　外墙面排砖（单位：mm）

（6）浸砖

外墙面砖铺贴前，首先要将面砖清扫干净，放入净水中浸泡 2h 以上，取出待表面晾干或擦干净后方可使用。

（7）铺贴面砖

铺贴应自上而下进行。高层建筑采取措施后，可分段进行。在每一分段或分块内的面砖，均为自下而上铺贴。从最下一层砖下皮的位置线先稳好靠尺，以此托住第一皮面砖。在面砖外皮上口拉水平通线，作为铺贴的标准。

小贴士

外墙瓷砖由于其耐酸碱，物理化学性能稳定，对保护墙体有重要作用，同时美观且大气，可以装饰整个建筑物，达到装饰风格多样化，但是外墙瓷砖脱落砸伤行人的事故时有发生，对过往行人的安全造成严重威胁。发生这样的事故很重要的原因就是施工过程中工人施工操作不当，施工质量把控不严，导致外墙瓷砖脱落。为了避免这种现象发生，施工人员和管理人员应该不断培养一丝不苟、精益求精的工匠精神。

鉴于此，希望同学们在校内学习伊始就要树立起工匠精神，在做事过程中，完整持续地培养自己的专注之心、精进之心。专注之心就是专注于做好当下的每一件"事"，无论是知识的学习、技能的训练，不分心，不受外来干扰。精进之心就是把事情做得越来越好的态度，保持向好的思维和反思的习惯，同时不断提升内在的标准，最终内化为工匠精神。

6.2.2　饰面板工程

1. 施工准备

（1）放施工大样图，即根据设计图纸，核实结构实际偏差，对墙、柱、楼梯等尺寸进行核实。

（2）选板和预拼，即对所需板材的几何尺寸按误差大小进行归类，并对板面的缺陷、纹理、色泽等进行归类，对有较多裂缝的，要用环氧树脂胶修补，然后预拼，经有关方面认可后，方可正式开始大面积安装施工。

（3）饰面板施工可分为传统湿作业法、直接粘贴法和干挂法三类，其中干挂法是目前较为先进、应用广泛的方法。其优点是通过金属连接件连接，较稳固，空间层不做灌浆处理，施工方便。下面就以干挂法为例介绍饰面板的施工方法。

2. 工艺流程

墙面放线→石材排版→墙面打孔→龙骨安装→干挂件安装→石材安装→石材清理。

3. 施工方法

（1）根据设计图纸，按照施工现场的实际尺寸进行墙面放线。

（2）石材排版：根据现场的实际尺寸进行墙面石材干挂安装排版，现场弹线，并根据现场排版图进行石材加工进货。石材的编号和尺寸必须准确。

JGJ 126　2015
外墙饰面砖工程
施工及验收规定

（3）弹线作业完成，进行墙面打孔，孔深在 60～80mm，同时将墙面清理干净，对原有预埋的废旧铁管进行切割，墙体内的强电、弱电线管不能高于石材面层，按照地面的弹线分格安装角码。地面角码安装两道，紧密满焊在槽钢两侧，槽钢上部使用 10cm 长角钢固定在龙骨两侧，满焊。如石材上部无承重墙体梁，采用顶棚生根固定槽钢；如顶棚设备密布，无法满足槽钢龙骨生根施工；采用墙体两侧龙骨角钢连接焊接固定，增加稳定性。龙骨施工焊接均为满焊施工，焊缝高度满足设计要求，焊渣清理干净，龙骨喷黑漆处理。

（4）将石材支放平稳后，用手持电动无齿磨切机切割槽口，开切槽口后石材净厚度不得小于 6mm，槽口不宜开切过长或者过深，以能配合安装不锈钢干挂件。开槽时尽量干法施工，并要用压缩空气将槽内粉尘吹净。石材安装采用一边安装设计选定的不锈钢干挂件。一边进行石材干挂施工。石材的安装顺序一般由下向上逐层施工，石材墙面宜先安装主墙面，门窗洞口宜先安装侧边短板，以免操作困难。墙面第一层石材施工时，下面先用厚木板临时支托，干挂施工过程中随时用线锤或者靠尺进行垂直度和平整度的控制。石材干挂不锈钢挂件中心距板边不得大于 150mm，角钢上安装的挂件中心间距不宜大于 700mm；边长不大于 1m 的 20mm 厚石材可设两个挂件，边长大于 1m 时，应增加 1 个挂件；石材干挂开放缝的位置要按照设计要求进行留缝处理。石材干挂完成，调整好整体的水平度和垂直度，然后在开槽位置满添云石胶，固定石材和干挂件，待云石胶凝固后，方可安装下一块石材。石材干挂前，必须将墙面的线盒、开关用整板套割吻合。石材在干挂施工过程中要按照设计的要求，进行板之间开放缝预留。设计要求安装的石材中间要预留 3mm 的缝隙，开放缝按照设计进行预留。干挂法具体做法如图 6-8 所示。

（5）石材干挂完成后，要进行现场的成品保护，经常走人、墙面拐角的部位要整面墙进行保护，所有的石材干挂阳角必须采取成品保护措施。工程竣工、保洁及其使用时必须采用中性清洗剂，在清洗时必须先做小面积试验，以免选用清洗剂不当，破坏石材的光泽度或者造成麻坑。

6.3　楼地面工程施工

在建筑中人们在楼地面上从事各项活动，安置各种家具和设备。地面要经受各种侵蚀、摩擦和冲击作用。因此，地面要有足够的强度和耐腐蚀性。楼地面一般由结构层、中间层、面层组成，可分为整体面层（水泥砂浆、水磨石）、板块面层（大理石、花岗石、地板砖）和木面层等。

GB 50209—2010
建筑地面工程施工
质量验收规定

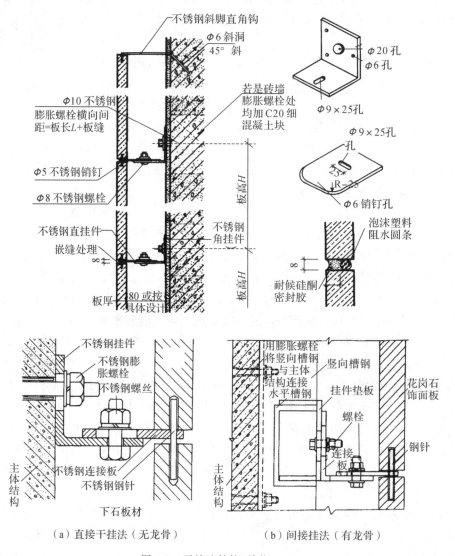

图 6-8 干挂法结构(单位:mm)

6.3.1 水泥砂浆楼地面

1. 工艺流程

基层处理→找标高,弹线→洒水湿润→抹灰饼和标筋→搅拌砂浆
→刷水泥浆结合层→铺水泥砂浆面层→用木抹子搓平→用铁抹子压光
(三遍)→养护。

2. 施工方法

(1)基层处理

先将基层上的灰尘扫掉,用钢丝刷和錾子刷净,剔掉灰浆皮和灰渣层,用10%的火碱水
溶液刷掉基层上的油污,并用清水及时将碱液冲净。

地面施工

（2）找标高，弹线

根据墙上的＋50cm 水平线，往下量测出面层标高，并弹在墙上。

（3）洒水湿润

用喷壶将地面基层均匀洒水一遍。

水泥砂浆楼地面施工

（4）抹灰饼和标筋

根据房间内四周墙上弹的面层标高水平线，确定面层抹灰厚度（不应小于 20mm），然后拉水平线开始抹灰饼（5cm×5cm），横竖间距为 1.5～2.0m，灰饼上平面即为地面面层标高。如果房间较大，为保证整体面层平整度，还需抹标筋，将水泥砂浆铺在灰饼之间，宽度与灰饼宽相同，用木抹子拍抹成与灰饼上表面相平。铺抹灰饼和标筋的砂浆材料配合比均与抹地面的砂浆相同。

（5）搅拌砂浆

水泥砂浆的体积比宜为 1∶2（水泥∶砂），其稠度不应大于 35mm，强度等级不应小于 M15。为了控制加水量，应使用搅拌机搅拌均匀，颜色一致。

（6）刷水泥浆结合层

在铺设水泥砂浆之前，应涂刷一层水泥浆，其水灰比为 1∶2～1∶2.5（涂刷之前要将抹灰饼的余灰清扫干净，再洒水湿润），涂刷面积不要过大，随刷随铺面层砂浆。

（7）铺水泥砂浆面层

涂刷水泥浆之后紧跟着铺水泥砂浆，在灰饼之间（或标筋之间）将砂浆铺均匀，然后用木刮杠按灰饼（或标筋）高度刮平。铺砂浆时，如果灰饼（或标筋）已硬化，木刮杠刮平后，同时将利用过的灰饼（或标筋）敲掉，并用砂浆填平。

（8）用木抹子搓平

木杠刮平后，立即用木抹子搓平，从内向外退着操作，并随时用 2m 靠尺检查其平整度。

（9）用铁抹子压光

第一遍：用木抹子抹平后，立即用铁抹子压第一遍，直到出浆为止。如果砂浆过稀导致表面有泌水现象时，可均匀撒一遍干水泥和砂（1∶1）的拌和料（砂子要过 3mm 筛），再用木抹子用力抹压，使干拌料与砂浆紧密结合为一体，吸水后用铁抹子压平。如有分格要求的地面，在面层上弹分格线，用劈缝溜子开缝，再用溜子将分缝内压至平、直、光。上述操作均在水泥砂浆初凝之前完成。

第二遍：面层砂浆初凝后，人踩上去，有脚印但不下陷时，用铁抹子压第二遍，边抹压边把坑凹处填平，要求不漏压，表面压平、压光。有分格的地面压过后，应用溜子溜压，做到缝边光直，缝隙清晰，缝内光滑、顺直。

第三遍：在水泥砂浆终凝前进行第三遍压光（人踩上去稍有脚印），当铁抹子抹上去不再有抹纹时，用铁抹子把第二遍抹压时留下的全部抹纹压平、压实、压光（必须在终凝前完成）。

（10）养护

地面压光完工后 24h，铺锯末或其他材料覆盖洒水养护，保持湿润，养护时间不少于7 天；当抗压强度达 5MPa 才能上人。

6.3.2　现浇水磨石楼地面

1. 工艺流程

基层处理→冲筋→抹找平层灰→镶分格条→铺面层石子浆→磨光酸洗→打蜡。

2. 施工方法

(1)基层处理

检查基层的平整度和标高,处理凸出处,并将落地灰、杂物、油污等清除干净。地面抹底灰前一天,将基层浇水润湿。

(2)冲筋

根据墙上+50cm的水平线,下板尺量至地面标高,留出面层厚度,沿墙边拉线做灰饼,并用干硬性砂浆冲筋,冲筋间距一般为1～1.5m。

(3)抹找平层灰

按底灰标高冲筋后,跟着装档,先用铁抹子将灰摊平拍实,用2m刮杠刮平,随即用木抹子搓平,用2m靠尺检查底灰上表面的平整度。

(4)镶分格条

①按设计要求进行分格弹线:在已做完的底层灰上表面,一般间距以1m左右为宜,有镶边要求的应留出镶边量。

②美术水磨石地面分格采用玻璃条时,在排好分格尺寸后,镶条处先抹一条50mm宽的彩色面层的水泥砂浆带,再弹线镶玻璃条。

③玻璃条和铜条高度均为10mm,镶条时先将平口板尺按分格线位置靠直,将玻璃条或铜条就位紧贴板尺,用小铁抹子在分格条底口,抹素水泥浆八字角,八字角抹灰高度为5mm,底角抹灰宽度为10mm,如图6-9所示。拆去板尺再抹另一侧八字角。两边抹完八字角后,用毛刷蘸水轻刷一遍。采用铜条分格,应预先在两端下部1/3处打眼,穿入22号铅丝,锚固于下口八字角素水泥浆内。

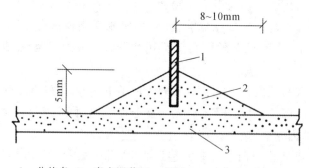

1—分格条;2—素水泥浆;3—垫层

图6-9　分格条做法

④分格条应按5m通线检查,其偏差不得超过1mm。

⑤镶条后12h开始浇水养护,最少2天。在此期间严加保护,应视为禁止通行区以免碰坏。

（5）铺面层石子浆

铺设面层水泥石子浆,铺设厚度高于嵌条 1～2mm。先将分格条两边约 10cm 内的水泥石粒浆轻轻拍紧压实。铺完后,在其表面均匀地撒一层预先取出的 20％石粒,用滚筒拍实并用木抹子或铁抹子抹平,24h 后开始养护。

（6）磨光酸洗

①水磨石面开磨前应进行试磨,以不掉石渣为准,经检查认可后方可正式开磨。

②磨头遍:用粒度 60～80 号粗砂轮石机磨,使机头在地面上呈横八字形,边磨边加水、加砂,随磨随用水冲洗检查,应达到石渣磨平无花纹道子,分格条与石粒全部露出(边角处用人工磨成同样效果)。清洗合格检查后,擦一层素水泥浆,美术磨石应用同色灰擦素浆,次日继续浇水养护 2～3 天。

③磨第二遍:用粒度 120～180 号砂轮石,机磨方法、磨完擦素水泥浆、养护均同头遍。

④磨第三遍:用粒度 180～240 号细砂轮石,机磨方法同头遍,边角处用人工磨,并用油石出光。普通水磨面层磨光遍数不应少于三遍,高级水磨石应适当增加遍数及提高油石的号数。

⑤出光酸洗:经细油石出光,即撒草酸粉并洒水,用油石进行擦洗,露出面层本色,再用清水洗净,撒锯末扫干。

⑥踢脚板罩面灰,常温 24h 后即可人工磨面。头遍用粗砂轮石,先竖磨再横磨,要求石渣磨平,阴、阳角倒圆,擦头遍素浆,养护 1～2 天;用细砂轮石磨第二遍;用同样方法磨完第三遍,用油石出光打草酸,用清水擦洗干净。

（7）打蜡

①酸洗后的水磨石地面要经晾干擦净。

②打蜡:用干净的布或麻丝沾稀糊状的成蜡,均匀涂在磨面上,用磨石机压磨,擦打第一遍蜡。

6.3.3　大理石(花岗石)楼地面

1. 工艺流程

准备工作→试拼编号→弹线→刷水泥浆结合层→铺砂浆→铺大理石块(或花岗石块)→灌浆擦缝→打蜡。

2. 施工方法

（1）准备工作

①熟悉图纸:以施工大样图和加工单为依据,熟悉各部位尺寸和做法,弄清楚洞口、边角等部位之间的关系。

②基层处理:将地面垫层上的杂物清净,用钢丝刷刷掉黏结在垫层上的砂浆并清扫干净。

块料地面施工

（2）试拼编号

在正式铺设前,对每一个房间的大理石(或花岗石)板块,应按图案、颜色、纹理试拼,试拼后按两个方向编号排列,然后按编号码放整齐。

（3）弹线

在房间的主要部位弹互相垂直的控制十字线，用以检查和控制大理石板块的位置，十字线可以弹在混凝土垫层上，并引至墙面底部。同时，依据墙面＋50mm线，找出面层标高，在墙上弹上水平线，注意要与楼道面层标高相一致。

（4）刷水泥浆结合层

在铺砂浆之前再次将混凝土垫层清扫干净（包括试拼用的干砂及大理石块），然后用喷壶洒水湿润，刷一层素水泥浆（水灰比为0.5左右，随刷随铺砂浆）。

（5）铺砂浆

根据水平线，定出地面找平层厚度，拉十字控制线，铺找平层水泥砂浆（找平层一般采用配合比为1∶3的干硬性水泥砂浆，干硬程度以手捏成团不松散为宜）。砂浆从里往门口处摊铺。铺好后用大杠刮平，再用抹子拍实、找平。找平层厚度宜高出大理石面层标高水平线3~4mm。

（6）铺大理石块（或花岗石块）

一般房间应先里后外沿控制线进行铺设，即先从远离门口的一边开始，按照试拼编号，依次铺砌，逐步退至门口。铺前应将板预先浸湿阴干后备用，先进行试铺，对好纵、横缝，用橡皮槌敲击木垫板（不得用橡皮槌或木槌直接敲击大理石板）振实砂浆至铺设高度后，将大理石（或花岗石）掀起移至一旁，检查砂浆上表面与板块之间是否吻合，如发现有空虚之处，应用砂浆填补，然后正式镶铺。先在水泥砂浆找平层上满浇一层水灰比为0.5的素水泥浆结合层，再铺大理石板（或花岗石），安放时四角同时往下落，用橡皮槌或木槌轻击木垫板，根据水平线用铁水平尺找平，铺完第一块向两侧和后退方向顺序镶铺。大理石（或花岗石）板块之间接缝要严，一般不留缝隙。

（7）灌浆擦缝

在铺砌后1~2昼夜进行灌浆擦缝。根据大理石（或花岗石）颜色选择相同颜色矿物颜料和水泥拌和均匀，调成1∶1稀水泥浆，用浆壶徐徐灌入大理石板（或花岗石）块之间缝隙（分几次进行），并用长把刮板把流出的水泥浆向缝隙内喂灰。灌浆1~2h后，用棉丝团蘸原稀水泥浆擦缝，与板面擦平，同时将板面上水泥浆擦净。

（8）打蜡

当各工序完工不再上人时方可打蜡，达到光滑洁净。打蜡方法同现浇水磨石楼地面。

6.3.4 木地板楼地面

木地板面层多用于室内高级装修地面，具有弹性好、耐磨性好、不易老化等特点。木地板的种类主要有实木地板、复合地板（强化木地板、实木复合地板）、软木地板、竹地板等。下面以实木地板面层施工为例。

木地板施工

1. 工艺流程

安装木搁栅→钉木地板→刨平→净面细刨、磨光→安装踢脚板。

2. 施工方法

(1)安装木搁栅

①空铺法。在砖砌基础墙上和地垄墙上垫放通长沿椽木,用预埋铁丝将其捆绑好,并在沿椽木表面画出各搁栅的中线。然后将搁栅对准中线摆好。端头离开墙面约 30mm,依次将中间的搁栅摆好。当顶面不平时,可用垫木或木楔在搁栅底下垫平,并将其钉牢在沿缘木上。为防止搁栅活动,应在固定好的木搁栅表面临时钉设木拉条,使之互相牵拉。搁栅摆正后,在搁栅上按剪刀撑的间距弹线,然后按线将剪刀撑钉于搁栅侧面,同一行剪刀撑要对齐顺线,上口齐平。

②实铺法。楼层木地板的铺设,通常采用实铺法施工,应先在楼板上弹出各木搁栅的安装位置线(间距约 400mm)及标高。将搁栅(断面呈梯形,宽面在下)放平、放稳,并找好标高,将预埋在楼板内的铁丝拉出,捆绑好木搁栅(如未预埋镀锌铁丝,可按设计要求用膨胀螺栓等方法固定木搁栅),然后把干炉渣或其他保温材料塞满两搁栅之间。

(2)钉木地板

空铺的条板铺钉方法为剪刀撑钉完之后,可从墙的一边开始铺钉企口条板,靠墙的一块板应离墙面有 10~20mm 缝隙,以后逐块排紧,用钉从板侧凹角处斜向钉入,钉长为板厚的 2~2.5 倍,钉帽要砸扁,企口条板要钉牢、排紧。板的排紧方法一般可在木搁栅上钉扒钉一只,在扒钉与板之间夹一对硬木楔,打紧硬木楔就可以使板排紧。钉到最后一块企口板时,因无法斜着钉,可用明钉钉牢,钉帽要砸扁,冲入板内。企口板的接头要在搁栅中间,接头要互相错开,板与板之间应排紧,搁栅上临时固定的木拉条应随企口板的安装随时拆去,铺钉完之后及时清理干净,先应沿垂直木纹方向粗刨一遍,再依顺木纹方向细刨一遍。

实铺条板铺钉方法同上。

木地板面层构造做法如图 6-10 所示。

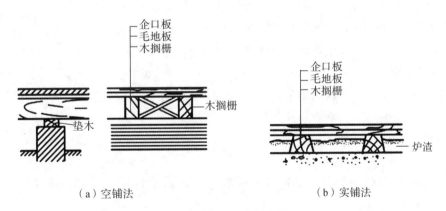

(a)空铺法　　　　　　　　(b)实铺法

图 6-10 木地板面层构造做法

(3)净面细刨、磨光

地板刨光宜采用地板刨光机(或六面刨),转速在 5000r/min 以上。长条地板应顺木纹刨,拼花地板应与地板木纹成 45°斜刨。刨时不宜走得太快,刨口不要过大,要多走几遍。

地板机不用时应先将机器提起关闭,防止啃伤地面。机器刨不到的地方要用手刨,并用细刨净面。地板刨平后,应使用地板磨光机磨光,所用砂布应先粗后细,砂布应绷紧绷平,磨光方向及角度与刨光方向相同。

小贴士

　　楼地面工程是保证建筑使用功能正常发挥的关键,因此,要保证楼地面有足够的强度和耐久性,这就要求一方面要保证材料本身质量,另一方面施工工艺必须遵循施工规范、施工标准等施工法律法规,做到依法施工,对有异议的地方,与设计方进行沟通交流,完成技术交底,确保施工的准确性,施工过程中要仔细认真复核工程图纸,保证按图施工,全过程树立质量意识和责任意识。

　　同学们在日常学习和工作中,要熟读施工规范条文内容,养成查规范、用规范、规范不离手的习惯,培养规范意识。同时,希望同学们能够牢固树立质量意识和责任意识,谨记依法施工的理念,保证工程质量和安全。

6.4　吊顶与轻质隔墙工程施工

6.4.1　吊顶工程

　　吊顶又称顶棚、天花板,是建筑装饰工程的一个重要子分部工程。吊顶具有保温、隔热、隔声和吸声的作用,也是电气、暖卫、通风空调、通信、防火、报警管线设备等工程的隐蔽层。按施工工艺和采用材料的不同,吊顶分为暗龙骨吊顶(又称隐蔽式吊顶)和明龙骨吊顶(又称活动式吊顶)。吊顶工程由支承部分(吊杆和主龙骨)、基层(次龙骨)和面层三部分组成。下面以轻钢骨架罩面板顶棚施工为例进行介绍。

吊顶施工

1. 工艺流程

弹顶棚标高水平线→画龙骨分档线→安装主龙骨吊杆→安装主龙骨→安装次龙骨→安装罩面板→安装压条→刷防锈漆。

2. 施工方法

(1)弹顶棚标高水平线

根据楼层标高水平线,用尺竖向量至顶棚设计标高,沿墙、柱四周弹顶棚标高水平线。

(2)画龙骨分档线

按设计要求的主、次龙骨间距布置,在已弹好的顶棚标高水平线上画龙骨分档线。

(3)安装主龙骨吊杆

弹好顶棚标高水平线及龙骨分档位置线后,确定吊杆下端头的标高,按主龙骨位置及吊挂间距,将吊杆无螺栓丝扣的一端与楼板预埋钢筋连接固定。未预埋钢筋时可用膨胀螺栓。

（4）安装主龙骨

①配装吊杆螺母。

②在主龙骨上安装吊挂件。

③安装主龙骨：将组装好吊挂件的主龙骨，按分档线位置使吊挂件穿入相应的吊杆螺栓，拧好螺母。

④主龙骨相接处装好连接件，拉线调整标高、起拱和平直。

⑤安装洞口附加主龙骨，按图集相应节点构造，设置连接卡固件。

⑥钉固边龙骨，采用射钉固定。设计无要求时，射钉间距为 1000mm。

（5）安装次龙骨

①按已弹好的次龙骨分档线，卡放次龙骨吊挂件。

②吊挂次龙骨：按设计规定的次龙骨间距，将次龙骨通过吊挂件吊挂在主龙骨上，设计无要求时，一般间距为 500～600mm。

③当次龙骨长度需多根延续接长时，用次龙骨连接件，在吊挂次龙骨的同时相接，调直固定。

④当采用 T 形龙骨组成轻钢骨架时，次龙骨的卡档龙骨应在安装罩面板时，每装一块罩面板先后各装一根卡档次龙骨。

U 形轻钢龙骨吊顶如图 6-11 所示。

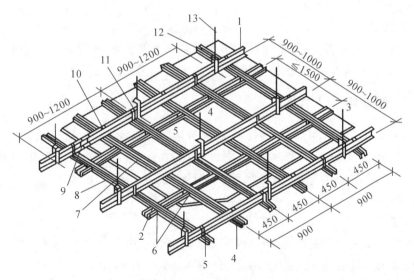

1—BD 大龙骨；2—UZ 横撑龙骨；3—吊顶板；4—UZ 龙骨；5—UX 龙骨；
6—UZ3 支托连接；7—UZ2 连接件；8—UZ2 连接件；9—BD2 连接件；
10—UZ1 吊挂；11—UX1 吊挂；12—BD1 吊件；13—吊杆 8～10

图 6-11　U 形轻钢龙骨吊顶(单位：mm)

（6）安装罩面板

在安装罩面板前必须对顶棚内的各种管线进行检查验收，并经打压试验合格后，才允许安装罩面板。顶棚罩面板的品种繁多，一般在设计文件中应明确选用的种类、规格和固定方式。罩面板与轻钢骨架固定的方式分为：罩面板自攻螺钉钉固法、罩面板胶结黏固法和罩面板托卡固定法三种。

①罩面板自攻螺钉钉固法：在已装好并经验收的轻钢骨架下面，按罩面板的规格、拉缝间隙进行分块弹线，从顶棚中间顺通长次龙骨方向先装一行罩面板，作为基准，然后向两侧伸延分行安装，固定罩面板的自攻螺钉间距为 150～170mm。

②罩面板胶结黏固法：按设计要求和罩面板的品种、材质选用胶结材料，一般可用 401 胶黏结，罩面板应经选配修整，使厚度、尺寸、边楞一致且整齐。每块罩面板黏结时应预装，然后在预装部位龙骨框底面刷胶，同时在罩面板四周边宽 10～15mm 的范围刷胶，经 5min 后，将罩面板压黏在预装部位；每间顶棚先由中间行开始，然后向两侧分行黏结。

③罩面板托卡固定法：当轻钢龙骨为 T 形时，多为托卡固定法安装。T 形轻钢骨架通长次龙骨安装完毕，经检查标高、间距、平直度和吊挂荷载符合设计要求，垂直于通长次龙骨弹分块及卡档龙骨线。罩面板安装由顶棚的中间行次龙骨的一端开始，先装一根边卡档次龙骨，再将罩面板槽托入 T 形次龙骨翼缘或将无槽的罩面板装在 T 形翼缘上，然后安装另一侧长档次龙骨。按上述程序分行安装，最后分行拉线调整 T 形明龙骨。

(7)安装压条

罩面板顶棚如设计要求有压条，待一间顶棚罩面板安装后，经调整位置，使拉缝均匀，对缝平整，按压条位置弹线，然后按线进行压条安装。其固定方法宜用自攻螺钉，螺钉间距为 300mm；也可用胶结料粘贴。

(8)刷防锈漆

轻钢骨架罩面板顶棚、碳钢或焊接处未做防腐处理的表面（如预埋件、吊挂件、连接件、钉固附件等），在各工序安装前应刷防锈漆。

6.4.2　轻质隔墙工程

将室内完全分隔开的叫隔墙；将室内局部分隔，而其上部或侧面仍然连通的叫隔断。轻质隔墙的特点是自重轻、墙身薄、拆装方便、节能环保，有利于建筑工业化施工。按构造方式和所用材料不同，隔墙分为板材隔墙、骨架隔墙、活动隔墙、玻璃隔墙。下面以轻钢龙骨石膏板隔墙为例进行介绍。

1. 工艺流程

墙位放线→安装沿顶龙骨、沿地龙骨→安装门洞口框的龙骨→竖向龙骨分档→安装竖向龙骨→安装横向贯通龙骨、横撑、卡档龙骨→水电暖等专业工程安装→安装一侧的石膏板→墙体填充材料→安装另一侧的石膏板→板缝处理。

2. 施工方法

(1)墙位放线

在基体上弹出水平线和竖向线，以控制隔断龙骨安装的位置、龙骨的平直度和固定点。

(2)安装龙骨

沿弹线位置固定沿顶和沿地龙骨，各自交接后的龙骨应保持平直。固定点间距应不大于 1000mm，龙骨的端部必须固定牢固。边框龙骨与基体之间应按设计要求密封。门窗、特殊节点处应按设计要求加设附加龙骨。龙骨安装的允许偏差应符合相关规定。

（3）石膏板安装

①安装石膏板前，应对预埋隔墙中的管道和附于墙内的设备采取局部加强措施。

②石膏板应竖向铺设，长边接缝应落在竖向龙骨上。双面石膏板安装时，两层板的接缝不应在同一根龙骨上；需进行隔声、保温、防火处理的，应根据设计要求在一侧板安装好后，进行隔声、保温、防火材料的填充，再封闭另一侧板。

③石膏板应采用自攻螺钉固定。周边螺钉的间距不应大于 200mm，中间部分螺钉的间距应不大于 300mm，螺钉与板边缘的距离应为 10～15mm。安装石膏板时，应从板的中部开始向板的四边固定。钉头略埋入板内，但不得损坏板面；钉眼应用石膏腻子抹平。

④石膏板应裁割准确；安装牢固时，隔墙端部的石膏板与周围的墙、柱应留有 3mm 的槽口，槽口处加注嵌缝膏，使面板与邻近表层接触紧密。石膏板的接缝缝隙宜为 3～6mm。

轻钢龙骨石膏板隔墙如图 6-12 所示。

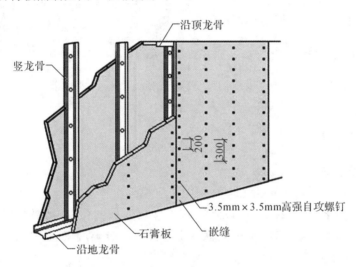

图 6-12　轻钢龙骨石膏板隔墙（单位：mm）

6.5　幕墙工程施工

玻璃幕墙的施工方式除挂架式和无骨架式外，分为单元式安装（工厂组装）和元件式安装（现场组装）两种。单元式玻璃幕墙施工是将立柱、横梁和玻璃板材在工厂已拼装为一个安装单元（一般为一层楼高度），然后在现场整体吊装就位，如图 6-13（a）所示；元件式玻璃幕墙施工是将立柱、横梁和玻璃等材料分别运到工地现场，进行逐件安装就位，如图6-13（b）所示。

GJ 102—2003
玻璃幕墙工程
技术规范

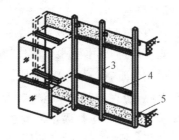

（a）单元式玻璃幕墙　　　　　（b）元件式玻璃幕墙

1—楼板；2—玻璃幕墙板；3—立柱；4—横梁；5—楼板

图 6-13　玻璃幕墙

由于元件式安装不受层高和柱网尺寸的限制，是目前应用较多的安装方法，所以它适用于明框、隐框和半隐框幕墙。

幕墙安装

6.5.1　工艺流程

测量放线→预埋件检查→骨架施工→玻璃安装→密缝处理→清洁维护。

6.5.2　施工方法

1. 测量放线

将骨架的位置弹到主体结构上。放线工作应根据主体结构施工大的基准轴线和水准点进行。对于由横梁、立柱组成的幕墙骨架，先弹出立柱的位置，然后再确定立柱的锚固点。待立柱通长布置完毕，将横梁弹到立柱上。如果是全玻璃安装，则首先将玻璃的位置线弹到地面上，再根据外边缘尺寸确定锚固点。

2. 预埋件检查

幕墙与主体结构连接的预埋件应在主体结构施工过程中按设计要求进行埋设，在幕墙安装前检查各预埋件位置是否正确，数量是否齐全。若预埋件遗漏或位置偏差过大，应会同设计单位采取补救措施。补救方法应采用植锚栓补设预埋件，同时应进行拉拔试验。

3. 骨架施工

根据放线的位置进行骨架安装。骨架安装是采用连接件与主体结构上的预埋件相连。连接件与主体结构通过预埋件或后埋锚栓固定；当采用后埋锚栓固定时，应通过试验确定锚栓的承载力。骨架安装先安装立柱，再安装横梁。上、下立柱通过芯柱连接，如图 6-14 所示。横梁与立柱的连接根据材料不同，可以采用焊接、螺栓连接、穿插件连接或用角铝连接。

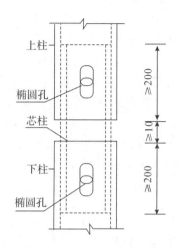

明框玻璃幕墙施工

图 6-14　上、下立柱连接方法

4.玻璃安装

玻璃的安装因幕墙类型的不同而不同。钢骨架,因型钢没有镶嵌玻璃的凹槽,多用窗框过渡,将玻璃安装在铝合金窗框上,再将铝合金窗框与骨架相连。铝合金型材的幕墙框架,在成型时已经将固定玻璃的凹槽随同断面一次挤压成型,可以直接安装玻璃。玻璃与金属之间不能直接接触,玻璃底部设防震垫片,侧面与金属之间用封缝材料嵌缝。对隐框玻璃幕墙,在玻璃框安装前应对玻璃及四周的铝框进行清洁,保证嵌缝耐候胶能可靠黏结。安装前,玻璃的镀膜面应粘贴保护膜加以保护,交工前全部揭除。安装时对于不同的金属接触面应设防静电垫片。

5.密缝处理

玻璃或玻璃组件安装完后,应立即使用耐候密封胶嵌缝密封,保证玻璃幕墙的气密性、水密性等性能。玻璃幕墙使用的密封胶,其性能必须符合规范规定。耐候密封胶必须是中性单组分胶,不能使用酸碱性胶。使用前,应经国家认可的检测机构对与硅酮结构胶相接触的材料进行相容性和剥离黏结性试验,并应对邵氏硬度和标准状态下拉伸黏结性能进行复验。

幕墙施工 1

6.清洁维护

玻璃安装完后,应从上往下用中性清洁剂对玻璃幕墙表面及外露构件进行清洁。清洁剂使用前应进行腐蚀性检验,证明对铝合金和玻璃无腐蚀作用后方可使用。

幕墙施工 2

小贴士

幕墙施工 3

玻璃幕墙是一种美观新颖的建筑墙体装饰方法,是现代主义高层建筑时代的显著特征,它赋予建筑的最大特点是将建筑美学、建筑功能、建筑节能和建筑结构等因素有机地统一起来,建筑物从不同角度呈现出不同的色调,随阳光、月色、灯光的变化给人以动态的美。但玻璃幕墙可能会造成光污染等问题,比如高层建筑的幕墙上采用了涂膜玻璃或镀膜玻璃,当直射日光和天空光照射到玻璃表面时由于玻璃的镜面反射而产生的反射眩光。生活中,玻璃幕墙反射所产生的噪光,会导致人产生眩晕、暂时性失明,常常发生事故。

由此可见,玻璃幕墙在实际工程运用中有利有弊,这告诉我们需要用辩证思维来看待问题,习总书记也曾指出:"要学习掌握唯物辩证法的根本方法,不断增强辩证思维能力,提高驾驭复杂局面、处理复杂问题的本领。我们的事业越是向纵深发展,就越要不断增强辩证思维能力。"希望同学们在平时学习工作中也要不断培养自己的辩证思维,坚持一分为二地看问题,用辩证思维去分析问题、解决问题。

6.6 门窗工程施工

门和窗是建筑物围护结构系统中的重要组成部分。门的主要作用是交通、联系,同时具有采光、通风的功能。窗的主要作用是采光、通风和日照。

门窗施工

6.6.1 门窗的组成与分类

门窗一般由框、扇、玻璃、五金配件、密封材料等组成。门窗的分类方式主要有以下 5 种:

(1)依据门窗材质,大致可以分为以下几类:木门窗、钢门窗、塑钢门窗、铝合金门窗、玻璃钢门窗、不锈钢门窗、铁花门窗,并随着人民生活水平不断提高,门窗及其衍生产品的种类不断增多,档次逐步上升,例如隔热断桥铝门窗、木铝复合门窗、铝木复合门窗、实木门窗、阳光房、玻璃幕墙、木质幕墙等。

(2)按门窗功能分:旋转门、防盗门、自动门。

(3)按开启方式分为:固定窗、上悬窗、中悬窗、下悬窗、立转窗、平开门窗、滑轮平开窗、滑轮窗、平开下悬门窗、推拉门窗、推拉平开窗、折叠门、地弹簧门、提升推拉门、推拉折叠门、内倒侧滑门等。门窗的开启方式如图 6-15 所示。

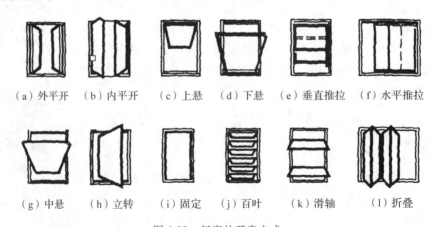

(a) 外平开　(b) 内平开　(c) 上悬　(d) 下悬　(e) 垂直推拉　(f) 水平推拉

(g) 中悬　(h) 立转　(i) 固定　(j) 百叶　(k) 滑轴　(l) 折叠

图 6-15 门窗的开启方式

（4）按性能分为：隔声型门窗、保温型门窗、防火门窗、气密门窗。

（5）按应用部位分为：内门窗、外门窗。

6.6.2　钢门窗

1. 工艺流程

弹控制线→立钢门窗→校正→门窗框固定→安装五金零件→安装纱门窗。

2. 施工方法

（1）弹控制线

门窗安装前应弹出离楼地面 500mm 高的水平控制线，按门窗安装标高、尺寸和开启方向，在墙体预留洞口四周弹出门窗就位线。

（2）立钢门窗、校正

钢门窗采用后塞框法施工，安装时先用木楔块临时固定，木楔块应塞在四角和中梃处；然后用水平尺、对角线尺、线锤校正其垂直与水平。

（3）门窗框固定

门窗位置确定后，将铁脚与预埋件焊接或埋入预留墙洞内，用配合比 1∶2 水泥砂浆或细石混凝土将洞口缝隙填实，养护 3 天后取出木楔块；门窗框与墙之间缝隙应填嵌饱满，并采用密封胶密封。钢窗铁脚形状如图 6-16 所示。

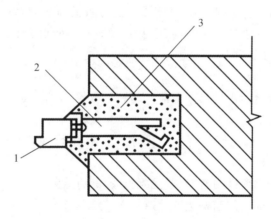

1—窗框；2—铁脚；3—留洞

图 6-16　钢窗铁脚形状

（4）安装五金零件

①安装零附件宜在内、外墙装饰结束后进行。

②安装零附件前，应检查门窗在洞口内是否牢固，开启应灵活，关闭要严密。

③五金零件应按生产厂家提供的装配图试装合格后，方可进行全面安装。

④密封条应在钢门窗涂料干燥后按型号安装压实。

⑤各类五金零件的转动和滑动配合处应灵活，无卡阻现象。

⑥装配螺钉拧紧后不得松动，埋头螺钉不得高于零件表面。

⑦钢门窗上的渣土应及时清除干净。

(5)安装纱门窗

高度或宽度大于1400mm的纱窗,装纱前应在纱扇中部用木条临时支撑。检查压纱条和扇配套后,将纱裁成比实际尺寸宽50mm的纱布;绷纱时先用螺丝拧入上、下压纱条,再装两侧压纱条,切除多余纱头。金属纱装完后集中刷油漆,交工前再将纱门窗扇安在钢门窗框上。

6.6.3 铝合金门窗

1. 工艺流程

弹线,找规矩→铝合金门窗框安装→铝合金门窗框缝隙处理→铝合金门扇安装→安装五金配件→安装门窗密封条→纱扇安装。

JGJ 214—2010
铝合金门窗工
程技术规范

2. 施工方法

(1)弹线,找规矩

在最高层找出门窗口边线,用大线坠将门窗口边线下引,并在每层门窗口处画线标记,对个别不直的口边应剔凿处理。高层建筑可用经纬仪找垂直线。

门窗口的水平位置应以楼层+50cm水平线为准,量出窗下皮标高,弹线找直,每层窗下皮(若标高相同)则应在同一水平线上。

墙厚方向的安装位置:根据外墙大样图及窗台板的宽度,确定铝合金门窗在墙厚方向的安装位置;如外墙厚度有偏差时,原则上应以同一房间窗台板外露尺寸一致为准,窗台板应伸入铝合金窗的窗下5mm为宜。

(2)铝合金门窗框安装

①将预留洞按铝合金门窗框尺寸提前修理好。

②在框的侧边固定好连接铁件。

③门窗框按位置立好,找好垂直度及几何尺寸后,用射钉或自攻螺丝将其框与墙体预埋件固定。

④用保温材料填嵌门窗框与砖墙(或混凝土墙)的缝隙。

⑤用密封膏填嵌墙体与门窗框边的缝隙。

铝合金门窗框与墙体固定有以下三种方法:

①沿窗框外墙用电锤打 $\phi6$ 孔(深60mm),并用L形40mm×60mm的钢筋,在长端粘涂108胶水泥浆打入孔中,待水泥浆终凝后,再将铁脚与预埋钢筋焊牢。

②连接铁件与预埋钢板或剔出的结构箍筋焊牢。

③混凝土墙体可用射钉枪将铁脚与墙体固定。

不论采用哪种方法固定,铁脚至窗角的距离不应大于180mm,铁脚间距应小于600mm,如图6-17所示。

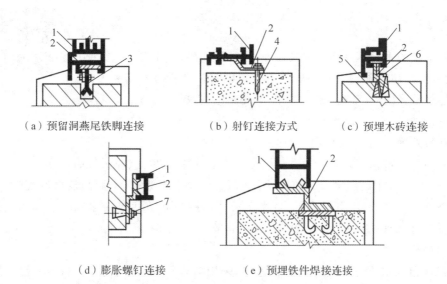

（a）预留洞燕尾铁脚连接　　（b）射钉连接方式　　（c）预埋木砖连接

（d）膨胀螺钉连接　　　（e）预埋铁件焊接连接

1—门窗框；2—连接铁件；3—燕尾铁脚；4—射（钢）钉；5—木砖；6—木螺钉；7—膨胀螺钉

图 6-17　铝合金门窗框与墙体的连接方式

（3）铝合金门窗框缝隙处理

铝合金门窗固定好后，应及时处理门窗框与墙体缝隙。如设计未规定填塞材料品种时，应采用矿棉或玻璃棉毡条分层填塞缝隙，外表面留 5～8mm 深槽口填嵌嵌缝膏，严禁用水泥砂浆填塞。在门窗框两侧进行防腐处理后，可填嵌设计指定的保温材料和密封材料。待铝合金窗和窗台板安装后，将窗框四周的缝隙同时填嵌，填嵌时用力不应过大，防止窗框受力后变形。

（4）铝合金门扇安装

门框扇的连接是用铝角码的固定方法，具体做法与门窗框安装相同。

（5）安装五金配件

待墙面刷浆修理完，油漆涂刷完后方可安装门窗的五金配件，安装工艺要求详见产品说明，要求安装牢固，使用灵活。

6.7　涂料工程施工

涂料工程是将胶体的溶液涂敷在物体表面，使之与基层黏结，并形成一层完整而坚韧的保护薄膜，达到装饰、美化和保护基层免受外界侵蚀的目的。涂料由胶结剂、颜料、溶剂和辅助材料等组成。

6.7.1　工艺流程

基层处理→润粉→着色→打磨→配料→涂刷面层。

JGJT 29—2015
建筑涂饰工程施
工及验收规程

6.7.2 施工方法

涂饰施工

木质基层的木材本身除了木质素外,还含有油脂、单宁等。这些物质的存在,使涂层的附着力和外观质量受到影响。涂料对木制品表面的要求是平整光滑、少节疤、棱角整齐、木纹颜色一致等。因此,必须对木基层进行处理。

1. 基层处理

木基层的含水率不得大于12%;木材表面应平整,无尘土、油污等妨碍涂饰施工质量的污染物,施工前应用砂纸磨平。钉眼应用腻子填平,打磨光滑;木制品表面的缝隙、毛刺及脂囊应进行处理,然后用腻子刮平、打光。较大的脂囊和节疤应剔除后用木纹相同的木料修补;木料表面的树脂、单宁、色素等应清除干净。

2. 润粉

润粉是指在木质材料面的涂饰工艺中,采用填孔料以填平管孔,并封闭基层和适当着色,同时可起到避免后续涂膜塌陷及节省涂料的作用。

3. 着色

为了更好地突出木材表面的美丽花纹,常采用基层着色工艺,即在木质基面上涂刷着色剂。着色分为水色、酒色和油色3种不同的做法。

4. 打磨

打磨工序是使用研磨材料对被涂物面进行研磨平整的过程,对油漆涂层的平整光滑,附着力,被涂物面的棱角、线脚、外观质量等方面均有重要影响。常用的砂纸和砂布代号是根据磨料的粒径划分的。砂布代号数字越大则磨粒越粗;而砂纸则恰恰相反,代号越大则磨粒越细。

油漆涂饰的打磨操作,包括对基层的打磨、层间打磨以及面层的打磨;打磨的方式又分为干磨与湿磨。打磨必须是在基层或漆膜干实后进行;水性腻子或不宜浸水的基层不能采用湿磨,但含铅的油漆涂料必须湿磨;漆膜坚硬不平或软硬相差较大时,需选用锋利的磨料打磨。干磨是指使用木砂纸、铁砂布、浮石等的一般研磨操作;湿磨则是为了防止漆膜打磨时受热变软而使漆尘黏附于磨粒间影响打磨效率与质量,故将砂纸(或浮石)蘸水或润滑剂进行研磨。

5. 配料

根据设计、样板或操作所需,将油漆饰面施工所需的原材料按配比调制的工序称为配料,如色漆调配、腻子调配、木质基层、填孔料及着色剂的调配等。配料在油漆涂饰施工中是一项重要的基本技术,它直接影响到涂施、漆膜质量和耐久性。此外,根据油漆涂料的应用特点,油漆技工常需对油漆的黏度(稠度)、品种性能等做必要的调配,其中最基本的事项和做法包括施工稠度的控制、油性漆的调配(油性漆易沉淀,使用时须加入清油等)、硝基漆韧性的调配(掺加适量增韧剂等)、醇酸漆油度的调配(面漆与底漆的调兑等)、无光色漆的调配(普通油基漆掺加适度颜料使漆膜平坦、光泽柔和且遮盖力强)等。

6.涂刷面层

(1)涂刷涂料时,应做到横平竖直、纵横交错、均匀一致。在涂刷顺序上应先上后下,先内后外,先浅色后深色,按木纹方向理平理直。

(2)涂刷混色涂料,一般不少于 4 遍;涂刷清漆时,一般不少于 5 遍。

(3)当涂刷清漆时,在操作上应当注意色调均匀,拼色一致,表面不可显露刷纹。

小贴士

　　涂料工程施工在建筑施工中是常见的一种施工工艺,近年来,随着新材料的不断发展,在外墙施工中常采用真石漆的涂料。真石漆具有适用面广、水性环保、耐污性好等优点,最重要的是真石漆的安全隐患小,可以很好地解决外墙瓷砖存在脱落的安全隐患。新材料和新技术的不断发展需要的正是创新,正如习总书记指出的:"创新是一个民族进步的灵魂,是一个国家兴旺发达的不竭动力,也是中华民族最深沉的民族禀赋。在激烈的国际竞争中,惟创新者进,惟创新者强,惟创新者胜。"

　　正因为如此,作为新时代的大学生,同学们要不断培养自己的创新精神,对所学习或研究的事物要有好奇心,对所学习或研究的事物要有怀疑态度,对学习或研究的事物要追求创新的欲望,对学习或研究的事物要有求异的观念,对所学习或研究的事物要有冒险精神,对学习或研究的事物要做到永不自满。

6.8　裱糊工程施工

　　裱糊工程是指在室内平整光滑的墙面、顶棚面、柱体面和室内其他构件表面,用壁纸、墙布等材料裱糊的装饰工程。

6.8.1　工艺流程

　　基层处理→找规矩,弹线→计算用料,裁纸→刷胶,裱糊壁纸→裱糊拼接→修整→养护。

裱糊施工

6.8.1　施工方法

1.基层处理

如混凝土墙面可根据原基层质量的好坏,在清扫干净的墙面上满刮 1~2 道石膏腻子,干后用砂纸磨平、磨光;若为抹灰墙面,可满刮 1~2 道大白腻子找平、磨光,但不可磨破灰皮;石膏板墙用嵌缝腻子将缝堵实堵严,粘贴玻璃网格布或丝绸条、绢条等,然后局部刮腻子补平。

2.找规矩,弹线

按照壁纸的标准宽度找规矩,弹出水平和垂直准线。为了使壁纸花纹对称,应在窗户上弹好中线,再向两侧分弹。如果窗户不在中间,为保证窗间墙的阳角花饰对称,应弹窗间墙中线,由中心线向两侧再分格弹线。

3.计算用料,裁纸

按已量好的墙体高度放大 2~3cm,按此尺寸计算用料并裁纸,一般应在案子上裁割,将裁好的纸用湿毛巾擦后,折好待用。

4.刷胶,裱糊壁纸

应分别在纸上及墙上刷胶,其刷胶宽度应相吻合,墙上刷胶一次不应过宽。糊纸时从墙的阴角开始铺贴第一张,按已画好的垂直线吊直,并从上往下用手铺平,刮板刮实,并用小辊子将上、下阴角处压实。第一张粘好留 1~2cm(应拐过阴角约 2cm),然后粘铺第二张,依同法压平、压实,与第一张搭槎 1~2cm,要自上而下对缝,拼花要端正,用刮板刮平,用钢板尺在第一、第二张搭槎处切割开,将纸边撕去,边槎处带胶压实,并及时将挤出的胶液用湿毛巾擦净,然后用同法将接顶、接踢脚的边切割整齐,并带胶压实。墙面上遇有电门、插销盒时,应在其位置上破纸作为标记。在裱糊时,阳角不允许甩槎接缝,阴角处必须裁纸搭缝,不允许整张纸铺贴,避免产生空鼓与皱折。

5.裱糊拼接

纸的拼缝处花形要对接拼搭好,铺贴前应注意花形及纸的颜色,力求一致,墙与顶壁纸的搭接应根据设计要求而定,一般有挂镜线的房间应以挂镜线为界,无挂镜线的房间则以弹线为准。花形拼接如出现困难时,错槎应尽量甩到不显眼的阴角处,大面不应出现错槎和花形混乱的现象。壁纸搭接如图 6-18 所示。

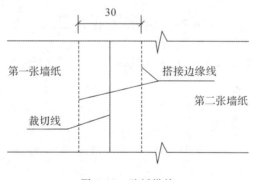

图 6-18　壁纸搭接

6.修整

糊纸后应认真检查,对墙纸的翘边、翘角、气泡、皱折及胶痕未擦净等,应及时处理和修整使之完善。

7.养护

壁纸在裱糊过程及干燥前,应防止穿堂风劲吹,并应防止室温发生突然的变化。冬期施工应在采暖的条件下进行。白天封闭通行或将壁纸用透气纸张覆盖,除阴雨天外,需开窗通风,夜晚关门闭窗,防止潮气入侵。

工程实例分析

【工程实例】　太阳宫新区 C 区 2♯～4♯ 楼公寓(住宅)及地下机动车库工程是由北京冠城新泰房地产开发有限公司开发投资建设的商品住宅楼。结构设计筏板基础,主体结构形式为钢筋混凝土剪力墙结构,地下车库为框架结构;地上为两栋 10 层和一栋 26 层的塔楼组成的连体式建筑,前后错落,高低错落。建筑面积 2♯ 楼为 11667.22m²,3♯ 楼为 11794.84m²,4♯ 楼为 7914.31m²,地下车库 8905.09m²,地面出口为 157.46m²,总建筑面积为 40438.92m²。2♯ 楼地下 2 层,地上 26 层,建筑总高 78.80m;3♯、4♯ 楼地下 2 层,地上 10 层,建筑总高 32.30m;车库地下 2 层。请分析该工程的装饰装修施工方案。

装饰装修工程
施工方案

巩固练习

一、单项选择题

1. 装饰抹灰与一般抹灰的区别在于(　　　)。

A. 面层不同　　　　　　B. 基层不同　　　　　　C. 底层不同　　　　　　D. 中层不同

2. 高级抹灰在墙中的总厚度应(　　　)。

A. ≤18mm　　　　　　B. ≤20mm　　　　　　C. ≥20mm　　　　　　D. ≤25mm

3. 顶棚为现浇混凝土板时,其抹灰总厚度不得大于(　　　)。

A. 25mm　　　　　　B. 15mm　　　　　　C. 10mm　　　　　　D. 8mm

4. 为防止抹灰墙面使用未经熟化的过火石灰,所以用于罩面的石灰应在储灰池中常温陈伏不小于(　　　)天。

A. 7　　　　　　B. 15　　　　　　C. 20　　　　　　D. 30

5. 一般抹灰通常分为三层施工,底层主要起(　　　)作用。

A. 找平　　　　　　B. 黏结　　　　　　C. 装饰　　　　　　D. 节约材料

6. 为保护墙面转角处不易遭碰撞损坏,在室内抹面的门窗洞口及墙角、柱面的阳角处应做水泥砂浆护角,护角高度一般为(　　　),每侧宽度不小于 50mm。

A. 3m 左右　　　　　　B. 不小于 3m　　　　　　C. 2m 以上　　　　　　D. 2m

7. 检查墙面垂直平整度的工具是(　　　)。

A. 水平仪　　　　　　B. 托线板　　　　　　C. 靠尺　　　　　　D. B 和 C

8. 下列不属于涂料主要施工方法的是(　　　)。

A. 刷涂　　　　　　B. 喷涂　　　　　　C. 滚涂　　　　　　D. 弹涂

9. 适用于小规模饰面板的施工方法是(　　　)。

A. 镶贴法　　　　　　B. 胶粘法　　　　　　C. 挂钩法　　　　　　D. 湿挂安装法

10. 大理石地面打蜡抛光后,(　　)天内禁止走动。

　　A. 1　　　　　　　　B. 3　　　　　　　　C. 2　　　　　　　　D. 7

11. 溶剂型涂料对抹灰基层的要求是其含水率不得大于(　　)。

　　A. 3%　　　　　　　B. 5%　　　　　　　C. 8%　　　　　　　D. 15%

12. 一般溶剂型涂料施工的环境温度,正确的是(　　)℃。

　　A. 0　　　　　　　　B. 7　　　　　　　　C. 5　　　　　　　　D. 15

13. 大理石湿铺法粘贴时,施工缝应留在饰面板水平接缝以下(　　)mm 处。

　　A. 10～20　　　　　B. 30～45　　　　　C. 50～100　　　　　D. 100～150

14. 美术水磨石面层的分割条宜采用(　　)。

　　A. 玻璃条　　　　　B. 塑料条　　　　　C. 橡胶条　　　　　D. 铜条

15. 饰面板采用湿挂安装时,与基层间的间隙宜为(　　)。

　　A. 10　　　　　　　B. 15　　　　　　　C. 30　　　　　　　D. 20

16. 吊顶工程中的预埋件、钢筋吊杆等应采取的表层处理方法是(　　)。

　　A. 防火处理　　　　B. 防蛀处理　　　　C. 防碱处理　　　　D. 防锈处理

17. 室外装饰工程必须采用的施工顺序是(　　)。

　　A. 自上而下　　　　　　　　　　　　　B. 自下而上

　　C. 同时进行　　　　　　　　　　　　　D. 以上都不对

18. 采用现浇水磨石楼地面时,内外装修的施工顺序是(　　)。

　　A. 先外后内　　　　　　　　　　　　　B. 先内后外

　　C. 内外并行　　　　　　　　　　　　　D. A、B、C 均可

19. 下列关于水泥砂浆地面施工的说法,不正确的是(　　)。

　　A. 基层处理应达到密实、平整、不积水、不起砂

　　B. 水泥砂浆施工前,先涂刷水泥浆结合层

　　C. 水泥砂浆初凝前完成抹面和压光

　　D. 地漏周围做出不小于 5% 的泛水坡度

20. 铺设水泥混凝土楼地面面层时,不正确的做法是(　　)。

　　A. 常温养护不少于 7 天

　　B. 随在基层表面涂水泥砂浆随铺设混凝土

　　C. 浇筑后 24h 内覆盖浇水养护

　　D. 混凝土的坍落度控制在 50～70mm

二、多项选择题

1. 天然石板中常用的是(　　)。

　　A. 大理石　　　　　B. 花岗石　　　　　C. 预制水磨石　　　D. 水刷石

　　E. 釉面砖

2. 下列有关一般抹灰施工顺序的说法,正确的是(　　)。

　　A. 室内自下而上　　　　　　　　　　　B. 室外抹灰自下而上

　　C. 单个房间内抹灰,先地面后顶棚　　　D. 高层建筑分段进行

E.室外抹灰自上而下

3.下列属于装饰抹灰的是(　　　)。

A.水刷石　　　　　B.麻刀灰　　　　　C.水磨石　　　　　D.斩假石

E.弹涂饰面

4.一般抹灰层的组成部分有(　　　)。

A.基层　　　　　B.底层　　　　　C.找平层　　　　　D.中层

E.面层

5.大规格饰面板的安装方法通常有(　　　)。

A.胶粘法　　　　　　　　　　B.镶贴法

C.挂钩法　　　　　　　　　　D.湿挂法

E.干挂法

6.玻璃幕墙可分为(　　　)。

A.全玻璃幕墙　　　　　　　　B.半隐框玻璃幕墙

C.明框玻璃幕墙　　　　　　　D.隐框玻璃幕墙

E.非承重幕墙

7.裱糊饰面常用的材料有(　　　)。

A.水玻璃　　　　　B.墙布　　　　　C.壁纸　　　　　D.胶黏剂

E.石灰浆

8.用于外墙的涂料应具有的能力有(　　　)。

A.耐水　　　　　B.耐洗刷　　　　　C.耐碱　　　　　D.黏结力强

E.耐老化

9.在饰面砖铺贴前,应保持基层(　　　)。

A.干燥　　　　　B.干净　　　　　C.润湿　　　　　D.平整

E.光滑

三、判断题

1.装饰抹灰与一般抹灰的区别在于两者有不同的面层。　　　　　　　　(　　)

2.一般抹灰的底层起找平作用,中层主要起粘贴作用,面层起装饰作用。(　　)

3.铺贴墙的釉面砖时,应自下而上逐行进行,每行铺贴宜从阴角开始,把非整砖留在阴角处。　　　　　　　　　　　　　　　　　　　　　　　　　　　　　　(　　)

4.裱糊工程先裱糊顶棚,后裱糊墙面。　　　　　　　　　　　　　　　(　　)

5.中级抹灰由底层、中层和面层组成。　　　　　　　　　　　　　　　(　　)

6.基层处理,不同材料交接处应铺设金属网,搭接缝宽度不得小于100mm。(　　)

7.轻钢龙骨石膏板隔墙的石膏板须横向安装。　　　　　　　　　　　　(　　)

8.热反射玻璃、吸热玻璃、双层中空玻璃为安全玻璃,夹层玻璃、夹丝玻璃、钢化玻璃为节能玻璃。　　　　　　　　　　　　　　　　　　　　　　　　　　　　　(　　)

9.顶棚骨架具有调整、确定悬吊式顶棚的空间高度的作用。　　　　　　(　　)

10.门窗框与洞口墙体的缝隙,可用水泥砂浆材料填充饱满。　　　　　(　　)

四、论述题

1. 简述装饰工程的作用及施工特点。

2. 抹灰工程中为何要分层施工？各层的名称及作用分别是什么？

3. 试述一般抹灰的施工过程。

4. 简述楼地面的组成及分类。

5. 简述铝合金门窗的安装工艺。

6. 简述裱糊工程的施工工艺流程。

第7章 建筑节能

 学习目标

　　了解建筑节能的基本知识及各种建筑节能的保温材料;熟悉墙体保温系统、屋面保温系统、幕墙和门窗的分类和构造;掌握墙体保温系统工程施工、屋面保温隔热工程、幕墙和建筑节能门窗施工的施工工艺;能编制建筑节能工程施工方案,能对建筑节能工程进行技术交底。

　　建筑节能是指建筑工程设计和建造中依据国家有关法律、法规的规定,采用节能型建筑材料、产品和设备,提高建筑物围护结构的保温隔热性能和采暖空调设备的能效比,减少建筑使用过程中的采暖、制冷、照明能耗,合理有效地利用能源。建筑节能改变了建筑物传统的构造形式,使之具有保温隔热的性能,从而在满足舒适需要的前提下,减少用电、气的时间与频率。

 小贴士

　　2006年3月,《国民经济和社会发展第十一个五年规划纲要》中首次出现了"节能减排"的概念及要求,这是党和政府对人民的庄严承诺。2015年5月19日,国务院出台的《中国制造2025》,"节能减排"已成为国家战略的核心支撑点。中国政府相继参加了哥本哈根世界气候大会与巴黎气候变化大会等国际重要会议,2020年9月22日,习近平总书记在第七十五届联合国大会一般性辩论上郑重宣布:我国二氧化碳排放力争2030年前达到峰值,努力争取2060年前实现碳中和。在全社会推行节能减排是科学发展观与构建人类命运共同体的必然选择。在我国的碳排放中,与建筑相关的碳排放占比高达50%。因此,在未来40年里,建筑领域亟需大量从事节能减排工作的高层次技术技能人才。由于技术的发展日新月异,仅课堂教学无法满足社会高速发展对人才的需求,希望同学们具备坚定的理想信念,树立起终身学习的思想,提高节能减排意识,勤于钻研,勇于创新,在未来的工作岗位上能为我国的社会经济发展做出更大的贡献。

因此,在未来40年里,建筑领域亟需大量从事节能减排工作的高层次技术技能人才。由于技术的发展日新月异,仅课堂教学内容无法满足社会高速发展的需要,希望同学们具有坚定的理想信念,树立终身学习的思想,提高节能减排意识,勤于钻研,勇于创新,在未来的工作岗位上能为国家的发展做出更大的贡献。

7.1　墙体节能

7.1.1　外墙外保温工程施工

墙体保温工程分为外保温工程和内保温工程。由于内保温直接占用室内净空尺寸,对后期室内装饰也带来诸多不便,现已很少使用,故本书将重点介绍施工常用的外保温工程。为贯彻国家有关节约能源、环境保护的法规和政策,改善夏热冬冷地区居住建筑热环境,提高采暖和空调的能源利用效率,国家要求在夏热冬冷地区对建筑物外墙进行保温工程施工。外保温工程在欧洲已有30多年的历史,使用最多的是EPS板薄抹灰外保温系统。我国于20世纪80年代中期开始进行外保温工程试点,首先用于工程的也是EPS板薄抹灰外保温系统。由于外保温在建筑节能和室内环境舒适等方面的诸多优点,住房和城乡建设部已把外保温作为重点发展项目。

外保温顾名思义是一种把保温层放置在主体墙材外面的保温做法,因其可以减轻冷桥的影响,同时保护主体墙材不受多大的温度变形应力,是目前应用最广泛的保温做法,也是目前国家大力倡导的保温做法。外墙外保温系统是指由保温层、保护层和固定材料(胶黏剂、锚固件等)构成并且适用于安装在外墙外表面的非承重保温构造总称。外墙外保温工程即将外墙外保温系统通过组合、组装、施工或安装固定在外墙外表面上所形成的建筑物实体。外墙外保温系统构造包括:粘贴泡沫塑料保温板外保温系统、胶粉聚苯颗粒保温浆料外保温系统、EPS板现浇混凝土外保温系统、EPS钢丝网架板现浇混凝土外保温系统、胶粉聚苯颗粒浆料贴砌保温板外保温系统、现场喷涂硬泡聚氨酯外保温系统、保温装饰板外保温系统。

1. EPS板薄抹灰外墙外保温系统

目前施工中最常用的外墙外保温系统是EPS(可发性聚苯乙烯)板薄抹灰外墙外保温系统(以下简称EPS板薄抹灰系统),其由EPS板保温层、薄抹面层和饰面涂层构成,EPS板用胶黏剂固定在基层上,薄抹面层中满铺玻纤网,如图7-1所示。

(1)施工准备

①施工条件

a.基层墙体应符合《混凝土结构工程施工质量验收规范》(GB 50204—2015)和《砌体结构工程施工质量验收规范》(GB 50203—2011)的要求。

b.门窗框及墙身上各种进户管线、水落管支架、预埋铁件等按设计安装完毕。

c.施工环境温度不应低于5℃。在5级以上大风天气和雨天不得施工。

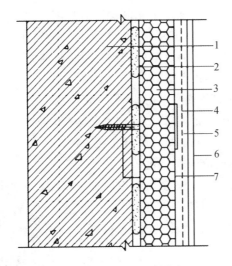

1—基层；2—胶黏剂；3—EPS板；4—玻纤网；
5—薄抹面层；6—饰面涂层；7—锚栓
图 7-1 EPS 板薄抹灰系统

GB 50204—2015
外墙外保温工程
技术规程

GB 50203—2011
砌体结构工程施工
质量验收规范

②材料配制

胶粉聚苯颗粒的配制：先将 35～40kg 水倒入砂浆搅拌机内（加入的水以满足施工和易性为准），倒入一袋（保温型 25kg、黏结型 35kg）胶粉料，搅拌 3～5min，然后再倒入一袋（200L）聚苯颗粒轻骨料继续搅拌 3min，直至搅拌均匀。该胶粉聚苯颗粒应随搅随用，且在 4h 内用完。抗裂砂浆配制：抗裂剂：中细砂：水泥＝1：3：1（质量比），用砂浆搅拌机或手提式搅拌器搅拌，先加入抗裂剂、中细砂搅拌均匀后，再加入水泥继续搅拌 3min；抗裂砂浆搅拌时不得加水，所用中细砂为干砂，并应在配制后 2h 内用完。

（2）施工工艺

保温材料采用 EPS 板，保护层为现场抹面做法，饰面层未涉及面砖饰面。

外保温工程施工工艺流程如下：材料准备→基层处理→弹线定位→粘贴和固定 EPS 板→挂网，涂抹保护层→涂刷饰面层。

胶粉聚苯颗粒
外墙保温工程

①材料准备。对进场经检验合格后的材料进行分类，按设计要求选用各材料。

②基层处理。对墙体及门窗洞口的缺陷进行修复，基层表面应清洁，无油污、脱模剂等妨碍黏结的附着物，凸起、空鼓和疏松部位应剔除并找平。找平层应与墙体黏结牢固，不得有脱层、空鼓、裂缝，面层不得有粉化、起皮、爆灰等现象。

③弹线定位。按照 EPS 板规格，在基层弹出水平线和垂直线。

④粘贴和固定 EPS 板。EPS 板固定前，应将胶粘剂涂在 EPS 板背面，贴上后用橡皮槌轻轻敲击使之黏牢，随后用锚栓将 EPS 板固定。涂胶黏剂面积不得小于 EPS 板面积的 40%。粘贴时应保证 EPS 板能错缝拼接，并在墙角处能交错互锁。

⑤挂网，涂抹保护层。EPS 板外墙外保温系统抹面层可按以下要求施工：

a.EPS 板黏结牢固后（至少 24h）方可进行抹面层施工。

b.抹面层施工前应检查 EPS 板是否黏结牢固,松动的 EPS 板应取下重贴,并应待黏结牢固后再进行下面的施工。应将大于 2mm 的板间缝隙用 EPS 板条填实,不得用胶黏剂填塞缝隙。填缝板条不得涂胶黏剂。有表皮的板面应磨去表皮。应将板间高差大于 1mm 的部位打磨平整。阳角应弹墨线并打磨至与墨线齐平。

c.抹面胶浆应随用随拌,已搅拌好的抹面胶浆应在 2h 内用完。

d.抹面层宜采用两道抹灰法施工。用不锈钢抹子在 EPS 板表面均匀涂抹一层面积略大于一块玻纤网的抹面胶浆,厚度约为 2mm。立即将网格布压入湿的抹面胶浆中,待抹面胶浆稍干硬至可以碰触时抹第二道,使网格布被全部覆盖。

⑥涂刷饰面层。常用的饰面层施工方法有喷涂和滚涂两种。喷涂是用喷枪将涂料均匀地喷涂在底层上。喷涂前将涂料搅拌均匀,喷涂厚度要均匀,待第一道干燥后方可喷涂第二道。滚涂是采用棉毛滚轮吸饱涂料后在底层滚动,将涂料均匀地涂刷到墙面上。

GB 50300—2013
建筑工程施工质量
验收统一标准

(3)质量要求及检验

外墙外保温工程应按现行国家标准《建筑工程施工质量验收统一标准》(GB 50300—2013)规定进行施工质量验收。

基本要求如下:①外墙外保温工程应能适应基层的正常变形而不产生裂缝或空鼓。②外墙外保温工程应能长期承受自重而不产生有害的变形。③外墙外保温工程应能承受风荷载的作用而不产生破坏。④外墙外保温工程应能耐受室外气候的长期反复作用而不产生破坏。⑤外墙外保温工程在罕遇地震发生时不应从基层上脱落。⑥高层建筑外墙外保温工程应采取防火构造措施。⑦外墙外保温工程应具有防水渗透性能。⑧外墙外保温工程各组成部分应具有物理、化学稳定性。⑨在正确使用和正常维护的条件下,外墙外保温工程的使用年限不应少于 25 年。外保温工程施工期间以及完工后 24h 内,基层及环境空气温度不应低于 5℃。夏季应避免阳光暴晒,在 5 级以上大风天气和雨天不得施工。

EPS 板应按顺砌方式粘贴,竖缝应逐行错缝。EPS 板应粘贴牢固,不得有松动和空鼓。墙角处 EPS 板应交错互锁,如图 7-2 所示。门窗洞口四角处 EPS 板不得拼接,应采用整块 EPS 板切割成形,EPS 板接缝应离开角部至少 200mm,如图 7-3 所示。

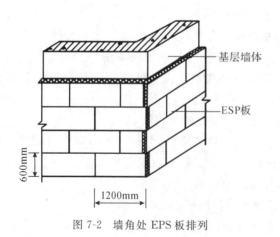

图 7-2　墙角处 EPS 板排列

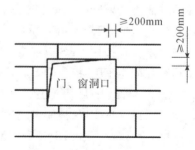

图 7-3　门窗洞口 EPS 板排列

应做好系统在檐口、勒脚处的包边处理。装饰缝、门窗四角和阴阳角等处应做好局部加强网施工。变形缝处应做好防水和保温构造处理。外保温系统主要组成材料进场复检项目可参考表 7-1 的规定。

表 7-1　外保温系统主要组成材料进场复检项目

组成材料	复检项目
EPS 板	密度、抗拉强度、尺寸稳定性
胶黏剂、抹面胶浆、抗裂砂浆、界面砂浆	干燥状态和浸水 48h 后拉伸黏结强度
玻纤网	耐碱拉伸断裂强力、耐碱拉伸断裂强力保留率

2. 现浇无网聚苯板体系的施工工艺

现浇无网聚苯板体系以现浇混凝土外墙作为基层,聚苯板为保温层。聚苯板内表面(与现浇混凝土接触的表面)沿水平方向开有矩形齿槽,内、外表面均满涂界面砂浆。在施工时将聚苯板置于外模板内侧,并安装锚栓作为辅助固定件。浇灌混凝土后,墙体与聚苯板以及锚栓结合为一体。局部表面抹抗裂砂浆薄抹面层,薄抹面层中满铺玻纤网,具体如图 7-4 所示。

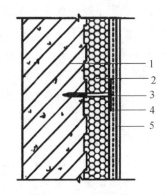

1—现浇混凝土外墙;2—EPS 板;
3—锚栓;4—抗裂砂浆薄抹面层;
5—饰面层

图 7-4　现浇无网聚苯板体系

(1)施工操作要点

①支模浇筑无网聚苯板

a. 支模浇筑前,竖向燕尾槽聚苯板双面均需喷涂聚苯板界面砂浆。

b. 根据建筑物的形状裁剪聚苯板并安装好;安装燕尾槽聚苯板时,先安装阴阳角,然后顺两侧进行安装。如施工段较大可在两处或两处以上同时安装。防火隔离带部位安装好岩棉板(当胶粉聚苯颗粒抹面层厚度超过 20mm 时可不设)。(注:为了提高防火性能,在现浇无网聚苯板体系及粘贴聚苯板体系中应采取防火隔离带措施,即每三层楼做一道通长连续的防火隔离带,防火隔离带高度为窗上口至上一层楼板标高处。现浇无网聚苯板体系防火隔离带材料一般用岩棉板,粘贴聚苯板体系防火隔离带一般用胶粉聚苯颗粒。)

聚苯板薄抹灰外
墙保温系统施工

c. 安装完毕后,在板的竖缝处用塑料卡钉将两块聚苯板连接在一起,间距 600mm,并将塑料卡钉绑扎固定在钢筋上。

d. 支好模板,在聚苯板的上端扣上一个槽形镀锌薄钢板罩,防止浇灌混凝土时污染聚苯板上口。

②板面清理

清理聚苯板表面,使板表面洁净、无污物。

③找平处理

用胶粉聚苯颗粒将聚苯板面孔洞填平,并用胶粉聚苯颗粒进行整体找平处理。

④抗裂防护层施工

a.涂料饰面时抹抗裂砂浆压入耐碱网格布:将厚度为3～4mm的抗裂砂浆均匀地抹在保温层表面上,立即将裁好的耐碱网格布用铁抹子压入抗裂砂浆内。耐碱网格布之间的搭接宽度不应小于50mm,并不得使耐碱网格布皱折、空鼓、翘边。首层应铺贴双层耐碱网格布,第一层耐碱网格布应对接,两层耐碱网格布之间抗裂砂浆必须饱满。在首层墙面阳角处设2m高的专用金属护角,护角应夹在两层耐碱网格布之间,其余楼层阳角处两侧耐碱网格布双向绕角相互搭接,各侧搭接宽度不小于200mm。门窗洞口四角应预先沿45°方向增贴300mm×400mm的附加耐碱网格布。

b.面砖饰面时抹抗裂砂浆并固定热镀锌电焊网:抹第一遍抗裂砂浆,厚度为2～4mm。待抗裂砂浆干燥达到一定强度后固定热镀锌电焊网,固定件间距为双向小于等于500mm,每平方米不得少于4个,热镀锌电焊网的搭接宽度应大于40mm,搭接处最多三层网,搭接处每隔500mm用塑料锚栓锚固好,局部不平部位可用钢丝U形卡子压平。热镀锌电焊网铺贴完毕经检查合格后抹第二遍抗裂砂浆,将热镀锌电焊网包覆于抗裂砂浆之中,抗裂砂浆面层必须平整,总厚度控制在(10±2)mm。抗裂砂浆达到一定强度后应适当喷水养护。

⑤外饰面施工

a.涂料饰面时在抗裂砂浆干燥后刮柔性腻子,要求平整光洁,干燥后喷刷涂料。

b.面砖饰面时用专用面砖粘贴剂粘贴面砖,面砖黏结层厚度为5～8mm。面砖缝不得小于5mm,每六层楼应加设一20mm宽的面砖缝。常温施工24h后要喷水养护,喷水不宜过多,不得流淌。粘贴好后用面砖勾缝剂勾缝,面砖缝应凹进面砖外表面2mm。

(2)质量要求

外墙外保温工程应按现行国家标准《建筑工程施工质量验收统一标准》(GB 50300—2013)规定进行施工质量验收。

①主控项目

a.外保温系统及主要组成材料性能应符合《外墙外保温工程技术规范》(JGJ 144—2019)要求。检查方法:型式检验报告和进场复检报告。

b.保温层厚度应符合设计要求。检查方法:插针法检查。

c.无网现浇系统粘结强度应符合《外墙外保温工程技术规范》(JGJ 144—2019)要求。检查方法:现场测量。

JGJ 144—2019
外墙外保温
工程技术规范

②一般项目

a.EPS板薄抹灰系统和保温浆料系统保温层垂直度和尺寸允许偏差应符合现行国家标准《建筑装饰装修工程质量验收标准》(GB 50210—2018)规定。

b.现浇混凝土分项工程施工质量应符合现行国家标准《混凝土结构工程施工质量验收规范》(GB 50204—2015)规定。

　　c.无网现浇系统 EPS 板表面局部不平整处的修补和找平应符合规范要求,宜抹胶粉聚苯颗粒保温浆料修补和找平,修补和找平厚度不得大于 10mm。找平后保温层垂直度和尺寸允许偏差应符合现行国家标准《建筑装饰装修工程质量验收标准》(GB 50210—2018)规定。厚度检查方法:插针法检查。

GB 50210—2018
建筑装饰装修
工程质量验收标准

　　d.抹面层和饰面层分项工程施工质量应符合现行国家标准《建筑装饰装修工程质量验收标准》(GB 50210—2018)规定。

　　e.系统抗冲击性应符合《外墙外保温工程技术规程》(JGJ 144—2004)要求。

　　(3)注意事项

　　①无网现浇系统燕尾槽聚苯板两面必须预喷界面砂浆。预喷界面砂浆,是为了确保聚苯板预现浇混凝土和面层局部修补、找平材料能够牢固地黏结以及保护聚苯板不受阳光和风化作用破坏。

　　②燕尾槽聚苯板厚度的确定及施工:设计燕尾槽聚苯板厚度不包括燕尾槽槽厚,同时,燕尾槽槽厚也不计入混凝土结构层中,即外墙结构厚度=混凝土结构厚度+设计燕尾槽聚苯板厚度+燕尾槽槽厚。

　　③为保证外墙外侧钢筋保护层厚度并确保钢筋保护层厚度一致,绑扎完墙体钢筋后,在外墙钢筋外侧绑扎水泥垫块(不得使用塑料卡)每平方米保温板内不少于 3 块。

　　④锚栓及卡钉:燕尾槽聚苯板接缝处用专用塑料卡钉固定,间距 600mm,锚栓成梅花形布置,间距 600mm,锚入混凝土结构内不得小于 50mm,并用火烧丝绑扎在墙体钢筋上。

　　⑤局部加强措施:为了防止面层开裂,在薄弱部位应用玻纤网。

7.1.2　外墙内保温施工

　　外墙内保温体系也是一种传统的保温方式,目前在欧洲一些国家应用较多,它本身做法简单,造价较低,但是在热桥的处理上很容易出现问题。近年来,由于外保温的飞速发展和国家的政策导向,内保温在我国的应用有所减少。但在我国夏热冬冷和夏热冬暖地区,其还是有很大的应用空间和潜力。外墙内保温也是一种传统的保温方式,即将保温层放置在主体墙材里面的保温做法。它的特点主要是通过与外墙外保温的对比得来的,主要是由于在室内使用,技术性能要求没有外墙外侧应用那么严格,造价较低,而且升温(降温)比较快,适合于间歇性采暖的房间使用。

　　1.外墙内保温的做法

　　(1)在外墙内侧粘贴或砌筑块状保温板(如膨胀珍珠岩板、水泥聚苯板、加气混凝土块、EPS 板等),并在表面抹保护层(如水泥砂浆或聚合物水泥砂浆等)。

　　(2)在外墙内侧拼装 GRC 聚苯复合板或石膏聚苯复合板,表面刮腻子。

　　(3)在外墙内侧安装岩棉轻钢龙骨纸面石膏板(或其他板材)。

　　(4)在外墙内侧抹保温砂浆。

　　(5)公共建筑外墙、地下车库顶板现场喷涂超细玻璃棉绝热吸声系统。该系统保温层属于 A 级不燃材料。

2.外墙内保温的选用要点

(1)在夏热冬冷冷地区和夏热冬暖地区可适当选用。

(2)应充分估计热桥影响,设计热阻值应取考虑热桥影响后复合墙体的平均热阻。

(3)应做好热桥部位节点构造保温设计,避免内表面出现结露问题。

(4)内保温易造成外墙或外墙片温度裂缝,设计时需注意采取加强措施。

3.外墙内保温的局限性

(1)结构热桥的存在使局部温差过大导致产生结露现象。由于建筑外墙内保温保护的位置仅仅在建筑的内墙极梁内侧,内墙及板对应的外墙部分得不到保温材料的保护,因此,在此部分形成热桥。

(2)冬天室内的墙体温度与室内墙角温度约差10%,与室内的温度差可达到15℃以上,结露水的浸渍或冻融极易造成保温隔热墙面发霉、开裂。

(3)在冬季采暖、夏季制冷的建筑中,室内温度随昼夜和季节的变化通常不大,这种温度变化引起建筑物内墙和楼板的线性变形和体积变化也不大。但是,外墙和屋面受室外温度和太阳辐射热的作用而引起的温度变化幅度较大。当室外温度低于室内温度时,外墙收缩的幅度比内保温隔热速度快;当室外温度高于室内气温时,外墙膨胀的速度高于内保温隔热体系。这种反复形变使内保温隔热体系始终处于一种不稳定的墙体基础上,在这种形变应力反复作用下不仅是外墙易遭受温差应力的破坏,也易造成内保温隔热体系的空鼓开裂。

7.1.3 内墙保温施工

内墙保温施工工艺的做法如下:

(1)应清理基层表面粉尘和油污。

(2)热天或表面干燥基层吸水量大时应加水湿润,使基层达到内湿外干,表面无明显的水珠印没准。

(3)将保温系统专用界面剂按照水灰比1:4搅拌均匀,批刮于基层上,并拉成锯齿状,厚度为3~3.5mm,用喷涂方法也可以。

(4)将保温砂浆按照水灰比1:1搅拌成浆体,应搅拌均匀,但不要出现粉团状。

(5)将保温砂浆根据节能要求进行抹灰,2cm以上需分次施工,两遍抹灰间隔应在20h以上。

(6)将抗裂砂浆涂抹于保温砂浆上,厚度为2mm。

(7)在抗裂砂浆表面挂上抗碱网格布。

(8)在抗碱网格布上再次涂抹厚2~3mm的抗裂砂浆。

(9)护层施工完毕后,养护1~3天(视气温而异)即可进行后续饰面层施工。

 小贴士

新型节能建筑免拆模板复合墙体施工项目案例。某住宅项目为7层结构,包括1层地下室。为快速完成施工,满足实际功能的发挥,达到节能环保的相关要求,在充分协商后拟定了免拆模板复合墙体施工方案。在各参建单位协商确定后,拟定施工方案进行施工。项目投入使用后获得认可和理想效益。

现阶段,节能材料被大力提倡,免拆模板作为建筑体系内的一部分,与节能建筑材料相互配合使用,可在原本设计的基础上改善建筑传统的性能,起到良好的保温、隔热作用,提升建筑整体的防水性能,且有利于保护环境,也能节省大量施工时间,降低成本,方便整个施工顺利进行。

免拆模板复合墙体施工方法是我国建筑业科技人员勤于钻研的成果。同学们要培养自己的创新创业精神。过时的建筑材料会不断地被淘汰,施工工艺也在不断更新;知识也会陈旧,社会要求也在不断提高。同学们要不断地更新知识,树立起终身学习的理念,才能在今后的工作岗位上为国家和社会做出应有的贡献,才能实现自己的人生价值。

7.2　幕墙节能

建筑幕墙是建筑主体结构外围的围护结构,具有防风、防雨、隔热、保温、防火、抗震和避雷等多种功能。随着科学技术的进步,外墙装饰材料和施工技术也在突飞猛进,不仅涌现出多种外墙涂料、装饰饰面和施工技术,而且产生了玻璃幕墙、石材幕墙、金属幕墙和陶瓷板幕墙等新型外墙装饰形式,并且越来越向着环保、节能、智能化方向发展,使建筑显示出亮丽风光和现代化气息。

幕墙工程所使用的材料有四类,即骨架材料、板材、密封填缝材料、结构黏结材料。建筑幕墙按帷幕饰面材料不同,可分为玻璃幕墙、石材幕墙、金属幕墙、混凝土幕墙和组合幕墙等。其中最常见的是玻璃幕墙、石材幕墙和金属幕墙。

玻璃幕墙是目前最常见的一种幕墙,其是由金属构件与玻璃板组成的建筑外墙围护结构。玻璃幕墙多用于混凝土结构体系的建筑物,建筑框架主体建成后,外墙用铝合金、不锈钢或型钢制成骨架,与框架主体的柱、梁、板连接固定,骨架外再安装玻璃组成玻璃幕墙。玻璃幕墙组成如图 7-5 所示。

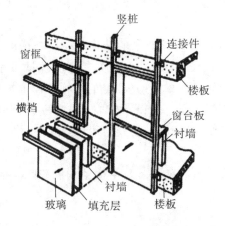

图 7-5　玻璃幕墙的组成

随着幕墙施工技术的提高,玻璃幕墙的种类越来越多。目前,在工程上常见的有有框玻璃幕墙、无框全玻璃幕墙和点支式玻璃幕墙。

7.2.1 有框玻璃幕墙施工工艺

有框玻璃幕墙类别不同,其构造形式和施工工艺有较大差异。现以铝合金全隐框幕墙为例说明这类幕墙的构造和施工。全隐框是指玻璃组合构件固定在铝合金框架的外侧,从室外观看只能看见幕墙的玻璃及分格线,铝合金框架完全隐蔽在玻璃幕墙的后边。

隐框玻璃幕墙施工工艺流程为:弹线→安装连接件→安装幕墙立柱→幕墙横梁安装→幕墙横梁、立柱的调整与紧固→托条安装→玻璃安装→幕墙收口→幕墙伸缩缝→抗渗漏试验→清洁。

1. 弹线

先将主体结构上的预埋件表面清理干净,然后根据建筑物轴线弹出纵横两个方向的基准线和标高控制线。

2. 安装连接件

把连接铁件按正确位置临时点焊在结构的预埋铁件上。若主体结构上没有埋设预埋件,可用膨胀螺栓作为铁件与主体结构连接。

3. 安装幕墙立柱

以基准线为准,确定幕墙立柱位置,然后与连接铁件临时固定。

4. 幕墙横梁安装

将横梁两端的连接件及弹性橡胶垫安装在立柱的预定位置并临时固定。

5. 幕墙横梁、立柱的调整与紧固

幕墙横梁、立柱全部就位后,应再做一次全面检查,并对局部不适的地方做最后调整,使整幅幕墙的安装位置达到设计要求。最后对临时焊接件进行正式焊接,紧固连接螺栓,对没有防松措施的螺栓均需点焊防松。所有焊缝均应清理干净并做防锈处理。

6. 托条安装

按设计要求在每个分格块玻璃下端的位置安设两个铝合金或不锈钢托条,其长度不小于 100mm,厚度不小于 2mm,垂直于幕墙平面的宽度不应露出玻璃板外表面。

7. 玻璃安装

把幕墙横梁、立柱及托条表面清理干净。按设计要求的结构胶厚度在横梁、立柱表面刷结构胶(一般涂刷结构胶厚度为:6mm≤结构胶厚度≤12mm),然后将擦拭干净的每个格子的玻璃板底端放在托条上,用手轻轻把玻璃板向横梁、立柱上的结构胶面上推压,使其与横梁、立柱粘紧、粘牢。安装玻璃时,玻璃的朝向要符合设计要求。玻璃安装完毕后沿玻璃四周注密封胶密封,注胶要均匀、连续,胶缝厚度≥5mm,要及时清理胶缝外的多余粘胶。

8. 幕墙收口

按设计要求安装好幕墙的收口结构后,应及时处理其与主体结构的缝隙。幕墙应严密不漏水。

9. 幕墙伸缩缝

幕墙伸缩缝必须满足设计要求。如果伸缩缝采用密封胶填充,填密封胶时注意别让密封胶接触主梃衬芯,防止幕墙伸缩活动时破坏胶缝。

10. 抗渗漏试验

幕墙施工中应分层进行抗雨水渗漏性能检查。

11. 清洁

安装玻璃的同时进行清洁工作,在拆除排栅前应做最后一次检查,以保证玻璃安装和密封胶、结构胶缝的质量及幕墙表面的清洁。

7.2.2　无框全玻璃幕墙施工工艺

由玻璃板和玻璃肋制作的玻璃幕墙称为全玻璃幕墙(即无框的全玻璃幕墙)。这种幕墙通透性特别好,造型简洁、明快,视野非常宽广。全玻璃幕墙的施工由于玻璃重量大,属于易碎品,移动吊装困难,精度要求高,操作难度大,所以技术和安全要求高,施工责任大,施工前一定要做好施工组织设计,搞好施工准备工作,按照科学规律办事。

吊挂式全玻璃幕墙的施工工艺流程:定位放线→上部钢架安装→下部和侧面嵌槽安装→玻璃肋、玻璃板安装就位→嵌入固定及注入密封胶→表面清洗和验收。

施工注意事项如下:

(1)玻璃磨边。每块玻璃四周均需要进行磨边处理,不要因为上下露边而忽视玻璃安全和质量。科学试验证明,玻璃在生产、施工和使用过程中,其应力是非常复杂的。如果玻璃边缘不进行磨边,在复杂外力、内力作用下,很容易产生裂缝而破坏。

(2)夹撑玻璃的铜夹片一定要用胶黏结牢固,密实且无气泡,并按说明书要求充分养护后,才可进行吊装。

(3)在安装玻璃时应严格控制玻璃板面的垂直度、平整度及玻璃缝隙尺寸,使之符合设计及规范要求,并保证外观效果的协调、美观。

7.2.3　点支式玻璃幕墙施工工艺

由玻璃面板、点支撑装置和支撑结构构成的玻璃幕墙称为点支式玻璃幕墙。点支式玻璃幕墙强调的是玻璃的透明性。透过玻璃,人们可以清晰地看到支撑玻璃幕墙的整个结构系统,将单纯的支撑结构系统转化为具备可视性、观赏性和表现性的系统。

钢架式点支式玻璃幕墙是最早的点支式玻璃幕墙结构。由于钢架式点支式玻璃幕墙的结构组成比较复杂,所以其施工工艺比较烦琐。它的安装工艺流程为:检验并分类堆放幕墙构件→现场测量放线→安装钢桁架→安装不锈钢拉杆→安装接驳件→玻璃就位→钢爪紧固螺钉→固定玻璃→玻璃缝隙内注胶→表面清理。

　　🔲 **小贴士**

　　　北京市昌平区一自建居民房安装玻璃幕墙,因反射天空景象太过逼真,鸟儿无法分辨,纷纷撞墙身亡。现场拍摄的视频中可以看到鸟儿尸体散落一地,尚有个体痛苦挣扎,其中就有我国"三有"保护动物太平鸟。自20世纪80年代玻璃幕墙建筑引入国内至今,短短三十余年间,我国已成为世界最大的玻璃幕墙生产和使用国,玻璃幕墙面积占全球的80%以上。走在各地城市马路上,这类建筑随处可见。与此同时,鸟类误撞玻璃幕墙伤亡的新闻报道也频频见诸报端网络。城市大量使用的玻璃幕墙,为什么成为了候鸟的终极杀手?城市建筑理念与生态环境保护是否不可调和?

　　大自然是人类赖以生存发展的基本条件。尊重自然、顺应自然、保护自然,是全面建设社会主义现代化国家的内在要求。必须牢固树立和践行绿水青山就是金山银山的理念,站在人与自然和谐共生的高度谋划发展。有关各方都要积极应对因使用玻璃幕墙而产生的生态问题和其他环境问题。

　　带着上述问题,希望同学们课后查阅资料,了解这种现象产生的深层次原因,进一步理解习近平总书记所说的"绿水青山就是金山银山"的内涵,明白保护环境的重要性。同时,鼓励同学们勤于钻研、创新科技,辅以脚踏实地、与时俱进的精神,聚焦新时代、新技术、新手段,关注人、建筑、环境、能源之间的关系,最终在建筑节能等技术进步中作出自己的贡献。

7.3　门窗节能

　　建筑门窗是整个建筑围护结构中保温隔热最薄弱的一个环节,是影响建筑节能和室内热环境质量的主要因素之一。据有关资料报道,在我国采暖住宅建筑中,当窗墙面积比为25%左右时,通过窗户的传热损失约占建筑物全部损失的1/4,通过门窗开启缝隙及门窗与墙体之间缝隙空气渗漏造成的热损失约占1/4,两者合计约占1/2。衡量门窗节能效果的,主要是门窗的保温功能和隔热功能。

7.3.1　施工准备

1. 主要机具准备

　　主要机具包括切割机、小型电焊机、电钻、冲击钻、射钉枪、打胶筒、线锯、手锤、扳手、螺丝刀、灰线袋、线坠、塞尺、水平尺、钢卷尺、弹簧秤、圆锉刀、半圆锉刀、划针、铁脚、圆规、钢尺、铁锹、抹子、水桶和水刷子等。

2. 技术准备

　　(1)建筑节能门窗安装前,应先认真熟悉图纸,核实门窗洞口位置、洞口尺寸,检查门窗的型号、规格,质量是否符合设计要求。如图纸对门窗框位置无明确规定时,施工负责人根据工程性质及使用具体情况,统一交底,明确开向、标高及位置(墙中、里平或外平等)。

　　(2)安装门窗框前,墙面要先冲标筋,安装时依标筋定位。

　　(3)二层以上建筑物安装门窗框时,上层框的位置要用线坠等工具与下层框吊齐、对正;在同一墙面上有几层窗框时,每层都要拉通线找平窗框的标高。

（4）找好窗边垂直线及窗框下皮标高的控制线,在可能的情况下,拉通线,以保证门窗框高低一致。

3. 材料准备

（1）建筑节能门窗的规格、型号应符合设计要求,且应有出厂合格证。

（2）建筑节能门窗所用的配件应与门窗型号相匹配。所用的零附件及固定件最好采用不锈钢件,若用其他材质,必须进行防腐处理。

（3）防腐材料及保温材料均应符合图纸要求,且应有产品的出厂合格证。

4. 作业条件准备

（1）建筑节能门窗安装工程应在主体结构分部验收合格后,方可进行施工。

（2）弹出楼层轴线或主要控制线（如+50cm线）,并对轴线、标高进行复核。

（3）预留铁脚孔洞或预埋铁脚的数量、尺寸已核对无误。

（4）门窗及其配件、辅助材料已全部运到施工现场,数量、规格、质量完全符合设计要求。

7.3.2　门窗安装工艺程序与技术要求

门窗安装是直接影响门窗使用功能、节能保温效果的一个重要环节。门窗如果安装不当,即使制作再精细、质量再高,也会出现各种毛病,甚至丧失使用功能变成废品。例如变形、污染、损伤、连接不牢固或安装缝隙封堵不当等现象,尤其对保温要求高的门窗,安装缝隙处理是关系到其保温效果的主要方面。因此,门窗安装质量既是门窗制作质量的延续,又是建筑工程质量的一个重要环节。

门窗的节能
与安装

一般门窗安装工程有带副框安装和无副框两种工艺。为了兼顾门窗洞口墙体保温施工和门窗安装质量,如果工程条件允许,应尽量采用带副框安装。

1. 建筑门窗无副框安装

建筑门窗无副安装（湿法作业）工艺流程,如图7-6所示。

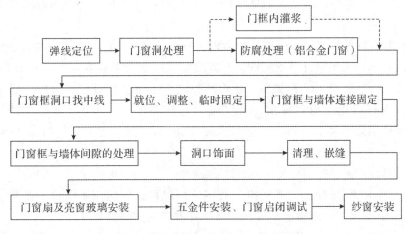

图 7-6　建筑门窗无副框安装工艺流程

2. 建筑门窗带副框安装

(1)建筑门窗带副框安装工艺流程(此流程不适用于户门、单元门),如图 7-7 所示。

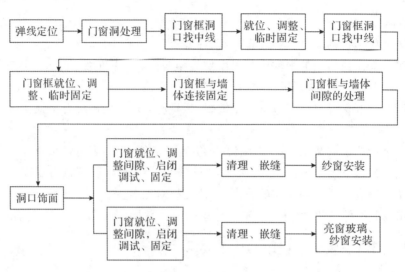

图 7-7　建筑门窗带副框安装工艺流程

(2)副框的安装工艺流程与湿法作业中门窗外框安装工艺流程相同。

(3)副框固定后,洞口内外侧与副框槽口用水泥砂浆等抹平,当外侧抹灰时应用片材将抹灰层与门窗框临时隔开,其厚度为 5mm。待外抹灰硬化后,撤去片材,预留出宽度为 5mm、深度为 6mm 的防雨水槽。待门窗固定后,用中性硅酮密封胶密封门窗外框边缘与副框间隙及防雨水槽处,密封宽度自窗框边缘至防雨水槽处。另外,在涂打中性硅酮密封胶时,应注意密封胶与墙体涂料的匹配,尤其是胶缝与墙体涂层相接触部分,防止因密封胶收缩造成涂层脱落产生裂缝。

3. 门窗安装作业应注意的问题

(1)门窗搬运时应注意将门窗产品按编号搬运到相应的楼层。应特别注意,防止低层门窗放到高层,高层的门窗放到低层,以避免高层门窗抗风压性能不足,低层门窗抗风性能过剩。

(2)安装方法选择与要求。门窗一般有两种固定方法:一是固定件安装;副框与墙体固定一般采用 M8×60mm 塑料膨胀螺钉。膨胀螺钉应符合有关标准规定。塑料膨胀螺钉离副框 4 个角为 100~150mm,;两螺钉间距不能超过 600mm。副框与门窗框相连采用 M8 的自攻螺钉,自攻螺钉位置应距窗角、中竖框、中横框 150~200mm,两螺钉间距应不大于 600mm,高层建筑应不大于 550mm。采用固定件安装,固定件的位置与门窗主框与墙壁体连接相同。

(3)窗框安装固定应在窗框装入洞口时(或副框入洞口时),将其上、下框中线和底线与洞口中线和底线对齐。窗的上、下框四角及横框的对称位置应用木楔或垫块做临时固定,然后按设计图纸或甲方要求确定窗框在洞口厚度方向的安装位置。

(4)在位置确认无误后,调整窗框在洞内"三维"方向的垂直度和水平度(即窗框在墙体厚度方向的垂直度、正立面方向的垂直度和水平度),其允许偏差应符合门窗安装质量要求。

(5)门的安装。门的安装基本上与窗的安装一致,所不同的是门的安装应注意与地面施工配合,一般在地面工程施工前进行,依据图纸及门扇开启方向,确定门框的安装位置,安装时采取防门框变形的措施。安装无下框平开门应使两边框的下脚低于地面标高 30mm;带下框的平开门或推拉门下框底部应低于地面标高 10mm,然后将上框固定在墙体上,调整门框水平和垂直度。安装门连窗,一般采用拼管拼接,铝合金门窗、玻璃钢门窗有专用的拼接件。无论是否采用拼管拼接,都应将上、下门框、窗框牢固地固定在上、下楼板或墙体上。

①门窗框固定:应先固定上框,再固定边框和下框。

②安装缝隙及洞口处理:门窗洞口与门窗框之间安装缝隙,必须采用聚氨酯发泡剂材料堵塞,缝隙应充满;采用砌框安装,副框与门窗框之间的缝隙同样采用聚氨酯发泡剂填充。

(6)门窗扇安装。一般节能保温窗为平开窗,安装门窗扇时应特别安装铰链和锁块注意:锁块位置是否与传动器锁点匹配、铰链部分密封胶条是否有损坏。安装完毕后要仔细检查框扇搭接量是否在设计范围内,四周是否均匀;推拉门窗,框扇搭接是否均匀,毛条、密封胶条的质量尤为重要。

7.3.3　保温节能窗安装质量验收

保温节能安装工程质量验收应符合《建筑装饰装修工程质量验收标准》(GB 50210—2018)中第 6 章门窗工程的要求。

GB 50210—2018
建筑装饰装修工
程质量验收标准

7.4　屋面节能

屋面保温隔热系统是指屋面保温隔热构造及保温材料的选择。保温隔热构造,包括非上人屋面、上人屋面、倒置式屋面、坡屋面、架空屋面和种植屋面等。屋面保温隔热构造、材料与屋面防水层密切相关。构造不合理、选材不当会直接影响防水层的寿命乃至整个屋盖系统的寿命,也直接影响人们的生活与工作。因此,屋面保温隔热系统的设计,保温材料的选择、施工都必须重视,才能确保屋面工程的使用功能。

(1)非上人屋面是指一般屋面不允许上人行走、活动的屋面(维修人员除外)。因此,屋面防水层的保护常选用浅色涂料、细砂、云母粉和蛭石颗粒等保护层。

(2)上人屋面是指屋面允许经常上人行走、活动,因此屋面防水层的保护层为刚性保护层,如铺设块体材料、抹水泥砂浆、细石混凝土等。

(3)倒置式屋面是将保温隔热层设置在防水层上面。

(4)坡屋面是坡度较大的屋面,坡度一般大于 10%。在现代城市建设中,根据建筑风格及景观的要求,如别墅、大屋盖等,常采用坡屋面,且用瓦材装饰屋顶的较多。如彩色沥青瓦用于别墅;西班牙瓦、小青瓦用于公共建筑等。

(5)架空屋面利用通风空气间层散热快的特点以提高屋面的隔热能力,一般由隔热构件、通风空气间层、支撑构件和基层(结构层、保温层、防水层)组成。

(6)种植屋面是指在屋面防水层上覆土或铺设锯末、蛭石等松散材料,并种植植物,起到隔热作用的屋面。

7.4.1　施工准备

1. 主要机具准备

主要机具包括搅拌机、平板振捣器、平锹、木刮杠、水平尺、手推车、木拍子和木抹子。

2. 材料准备

(1)材料的密度、导热系数等技术性能,必须符合设计要求和施工及验收规范的规定,应有试验资料;松散的保温材料应使用无机材料,如选用有机材料时,应先做好材料的防腐处理。

(2)松散材料:炉渣或矿渣,粒径一般为 5～40mm,不得含有石块、土块、重矿渣和未燃尽的煤块,堆积密度为 500～800kg/m³,导热系数为 0.16～0.25W/(m·K);膨胀蛭石导热系数为 0.14W/(m·K)。

(3)板状保温材料:产品应有出厂合格证,并选用与设计要求厚度规格一致的材料,外形应整齐,密度、导热系数、强度应符合设计要求。

泡沫混凝土板块:表观密度应不大于 500kg/m³,抗压强度应不低于 0.4MPa。

加气混凝土板块:表观密度应为 500～600kg/m³,抗压强度应不低于 0.2MPa。

聚苯板:表观密度应不大于 45kg/m³,抗压强度应不低于 0.18MPa,导热系数为 0.043 W/(m·K)。

3. 作业条件准备

(1)铺设保温材料的基层(结构层)施工完以后,将预制构件的吊钩等进行处理,处理点应抹入水泥砂浆,经检查验收合格,方可铺设保温材料。

(2)铺设隔气层的屋面应先将表面清扫干净,且要求干燥、平整,不得有松散、开裂、空鼓等缺陷;隔气层的构造做法必须符合设计要求和施工及验收规定。

(3)穿过结构的管根部位,应用细石混凝土填塞密实,以使管子固定。

(4)板状保温材料运输、存放应注意保护,防止损坏和受潮。

7.4.2　施工工艺

1. 屋面采用松散、板状保温材料和现浇整体保温材料保温层工程施工

(1)施工工艺流程

施工工艺流程:基层清理→弹线找坡→管根固定→隔气层施工→保温层铺设→抹找平层。

(2)施工要点

①基层清理。预制或现浇混凝土结构层表面,应将杂物、灰尘清理干净。

②弹线找坡。按设计坡度及流水方向,找出屋面坡度走向,确定保温层的厚度范围。

③管根固定。穿结构的管根在保温层施工前,应用细石混凝土塞堵密实。

④隔气层施工。待第①～②道工序完成后,设计有隔气层要求的屋面,应按设计做隔

气层;隔气层采用涂料时应涂刷均匀,无漏刷。

⑤保温层铺设。

a. 松散保温层铺设。

松散保温层是一种干做法施工的方法,材料多使用炉渣或水渣,粒径为 5～40mm,使用时必须过筛,控制含水率。铺设松散材料的结构表面应干燥、洁净,松散保温材料应分层铺设,适当压实,压实程度应根据设计要求的密度,经试验确定。每步铺设厚度不宜大于150mm,压实后的屋面保温层不得直接推车行走和堆积重物。

松散膨胀蛭石保温层:蛭石粒径一般为 3～15mm,铺设时使蛭石的层理平面与热流垂直。

松散膨胀珍珠岩保温层:珍珠岩粒径小于 0.15mm 的含量不应大于 8%。

b. 板块状保温层铺设。

干铺板块状保温层:直接铺设在结构层或隔气层上,分层铺设时上、下两层板块缝应错开,表面两块相邻的板块厚度应一致,一般在块状保温层上用湿松散材料找坡。

黏结铺设板块状保温层:板块状保温材料用黏结材料平粘在屋面基层上,一般用水泥、石灰混合砂浆;聚苯板材料应用沥青胶结料粘贴。

c. 整体保温层。

水泥白灰炉渣保温层:施工前用石灰水将炉渣闷透,不得少于 3 天,闷制前应将炉渣或水渣过筛,粒径控制在 5～40mm。最好用机械搅拌,一般配合比为水泥∶白灰∶炉渣为1∶1∶8,铺设时分层、滚压,控制虚铺厚度和设计要求的密度,应通过实验,保证保温性能。

水泥蛭石保温层:是以膨胀蛭石为集料,以水泥为胶凝材料,通常用普通硅酸盐水泥,最低标号为 425 号,膨胀蛭石粒径选用 5～20mm,以一般配合比为水泥∶蛭石=1∶12,加水拌和后,用手紧握成团不散,并稍有水泥浆滴下为好。机械搅拌会使蛭石颗粒破损,故宜采用人工拌和。人工拌和应先将水与水泥均匀地调成水泥浆,然后将水泥浆均匀地泼在定量的蛭石上,随泼随拌,直至均匀。铺设保温层时,虚铺厚度为设计厚度的 130%,用木拍板拍实、找平,注意泛水坡度。

(6)抹找平层。

保温层施工具备找平层施工条件后,及时进行找平层的施工,材料采用 20mm 厚 1∶3水泥砂浆,砂浆中掺聚丙烯或棉纶－6 纤维 0.75～0.9kg/m³。

①首先在女儿墙上弹好＋50 标高线,根据坡度要求贴灰饼,顺排水方向冲筋,冲筋间距为 1.5m,在排水沟、雨水口处做泛水,冲筋完成后开始找平层施工,砂浆铺设应由远到近、由高到低的顺序进行,尽量在每分格内一次连续铺设完毕,施工时要严格控制坡度,采用2m 铝合金靠尺找平压实,转角处抹成圆弧形,半径不小于 50mm,终凝前,轻轻取出嵌缝条,完工后表面尽量少踩踏,常温下 24 小时后进行洒水养护,养护时间一般不少于 7 天,要求找平层表面不得有松酥、起砂、起皮现象。找平层分格缝按照找坡图进行分格,缝宽 20mm,并用沥青砂浆填塞密实。

②找平层遇管道应做成小圆台,遇水落口处应坡向水落口,水落口周围 50cm 范围内做成略低的凹坑(5% 找坡),伸出屋面的管道根部直径 50cm 范围内,找平层应抹出高度不小

于 30mm 的圆台,管道与找平层之间,应留出 20mm × 20mm 的凹槽,并用密封材料嵌填密实。

(3)质量要求

①保证项目。

a.保温材料的强度、密度、导热系数和含水率,必须符合设计要求和施工及验收规范的规定,材料技术指标应有试验资料。

b.按设计要求及规范的规定采用配合比及黏结料。

②基本项目。

a.松散的保温材料:分层铺设,压实适当,表面平整,找坡正确。

b.板块保温材料:应紧贴基层,铺平垫稳,拼缝严密,上、下层错缝,接缝嵌填密实。

c.保温层厚度达到设计要求,厚度偏差不得大于 4mm。

d.质量检查数量,应按屋面面积每 100m² 抽查 1 处,每处 10m²,且不得小于 3 处。

(4)成品保护及安全注意事项

①保温层在施工中及完工后,应采取保护措施。推小车应铺脚手板,不得损坏保温层。

②保温层完工后,经质量验收合格,应及时铺抹水泥砂浆找平层,以保证保温效果。

③聚苯板易燃,材料储存、运输、施工应注意防火。施工时配备消防器材和灭火设施。

④干铺聚苯板保温层可在负温下施工。粘贴(水乳型胶黏剂)聚苯板保温层宜在 5℃ 以上施工。

⑤雨天、雪天、5 级风以上的天气不得进行保温层施工。

⑥倒置式屋面聚苯板保温层上宜采用卵石、块材或水泥砂浆做覆盖保护,铺设厚度按设计要求,并应均匀一致。

2. 聚氨酯硬泡体喷涂保温屋面施工

聚氨酯硬泡体(PUR)材料是一种集防水、保温隔热于一体的新型材料,它主要由多元醇(polyol)与异氰酸酯(MDI)两组分液体原料组成,采用无氟发泡技术,在一定状态下发生热反应,产生闭孔率不低于 95% 的硬泡体化合物——聚氨酯硬泡体。

聚氨酯硬泡体防水保温工程是使用专用喷涂设备,在现场作业面上连续喷涂施工完成的。喷涂施工完成后,会在施工作业面上形成一层无接缝的连续壳体。

聚氨酯硬泡体具有导热系数小、节能保温效果好、抗压强度高、聚体连续性好、防水及保温一体化等优点,因此得到了越来越广泛的应用。

聚氨酯硬泡体防水保温材料适用于混凝土结构、金属结构、木质结构的屋面、墙体的保温隔热。

(1)施工准备

①主要机具包括聚氨酯硬泡体专用喷涂设备、清理基层工具等。

②技术准备:

a.根据工程特点编制施工方案,并进行安全、技术交底。

b.聚氨酯硬泡体防水保温层厚度的设计,应根据建筑防水与保温隔热性能要求而定,按屋面传热系数 $KW/(m \cdot K)$ 的大小,一般分为 4 个厚度等级。

当屋面传热系数 $K \leqslant 0.80\mathrm{W}/(\mathrm{m} \cdot \mathrm{K})$ 时,防水保温层厚度应为 25mm。

当屋面传热系数 $K \leqslant 0.70\mathrm{W}/(\mathrm{m} \cdot \mathrm{K})$ 时,防水保温层厚度应为 30mm。

当屋面传热系数 $K \leqslant 0.60\mathrm{W}/(\mathrm{m} \cdot \mathrm{K})$ 时,防水保温层厚度应为 40mm。

当屋面传热系数 $K \leqslant 0.50\mathrm{W}/(\mathrm{m} \cdot \mathrm{K})$ 时,防水保温层厚度应不小于 50mm,最大厚度可达 80mm。

③材料准备。

a. 材料进场后,对材料的合格证、技术性能检测报告以及聚氨酯硬泡体的阻燃性能等进行检查。

b. 材料要求。

聚氨酯硬泡体防水保温材料的主要技术性能应达到下列要求。

保温隔热性能:导热系数应不大于 $0.022\mathrm{W}/(\mathrm{m} \cdot \mathrm{K})$。

防水性能:聚氨酯硬泡体吸水率应不大于 1%;闭孔率不小于 95%。

黏结强度:与混凝土、金属、木质等表面的平均黏结强度应不小于 40kPa。

密度:表现密度为 $40\mathrm{kg}/\mathrm{m}^3$ 左右。

尺寸稳定性:当环境温度为 $-50 \sim 150℃$ 时,在 70℃ 温度下放置 48h 后,尺寸变化率应不大于 1%。

抗压强度不小于 0.3MPa,抗拉强度不小于 500kPa。

对原材料的要求,A 组分(多元醇)和 B 组分(异氰酸酯)在喷涂施工时,热反应过程中不得产生有毒气体。

④作业条件准备。

a. 建筑屋面的结构层为混凝土时,应设找坡层或找平层。找坡层或找平层应坚实、平整、干燥(其含水率应小于 8%),表面不应有浮灰和油污。

b. 平屋面的排水坡度不应小于 2%,天沟、檐沟的纵向排水坡度不应小于 1%。

c. 屋面与山墙、女儿墙、天沟、檐沟以及突出屋面结构的连接处应为圆弧形。

d. 屋面上的设备、管线等应在聚氨酯硬泡体防水保温层喷涂施工前安装就位,管根部位,应用细石混凝土填塞密实。

(2)施工工艺

①施工工艺流程。

施工工艺流程:清理基层→聚氨酯硬泡体喷涂→保护层施工→质量验收。

②施工要点。

a. 清理基层。当施工作业基面的表面有浮灰或油污时,聚氨酯硬泡体防水保温层会从作业基面上拱起或脱离,即为脱层或起鼓。因此,必须将基层表面的灰浆、油污、杂物彻底清理干净。

b. 聚氨酯硬泡体喷涂。聚氨酯硬泡体防水保温层施工应使用现场连续喷涂施工的专用喷涂设备。

基层检查、清理、验收合格后即可喷涂施工。根据防水保温层厚度,一个施工作业面可分几遍喷涂完成,每遍喷涂厚度宜在 $10 \sim 15\mathrm{mm}$。当日的施工作业必须当日连续喷涂施工完毕。屋面上的异形部位应按"细部构造"进行喷涂施工。

聚氨酯硬泡体材料喷涂施工后 20min 内严禁上人行走。

聚氨酯硬泡体防水保温层检验、测试合格后,方可进行防护层施工。

聚氨酯硬泡体防水保温层喷涂施工,应喷涂一组三块 200mm×200mm 同厚度试块,以备材料的性能检测。

c.保护层施工。聚氨酯硬泡体防水保温层表面应设置一层防紫外线照射的保护层。保护层可选用耐紫外线的保护涂料或聚合物水泥保护层。

当采用聚合物水泥保护层时,可将聚合物水泥刮涂在保温层表面,要求分三次刮涂,保护层厚度在 5mm 左右,每遍刮涂间隔时间不少于 24h。

(3)质量要求

①聚氨酯硬泡体防水保温层不应有渗漏现象。

②聚氨酯硬泡体防水保温层的厚度应符合设计要求。

③聚氨酯硬泡体防水保温层表面应平整,最大喷涂波纹应小于 5mm,而且不应有起鼓、断裂等现象。

④聚氨酯硬泡体材料的密度、抗压强度、导热系数、尺寸稳定性及吸水率等性能指标应符合要求。

⑤平屋面、天沟及檐沟等的表面排水坡度应符合设计要求。

⑥屋面与山墙、女儿墙、天沟、檐沟以及突出屋面结构的连接处的连接方式与结扣形式应符合设计要求。

⑦防水保温层表面的防紫外线涂料保护层,不应有漏喷、裂纹、皱折或脱皮等现象。

(4)成品保护及安全注意事项

①聚氨酯硬泡体保温材料喷涂施工后 20min 内,严禁上人行走。

②保温层完工后,应及时做保护层。聚合物水泥保护层上料、施工时应铺垫脚板,避免破坏保温层。

③喷涂施工现场环境温度不宜低于 15℃,温度过低则发泡不完全。空气相对湿度小于85%,风力宜小于 3 级。

④喷涂施工时,操作人员应佩戴防护用品,确保安全施工。

⑤两组分材料在喷涂加热过程中应注意防火,材料储存应远离火源,防止发生火灾。

3. 架空屋面施工

架空屋面是利用通风空气层散热快的特点,提高屋面的隔热能力。根据实际测量,架空层过小则隔热效果不明显;空气间层增大,则屋面温度逐渐降低,但架空层过高,温度减低不明显且屋面荷载加大。实践证明:空气间层高度在 100～300mm 较为适宜。

(1)施工准备

①主要机具准备。

主要机具包括清理基层工具,垂直、水平运料机具及砖瓦工用砌筑工具。

②技术准备。

a.熟悉设计图纸,掌握架空屋面的具体设计及构造要求。

b.编制架空屋面施工方案,并进行技术、安全交底。

③材料准备。

a.预制混凝土板,常用规格为 50mm×498mm×498mm。

b.砖墩,非黏土砖或砌块,尺寸为 115mm×115mm×90mm。

c.砌筑砂浆。

④作业条件准备。

a.屋面保温层、防水层或保护层均已完工,并已通过质量验收。

b.屋面管道、设备等均已安装完毕。

(2)施工工艺

①施工工艺流程。

施工工艺流程:清理基层→弹线分格→砌筑砖墩→坐砌隔热板→养护→表面勾缝→质量验收。

②施工要点。

a.清理基层:将屋面的杂物、灰浆清理干净。

b.弹线分格:屋面隔热板应按设计要求设置分格缝。分格缝可按照防水保护层的分格为原则进行分格。

c.砌筑砖墩:屋面防水层如无刚性保护层,则应在砖墩下增铺一层卷材或油毡,以大于砖墩周边 150mm 为宜。

d.坐砌隔热板:坐砌隔热板时宜横向拉线、纵向用靠尺控制板缝,使其横平竖直;砌筑时应坐浆饱满,宜用 M2.5 水泥砂浆砌筑,并砌平、粘牢。

e.养护:隔热板坐浆完毕,需进行 1~2 天的湿养护,待砂浆强度达到上人要求时,可进行隔热板勾缝。

f.表面勾缝:隔热板表面缝隙宜用配合比 1:2 的水泥砂浆填塞。勾缝水泥砂浆要调好稠度,随勾缝随拌料。勾缝要填实、塞满,勾缝砂浆表面要反复压光。勾缝后要对缝进行湿养护 1~2 天。

工程实例分析

【工程实例】　龙潭路住宅小区高层住宅,地下 1 层,地上 26 层,建筑面积 31000m²,建筑高度 82.9m,保温面积 16800m²。钢筋混凝土剪力墙结构,建筑形体近似两个倒立的"凸"字形拼成,该工程从 +0.000 至屋顶采用混凝土外墙外保温施工工艺施工,该工程主体验收,评定等级为优良。外墙抹灰无大面积空鼓,无通长裂缝,评定等级为优良。请分析该工程采用的 EPS 板薄抹灰外墙外保温系统的施工方案。

外墙保温施工案例

巩固练习

一、单项选择题

1.关于外墙外保温技术应用范围,下列说法不正确的是(　　)。

A.可用于既有建筑　　　　　　　　B.仅能用于新建建筑

C.可用于低层、中层和高层　　　　D.适用于钢结构建筑

2.外墙外保温系统中,属于薄抹灰保温系统的是(　　)。

A.膨胀聚苯板(EPS板)薄抹灰外墙外保温系统

B.挤塑聚苯板(XPS板)外墙外保温系统

C.ZL胶粉聚苯颗粒外墙外保温系统

D.钢丝网架聚苯板现浇混凝土外墙外保温系统

3.聚苯板薄抹灰外墙外保温墙体黏结层主要承受(　　)。

A.拉(或压)荷载和剪切荷载　　　　B.拉(或压)荷载

C.剪切荷载　　　　　　　　　　　　D.剪切荷载和集中荷载

4.聚苯板薄抹灰外墙外保温墙体,在(　　)应采用机械锚固件辅助连接。

A.建筑的全部位置　　　　　　　　B.受风压较大部位

C.保温板接缝处　　　　　　　　　D.高度2m以下的保温层

5.采用面砖作为饰面层时,耐碱玻璃纤维网格布应(　　)。

A.采用双层耐碱玻璃纤维网格布　　B.搭接处局部加强

C.采用机械锚固　　　　　　　　　D.改为镀锌钢丝网,并采用锚固件固定。

6.聚苯板外墙外保温工程中,在墙面和墙体拐角处,聚苯板应交错互锁,转角部位(　　)。

A.板宽不能小于200mm

B.采用机械锚固辅助连接

C.耐碱玻璃网格布加强

D.板宽不宜小于200mm,并采用机械锚固辅助连接

7.聚苯颗粒保温浆料抹灰施工,是采用(　　)。

A.一次抹灰

B.二次抹灰

C.分层抹灰,并在前一道施工完24h以内实施

D.分层抹灰,并在前一道施工完24h以后实施

8.钢丝网架板现浇混凝土外墙外保温工程是以现浇混凝土为基层墙体,采用腹丝穿透型钢丝网架聚苯板作为保温隔热材料,聚苯板单面钢丝网架板置于(　　)。

A.外墙外模板内侧

B.外墙外模板内侧,并以$\phi6$锚筋钩紧钢丝网片作为辅助固定

C.外墙内模板内侧

D.外墙外模板外侧

9. 钢丝网架板现浇混凝土外墙外保温工程,在每层层间应当设水平抗裂分隔缝,聚苯板面的钢丝网片在楼层分层处应(　　　　)。

A. 不断开　　　　　　　　　　　B. 加强处理

C. 断开,不得相连　　　　　　　D. 没有规定

10. 聚苯板现浇混凝土外墙外保温系统(无网现浇系统)的主要特点在于(　　　　)。

A. 不采用任何网布　　　　　　　B. 设有腹丝穿透型钢丝网架

C. 聚苯板内侧设有矩形凹槽　　　D. 采用耐碱玻纤网格布

二、多项选择题

1. 为提高保温板与基层墙体在黏结上的可靠性,有下列情况之一时,应采用机械锚固件辅助连接的是(　　　　)。

A. 中高层建筑的 20m 高度以上部分

B. 用挤塑聚苯或矿棉板作外保温层材料时

C. 基层墙体的表面材料可能影响粘贴性能时

D. 工程设计要求采用

E. 有时对于高度 2m 以下的保温层也应采用辅助锚固,以防止机械性破坏

2. 聚苯板在种类上有(　　　　)。

A. 胶粉聚苯板　　　　　　　　　B. 挤塑聚苯板(XPS 板)

C. 膨胀聚苯板(EPS 板)　　　　　D. 钢丝网架聚苯板

3. 聚氨酯硬泡体防水保温材料适用于(　　　　)。

A. 混凝土结构屋面　　　　　　　B. 金属结构的屋面

C. 木质结构的屋面　　　　　　　D. 木质结构的墙体

4. 屋面保温隔热系统的保温隔热构造包括(　　　　)。

A. 非上人屋面　　　　　　　　　B. 上人屋面

C. 倒置式屋面　　　　　　　　　D. 坡屋面

三、判断题

1. 聚苯板由建筑物的外墙勒角部位开始黏结。上、下板排列互相错缝,严禁上下通缝;上、下板间竖向接缝应为垂直交错连接,以保证转角处板材安装垂直度。　　　　　　(　　)

2. 钢丝网架聚苯板现浇混凝土外墙外保温属于薄抹灰面层。　　　　　　　　(　　)

3. 衡量门窗节能效果的主要是门窗的保温和隔热功能。　　　　　　　　　　(　　)

4. 门窗安装要注意避免高层门窗抗风性能过剩,低层门窗抗风性能不足。　　(　　)

5. 胶粉聚苯颗粒外墙外保温工程采用胶粉聚苯颗粒保温砂浆作为保温隔热材料,抹在基层墙体表面,保温砂浆的防护层为嵌埋有耐碱玻璃纤维网格布增强型的聚合物抗裂砂浆,属于薄抹灰面层。　　　　　　　　　　　　　　　　　　　　　　　　　　(　　)

第8章　防水工程施工

 学习目标

　　了解地下防水工程,根据防水等级,了解地下防水等级的划分,熟悉地下防水的特点,掌握卷材防水层施工工艺。了解屋面防水工程,包括卷材防水屋面、涂膜防水屋面、刚性防水屋面、屋面防水工程的质量检验以及防治渗漏与堵漏的方法,熟悉卷材、涂膜、刚性防水屋面工程施工工艺,掌握常用屋面防水工程质量检验方法。熟悉室内防水基本构造,掌握室内防水工程施工工艺。了解室外防水构造,掌握室外防水施工工艺。

　　防水是建筑产品的一项重要功能,是关系到建筑物、构筑物的寿命,而且直接影响到人们使用环境及卫生条件的一项重要内容。

　　建筑工程的防水,按其构造方法可分为结构构件自身防水和防水层防水(材料防水)两大类;按其材料的不同分为柔性防水和刚性防水;按照建筑工程部位的不同,又可分为地下防水、屋面防水、室内防水和外墙防水等。

8.1　地下防水工程施工

　　地下工程埋在地下或水下,长期处于潮湿的环境或水中,为了使处于地下的这些建筑产品能够正常地发挥安全、耐久和正常使用等功能,就要针对它们的施工选择合适的防水方案和采取有效的防水措施。根据防水等级,地下工程防水分为4级,详见表8-1。

8.1.1　地下防水方案

　　地下工程的防水方案应根据使用要求、自然环境条件及结构形式等因素确定。对于所处环境仅有滞水层且防水要求较高的工程,应尽量采用"以防为主,防排结合"的防水方案;对于有较好的排水条件且工程所处的环境含水量较大时,应优先考虑"排水"方案。

表 8-1　地下工程防水等级

防水等级	防水要求
1 级	不允许渗水,结构表面无湿渍
2 级	不允许渗水,结构表面允许有少量湿渍 (1)工业与民用建筑:湿渍总面积不大于总防水面积的 1‰,单个湿渍面积不大于 0.1㎡,任意 100㎡的防水面积上的湿渍不超过 1 处; (2)其他地下工程:湿渍总面积不大于防水总面积的 6‰,单个湿渍面积不大于 0.2㎡,任意 100㎡的防水面积上的湿渍不超过 4 处
3 级	有少量漏水点,不得有线流和漏泥砂。单个湿渍面积不大于 0.3㎡,单个漏水点的漏水量不大于 2.5L/d,任意 100㎡防水面积上的漏水或湿渍点数不超过 7 处
4 级	有漏水点,不得有线流和漏泥砂。整个工程平均漏水量不大于 2L/(㎡·d),任意 100㎡防水面积的平均漏水量不大于 4L/(㎡·d)

　　目前采用较多的地下防水施工方法有混凝土结构自防水和附加层防水,防水构造材料做法如表 8-2 所示。

表 8-2　防水构造材料做法

名　称	构造做法	材料做法	材　料
地下防水构造	防水混凝土结构	普通防水混凝土	
		外加剂防水混凝土	
		外加剂渗透结晶防水混凝土	
	附加防水层	卷材防水层	改性沥青类, 橡胶类三元乙丙、三元丁, 塑料类聚氯乙烯等, 橡塑共混类
		涂膜防水层	橡胶类、树脂类、改性沥青类、聚合物水泥类
		防水砂浆抹面	防水剂防水砂浆, 膨胀剂防水砂浆

1. 地下防水施工特点

(1)质量要求高

　　地下防水构造长期处于动水压力和静水压力的作用下,而由于大多数工程不允许渗水甚至不允许出现湿渍,因此要在材料选择与检验、基层处理、防水施工、细部处理及检查、成品保护等各个环节精心组织,严格把关。

（2）施工条件差

由于地下工程长期处于露天、潮湿或水中，往往受到地下水、地面水及气候变化的影响，因此在施工期间应认真做好降水、排水、截水工作，保证边坡稳定，并选择好天气尽快施工。

（3）材料品种多，质量、性能差异大

防水材料的品种较多，性能差异大，即便是同种材料，由不同厂家生产出来，其质量和性能也会有较大差异。因此，所用的防水材料除应有相应的质量证明外，还需要抽样复检。

（4）成品保护难

地下防水层的施工往往伴随着整个地下工程，而防水层的材料在施工中容易被损坏，因此在整个施工过程中要注意保护，以确保防水效果。

（5）薄弱部位较多

薄弱部位如结构变形缝、混凝土施工缝、后浇缝、预留孔等。

2. 地下防水施工应遵循的原则

（1）防水层应做到接缝严密，形成封闭的整体。

（2）消除所留空洞造成的渗漏。

（3）杜绝防水层对水的吸附和毛细渗透。

（4）防止因不均匀沉降而拉裂防水层。

（5）防水层须做至可能渗透范围之外。

8.1.2 防水混凝土施工

1. 防水混凝土分类

防水混凝土是以自身壁厚及其憎水性和密实性来达到防水目的的，按其类型可分为普通防水混凝土和外加剂防水混凝土两大类。

（1）普通防水混凝土

普通防水混凝土的防水原理：通过采用较小的水灰比，适当增加水泥用量和砂率，提高灰砂比，采用较小粒径的骨料，严格控制施工质量等措施，从材料和施工两方面抑制和减少混凝土内部孔隙的形成，降低孔隙率，改变孔隙特征，特别是抑制孔隙间的连通，堵塞渗透水通路，从而使之不依赖其他附加防水措施，仅依靠提高混凝土本身的密实性和抗渗性来达到防水的目的。

（2）外加剂防水混凝土

外加剂防水混凝土是在混凝土中加入定量的有机物或无机物外加剂，以改善混凝土的性能和结构组成，提高混凝土的密实性和抗渗性，从而达到防水的目的。常用的外加剂有防水剂、引气剂、减水剂及膨胀剂。

常用防水混凝土的特点及适用范围如表8-3所示。

表 8-3　常用防水混凝土的特点及适用范围

种　类		最高抗渗压力/MPa	特　点	适用范围
普通防水混凝土		＞3.0	施工简单,材料来源广	适用于一般工业、民用建筑及公共建筑的地下防水工程
外加剂防水混凝土	引气剂防水混凝土	＞2.2	抗冻性好	适用于北方高寒地区抗冻性要求较高的防水工程
	减水剂防水混凝土	＞3.3	拌和物流动性好	适用于钢筋密集或捣固困难的薄壁型防水构筑物,也适用于对混凝土凝结时间和流动性有特殊要求的防水工程
	三乙醇胺密实剂防水混凝土	＞3.8	早期强度高,抗渗等级高	适用于工期紧迫,要求早强及抗渗性较高的防水工程及一般的防水工程
	氯化铁防水剂防水混凝土	＞3.8	价格低,耐久性好,抗腐蚀	适用于水中结构无筋、少筋厚大防水混凝土工程、一般地下防水工程及砂浆修补抹面工程,在薄壁结构上不宜使用
	膨胀剂防水混凝土	＞3.8	密实性好,抗裂性好	适用于地下工程和地上防水构筑物、山洞、非金属油罐和主要工程的后浇带

2. 防水混凝土对材料要求

防水混凝土在选择材料时应达到一定要求,其中水泥品种应按设计要求进行选用,其强度等级不低于 32.5 且每立方米质量不小于 320kg;砂宜采用中砂;水为不含有害物质的洁净水。考虑到实验室与实际施工的差别,应比设计要求的抗渗标号提高 0.2MPa 来选定配合比,含水率宜为 35%～40%,灰砂比应为 1∶2～1∶2.5,水灰比不大于 0.6,坍落度不大于 5cm。

3. 防水薄弱部位处理

(1)结构变形缝

地下工程变形缝的设置应满足密封防水、适应变形、施工方便、容易检查等要求。变形缝的构造形式及做法如下:

①埋入式止水带的变形缝构造如图 8-1 所示。止水带的安放位置要正确,即止水带的

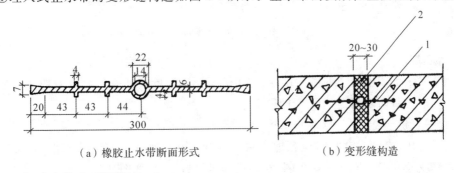

（a）橡胶止水带断面形式　　　　　　　（b）变形缝构造

1—止水带;2—聚苯板

图 8-1　埋入式止水带的构造(单位:mm)

中心圆环对准变形缝中央,转弯处应做成直径不小于150mm的圆角,接头应在水压最小处且平直处。现场拼接时应采取焊接方式,不得叠接。安装完成后必须做好固定。

②可卸式止水带变形缝。在进行可卸式止水带变形缝施工时,止水带打孔要按预埋螺栓实际间距进行(一般间距为200mm),其孔径略小于螺栓直径。铺设止水带时,在角钢与止水带间用油膏找平,将止水带按预定位置穿过螺栓,铺贴严实,再在其上安装扁压钢条。可卸式止水带如图8-2所示。

图 8-2　可卸式止水带

(2)混凝土施工缝

防水混凝土应尽量连续浇筑,少留施工缝。其构造如图8-3所示。

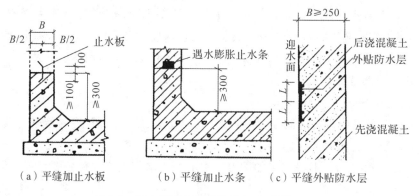

(a)平缝加止水板　　　(b)平缝加止水条　　(c)平缝外贴防水层

图 8-3　防水混凝土平缝处理方法(单位:mm)

(3)后浇带

后浇带是大面积混凝土的刚性接缝,适用于不允许设置柔性变形缝且后期变化趋于稳定的结构。后浇带防水构造如图8-4所示。

(4)穿墙管道

在管道防水混凝土结构处,应预埋止水环的管道。止水环应与套管满焊,并做好防腐处理。管套安装完毕后嵌入内衬填料,端部用密封材料填充,如图8-5所示。

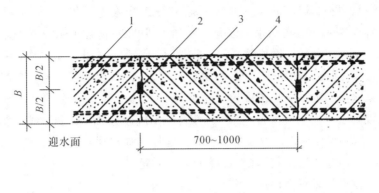

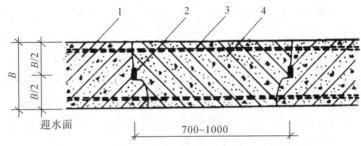

1—先浇混凝土;2—遇水膨胀止水条;3—结构主筋;4—后浇补偿收缩混凝土

图 8-4　后浇带防水构造(单位:mm)

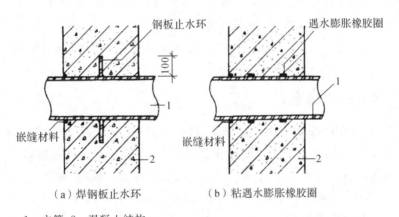

（a）焊钢板止水环　　　　（b）粘遇水膨胀橡胶圈

1—主管;2—混凝土结构

图 8-5　固定式穿墙管的防水构造(单位:mm)

(5)预埋件

防水混凝土的所有预埋件、预留孔均应事先埋设准确,严禁浇筑后剔槽打洞。

4. 防水混凝土施工

(1)防水混凝土施工工艺流程:作业准备→混凝土搅拌→运输→混凝土浇筑→养护。

地下室防水
混凝土施工

（2）混凝土搅拌投料顺序：石子→砂→水泥→UEA 膨胀剂→水。

投料先干拌 0.5～1min 再加水。水分三次加入，加水后搅拌 1～2min（比普通混凝土搅拌时间延长 0.5min）。混凝土搅拌前必须严格按试验室配合比通知单操作，不得擅自修改。散装水泥、砂、石车车过磅，在雨季，砂必须每天测定含水率，调整用水量。现场搅拌坍落度控制 6～8cm，泵送商品混凝土坍落度控制在 14～16cm。

（3）运输：混凝土运输供应保持连续均衡，间隔不应超过 1.5h，夏季或运距较远可适当掺入缓凝剂，一般以掺入 2.5‰～3‰木钙为宜。运输后如出现离析，浇筑前进行二次拌和。

（4）混凝土浇筑：应连续浇筑，宜不留或少留施工缝。

①底板一般按设计要求不留施工缝或留在后浇带上。

②墙体水平施工缝留在高出底板表面不少于 200mm 的墙体上，墙体如有孔洞，施工缝距孔洞边缘不宜少于 300mm，施工缝形式宜用凸缝（墙厚大于 30cm）或阶梯缝、平直缝加金属止水片（墙厚小于 30cm）。垂直施工缝宜做企口缝并用遇水膨胀止水条处理。

③在施工缝上浇筑混凝土前，应将混凝土表面凿毛，清除杂物，冲净并湿润，再铺一层 2～3cm 厚水泥砂浆或同一配合比的减石子混凝土（即原配合比去掉石子）。浇筑第一步其高度为 40cm，以后每步浇筑 50～60cm，严格按施工方案规定的顺序浇筑。混凝土自高处自由倾落不应大于 2m，如高度超过 3m，要用串筒、溜槽下落。

④应用机械振捣，以保证混凝土密实，振捣时间一般以 10s 为宜，不应漏振或过振，振捣延续时间应使混凝土表面浮浆，无气泡，不下沉为止。铺灰和振捣应选择对称位置开始，防止模板走动，结构断面较小、钢筋密集的部位严格按分层浇筑和分层振捣的要求操作，浇筑到最上层表面，必须用木抹子找平，使表面密实平整。

（5）养护：常温（20～25℃）浇筑后 6～10h 苫盖浇水养护，要保持混凝土表面湿润，养护不少于 14 天。

8.1.3　卷材防水层施工

卷材防水层是利用沥青交接材料粘贴卷材而成的一种防水层，属于柔性防水层。它具有良好的韧性和延伸性，能适应一定的结构振动和微小变形，对酸碱盐溶液具有良好的耐腐性。其缺点是沥青卷材吸水率大，耐久性差，机械强度低，直接影响防水层质量，而且材料成本高，施工工序多，操作条件差，工期较长，发生渗漏后修补困难。

1. 卷材及胶结材料的选择

（1）卷材的选择

卷材的品种及层数根据设计要求和工程的实际情况而定。对地下防水使用卷材的要求是：机械强度大，延伸率大，具有良好的韧性和不透水性，膨胀率小且具有良好的耐腐蚀性。一般采用沥青矿棉纸油毡、沥青玻璃布油毡、沥青石棉纸油毡、无胎油毡等。

（2）胶结材料的选择

铺贴石油沥青卷材时必须使用石油沥青胶结材料，不得使用焦油沥青胶结材料。沥青胶结材料的软化点应比基层及防水层周围介质的最高温度高出 20～25℃，软化点最低不应低于 40℃。

2. 卷材的铺贴方案

地下工程中将设置在建筑结构外侧的卷材防水层称为外防水。它与将卷材防水层设在结构内侧的内防水相比较,具有以下优点:外防水层在外面,受压力水的作用紧压在结构上,防水效果好;内防水层在背面,渗漏压力水的作用局部脱开;外防水造成的渗漏机会比内防水少。外防水有两种施工方法,即外防外贴法和外防内贴法。

(1)外防外贴法

外防外贴法是将立面卷材防水层直接铺设在需防水的结构外墙表面。其施工顺序是:首先浇筑需防水结构的地面混凝土垫层;在垫层上砌筑永久性保护墙,墙下干铺一层油毡,墙高不小于结构底板厚度,另加200~500mm;在永久性保护墙上用石灰砂浆砌筑临时性保护墙,墙高为150mm×(油毡层数+1);在永久性保护墙和垫层上抹配合比1∶3的水泥砂浆找平层,在临时保护墙上用石灰砂浆找平;待找平层基本干燥后,即在上面满涂冷底子油,然后分层铺贴立面和平面卷材防水层,并将顶端临时固定。在铺贴好的卷材表面做好保护层后,再进行需防水结构的地板和墙体施工。在需防水结构的施工完成之后,先将临时固定的接槎部位的各卷材层揭开并清理干净,再在此区段的外墙外表面上补抹水泥砂浆找平层,并在找平层上满涂冷底子油,将卷材分层错槎搭接向上铺贴在结构外墙上,并及时做好防水层的保护结构。外防外贴法如图8-6所示。

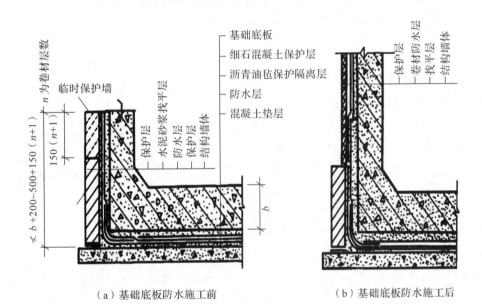

(a)基础底板防水施工前　　　　　(b)基础底板防水施工后

图8-6 基础的外防外贴法示意图(单位:mm)

(2)外防内贴法

外防内贴是浇筑混凝土垫层后,在垫层上将永久保护墙全部砌好,将卷材防水层铺贴在永久保护墙和垫层上的方法,如图8-7所示。其施工顺序是先在垫层上砌筑永久性保护墙,然后在垫层及保护墙上抹配合比1∶3的水泥砂浆找平层,待其基本干燥后满涂冷底子油,沿保护墙与垫层铺贴防水层。卷材防水层铺贴完成后,在立面防水层上涂刷最后一层沥青胶时,趁热粘上干净的热砂或散麻丝,待冷却后,随即抹一层 10～20mm 厚的配合比 1∶3水泥砂浆保护层。在平面上可铺设一层 30～50mm 厚的配合比 1∶3 水泥砂浆或细石混凝土保护层。最后进行需防水结构的施工。

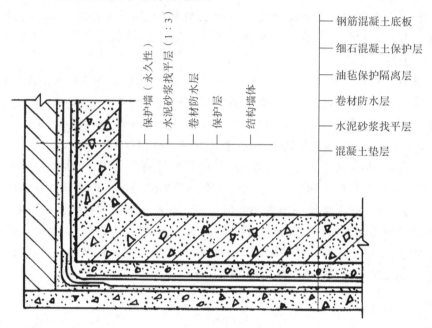

图 8-7　基础的外防内贴法

3. 卷材防水层施工(以 SBS 防水卷材为例)

(1)地下室底板防水层施工

底板部位铺贴于混凝土垫层上的 SBS 卷材一般大面采用空铺法施工,仅在基坑内及周边 600mm 范围、结构转角处周边 600mm 范围、后浇带及周边 600mm 范围、卷材导墙立面及平面 600mm 范围的部位涂刷基层处理剂,在此细部范围内卷材与基层之间采用热熔满粘。

地下室防水
混凝土施工

注:底板混凝土垫层部位大面卷材采用空铺工艺——防水卷材大面空铺于混凝土垫层上,仅在周边及形状有变化需要定型的部位采用黏结处理。由于底板混凝土垫层并非建筑结构,混凝土垫层的变形裂缝会引起裂缝反射拉伤紧密黏结的防水层,且防水层的下表面为迎水面,深度热熔也会伤及防水卷材的涂盖层,因此空铺更符合系统自由延伸变形要求。且根据 2021 年住建部限制或禁止的施工工艺要求中,限制在地下室等空气不流通的地方使用明火热熔工艺,故部分地区使用 SBS 卷材专用热风枪替代喷灯进行热熔施工。

①工艺流程:基层处理→阴阳角、细部节点等部位涂刷基层处理剂→细部节点附加层施工→附加层验收→弹线→空铺第一层 SBS 卷材→第一层验收→第二层 SBS 卷材完全热熔→检查验收 SBS 卷材→成品保护。

②卷材的铺贴及搭接

卷材长边搭接宽度为 100mm,短边搭接宽度为 100mm,搭接带要完全热熔形成密合、以自然溢出熔融沥青油为准,大面卷材短边错开不少于1.5m,如图8-8所示。

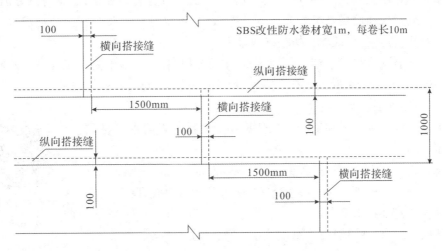

图 8-8　卷材铺贴平面(单位:mm)

　　为了充分保证施工质量,现场预制时,应严格按照图纸尺寸放样、裁剪、热合,并进行严格的质量检测。其优点是能保证防水系统质量,缩短工期。

　　③操作要点及技术要求:

　　a. 基层处理:将基层清扫干净,基层应平整、清洁含水率小于 9%
(干燥程度的简易检测方法:将 1㎡ 卷材平坦地干铺在找平层上,静置
3~4h 后掀开检查,找平层覆盖部位与卷材上未见水印)。

地下室底板卷材
防水施工

　　b. 涂刷基层处理剂:将专用基层处理剂涂刷在已处理好的基层表
面(仅在基坑内及周边 600mm 范围、结构转角处周边 600mm 范围、后
浇带及周边 600mm 范围、卷材导墙立面及平面 600mm 范围的部位涂刷基层处理剂),并且
要涂刷均匀,不得漏刷或露底。基层处理剂涂刷完毕,达到干燥程度(一般以不黏手为准)
方可施行附加卷材的热熔施工。

　　c. 一般细部附加处理:附加层卷材结合现场实际的结构转角、三面阴阳角等部位进行附
加层裁制,平立面平均展开。方法是先按细部形状将卷材剪好,在细部贴一下,视尺寸、形
状合适后,再将卷材的底面用火焰加热器烘烤,待其底面呈熔融状态,即可立即粘贴在已涂
刷一道基层处理剂的基层上,附加层要求无空鼓,并压实铺牢。

　　d. 弹线空铺施工 SBS 卷材:在已处理好的基层表面,按照所选卷材的宽度,留出搭接缝
尺寸(长边 100mm,短边为 100mm),将铺贴卷材的基准线弹好,按此基准线进行卷材铺贴
施工。铺贴后卷材应平整、顺直,搭接尺寸正确,不得扭曲。

　　e. 接缝处理:用热风枪充分烘烤搭接边上层卷材底面和下层卷材上表面涂盖层,必须保
证搭接处卷材间的密实熔合,且有熔融沥青从边端挤出,形成匀质沥青条,达到封闭接缝口
的目的。

　　f. 检查验收 SBS 卷材:铺贴时边铺边检查,检查时用螺丝刀检查接口,发现熔焊不实之
处及时修补,不得留任何隐患,现场施工员、质检员必须跟班检查,上下层卷材长边错开

1/3～1/2幅宽卷材,短边错开不少于1.5m,检查合格后方可进入下一道工序施工。

g. 用热风枪距离卷材350mm左右往返均匀加热,并保持匀速推滚,不得过分加热或烧穿卷材。至卷材底面胶层呈黑色光泽并伴有微泡(不得过热),及时推滚卷材进行粘铺,后随一人施行排气压实,保证卷材搭接缝热熔密实。

h. 分工序自检合格后报请总包、监理及建设方按照国标《地下防水工程质量验收规范》(GB 50208—2011)验收,验收合格后方可进入下一道工序施工。

(2)地下室外墙防水层施工

地下室外墙防水层采用 SBSⅡPYPE3mm 改性沥青防水卷材,热熔法施工。

地下室外墙
防水施工

①工艺流程:基层处理→涂刷基层处理剂→卷材附加层→弹线→2层SBS卷材热熔铺贴→验收 SBS→收头处理→防水层验收→成品保护。

②操作要点及技术要求:

a. 基层处理:将基层清扫干净,基层应平整、清洁、干燥。

b. 涂刷基层处理剂:用长柄滚刷将基层处理剂涂刷在已处理好的基层表面,并且要涂刷均匀,不得漏刷或露底。基层处理剂涂刷完毕,达到干燥程度(一般以不黏手为准)方可施行热熔施工。

c. 一般细部附加增强处理:用附加层卷材两面转角、三面阴阳角等部位进行附加增强处理,平立面平均展开。方法是先按细部形状将卷材剪好,在细部贴一下,视尺寸、形状合适后,再将卷材的底面用火焰加热器烘烤,待其底面呈熔融状态,即可立即粘贴在已涂刷一道基层处理剂的基层上,附加层要求无空鼓,并压实铺牢。

d. 弹线:在已涂刷好的基层表面,按搭接缝尺寸(长边100mm,短边为100mm),将铺贴卷材的基准线弹好,以便按此基准线进行卷材铺贴施工。

e. 卷材:由下往上推滚卷材进行熔粘铺贴,将起始端卷材粘牢后,持热风枪对着待铺的整卷卷材,使喷嘴距卷材及基层加热处0.3～0.5m施行往复移动烘烤(不得在一处停留过长,否则易产生胎基外露或胎体与改性沥青基料瞬间分离),应加热均匀,不得过分加热或烧穿卷材,至卷材底面胶层呈黑色光泽并伴有微泡,及时推滚卷材进行粘铺,后随一人施行排气压实工序。

f. 接缝处理:用热熔法充分烘烤搭接边上卷材底面,必须保证搭接处卷材间的沥青密实熔合,且有熔融沥青从边端挤出,形成匀质沥青条。

g. 检查验收:铺贴时边铺边检查,检查时用螺丝刀检查接口,发现熔焊不实之处及时修补,不得留任何隐患,现场施工员、质检员必须跟班检查,检查合格后方可进入下一道工序施工,特别要注意平立面交接处、转角处、阴阳角部位的做法是否正确。

h. 待自检合格后报请监理及建设方按照《地下防水工程质量验收规范》(GB 50208—2011)进行验收,验收合格后及时进行保护层的施工。

(3)地下室顶板防水层施工

地下室顶板防水层采用 SBSⅡPYPE3mm,热熔法施工。

①工艺流程:基层处理→阴阳角、细部节点等部位涂刷基层处理剂→细部节点附加层

施工→附加层验收→弹线→第一层 SBS 卷材热熔施工→检查验收→第二层防根刺卷材热熔施工→检查验收 SBS 卷材→成品保护。

②卷材的铺贴及搭接：卷材长边搭接宽度为 100mm，短边搭接宽度为 100mm，搭接带要完全热熔形成密合、以自然溢出熔融沥青油为准。

③操作要点及技术要求：

a. 基层处理：将基层清扫干净，基层应平整、清洁。

b. 涂刷基层处理剂：将专用基层处理剂涂刷在已处理好的基层表面，并且要涂刷均匀，不得漏刷或露底。基层处理剂涂刷完毕，达到干燥程度（一般以不粘手为准）方可施行附加卷材的热熔施工。

c. 一般细部附加处理：附加层卷材结合现场实际的结构转角、三面阴阳角等部位进行附加层裁制，平立面平均展开。方法是先按细部形状将卷材剪好，在细部贴一下，视尺寸、形状合适后，再将卷材的底面用喷灯烘烤，待其底面呈熔融状态，即可立即粘贴在已涂刷一道基层处理剂的基层上，附加层要求无空鼓，并压实铺牢。

d. 施工 SBS 卷材：在已处理好的基层表面，按基准线进行卷材热熔铺贴施工。铺贴后卷材应平整、顺直，搭接尺寸正确，不得扭曲。

e. 接缝处理：用热风枪充分烘烤搭接边上层卷材底面和下层卷材上表面涂盖层，必须保证搭接处卷材间的密实熔合，且有熔融沥青从边端挤出，形成匀质沥青条，达到封闭接缝口的目的。

f. 检查验收 SBS 卷材：铺贴时边铺边检查，检查时用螺丝刀检查接口，发现熔焊不实之处及时修补，不得留任何隐患，现场施工员、质检员必须跟班检查，上下层卷材长边错开 1/3～1/2 幅宽卷材，短边错开不少于 1.5m，检查合格后方可进入下一道工序施工。

GB 50108—2008
地下工程防水
技术规范

g. 用热风枪距离卷材 350mm 左右往返均匀加热，并保持匀速推滚，不得过分加热或烧穿卷材。至卷材底面胶层呈黑色光泽并伴有微泡（不得过热），及时推滚卷材进行粘铺，后随一人施行排气压实，保证卷材搭接缝热熔密实。

h. 分工序自检合格后报请总包、监理及建设方按照国标《地下防水工程质量验收规范》（GB 50208—2011）验收，验收合格后方可进入下一道工序施工。

GB 50208—2011
地下防水工程
质量验收规范

 小贴士

　　建筑的施工过程与使用过程中总少不了与水打交道，如何处理好建筑物与水的关系，是建筑工程师们的必修课。因为水直接或间接地给施工方、开发商、消费者造成不便与损失的情况层出不穷。下面这个案例，请同学根据目前的《地下工程防水技术规范》（GB 50108—2008）进行分析，哪里出了问题？

某在售小区1♯、2♯别墅分别建有一层地下室,地下埋深约3米,用于居住、会客等。开挖地基时发现开挖土含水量较低,无明水。开发商据此认为该地下室发生渗漏风险较小,故将地下室防水设计成:底板采用抗渗等级为S6的钢筋混凝土自防水,结构墙体为黏土砖,外贴一层SBS改性沥青防水卷材。地下室建成后,穿墙管周围和墙体均出现严重的渗漏,水通过墙体上的毛细孔、穿墙管和墙体之间的缝隙以"水流"的形式进入地下室。为治理渗漏,开发商曾用水泥基渗透结晶型防水涂料在室内结构墙体找平层上涂刷,涂刷后的一年内渗漏减轻。一年后,汛期突降暴雨,恰遇地下排水管网发生堵塞,地下室出现了严重的渗漏,室内地面出现积水。由于渗漏问题一直未能解决,这两栋别墅一直未能出售,同时由于这两栋别墅的问题,部分其他别墅业主也与开放商存在退房纠纷。

通过对案例的研究分析,存在的问题应集中在"水源认知""防水等级及设防设计""防水结构设计""穿墙管节点""维修不规范"方面。根据规范要求,结合实际情况进行整改才是解决问题的根本路径。防水工程只是整个建筑施工过程中的一个细节工程,它不像结构工程为人们熟知,也不像装饰工程那么直观,但恰恰是直接决定建筑寿命的重要因素之一。细节决定成败,现所推崇的"工匠精神"正是这一种对细节的孜孜不倦、精益求精的直接体现。建筑的防水需要工程师们慎重以待,而人生的"防水"更需要做到石庆数马。

8.2　屋面防水工程施工

8.2.1　屋面防水等级与材料

屋面防水工程采用的防水材料耐候性、耐温度、耐外力的性能尤为重要。因为屋面防水层,尤其是不设保温层的外露防水层长期经受着风吹、雨淋、日晒、雪冻等恶劣的自然环境侵袭与基层结构变形的影响。根据建筑物性质、重要程度、使用功能要求及防水层合理使用年限进行分级,根据不同级别,所用材料也有差异,详见表8-4。

表8-4　屋面防水等级

项　目	屋面防水等级			
	Ⅰ	Ⅱ	Ⅲ	Ⅳ
建筑物类别	特别重要的民用建筑和对防水有特殊要求的工业建筑	重要的工业与民用建筑、高层建筑	一般的民用建筑,如住宅、办公楼、学校、旅馆;一般工业建筑、仓库等	非永久性的建筑,如简易宿舍、简易车间等
防水耐用年限	25年	15年	10年	5年

项　目	屋面防水等级			
	Ⅰ	Ⅱ	Ⅲ	Ⅳ
选用材料	宜选用合成高分子防水卷材、高聚物改性沥青防水卷材、合成高分子防水涂料、细石防水混凝土等材料。	宜选用高聚物改性沥青防水卷材、合成高分子防水卷材、金属板材、合成高分子防水涂料、高聚物改性沥青防水涂料、细石混凝土、平瓦、油毡瓦等材料	宜选用三毡四油沥青防水卷材、高聚物改性沥青防水卷材、合成高分子防水卷材、金属板材、高聚物改性沥青防水涂料、合成高分子防水涂料、细石混凝土、平瓦、油毡瓦等材料	可选用二毡三油沥青防水卷材、高聚物改生沥青防水涂料等材料
设防要求	三道或三道以上防水设防，其中必须有一道合成高分子防水卷材；且必须有一道以上厚的合成高分子涂膜	二道防水设防，其中必须有一道卷材，也可以采用压型钢板进行一道设防	一道防水设防，或两种防水材料复合使用	一道防水设防

　　根据屋面防水选用材料的不同,可分为柔性防水材料(卷材防水、涂膜防水)、刚性防水屋面(细石混凝土防水层)及其他防水屋面等。

8.2.2　卷材防水施工

　　将沥青类或高分子类防水材料浸渍在胎体上,制作成防水材料产品,以卷材形式提供,称为防水卷材。防水卷材是主要用于建筑墙体、屋面以及隧道、公路、垃圾填埋场等处,起到抵御外界雨水、地下水渗漏的一种可卷曲成卷状的柔性建材产品,作为工程基础与建筑物之间无渗漏连接,是整个工程防水的第一道屏障,对整个工程起着至关重要的作用。卷材防水屋面属于柔性防水屋面,它具有自重轻、防水性能较好、能适应一定的振动和变形的优点,但造价比较高,易老化、起鼓,施工工序多,操作条件差,施工周期长,工效低,出现渗漏时修补比较困难等缺点,具体如图 8-9 所示。

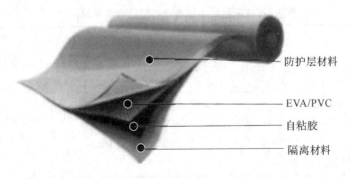

图 8-9　防水卷材

1. 常见防水卷材

根据特点与材料的不同,防水卷材有沥青防水卷材、高聚物改性沥青防水卷材及合成高分子防水卷材。常见的防水卷材的特点及适用范围如表 8-5 至表 8-7 所示。

表 8-5 沥青防水卷材的特点及适用范围

沥青防水卷材名称	特 点	适用范围
石油沥青纸胎油毡	低温时柔性差,防水层耐用年限较短,但价格较低	三毡四油和二毡三油的层铺设的屋面工程
玻璃布沥青油毡	抗拉强度高,胎体不易腐烂,材料柔韧性好,耐久性比纸胎高 1 倍以上	多用于纸胎油毡的增强附加层和突出部位的防水层
玻纤毡沥青油毡	有良好的耐水性、耐腐蚀性和耐久性,柔韧性较好	常用作屋面和地下防水工程
黄麻胎沥青油毡	抗拉强度高,耐水性好,但胎体材料容易腐烂	常用作屋面增强附加层

表 8-6 高聚物改性沥青防水卷材的特点及适用范围

高聚物改性沥青防水卷材名称	特 点	适用范围
SBS 改性沥青防水卷材	耐高温、低温性能较好,卷材的弹性和耐疲劳性较好	单层铺设的屋面防水工程或复合使用,适用于寒冷地区和结构变形频繁的建筑
APP 改性沥青防水卷材	具有良好的强度、延伸性、耐热性、耐紫外线照射及耐老化性	单层铺设,适合于紫外线辐射强烈及炎热地区的屋面使用
PVC 改性沥青防水卷材	有良好的耐热及耐低温性能,最低开卷温度为－18℃	有利于在冬季施工
再生胶改性沥青防水卷材	有一定的延伸性,且低温柔性较好,有一定的防腐蚀能力,价格低廉,属于低档防水卷材	变形较大或要求较低的防水工程

表 8-7 合成高分子防水卷材的特点及适用范围

合成高分子防水卷材名称	特 点	适用范围
三元乙丙橡胶防水卷材	防水性能优异,耐久性、耐臭氧性好,耐化学腐蚀性、弹性和抗拉强度大,对于基层变形开裂适用性强,重量轻,使用温度范围宽,寿命长,但价格高,黏结材料尚需配套完善	防水要求较高,防水年限较长的工业与民用建筑,单层或复合使用

续表

合成高分子防水卷材名称	特　点	适用范围
丁基橡胶防水卷材	有较好的耐候性、耐油性、抗拉强度和延伸率,耐低温性能稍低于三元乙丙防水卷材	单层或复合使用,用于防水要求较高的防水工程
氯化聚乙烯防水卷材	具有良好的耐候性、耐臭氧性、耐热老化、耐油性、耐化学腐蚀及抗撕裂性能	单层或复合使用,宜用于紫外线强的炎热地区防水工程
氯化聚乙烯-橡胶共混方水卷材	不但具有聚氯乙烯特有的高强度和优异的耐臭氧性、耐老化性能,而且具有橡胶所特有的高弹性、高延伸性及良好的低温柔性	屋面、地下室等的防水、防潮,对防水要求较高的或有阻燃要求的防水工程尤为合适
三元乙丙橡胶-聚氯乙烯共混防水卷材	热塑弹性材料,有良好的耐臭氧性和耐老化性能,使用寿命长,低温柔性好,可在负温条件下施工	建筑屋面,受震动、易变形的建筑工程防水,尤其适用于要求较高的防水工程

2. 卷材防水屋面的构造

卷材防水屋面是用胶黏剂将卷材逐层黏结铺设而成的防水屋面。卷材屋面构造层次如图 8-10 所示。

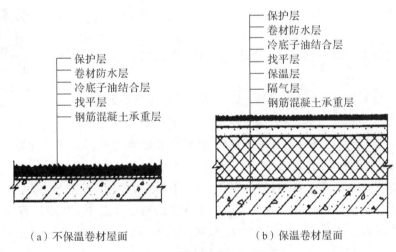

（a）不保温卷材屋面　　　　（b）保温卷材屋面

图 8-10　卷材屋面构造层次

结构层起承重作用;隔气层能阻止室内水蒸气进入保温层,以免影响保温效果;保温层的作用是隔热保温;找平层用以找平保温层或结构层;防水层主要防止雨雪水向屋面渗透;保护层是保护防水层免受外界因素的影响而遭到损坏。其中,隔气层和保温层可设可不设,主要应根据气温条件和使用要求而定。不保温屋面与保温屋面相比,只是没有隔气层和保温层。卷材防水屋面分为保温屋面和不保温屋面,保温卷材屋面一般由结构层、隔气层、保温层、找平层、防水层和保护层组成。

3. 基层处理剂和胶黏剂

为了增强防水材料与基层之间的黏结力,常常在防水层施工之前,先要涂刷基层处理剂。常用的基层处理剂有如下几种。

(1)冷底子油。屋面工程采用的冷底子油是将 10 号或 30 号石油沥青溶解于柴油、汽油、二甲苯等溶剂中而制成的溶液,是一种可涂刷在水泥砂浆、混凝土基层或金属配件的基层处理剂,它可以在基层表面与卷材沥青胶结材料之间形成一层胶质薄膜,以此来提高其胶结性能。

(2)卷材基层处理剂。其用于高聚物改性沥青和合成高分子卷材的基层处理,一般采用合成高分子材料进行改性,基本上由卷材厂家配套供应。

(3)合成高分子卷材胶结剂。其是以合成弹性体为基料,用于高分子防水卷材冷黏接的专用胶黏剂。

4. 卷材防水施工(以 SBS 防水卷材为例)

(1)施工要求:在铺贴卷材前应先进行细部处理(阴阳角、管根等部位),然后用火焰喷灯或喷枪烘烤卷材的地面和基层,使卷材表面的沥青融化,边烘烤,边向前滚卷材,随后用压棍滚压,使其与基层黏结牢固。注意烘烤温度和时间,以使沥青层呈熔融状态。

屋面卷材防水
施工

(2)工艺流程:清理基层→涂刷基层处理剂→铺贴卷材附加层(细部处理)→热熔铺贴大面防水卷材→热熔封边→蓄水试验→保护层施工→质量验收。

(3)操作要点:

①把基层浮浆、杂物清扫干净,要求地面平整无凸凹、干燥、含水量低于 9%。

卷材防水屋面
施工

②涂刷基层处理剂:基层处理剂一般为溶剂型橡胶改性沥青黏剂。将基层处理剂均匀涂刷在基层,要求厚薄均匀,形成一层整体防水层。

③铺贴附加层卷材:基层处理剂干燥后,按设计要求在构造节点部位铺贴附加层卷材,根据工程实际,必要放线时,放线施工。

④热熔铺贴大面防水卷材,将卷材定位后,重新卷好,点燃火焰喷枪(喷灯)烘烤底面与基层的交接处,使卷材底面的沥青熔化,边加热边向前滚动卷材,并用压辊滚压,使卷材与基层黏结牢固,应注意调节火焰的大小和移动速度,以卷材表层刚刚熔化为好(此时沥青的温度在 200～230℃),火焰喷枪与卷材的距离为 0.3m 左右。若火焰太大或距离太近,会烤透卷材,造成黏连打不开卷;若火焰小或距离远,卷材表层熔化不够,与基层黏结不牢。

⑤第一层 SBS 改性沥青防水卷材热熔卷材铺黏完后进行热熔封边,用抹子或开刀将接缝处熔化的沥青抹平压实,要求无翘边、开缝等现象。

⑥第一层 SBS 改性沥青防水卷材铺贴完毕和热熔封边后,开始铺贴第二层 SBS 改性沥青防水卷材(带页岩),技术要求与第一层防水卷材一样。再用聚氨酯防水涂料进行密封。

⑦卷材末端收头处理:用喷枪火焰烘烤末端收头卷材和基层,再用铁抹子自抹压服帖,然后用金属条钉等固定,用密封材料密封。

⑧检查防水层施工质量:

a.卷材铺贴完成后,按要求进行检验。平屋面可采用蓄水试验,蓄水深度为 20mm,蓄水时间不宜少于 24h;坡屋面可采用淋水试验,持续淋水时间不少于 2h,屋面无渗漏和积水、排水系统通畅为合格。

b.细部结构和接点是防水的关键,所以其做法必须符合设计要求和规范的规定。

c.卷材铺贴方法、方向和搭接顺序应符合规定,搭接宽度应正确,卷材与基层、卷材和卷材之间黏结应牢固,接缝缝口、节点部位密封应严密,不得皱折、鼓包、翘边。

小贴士

根据 2021 年 12 月住房和城乡建设部正式发布的《房屋建筑和市政基础设施工程危及生产安全施工工艺、设备和材料淘汰目录(第一批)》的公告,22 项施工工艺、设备和材料在新开项目中被禁止或限制使用。公告明确规定了在地下密闭空间、通风不畅的空间、易燃材料附近的防水工程禁止使用沥青类防水卷材热熔工艺(明火施工)。

住建部公告:新开工项目中禁限 22 项施工工艺、设备和材料

以往施工过程中,在上述条件下,防水施工人员也会尽量避免明火施工。但安全事故为何仍无法杜绝? 所有的事故多少都与一个因素相关,那就是"经验主义"。工程中有一位经验丰富的前辈,施工效率确实可以得到有效的保障,但完全依赖于以往的经验就很容易产生经验主义。事物是动态发展的,每一个项目都会因实际情况而不尽相同,经验的正确用法是"结合现在,参考以往,得出未来",而扎实的理论基础能让经验更加行之有效,脱离理论的经验是"无垠之水",能解决特定情况却不能解决类似情况。因此,只有不断学习,用理论知识武装自己,才能让经验插上科学的翅膀飞得更高、更远。

8.2.3　涂膜防水屋面施工

涂膜防水屋面是在屋面基层上涂刷防水涂料,经固化后形成一层一定厚度和弹性的整体涂膜,从而达到防水目的的一种防水屋面形式。其特点是操作简便,无污染,冷操作,无接缝,能适应复杂基层,温度适应性强,易修补,价格低等,但厚度难以保持均匀。其适用于防水等级为Ⅲ级、Ⅳ级的屋面防水,也可作为Ⅰ级、Ⅱ级屋面多道防水设防中的一道防水层。

1. 涂膜防水材料

(1)沥青基防水涂料。常用的有石灰乳化沥青涂料、膨润土乳化沥青涂料和石棉乳化沥青材料

(2)高聚物改性沥青防水涂料。常用的有氯丁橡胶沥青防水涂料、

涂膜防水屋面施工

SBS 改性沥青防水涂料、PP 改性沥青防水涂料。

（3）合成高分子防水涂料。常用的有聚氨酯防水涂料、有机硅防水涂料、丙烯胶防水涂料。

2. 涂膜防水构造

涂膜防水构造如图 8-11 所示。

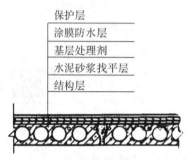

（a）无保温层涂膜屋面

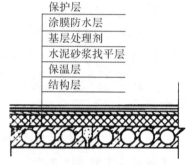

（b）有保温层涂膜屋面

图 8-11   涂膜防水构造

3. 工艺流程

涂膜防水的施工工艺流程：基层表面处理（找平）→喷涂基层处理剂→特殊部位附加增强处理→涂布防水涂料及铺贴胎体增强材料→清理、检查、修整→保护层施工。

4. 涂膜防水施工要点

（1）防水涂膜应分遍涂布。待先涂的涂层干燥成膜后，方可涂布后一遍涂料。

（2）高聚物改性沥青防水涂料，在屋面防水等级为Ⅱ级时涂膜不应小于 3mm；合成高分子防水涂料，在屋面防水等级为Ⅲ级时不应小于 1.5mm。

涂膜防水屋面施工

（3）在板端、板缝、檐口与屋面板交接处，先干铺一层宽度为 150～300mm 的塑料薄膜缓冲层。

（4）需铺设胎体增强材料时，屋面坡度小于 15% 时可平行于屋脊铺设，屋面坡度大于 15% 时应垂直于屋脊铺设；胎体长边搭接宽度不应小于 50mm，短边搭接宽度不应小于 70mm；采用两层胎体增强材料时，上、下层不得相互垂直铺设，搭接缝应错开，其间距不应小于幅宽的 1/3。

（5）涂膜防水层应设置保护层：

①采用块材作为保护层时，应在涂膜与保护层之间设隔离层。

②采用细砂等作为保护层时，应在最后一遍涂料涂刷后随即撒上。

③采用浅色涂料作为保护层时，应在涂膜固化后进行。

8.2.4 刚性防水屋面工程施工

刚性防水屋面是用细石混凝土、块体材料或补偿收缩混凝土等材料做屋面防水层,依靠混凝土密实并采取一定的构造措施,以达到防水目的的屋面。其主要适用于防水等级为Ⅲ级的防水,也可用作Ⅰ、Ⅱ级屋面多道防水中的一道防水层;不适用于震动较大或者坡度大于 15％的屋面。

1. 刚性防水层屋面构造

刚性防水层屋面构造如图 8-12 所示。

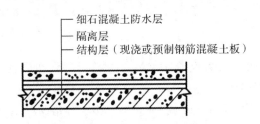

细石混凝土防水层
隔离层
结构层(现浇或预制钢筋混凝土板)

图 8-12 刚性防水层屋面构造

2. 工艺流程

刚性防水层屋面施工工艺流程:基层处理→设分格缝→浇筑细石混凝土→压浆抹光→养护。

3. 细石混凝土屋面施工要点

细石混凝土防水层是刚性防水的一种,多用于结构刚度大、无保温层的装配式或整体式钢筋混凝土屋盖。除细石混凝土屋面外,刚性防水屋面常见的还有补偿收缩混凝土屋面、预应力混凝土屋面、钢纤维混凝土屋面、块体刚性防水屋面等。

刚性防水屋面施工

(1)细石混凝土屋面的构造要求

①对承重基层的要求:装配式结构的屋面板作为防水层的承重基层时,必须有良好的刚度。

②隔离层处理:为了减少结构变形和温度应力对防水层的影响,应在结构层与刚性防水层之间设置一层隔离层,使之不相互黏结。对隔离层的要求是隔离性能好,平整度高。一般采用低强度等级的砂浆、卷材、塑料薄膜等材料作隔离层。

③细石混凝土防水层及分格缝设置

细石混凝土防水层厚度不小于 40mm。为了提高细石混凝土防水层的抗裂性能,内配制直径为 4mm、间距 100～200mm 的双向钢筋网片;或配制双向预应力筋,以抵抗温度应力,防止混凝土防水层开裂。

为了减少因温差、荷载和振动等变形造成的防水层开裂,防水层应设置分格缝。如设计无要求时,可按以下要求设置分格缝,如图 8-13 所示。

图 8-13　细石混凝土屋面施工

a.分格缝应设在结构层屋面板的支撑端、屋面转折处（如屋脊）、防水层与突出屋面结构的交接处，并应与板缝对齐。

b.纵横分格缝间距不宜大于 6m 或"一间一分格"，分格面积不宜超过 36m²。

c.现浇板与预制板交接处，按结构要求留有伸缩缝、变形缝的部位应设分格缝。

d.分格缝上口宽为 30mm，下口宽为 20mm。

分格缝的做法是在浇筑细石混凝土前，先在隔离层上定好分格缝位置，再用木条做分格缝，按分块浇筑混凝土，待混凝土初凝后将木条取出即可。分格缝必须有防水措施，通常用油膏嵌缝，泛水高度不低于 120mm，并与防水层一次浇捣完成，泛水转角处要做成圆弧或钝角。

（2）细石混凝土防水层施工

配制细石混凝土应遵守规范规定：水泥宜采用普通硅酸盐水泥或硅酸盐水泥，水泥标号不宜低于 425 号等。

浇筑细石混凝土防水层时，一个分格内的混凝土必须一次浇筑完毕，不留施工缝。浇筑时，应将双向钢筋网片设于防水层中部略偏上的位置，钢筋保护层厚度不应小于 10mm，通常是先浇筑 20mm 厚细石混凝土，放置钢筋网片厚，再浇筑 20mm。

细石混凝土施工时，气温宜为 5~35℃，低温或高温烈日下不宜施工。细石混凝土浇筑 12~24h 后应及时进行洒水养护，养护时间不得少于 14 天。

8.2.5　屋面防水工程的质量检验及防治屋面渗漏的方法

1. 屋面防水的质量要求

（1）防水层不得有渗漏积水现象。

（2）使用材料应符合设计要求和质量标准的规定。

（3）找平层的表面应平整，不得有酥松、起砂、起皮现象。

（4）保护层的厚度、含水量和表观密度应符合设计要求。

（5）天沟、檐沟、泛水和变形缝等的构造应符合设计要求。

（6）卷材的表贴方法和搭接顺序应符合设计要求，搭接宽度要正确，接缝要严密，不得有皱折、鼓泡和翘边现象。

（7）刚性防水层表面应平整、压光、不起砂、不起皮、不开裂。分格缝应平直，位置要正确。

（8）嵌缝密封材料应与两次基层黏牢，密封部位要光滑、平直，不得有开裂、鼓泡、下塌现象。

2. 隐蔽工程检查与记录

（1）屋面板细石混凝土灌缝是否密实，上口与板面是否平齐。

（2）预埋件是否遗漏，位置是否准确。

（3）钢筋位置是否正确，分格缝处是否断开。

（4）混凝土和砂浆的配合比是否正确；外掺剂的掺量是否正确。

（5）防水混凝土最薄处不得少于 40mm。

（6）分格缝位置是否正确，嵌缝是否可靠。

（7）混凝土和砂浆的养护是否充分，方法是否正确。

验收细石混凝土刚性防水层的质量关键在于混凝土本身的质量、混凝土的密实性和施工时的细部处理，因此，将混凝土材料的质量、配合比定为主控项目，对节点处理和施工质量，采取试水办法来查，同时将防水的首要功能——不渗漏亦作为主控项目。混凝土的表面处理、厚度、配筋，分格缝和平整度均列为一般质量检查项目，用来控制整体防水层质量。

8.3　室内防水工程施工

像厨房、卫生间，这些地方的用水量较多且较频繁，室内积水的机会也多，容易发生漏水现象。因此，对这些地方要采取有效的防潮、防水措施，满足其防水要求。室内有防水要求的防水工程同样是关系到建筑使用功能的关键工程。有防水要求的房间主要有卫生间、厨房、淋浴间等。这些房间普遍存在面积较小、管道多、工序多、阴阳转角复杂、房间长期处于潮湿受水状态等不利条件。房间的防水层以涂膜、刚性防水为主，主要选用聚氨酯涂膜防水或聚合物水泥砂浆。卷材防水不适应这些部位防水施工的特殊性。对房间内防水层的要求和施工工序基本与屋面、地下防水层相同。所以，保证房间防水质量的关键是合理安排好工序，并做好成品保护。

8.3.1　厨房、卫生间防水构造

浴厕间一般采用迎面防水，地面防水层设置在结构找坡、找平层上面并延伸至四周墙面边角，至少需要高出地面 150mm 以上。地面及墙面找平层采用 20mm 厚的 1∶2.5～1∶3（质量比）的水泥砂浆，四周抹八字脚，水泥砂浆中宜采用外加剂。地面防水宜采用涂膜防水材料，防水层四周卷起 150mm 高，如图 8-14(a)表示。

卫生间防水施工 1

　　穿出地面管道,其预留孔洞应采用细石混凝土填塞,管根四周应设凹槽,并用密封材料封严,且与地面竖管转角处均附加 300mm 宽卷衬(布)。根据工程性质采用高、中、低档防水材料,如图 8-14(b)所示(卫生间采用涂膜防水时,一般应将防水层布置在结构层与地面层之间,以便使防水层得到保护)。

卫生间防水施工 2

　　厨房、卫生间、阳台等的地面标高应比门外标高低,一般标高差不少于 20mm。存在地漏的,用 60mm 厚的细石混凝土向地漏找坡(最深处不小于 30mm 厚),面层多为 8～10mm 的防滑地砖,用干水泥擦缝。

　　对淋水墙面防水处理的要求也非常严格。对小便槽防水处理如图 8-14(c)所示。

水泥砂浆防水层施工

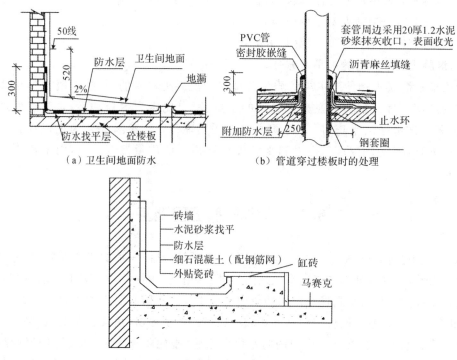

（a）卫生间地面防水　　　　（b）管道穿过楼板时的处理

（c）淋水墙和小便瓷槽墙面防水处理

图 8-14　厨房卫生间常见防水构造（单位:mm）

8.3.2　厨房、卫生间防水施工

1. 工艺流程

厨房卫生间防水施工工艺流程:墙面抹灰、镶贴→管道、地漏就位正确→堵洞→围水试验→找平层→防水层→蓄水试验→保护层→面层→二次蓄水试验。

2. 主要工序的施工方法和要求

（1）墙面防水

墙面若有防水就必须在墙面装饰前完成,要先将墙内各种配管安装完毕,然后抹灰、压光,作为涂膜防水的基层,然后涂刷涂膜防水层,在涂刷涂膜防水层干燥之前撒上一层砂粒,以便装饰层施工。墙面装饰不能一次到底,以便墙面和楼地面防水层的搭接或防水层上泛。

(2)管道、地漏就位

所有立管、套管、地漏等构件必须正确就位,安装牢固,不得有任何松动现象。特别是地漏,标高必须准确,否则无法保证排水坡度。

(3)堵洞、管根围水试验

所有楼板的管洞、套管洞周围的缝隙均用掺加膨胀剂的细石混凝土浇灌、密实、抹平,孔洞较大的,须进行吊模浇筑膨胀混凝土。待全部处理完成后进行管根围水试验,如 24h 无渗漏,方可进行下道工序。

(4)找平层

基层采用水泥砂浆找平层时,在水泥砂浆抹平收水后进行二次压光和充分养护,使找平层与下一层结合牢固,不得有空鼓,并且表面应密实,不得有起砂、蜂窝和裂缝等缺陷,否则应用水泥胶腻子进行修补,使之平滑。找平层表面 2m 内平整度的允许偏差为 5mm。所有转角处一律做成半径不小于 10mm 的均匀一致的平滑圆角,不得将圆弧做得太大,否则将会影响墙面装修。找平层的排水坡度必须符合设计要求,房间防水应以防为主,以排为辅,在完善设防的基础上,可将水迅速排走,以减少渗水机会,所以正确的排水坡度很重要,坡度宜为 1.5%～2%,坡向地漏、无积水。

(5)防水层、蓄水试验

将基层清理干净,当含水率达到要求以后就可以涂布底胶了,将聚氨酯甲乙料按材料要求比例配合搅拌均匀,先用油刷蘸底胶在阴阳角、管根等复杂部位均匀涂刷一遍,再刷大面积区域。待较底固化后,开始涂膜施工。在防水层做完后,必须进行蓄水试验,一般蓄水深度为 20～30mm,以 24h 内无渗漏为合格。

JGJ 298—2013
住宅室内防水
工程技术规范

(6)保护层、管根二次蓄水试验

对防水层的成品进行保护是非常重要的,一般是采用水泥砂浆,防止在施工面层时破坏防水层;在管根等部位应做出圆形或方形的止水台,其平面尺寸不宜小于 100mm×100mm,高为 20mm。对施工面层,要再次严格按照设计控制坡度,要求坡向地漏,无积水,可以观察检查和进行蓄水、泼水检验或利用坡度尺检查。待表面装修层完成后,进行第二次蓄水试验,要求同前。

防水工程

工程实例分析

【工程实例】　平昌路以南商住小区工程位于镇江市大港新区赵声路和平昌路交叉口西南,由 1♯～25♯住宅及配电间共 26 栋组成,建设总用地面积 54692.23m²,总建筑面积 73769.06m²,其中地下建筑面积 29840.75m²。

2♯、4♯、6♯多层住宅建筑高度 18.1m(地上 6 层,地下 1 层);

防水工程专项
施工方案

1#、3#、5#多层住宅建筑高度15.2m(地上5层,地下1层);8#、11#、13#、14#多层住宅建筑高度14.3m(地上4层,地下1层);10#、12#低层住宅建筑高度12.07m(地上3层,地下1层);7#社区配套用房建筑高度7.6m(地上2层);9#沿街商铺及社区配套建筑高度9.6m(地上2层);15#~25#低层住宅建筑高度8.25m(地上2层,地下1层);配电间建筑高度7.3m(地上2层)。分析该工程防水工程的专项施工方案。

巩固练习

一、单项选择题

1.地下工程的防水卷材的设置与施工宜采用( )法。

A.外防外贴 　　　 B.外防内贴 　　　 C.内防外贴 　　　 D.内防内贴

2.地下卷材防水层未作保护结构前,应保持地下水位低于卷材底部不少于( )。

A.200mm 　　　 B.300mm 　　　 C.500mm 　　　 D.1000mm

3.对地下卷材防水层的保护层,以下说法不正确的是( )。

A.顶板防水层上用厚度不少于70mm的细石混凝土保护

B.底板防水层上用厚度不少于40mm的细石混凝土保护

C.侧墙防水层可用软保护

D.侧墙防水层可铺抹厚20mm配合比1∶3水泥砂浆保护

4.屋面卷材铺贴采用( )时,每卷材两边的粘贴宽度不应少于150mm。

A.热熔法 　　　 B.条粘法 　　　 C.搭接法 　　　 D.自粘法

5.防水混凝土迎水面的钢筋保护层厚度不得少于( )。

A.25mm 　　　 B.35mm 　　　 C.50mm 　　　 D.100mm

6.防水混凝土底板与墙体的水平施工缝应留在( )。

A.底板下表面处

B.底板上表面处

C.距底板上表面不小于300mm的墙体上

D.距孔洞边缘不少于100mm处

7.防水混凝土养护时间不得少于( )天。

A.7 　　　 B.14 　　　 C.21 　　　 D.28

8.在涂膜防水屋面施工的工艺流程中,喷涂基层处理剂后的工作是( )。

A.节点部位增强处理 　　　 B.表面基层清理

C.涂布大面防水涂料 　　　 D.铺贴大屋面胎体增强材料

9.屋面防水涂膜严禁在( )进行施工。

A.4级风的晴天 　　　 B.5℃以下的晴天

C.35℃以上的无风晴天 　　　 D.雨天

10.刚性防水屋面的结构层宜为( )。

A.整体现浇钢筋混凝土 　　　 B.装配式钢筋混凝土

C. 砂浆　　　　　　　　　　　　　　D. 砌体

11. 当屋面坡度小于 3% 时,沥青防水卷材的铺贴方向宜(　　)。

A. 平行于屋脊　　　　　　　　　　　B. 垂直于屋脊

C. 与屋脊呈 45°　　　　　　　　　　D. 下层平行于屋脊,上层垂直于屋脊

12. 当屋面坡度大于 15% 或受震动时,沥青防水卷材的铺贴方向应(　　)。

A. 平行于屋脊　　　　　　　　　　　B. 垂直于屋脊

C. 与屋脊呈 45°　　　　　　　　　　D. 上、下层相互垂直

13. 当屋面坡度大于(　　)时,应采取防止沥青卷材下滑的固定措施。

A. 3%　　　　　　B. 10%　　　　　　C. 15%　　　　　　D. 25%

14. 对屋面是同一坡面的防水卷材,最后铺贴的应为(　　)。

A. 水落口部位　　　　　　　　　　　B. 天沟部位

C. 沉降缝部位　　　　　　　　　　　D. 大屋面

15. 粘贴高聚物改性沥青防水卷材使用最多的是(　　)。

A. 热粘结剂法　　　　　　　　　　　B. 热熔法

C. 冷粘法　　　　　　　　　　　　　D. 自粘法

16. 采用粘法铺贴屋面卷材时,每幅卷材两边的粘贴宽度不应小于(　　)。

A. 50mm　　　　　B. 100mm　　　　　C. 150mm　　　　　D. 200mm

17. 冷粘法是指用(　　)粘贴卷材的施工方法。

A. 喷灯烘烤　　　　　　　　　　　　B. 胶粘挤

C. 热沥青胶　　　　　　　　　　　　D. 卷材上的自粘胶

18. 在涂膜防水屋面施工的工艺流程中,基层处理剂干燥后的第一项工作是(　　)。

A. 基层清理　　　　　　　　　　　　B. 节点部位增强处理

C. 涂布大面防水涂料　　　　　　　　D. 铺贴大面胎体增强材料

19. 防水涂膜可在(　　)进行施工。

A. 气温为 20℃ 的雨天　　　　　　　B. 气温为 −5℃ 的雪天

C. 气温为 38℃ 的无风晴天　　　　　D. 气温为 25℃ 且有三级风的晴天

20. 屋面刚性防水层的细石混凝土最好采用(　　)拌制。

A. 火山灰水泥　　　　　　　　　　　B. 矿渣硅酸盐水泥

C. 普通硅酸盐水泥　　　　　　　　　D. 粉煤灰水泥

二、多项选择题

1. 合成高分子卷材的铺贴方法可用(　　)。

A. 热溶法　　　　B. 冷粘法　　　　　C. 自粘法　　　　　D. 热风焊接法

2. 屋面防水等级为二级的建筑物是(　　)。

A. 高层建筑　　　　　　　　　　　　B. 一般工业与民用建筑

C. 特别重要的民用建筑　　　　　　　D. 重要的工业与民用建筑

3. 用于外墙的涂料应具有的能力是(　　)。

A. 耐水　　　　　B. 耐洗刷　　　　　C. 耐碱　　　　　　D. 耐老化

4.刚性防水屋面施工中,下列做法正确的是( )。

　　A.宜采用构造找坡

　　B.防水层的钢筋网片应放在混凝土的下部

　　C.养护时间不应少于 14 天

　　D.混凝土收水后应进行二次压光

5.有关屋面防水要求的说法正确的是( )。

　　A.一般的建筑防水层合理使用年限为 5 年

　　B.二级屋面防水需两道防水设防

　　C.二级屋面防水合理使用年限为 15 年

　　D.三级屋面防水需两道防水设防

6.按规范规定,涂膜防水屋面主要使用与防水等级为( )。

　　A.一级　　　　　　　B.二级　　　　　　　C.三级　　　　　　　D.四级

7.水性涂料可分为( )。

　　A.薄涂料　　　　　　　　　　　　B.厚涂料

　　C.丙烯酸涂料　　　　　　　　　　D.复层涂料

8.刚性防水屋面的分割缝应设在( )。

　　A.屋面板支撑端　　　　　　　　　B.屋面转折处

　　C.防水层与突出屋面交接处　　　　D.屋面板中部

9.为提高防水混凝土的密实性和抗渗性,常用的外加剂有( )。

　　A.防冻剂　　　　　　B.减水剂　　　　　　C.引气剂　　　　　　D.膨胀剂

10.下面属于一级屋面防水设施要求的是( )。

　　A.三道或三道以上防水设防　　　　B.二道防水设防

　　C.两种防水材料混合使用　　　　　D.一道防水设防

三、判断题

1.防水工程按其部位可以分为屋面防水、地下防水、卫生间防水。 ( )

2.卷材铺贴应采取先高后低、先近后远的施工顺序。 ( )

3.卷材搭接宽度:长边不应小于 70mm,短边不应小于 100mm。 ( )

4.高聚物改性沥青防水卷材施工方法有冷粘法、热熔法、自粘法。 ( )

5.防水混凝土养护到设计强度等级的 50% 以上,并且混凝土表面温度与环境温度之差不大于 15℃,可以拆模。 ( )

6.地下防水工程渗漏水形式主要有:孔洞漏水、裂缝漏水、防水面渗水。 ( )

7.卫生间蓄水试验,蓄水高度一般为 50~100mm,蓄水时间为 12~24h。 ( )

8.建筑防水按防水材料和施工方法不同分为柔性防水和刚性防水。 ( )

四、简答题

1.试述防水卷材施工工艺流程。

2.试述涂膜防水的施工工艺流程。

参考文献

[1]宁仁岐.建筑施工技术[M].北京:高等教育出版社,2011.

[2]卢爽,鲁春梅.建筑施工技术[M].北京:中国计量出版社,2010.

[3]张保兴.建筑施工技术[M].北京:中国建筑工业出版社,2010.

[4]吴洁,杨天春.建筑施工技术.北京:中国建筑工业出版社,2010.

[5]张伟,徐淳.建筑施工技术[M].上海:同济大学出版社,2010.

[6]顾昊兴,张志刚.建筑施工技术[M].天津:天津大学出版社,2012.

[7]王守剑.建筑工程施工技术[M].北京:冶金工业出版社,2011.

[8]丁宪良,魏杰.建筑施工工艺[M].北京:中国建筑工业出版社,2008.

[9]余江.建筑施工工艺[M].2版.北京:高等教育出版社,2010.

[10]张朝春,张永平.建筑与装饰施工工艺[M].青岛:中国海洋大学出版社,2011.

[11]钟汉华,董伟.建筑工程施工工艺[M].3版.重庆:重庆大学出版社,2015.